修訂二版

Management Accounting

管理會計

王怡心 著

三民書局

國家圖書館出版品預行編目資料

管理會計／王怡心著.－－修訂二版七刷.－－臺北
市：三民，2010
面；　公分
參考書目：面
含索引
ISBN 978-957-14-3525-1　(平裝)
1. 管理會計

494.74　　　　　　　　90017404

© 管 理 會 計

著作人　王怡心
發行人　劉振強
著作財產權人　三民書局股份有限公司
臺北市復興北路386號
發行所　三民書局股份有限公司
地址／臺北市復興北路386號
電話／(02)25006600
郵撥／0009998-5
印刷所　三民書局股份有限公司
門市部　復北店／臺北市復興北路386號
重南店／臺北市重慶南路一段61號
初版一刷　1993年8月
修訂二版一刷　2002年1月
修訂二版七刷　2010年2月
編　號　S 492360
行政院新聞局登記證局版臺業字第〇二〇〇號

ISBN　978-957-14-3525-1　(平裝)

清楚地介紹。另外，感謝我的製作團隊成員，包括游靚怡、葉淑玲、溫玉新、江彥英、胡麗君、許詩朋、費聿瑛等專業人才，以及三民書局的編輯部成員，使本書在最快的時間內順利地完成。當然，最感謝的是——我的父親王君宜先生、母親王張美雲女士、先生費鴻泰副議長和孩子們的支持與鼓勵，使我在愉快的心情下完成此書的再造工程。為了使本書的內容更為充實，懇請將您寶貴的意見告知本人，以作為日後修改的參考。

王怡心

於國立臺北大學會計學系

trenddw@ms26.hinet.net

民國90年10月10日

修訂二版序

在變化快速的時代，管理者需要即時的營運資訊來作決策，無論是針對營利事業或非營利事業而言，管理會計學皆有其重要性。這些營運資訊的取得，有賴於管理會計的各種方法來蒐集與分析，以便於規劃、執行、控管組織的各種營運活動。本書的特色即是詳細地介紹各種管理會計方法的理論與應用，使讀者對管理會計學理論有完整的瞭解與認識。在這新世紀裡，由於資訊和通訊科技的進步，使得企業e化的程度提高，造成經營環境產生了很大的變革。最明顯的部分是，不少例行性的勞力性工作，逐漸由電腦控制機器來代操作。這些種種的巨變，令人質疑傳統管理會計方法在新時代的適應性？有感於此，特別將個人多年來在管理會計學方面的教學、研究和實務經驗，予以系統化的整理，來探討各種方法的理論基礎和實務應用。此外，本書討論管理會計學傳統方法的適用性與新方法的可行性，使讀者明白經營環境的改變對管理會計學發展的影響。

本書分三個部分討論。第一部分為基本觀念的介紹，分別敘述管理會計概論、成本的性質與分類、為因應經營環境變遷所採用的新方法，以及產品成本的兩大主要制度 —— 分批成本法和分步成本法。第二部分為管理者在規劃營運活動中所採用的方法，包括成本習性與估計、成本—數量—利潤分析、全部成本法與直接成本法、各種預算的概念與編製方法、短期決策所採用的評估方法，以及資本預算的相關考量。第三部分的重點則在於介紹幾種控制的方法，涵蓋各項差異分析、分權化與責任會計、成本中心的控制，以及服務部門成本分攤和轉撥計價與投資中心的績效衡量。

從本書章節的編排和內容的充實看來，可知這是一本內容豐富且創新的管理會計學教科書，適用於一般大專院校管理學院和商學院的管理會計課程；教師可依課程學分數，來調整其教學進度與內容，可分別於一學期或一學年來教授此學科。另外，本書也適用於企業界的財務主管、會計人員和一般主管，作為決策分析的參考工具。尤其，本書詳細地介紹傳統管理會計方法在新製造環境的適用性，及新管理會計方法的應用，使實務界人士瞭解如何更新組織內的管理和會計制度，以符合需要。為使讀者對各種管理會計方法有更進一步認識，另有與課文內容相配合的「管理會計習題與解答」，內容包括各章的習題與解答，以及各個章節的自我評量，讓讀者有較多練習的機會。

此次教科書的修訂版，主要參考資料來自於管理會計學的各種出版書籍與刊物，個人教學經驗與對我國產業的相關研究。同時，本書提供教師各章課文的投影片，將有助於內容的解說。本書第二版修訂工作的完成，首先感謝多年來指導我的師長們，使我學習到如何將管理會計學的理論與應用作

自序

在各種類型的組織中，無論是營利事業或非營利事業，管理者都需要會計資訊來作為決策、規劃和控制工作的參考；這些資訊的取得，則有賴於管理會計的各種方法來蒐集與分析。本書的特色即是詳細的介紹各種管理會計方法的理論與應用，使讀者對管理會計學有完整的瞭解。近年來，由於科技的進步，生產自動化的程度提高，使製造環境產生了很大的變革，有些學者質疑，傳統管理會計方法在新時代的適應性究竟如何？有感於此，特將個人多年來在管理會計學方面的教學和研究經驗，予以系統化的整理，探討各種方法的理論基礎，敘述製造環境的變遷和討論傳統方法的適用性與新方法的產生，使讀者明白製造環境的改變對管理會計學發展的影響。

全書分三方面來討論。第一部分為基本觀念的介紹，分別敘述管理會計概論、成本的性質與分類、製造環境的變遷與因應的新方法及產品成本的兩大主要計算方法──分批成本法和分步成本法。第二部分為有關於管理者在規劃營運活動所採用的方法介紹，包括：成本－數量－利潤分析、全部成本法與直接成本法、各種預算的概念與編製方法、短期決策所採用的評估方法，以及資本預算的相關考慮。第三部分的重點則在於介紹各項控制的方法，涵蓋了各項差異分析、分權化與責任會計、成本中心的控制與服務部門成本分攤和轉撥計價與投資中心的衡量。

從本書章節的編排和內容的充實看來，可知這是一本完整的管理會計學教科書，適用於一般大專院校管理學院和商學院的管理會計學課程；教師可依學分數來調整其教學進度與內容，分別於一學期或一學年教授。另外，本書也可為企業界的財務主管和會計人員，在因應製造環境改變時參考之用。尤其本書詳細介紹傳統管理會計方法在新製造環境的適用性及新管理會計方法的應用，使實務界人士瞭解如何更新組織的管理和會計制度，以符合時代的需要。此外，為使讀者對各種管理會計方法有更進一步認識，另有一本與本書內容配合的習題與解答本，讀者可參考使用。

這本書為作者所寫的第一本教科書，主要參考資料來自於管理會計學的各種出版刊物、個人教學經驗與本人對我國產業的相關研究。本書的完成，首先得感謝多年來教導我的師長們以及使我教學相長的學生們，使我學習如何將管理會計學的理論與應用作清楚的介紹。另外，感謝數位教師的指正與研究助理的協助，使本書在一年內順利完成。當然，最感謝的是我的父母、先生和孩子們的支持與鼓勵，使我在愉快的心情下完成此書。為了使本書的內容更為充實，懇請讀者將您寶貴的意見告知本人，以作為日後改進的參考。

王怡心
於國立中興大學會計學系
民國82年8月

管理會計／目次

第二篇 管理會計的規劃功能

第三篇 管理會計的控制功能

第一篇

基本概念與成本系統

第1章

管理會計概論

學習目標:

- 瞭解企業的組織與目標
- 認知管理工作的內容
- 明白管理會計資訊的特性
- 辨別管理會計與財務會計的異同點
- 追溯管理會計的發展
- 探討管理會計的新方向

前　言

管理會計的主要任務，是提供管理者有關組織經營活動的資訊，以便於管理者規劃、指導、控制組織個體的營運。管理會計資訊的特性與財務會計不同，主要的差異在於二者的資訊使用者不同，管理會計報告主要供內部管理者使用；財務會計報告的主要使用者為投資人、債權人、政府單位等外界人士。管理會計報告的編製，以滿足管理階層在決策過程中所需要的資訊為主。只要所提供的資訊具有相關性和適時性，沒有一定的編製法則。相反的，財務會計報告為避免外界使用者對報表不瞭解或產生誤解，會計人員要依據一般公認會計準則來編製報表。

管理者面臨每日複雜的交易行為，所需要的資訊會隨著決策而改變；即使對同一個決策，不同單位的主管所需的資訊也不同。基本上，管理會計所涵蓋的範圍很廣，除了會計學的一般概念外，與其他學科如管理學、經濟學、統計學等，有不少相關聯的部分，但會計人員採用各種不同的方法來蒐集、整理、分析各個組織的資訊。

本章介紹管理會計的基本概念，至於各種不同的分析方法，自第2章開始陸續探討。近年來由於科技的進步，使製造環境產生了很大的變革，傳統的管理會計方法受到很大的挑戰。本書的第3章，主題在探討管理會計的新觀念與新方法。

1.1　企業組織與目標

組織(Organization)是由一群人所共同組成的，管理者與組織內的成員一起來完成企業的目標(Objective)。一般而言，企業整體目標要透過組織，分別規劃為組織內各個單位的子目標。因此，組織型態與目標規劃有著十分密切的關係。本節的討論重點為分權化(Decentralization)的組織和直線與幕僚的功能，以及目標的設定和策略的規劃。

1.1.1　企業的組織與結構

企業的組織型態會隨著公司業務的擴展性和複雜性而改變，所以多角化經營的公司一般較趨向於分權化的組織。高階層管理者將企業整體目標，規劃到組織內各個單位，授予每個單位主管適當的權力，同時也賦予相當的責任。圖1.1為中國鋼鐵結構公司組織系統表，此組織系統為典型的分權化組織，總經理下設三個副總經理，分別負責業務、生產、管理三方面的營運活動。

在圖1.1所示的組織系統表，一般稱之為組織圖(Organization Chart)。每一個方格代表每位主管的權責範圍；每一條直線代表主管間的督導關係。以中國鋼鐵結構公司為例，臺北辦事處、購運處、貿易處三個單位，分別負責北部地區鋼結構業務之接洽、原物料之採購與配運的管理、鋼品進出口之銷售作業的業務。這三個單位的主管直接向業務副總經理負責其業務的發展；業務副總經理整合這三個單位的成果向總經理報告公司的銷售績效。在每個年度結束時，總經理將全公司的營運總成果向該公司的董事會、股東會報告。由此可見，組織圖之目的是要明確劃分各單位主管的責任，以及提供組織內正式的報告與溝通之管道。每個單位主管遇到問題時，應立即向直屬單位主管報告，不能越級報告。例如，購運處主任遇到問題，應直接向業務副總經理報告。

分權化組織的特色是使各單位的主管專對其所屬的範圍作決策，所產生的問題即由直屬主管立刻處理，充分發揮分工合作的精神，使企業目標由全體人員共同來達成。這種組織化、專業化的決策過程，尤其適用於多角化經營的大型企業，最高階層的主管將一些決策的權力授予最低階層的主管，分層負責以達成企業目標。

在組織圖上有直線(Line)和幕僚(Staff)的單位，直線單位是指與達成企業基本目標有關之單位，幕僚單位在本質上是協助直線單位來達成目標。這裡所謂的基本目標，是指與銷售和生產有關的目標，使企業的收入增加和成本降低，以達到利潤最大化的終極目標。

在中國鋼鐵結構公司的組織圖上，業務和生產部門為直線單位，負責銷

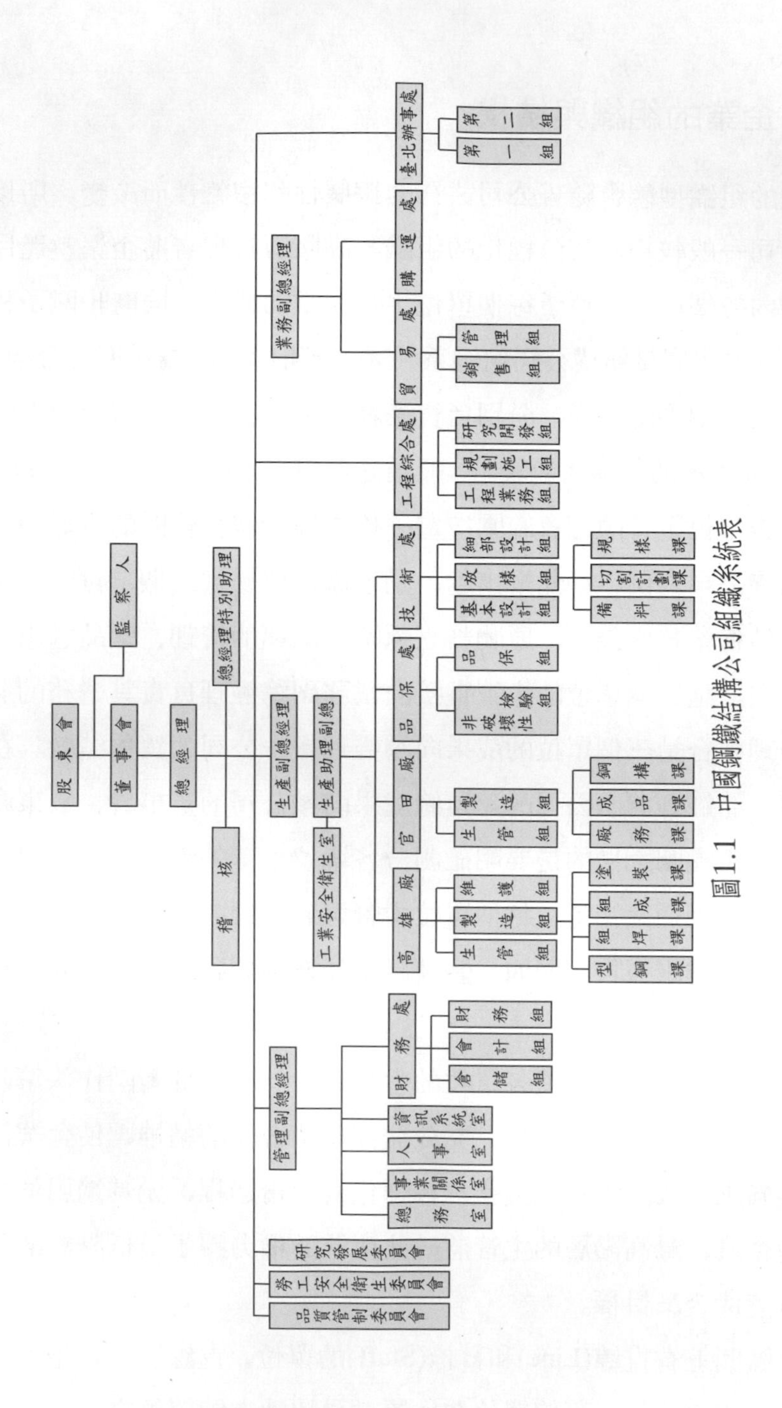

圖1.1 中國鋼鐵結構公司組織系統表

售和製造主要產品，以達到利潤最大化的目標。中鋼結構公司的主要產品為鋼結構和鋼品二部分，臺北辦事處主要負責北區鋼結構業務之接洽，貿易處主要辦理鋼品進出口的銷售作業。與銷售業務有關的直線單位主管，包括臺北辦事處和貿易處的主管，以及業務副總經理。至於生產單位，高雄廠和官田廠為該公司的主要製造單位，負責供應公司所需的產品。與生產有關的直線單位主管，包括二廠的廠長、生產助理副總和生產副總經理。

以圖1.1的組織系統表為例，幕僚單位包括購運處、工程綜合處、技術處、品保處，以及管理部門所管轄的單位。這些單位的任務是協助業務單位增加銷售額，輔助生產單位達成有效率的製造程序，以降低產品成本。管理部門的主要任務，是使公司的人力和資金作最有效的運用，藉著各種制度來掌握組織內的活動和資訊，並且適當地協調各單位意見，使彼此之間的衝突降到最低。

隨著時代的進步，企業的發展也漸漸由傳統的單一組織型態走向多角化經營的模式，使得傳統的組織圖有了大改變，在此我們另以震旦集團來加以介紹，使讀者能更進一步地瞭解。圖1.2為震旦集團組織系統表，此組織系統為典型的分權化組織。在震旦集團下設有十一個子集團，分別負責不同的業務營運，目前震旦集團內各公司、各事業部的總經理皆為專業經理人，在自主經營與充分授權的架構下，總經理扮演全公司最高領導人、最高決策者及最高監督者的角色。

以震旦集團為例，其下有震旦行股份有限公司、金儀股份有限公司、互盛股份有限公司三子公司，分別負責辦公資訊家具、事務機器、數位通訊等三方面業務，並直接向集團總裁負責；而在震旦行股份有限公司組織內，又分別設有辦公設備系統、辦公家具系統、資訊系統、流通系統等四個事業部，此四個事業部的經理人直接向震旦行股份有限公司總經理負責報告其業務的發展。震旦行股份有限公司總經理在整合這四個事業部的成果後，再向震旦集團總裁報告公司的銷售績效。在每個年度結束時，總裁會將全公司的營運總成果向該公司的董事會和股東會報告，讓投資者瞭解整個集團的營運情形。

由此可見，組織圖之目的是要明確劃分各單位主管的責任，以及提供組織內正式的報告與溝通之管道。當每個單位主管遇到問題時，應立即向直屬單位主管報告，不能越級報告。例如，辦公設備系統事業部下設的分公司經理遇到問題時，應直接向辦公設備系統事業部經理報告，而不是直接向震旦行股份有限公司總經理報告。如此分層負責可以劃分各子集團的責任，也能收到專業分工的效率，容易發揮集團企業的整體績效，此為近年來組織發展的潮流。

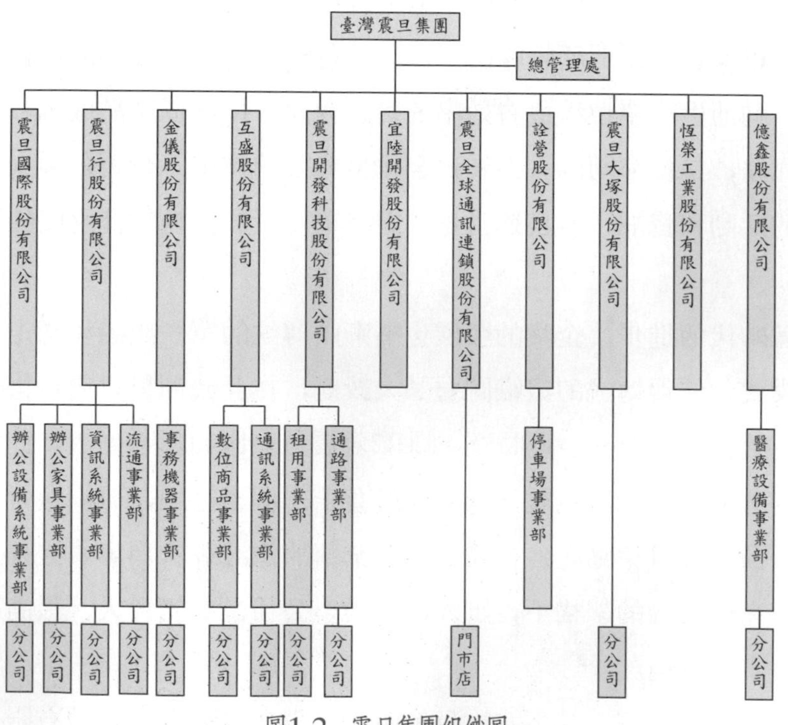

圖1.2 震旦集團組織圖

1.1.2 目標的設定與規劃

目標(Objective)為組織所欲達成之共同目的。每個單位有不同的目標，例如生產單位的目標為成本最小化，但銷售單位的目標為收入最大化。對一般公司而言，追求利潤為主要目標，因為股東們投資公司的最高期望是得到合理的投資報酬。除此之外，公司還希望維持良好的社會形象，對國家經濟成長有正面的影響。例如，震旦集團預定91年的產銷計畫中，希望以其30多年所累積的經營優勢為基礎，發展成為彙集辦公室自動化、家具、資訊、通訊、電子及流通等方面的綜合性行銷公司。為使讀者進一步瞭解企業的經營目標，以下所列為一般公司的經營目標：

(1)以市場導向的方式來提供產品和勞務給顧客。

(2)以有效率的方式來製造低成本、高品質的產品。

(3)達到較高的投資報酬率和維持正常的每股盈餘成長率。

(4)維持員工對公司的向心力，並減少人員流動率。

(5)保持良好的企業形象。

由於一般股東無法直接參與公司日常的營運活動，所以選出董事長和董、監事們來督導管理階層，以確定達到企業的主要目標。公司管理者必須作適當的目標規劃，以達成既定的目標。這種長期目標的執行，稱之為策略性規劃(Strategic Planning)。對一般營利事業單位而言，策略性規劃主要著重於二方面：(1)決定製造何種產品或提供何種勞務；(2)決定生產和行銷策略，以生產貨品並銷售給合適的對象。在策略性規劃的過程中，管理者制定了不少有關生產和銷售方案。因此，公司可生產最迎合市場需求的產品，且將製造成本降至最低，再加上良好的銷售通路和有效的促銷活動，使公司達到利潤最大化的目標。

1.2 管理工作

企業組織的經營目標是由管理階層提供相關資料給董事會，董事們經過審慎的研討而制定出長期、中長期和短期之目標。至於非營利組織方面，組織目標由理事會決定，作為組織運作的方針。無論組織目標為何，管理階層的任務是要監督目標的執行情況，以確定目標是否達成。因此，管理者於日常營運所參與的主要活動可分為四大類：決策(Decision Making)、規劃(Planning)、執行(Operating)、控制(Controlling)。

1.2.1 決　策

在決策的過程中，管理人員從各種方案中選擇出最理想的方案。這個過程不是一個單獨的程序，而是與規劃、執行、控制等活動息息相關。因此，管理人員在實務上很難作最完美的決策，推究其原因為在決策過程中常會涉及到未來的不確定性因素，所以決策者對相關因素未來變化的掌握程度，會直接影響到決策的結果。

決策過程不僅發生於任何組織，同時個人也經常要作各種決策。例如，每次出門前決定是否帶雨具，因此可行方案為帶雨具或不帶雨具二種。帶雨具的優點是在路上遇到大雨不會淋溼，但缺點為攜帶雨具較不方便；不帶雨具的優缺點正好與帶雨具相反。影響這個決策的主要因素是今天是否會下雨，所以決策者需要蒐集各種與天氣變化相關的資料，如氣象預測和個人觀察等，再以個人經驗來判斷是否攜帶雨具。如果你選擇攜帶雨具，出門之後正好下大雨，則所作的決策是最好的。如果你選擇不攜帶雨具，出門之後天氣晴朗，則所作的決策是最理想的。由此例看來，是否攜帶雨具主要是決定於你對下雨可能性的判斷，如果可能性愈高則你選擇攜帶雨具的機會也愈高。

上述的個人決策過程較為單純，但在組織內的決策過程則較複雜。例如，電腦製造廠商要決定是否繼續生產586型個人電腦?而影響這個決策的主要因素為經營者對586型個人電腦市場的未來銷售預測，如果預測該市場將很快被686型個人電腦所取代，則廠商不會再繼續生產586型個人電腦。如果電腦市場對586型機器仍有需求，則經營者要判斷未來二、三年的需求量以及其持續性；需求量必須要符合生產上的經濟效益，並且可持續二、三年，586型個人電腦才值得繼續生產。

所有的政策之決定都是根據相關的資訊作判斷，也就是說管理決策的品質，反應出管理者所使用的會計和其他相關資訊之品質。正確與即時的資訊，會使管理者作出最理想的決策。因此，對管理會計學的需要程度，與管理者所需資訊之品質十分有關，也就是說會計與管理部門的人員對管理會計學愈瞭解，愈能提供決策者所需的資訊。

1.2.2 規　劃

在規劃的過程中，管理者列出各種所需的計畫與步驟，以達到企業既定的目標。這些步驟和計畫可分為長、短期二方面，短期計畫配合長期計畫來規劃。為協助管理者的規劃工作，會計人員提供各種計畫執行後所產生的可能結果之資料。假設中興公司為一電腦製造商，董事會決定新建一座電腦整合製造系統的工廠，實施全面自動化來生產不同型式的電腦產品和週邊設備。管理階層首先要決定建廠的地點、所需的設備、資金的運用、人員的招募與訓練、銷售的預測與生產的估計等各個具體的計畫。在執行的過程中，規劃所扮演的角色為協調各部門人員的工作，以達成公司目標。

1.2.3 執　行

在執行的過程中，管理階層要決定如何支配既有的人力和資源，以有效率的方式來執行既定的計畫，使每日的經營活動在和諧的氣氛下順利進行。例如，中興公司在建造新廠的階段，管理者將廠房佈置與設備規劃的工作，分別指派給工程與製造的專門人員，隨時監督工程的進度，發覺並解決平常所發生的問題。管理者在此階段的主要任務，是把規劃階段所訂的計畫，依其步驟予以執行，使計畫達到預期目標。會計人員可提供資金來源與運用的資料，使管理者瞭解公司的財務狀況，以免發生資金周轉不靈的危機。

1.2.4 控　制

控制之目的是要確定組織是否依預定的計畫進行，並達到既定的目標。在此階段管理者所重視的是，組織內各單位的經營成果是否與預期成果有差異。這種評估的過程也就是所謂的績效評估(Performance Evaluation)，一般可分為效果(Effectiveness)和效率(Efficiency)二方面來衡量。假設中興公司的新廠開始營運後，管理階層要評估各個單位的績效。如果管理者偏重於效果方面，則他們所在意的是既定的目標是否達成。例如，生產部門是否達到預測的銷售量?

如果管理者也重視效率方面，則他們的重點在成本與效益分析，要求成本最小化和收益最大化。如同在上面所述及的三個部門，問題則改變為：每單位產品的生產成本是否為最低？原物料的採購是否來自於價格最低的供應商？產品的售價是否為顧客可接受範圍內的最高價格？

為評估各個單位的效果和效率，管理者將實際結果與預期成果相比較，因此需要會計人員提供現在經營結果、預期成果和二者差異的資料。如果所產生的差異很大，管理者要採用適當方法，以減少未來的差異。將實際數與預期數相比較，並將所得結果作為下期規劃的參考資料，使過去的錯誤不會在未來重複出現，此過程即為所謂的回饋(Feedback)。在有效的組織管理中，回饋為一很重要的程序。

管理工作包括了決策、規劃、執行、控制四方面，彼此之間的關係列示在圖1.3，為一個循環系統：從規劃長、短期計畫，將計畫實際執行，評估績效並與預期成果相比較以找出差異處，控制程序完成後又回到規劃的階段。決策過程與規劃、執行、控制有關係，可說是這三方面活動的中樞。

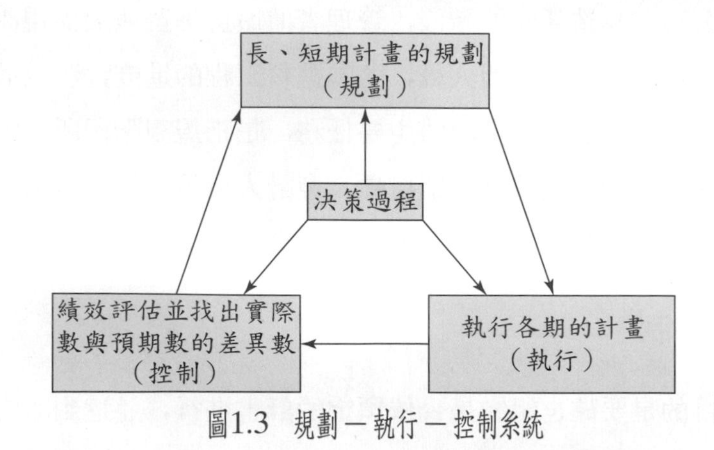

圖1.3　規劃－執行－控制系統

1.3　管理會計資訊的特性

雖然資料(Data)和資訊(Information)經常被認為十分類似，但是事實上，資料和資訊二者仍有顯著的差異。資料是指會計的原始憑證，是從組織日常活動中的記錄蒐集而來的。資訊是把原始資料作有系統的整理後所得的結果，可作為管理者決策過程中的參考。很多組織依其需要建立各種資料庫(Database)，以支援不同的資料系統。在管理會計學上，通常把成本的記錄和累積視為資料；特定報告和成本分析視為資訊。例如傳票上各種成本支出資料，經過會計系統的整理與分析，在每期的損益表列出銷貨成本的金額。一般而言，會計資訊對管理者具有價值者，必須有下列五項特性：

⑴攸關性(Relevance)。

⑵適時性(Timeliness)。

⑶正確性(Accuracy)。

⑷可被瞭解性(Understandability)。

⑸符合成本效益(Cost-Effectiveness)原則。

1. 攸關性

攸關性是會計資訊所應具備的一個非常重要的特性，資訊一定要與決策相關，才具有價值。尤其在電腦普遍的時代，管理者每天皆收到無窮的資訊，所以會計人員要有能力來判斷何種資訊可作為決策之參考，不相關者要予以擱置，以免造成管理者有資訊超載(Information Overload)的感覺。資訊的攸關性會隨著使用者決策的不同，而有不同的判斷，例如機器設備的成本對製造費用的計算有影響，但對原料購買價格的決定不具影響力。

2. 適時性

在變化快速的新製造環境下，適時性尤其顯得重要，因為過去的歷史資料不能代表現在或未來的經營情況，所以管理者需要即時資料以判斷未來的發展。例如，速食店銷售部門經理需要知道每天的銷售額，一方面評估前幾天所投入的電視廣告費之效果，另一方面作為未來廣告費預算的參考。

3. 正確性

雖然管理會計學用不少預測數來規劃營運活動，但資訊仍需具有正確性才會有價值。會計人員應該考慮所有的相關資訊，評估其正確性後，才決定採用何種資訊。即使在時間緊迫的情況下，正確性的查核是不可避免的。

4. 可被瞭解性

所有的會計資訊必須能被使用者瞭解，才具有價值，因為一般使用者不可能都有會計方面的訓練，對於專業化的資訊大都不易瞭解。如果資訊使用者不懂得報表所表示的意義，反而以推測的方式來作決策，可能會造成不良的後果。因此，管理會計資訊要以清楚的方式來表達，以免造成使用者的誤解。

5. 符合成本效益原則

所有管理會計資訊的提供，要符合成本效益原則。也就是從資訊所得的效益，要超過準備該資訊所投入的成本。例如，電腦列出一疊報表，卻只供一個人使用，以評估例行活動的成果，可能就不符合成本效益原則。管理會計資訊的特性已在本節予以介紹，至於管理會計學與財務會計學的異同點，將在下節詳細討論。

1.4 管理會計與財務會計的比較

組織內的會計人員要提供會計資訊給管理階層，同時也提供財務報表予外界投資者作決策的參考。前者為管理會計的範疇，後者則為財務會計的領域，二者之間有其相似和差異之處，本節先討論相同點，再詳細列出二者不同之處。

1.4.1 相同點

管理會計與財務會計的相同點，主要在於二方面：(1)資料蒐集系統；(2)終極目的。二種會計資訊都是來自於相同的原始資料，也就是在一般會計循環系統中，以資料蒐集的部分作為資訊分析的基礎，此系統可稱之為成本會計系統。管理會計、財務會計和成本會計之間的關係如圖1.4。管理會計與財務會計資訊來自相同的資料庫，可避免資料蒐集費用之重複支出；否則會計部門對同一筆資料蒐集的次數，會隨資訊系統的個數而增加。因此，一般公司在設計資料蒐集系統時，都考慮系統的彈性運用，希望能夠彙總各個資訊系統所需的資料。

管理階層和投資人都需要資訊來判斷公司營運是否良好，以作為未來決策的參考。管理會計和財務會計資訊可提供資訊使用者訊息，使其瞭解公司的資源運用情況，經營的效率和目標達成程度。所以這二種會計系統的終極目的，主要在於提供企業績效評估的資訊。

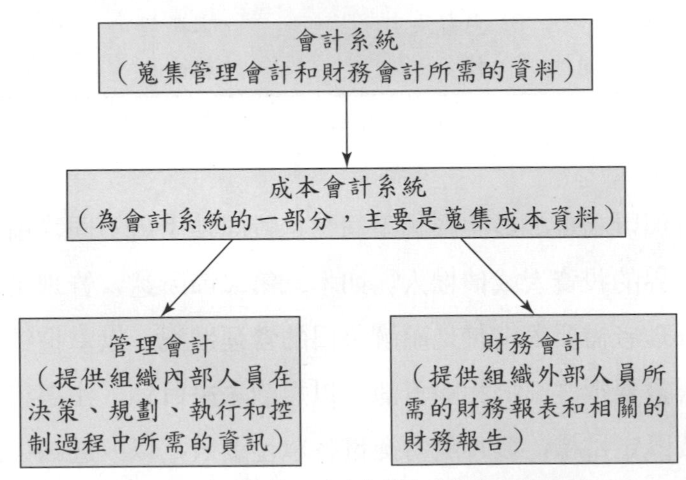

圖1.4 管理會計、財務會計和成本會計的關係

1.4.2 相異點

管理會計與財務會計雖有上述二點相同之處，但仍有九項主要的差異如下：⑴資訊的主要使用者不同；⑵所著重的時間層面不同；⑶報告編製準則的存在與否；⑷會計方法的選擇不一；⑸所包含的資料範圍不同；⑹報告個體不同；⑺報告編製的頻率不一；⑻資訊精確度不同；⑼與其他學科的相關程度不同。表 1.1列出這九點不同之處。

表1.1 管理會計與財務會計的相異點

	管理會計	財務會計
1.使用者	內部人員	外部人員
2.時間層面	未來預測	歷史分析
3.編製準則	沒規定	一般公認會計準則
4.方法選用	自由決定	有明確規定
5.資料範圍	財務性和非財務性	財務性
6.報告個體	單位或整體皆可	組織整體
7.報告頻率	隨需要而定	定期公佈
8.精確度	主觀決定	客觀認定
9.其他相關性	較多	較少

1.使用者

管理會計與財務會計最主要的不同點是資訊使用者不同，前者為管理階層，後者為外界的投資人或債權人。如本章第二節所述，管理工作所包含的範圍很廣，管理者需要很清楚地瞭解每日的營運狀況，以掌握經營成果。因此，管理階層需要很詳細的相關資訊，以規劃未來目標，指導組織內的人員同心協力達成既定目標，並且隨時衡量各單位績效，以改進缺失之處。然而一般外界的投資人或債權人，不需要公司日常的詳細資料，因為他們並沒有實際參與公司的經營活動。相反的，他們只需有財務報表來評估公司績效。投資人藉此資訊來決定出售或再買進公司股票；債權人可經由財務報表分析來決定是否可再借錢給公司。

對於多角化經營的公司，管理會計資訊的可用性更高，因為這類型的公司通常較積極尋找有良好報酬的投資機會，以作縱向、橫向的企業整合。另外，管理階層在面臨攸關性決策時，例如新產品線的增設或某一單位的結束營業，管理會計資訊的品質會影響其決策。

2.時間層面

管理會計所強調的是預測未來；財務會計主要在報導過去所發生的經營成果。在管理會計的應用方面，過去績效的評估可作為未來預測的基礎；除此之外，還要考慮環境的改變，例如經濟的成長和科技的進步，消費者嗜好的改變以及競爭者策略的改變等因素。當管理者覺得未來的不確定性因素存在的可能性愈高，歷史資料對未來預測或估計的相關性愈低，有時甚至可能無法使用歷史資料來規劃長期經營目標。

3.編製準則

管理會計報告的使用者，主要是組織內高階層管理人員。管理者希望在日常營運決策過程中，會計部門能即時提供具有相關性、適時性的資訊。因此，管理會計報告的編製，主要隨決策而改變，所以報告的格式較有彈性。相反的，財務會計報表的使用者，主要為一般投資人和債權人。這些外界使用者無法得到公司內部詳細資料，只有由公司所公佈的財務資訊來評估公司的獲利與成長。為避免報表閱讀者產生誤解，所有公司編製財務報表時，要遵守一般公認會計準則(Generally Accepted Accounting Principles, GAAP)。因此，投資者可查閱不同公司的財務報表，來評估各家公司的績效，以作最好的投資決策。因為管理會計報告的編製不必遵守一定的準則，所以報告型式較財務會計報告有彈性。

4.方法選用

對於各種交易行為應採用何種會計方法來處理，管理者可依不同情況和需要，而自行選用所需的方法來編製管理會計報表。也就是說決策者由報表所得資訊的效益，要超過為準備報表所花費的成本。至於財務報表編製時，對各種交易行為可採用的會計方法，在一般公認會計準則上，有明確的規定；或者要遵守證期會和稅務單位的規定，所以會計人員不能隨個人意願來選擇會計方法。

5.資料範圍

管理會計資訊主要是供管理者決策參考之用。在實務上，管理者需要財務性資訊外，還需要其他數量方面的資訊。以製造業為例，管理者除需要製造費用資料，還要瞭解一些非財務性資訊，例如原料使用量、產能利用率、產品損壞率、員工離職率、市場佔有率等資料，有助於瞭解生產成本之增加或減少的原因。

6. 報告個體

在規劃、執行、控制的過程中，管理者需要有相關性高和十分詳細的內部資料。因此，管理會計報告的涵蓋範圍很廣，同時內容很詳盡，也就是把全部組織的經營活動除了作整體性報告外，還可以產品別、地區別、部門別來分別予以編製報告，由此可瞭解各個單位的經營成果。然而財務報表主要是提供投資人和債權人有關公司的營運成果，其報告以公司整體為主，因為投資人和債權人的興趣著重於整體績效，對公司內各單位的個別情形並不關心。

7. 報告頻率

在競爭激烈的時代，管理者需要掌握隨時所發生的商情資訊，並擬定不同的策略，使公司有足夠的能力在國際市場上競爭。因此，管理階層隨時需要各種不同的管理會計報告，以作為日常決策的參考。尤其在科技發達的現在，管理者可透過電腦網路連線，立即得到相關的資訊。反觀財務會計方面，會計人員一般定期編製損益表、資產負債表和現金流量表等主要報表，例如月報表、季報表和年報表等，並且定期將財務報表予以公佈，使外界投資人和債權人瞭解公司每個期間的經營成果。

8. 精確度

管理會計資訊的精確度，比財務會計資訊為低。財務報表是衡量過去的交易行為，依據一般公認會計準則來編製報表，所以報表上的資訊有較高的精確度和客觀性。管理會計資訊常被管理者用來規劃組織未來的目標，所以含有預測性和估計性的資料。因此，管理會計會因不確定因素的存在和管理者的主觀判斷，使其精確度較以歷史資料為主的財務會計資訊為低。

9. 其他相關性

管理會計所涵蓋的範圍，除了與財務會計相同的會計系統外，還與其他學科有關聯，以便運用各種不同的理論與方法，來蒐集、整理和分析有關組織營運活動的資料。這些學科包括經濟學、財務管理學、管理學、數學、統計學、作業研究、組織行為學、行銷學等。

1.5　管理會計的發展

由表1.4上可得知管理會計與成本會計之間有著非常密切的關係，此點也可由會計的發展史來說明。會計的始祖是義大利的數學家帕希羅(Luca Paciolo)，於1494年建立了借貸分錄系統(Double Entry System)，使商業交易行為得以會計分錄來記載。自從工業革命以後，企業家開始投入資金來建造廠房設備，直到二十世紀初期，數種方法紛紛產生。大部分成本會計方法，也就是所謂的管理會計的傳統方法，雖然在前三個世紀已發明，但「管理會計」的名詞在二十世紀以前未曾有明確的定義。直到1958年，美國會計學會(American Accounting Association)所設立的管理會計委員會(Committee on Management Accounting)，才開始正式訂定「管理會計」(Management Accounting)的名詞與定義。

1.5.1　管理會計發展史

管理會計源自於十八世紀的工業革命，紡織機和蒸汽機的發明，促使製造業的產生。企業組織隨著營運活動的增加而擴大，尤其是製造商的擴張，所需要的會計資料更為詳細，因其需要成本資料以作為貨品訂價的基礎。隨著商業的興盛，鐵路運輸範圍逐漸擴大，鐵路公司的管理階層需要有效的管理會計方法，來規劃與控制日常營運的現金收支，以及評估各單位的經營績效。

管理會計史上各種方法的產生，主要是來自企業的需要。自十八世紀至二十世紀初期，傳統管理會計方法的主要貢獻者，列於表1.2上。首先，分批成本法是由道森(Dodson)在1750年所創，他當時為計算出每批鞋子的單位成本，以鞋子尺寸為分批生產的標準，分別算出每批鞋子的製造成本，進而算出產品的單位成本。在十九世紀的中期，梅滋瑞爾斯(Mezieres)把分批成本法推廣到製造業，並將各種成本計算的程序與方法，解釋得十分清楚。

表1.2 管理會計史上的主要貢獻者

管理會計方法	主要貢獻者	年代
分批成本法 (Job Order Costing)	J. Dodson L. Mezieres	1750 1857
分步成本法 (Process Costing)	W. Thompson M. Godard	1777 1827
成本習性 (Cost Behavior)	D. Lardner	1850
製造費用分攤 (Overhead Allocation)	T. Batterby H. Roland A. Church W. Kent	1878 1898 1901 1916
損益平衡分析 (Breakeven Analysis)	H. Hess J. Mann	1903 1904
預算 (Budgeting)	De Cazaux H. Hess	1825 1903
標準成本法 (Standard Costing)	G. Norton Garcke and Fells	1889 1908
差異分析 (Variance Analysis)	G. Harrison W. McHenry	1909 1914

資料來源：參考David Solomons所著的*Studies in Cost Analysis.*

隨著市場需求量的增加，有些單一產品需要大量的生產，以滿足市場的需求，並且可達到規模經濟的效益。湯姆森(Thompson)和高達(Godard)分別在十八世紀後期和十九世紀中期，把單一產品大量生產的成本計算過程，予以明確的解說，可說是分步成本法的主要貢獻者。之後，拉得勒(Lardner)把鐵路公司的製造費用區分為固定成本和變動成本。這二種成本分類的標準，是依照成本與生產數量的關係而決定，也就是所謂的成本習性。拉得勒把固定成本定義為不隨生產數量的增減而變動的成本；變動成本則被定義為隨產量變化而增減的成本。

由於很多企業走向大量生產的方式，製造費用的重要性也就增加，因此管理者需要會計方法來估計和分攤製造費用。在十九世紀後期，貝特白(Batterby)和阮廉(Roland)先後提出以原料成本，來估計製造費用。接著，確曲(Church)在1901年提出一套產品成本與售價之關係的模式，在圖1.5以流程圖的方式來說明。

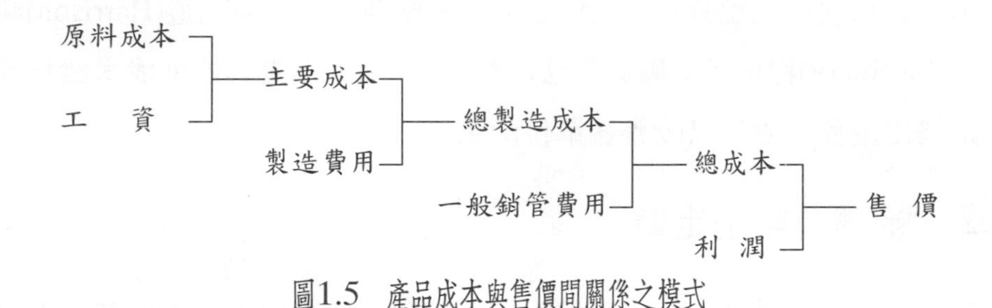

圖1.5　產品成本與售價間關係之模式

原料成本、人工成本和製造費用的總和，稱之為產品總製造成本；其中原料成本加上人工成本，即為主要成本(Prime Cost)。至於產品總成本，除包括總製造成本外，還加上銷管費用，也就是廠商將產品出售之前所花費的全部成本。利潤一般由管理者依市場需求與競爭的情況來決定。總成本加利潤，即為產品售價。確曲所提出的模式，至今仍是管理會計上，產品成本與訂價的基本概念。

除此之外，對製造費用的分攤基礎之選擇標準，確曲建議採用與生產程序相關的因素為基礎。例如以人工為主要生產因素的工廠，即採用人工小時或人工成本為分攤基礎。肯特(Kent)在1916年，也提出四種分攤基礎供製造商作參考，其分別為人工小時、機器小時、生產訂單次數與原料使用量四種；肯特認為管理者可依生產性質的不同，針對各個單位採用較合適的分攤基礎，而不需要全部工廠都採用同一分攤基礎。

在二十世紀的初期，黑思(Hess)和緬恩(Mann)先後提出損益平衡點的觀念，企業在此平衡點上不賺也不賠。管理者由此觀點來計算出最低的銷售額，以保持總收入與總成本的均衡。黑思同時也提出了成本一數量一利潤分析的觀念，以說明銷售量超過或低於損益平衡點時，對企業營運結果的影響。

狄卡札克斯(De Cazaux)是管理會計史上，第一位把歷史資料用來預測未來的活動，產生了所謂預算的觀念。黑思提出對於不同的產量水準，應有不同的製造成本預算。也就是說，企業除了有固定預算外，還可有彈性預算。在十九世紀末期和二十世紀初期，挪爾頓(Norton)、卡爾克(Garcke)和菲爾絲(Fells)認為，可以歷史資料來計算產品的標準成本，更可細分為原料成本、人工成本和製造費用三部分。自從標準成本制度建立後，海瑞遜(Harrison)和麥克亨利(McHenry)提出了差異分析法，將實際費用支出數與標準成本或預算相比較，找出差異之處，以改善各單位的績效。

1.5.2 管理會計的定義

管理會計史雖然源自於十八世紀，但是在前三世紀中，未曾有人對管理會計給予明確的定義，直到二十世紀的中期，管理會計(Management Accounting)的名詞與定義才由會計權威團體正式予以訂定。

首先，美國會計學會(American Accounting Association)在1958年組成管理會計委員會(Committee on Management Accounting)，該委員會的主要任務之一，是依管理會計的重要性和使用性，給予明確的定義。委員們認為過去的文獻有不少類似管理會計的名詞，例如管理者的會計(Managerial Accounting)、行政會計(Administrative Accounting)、工業會計(Industrial Accounting)、成本會計(Cost Accounting)、內部會計(Internal Accounting)、決策會計(Accounting for Decision Making)等，而這些名詞所涵蓋的範圍與觀念都不及「管理會計」廣。委員們將管理會計定義為:「管理會計是運用適當的方法和觀念，以處理一個實體之歷史性和預測性的經濟資料，來協助管理階層建立合理經濟的目標計畫，進而協助管理階層作各種理性的決策，以達到既定經濟目標。」❶

❶ "Report of Committee on Management Accounting." *The Accounting Review*, April 1959, p. 210.

由上述的定義看來，管理會計報告的主要使用者是管理階層，其運用各種必要的方法和觀念，作有效的營運規劃，並在多種方案中選擇最好的方案，且藉著績效的評估以達到控制目的。美國會計學會(AAA)於1966年出版的《基本會計理論聲明書》(*A Statement of Basic Accounting Theory*)中，採用1958年管理會計委員會的定義，並且在聲明書中詳細的解說該定義的內容。

美國管理會計人員學會(National Association of Accountants)於1981年發佈管理會計公報第一號(Statement No. 1A, Definition of Management Accounting)，將「管理會計」定義如下：「管理會計是一個辨識、衡量、累積、分析、準備、說明和溝通財務資訊的營運活動，以確保有效地運用組織的資源。管理會計工作也包括為非管理階層團體，例如股東、債權人、證券管理單位和稅捐機關，編製財務報告。」❷

美國管理會計人員學會(NAA)之定義，將管理會計視為一種規劃和控制營運活動的過程，並且把過程中的步驟解釋得很清楚，促使管理階層運用會計資訊，使有限的資源發揮最大的效益。NAA之定義與AAA之定義的主要不同點，在於NAA定義偏重於財務資訊的應用，對未來的情況沒有預測其發展。綜合二個定義看來，AAA之定義把管理會計的範圍訂得較為廣泛；而NAA之定義則把管理會計的過程解說得較為詳細。

1.6 管理會計的新方向

各種管理會計方法的產生，主要源自於社會的需要。企業管理者為掌握日異複雜的營運情況，需要採用不同的方法來蒐集、整理與分析企業的資訊，以作為日常決策之參考。近十年來，由於科技的進步，使製造環境發生很大的變化，部分學者認為傳統管理會計方法不適用於新的製造環境，紛紛提出管理會計的新觀念和新方法，使成本的計算和績效評估之結果，不會因為製造環境的改變，而成為不正確和不攸關的資訊。

❷ Statement No. 1A, *Definition of Management Accounting*, National Association of Accountants, 1981.

1.6.1 製造環境的改變

在二十世紀初期，企業為應付市場上競爭者的挑戰，經營方式由單一產品生產，走向多種產品製造，以多角化的方式來經營。隨著交通運輸的發達，企業除了面臨國內市場的競爭，更受到國際市場的強大壓力。從此，消費者有了多重的選擇，可隨個人喜好來挑選商品，產品品質、設計和售價也就成為影響銷售的主要因素；相對的，消費者對產品品牌的忠誠度降低，對新產品的接受性也較過去為高。

為維持市場佔有率，不少企業投入大量資金來研究發展新產品，或改良現有產品品質，使產品走向多元化和特殊化，以保持或增加市場銷售量。另外，企業推行自動化生產，以提高生產效率、保持品質穩定和降低製造成本。

尤其在國際市場激烈競爭下，新產品不斷地推出，一般產品的生命週期較以前短，企業必須仔細地預測市場銷售量，再規劃產品的生產量和出貨期間，儘量使生產量與銷售量配合，以避免造成存貨的呆滯，使營運資金積壓。

及時存貨系統(Just-In-Time Inventory System)雖起源美國學術界，但日本豐田汽車公司將此觀念運用到製造業，有效地控制存貨數量，以達到零庫存的理想境界。在此系統下，全部作業流程要先規劃完善，以需求帶動生產，並且使生產排程穩定；取消在製品存貨，讓原料和製成品的存量降到最低，以減少倉儲成本。

隨著科技的進步，生產方式由勞力密集走向資本密集，以機器代替人工，自動化程度也逐漸提高。為增加競爭能力，不少企業採用彈性製造系統(Flexible Manufacturing System, FMS)，以滿足市場上少量多樣的需求。近年來，資訊工業進步神速，製造商採用電腦來控制全部的生產程序和管理系統，即所謂的電腦整合製造(Computer Integrated Manufacturing, CIM)系統，達到無人化製造工廠的境界。為確保產品品質達一定的水準，有些公司採用全面品質管理(Total Quality Management, TQM)，以減少不必要的不良品發生。

1.6.2　成本管理系統

在競爭激烈的市場上生存，管理階層需要有即時資訊，以便隨時掌握企業的動態，使公司能以最低的成本，製造最好的產品或提供最好的服務，以滿足市場的需求。傳統的成本會計系統，是以財務會計的觀念來計算銷貨成本和存貨價值，無法提供管理者足夠的資訊，以規劃和控制深具挑戰性的經營活動。因此，有些公司漸漸走向成本管理系統(Cost Management System)，此資訊系統的設計是以滿足管理者所需為目的，隨時提供適時的相關資訊。圖1.6是成本會計系統與成本管理系統之比較，在這兩個系統中的基本元素相同，但過程的順序相反。在成本管理系統下，經營目標要明確的訂定，管理者預測企業在規劃和控制時所需的資訊，再依需求而設計資訊系統，只蒐集與決策相關的資料予以整理和分析。

資料 ⟶ 資訊 ⟶ 認知

成本會計系統

資料 ⟵ 資訊 ⟵ 認知

成本管理系統

圖1.6　成本會計系統與成本管理

成本管理系統的主要任務之一，是衡量組織內主要活動所花費的有附加價值的成本(Value-added Costs)和無附加價值的成本(Non-value-added Costs)。前者為企業營運所必須支出的成本，例如原料成本；後者則為一種浪費，因為該項成本的支出，對企業利潤沒有貢獻。成本管理系統中，促使成本增加的因素，稱之為成本動因(Cost Driver)，對於無附加價值成本的動因，要明確找出來並且予以控制。

由於製造環境的改變，產品成本的組成元素與過去勞力密集的時代大為不同，機器設備對產品製造的重要性超過人工，製造費用成為主要成本。因此，製造費用的分攤，對產品成本的計算有很大的影響。在成本管理系統下，製造費用分攤基礎之選擇，有些學者建議採用與交易相關的分攤基礎(Transaction-Related Allocation Basis)，也就是所謂的「作業基礎成本系統」(Activity-Based Cost System)。

企業要慎選製造費用的分攤基礎，以免影響各單位績效評估的結果。傳統的評估方法，例如投資報酬率，在新製造環境下已經面臨挑戰，有些學者建議績效評估應兼顧財務面和非財務面，並且依各單位之特性，分別選擇較合適的模式。

本章彙總

企業的組織型態會隨著業務的增加而改變，為使組織內各個單位有效管理，有很多大型的公司走向分權化的組織，並且將彼此的重複性降到最低。在組織內，每個單位皆有其長、短期目標，管理者需要各種不同的資訊，來從事規劃、執行和控制營運活動的工作，以達成既定的目標。

管理者在日常營運的決策過程中，需要將資料整理和分析，以提供有用的資訊。一般而言，對決策者具有價值的管理會計資訊，必須擁有五項特性：⑴攸關性；⑵適時性；⑶正確性；⑷可被瞭解性和⑸符合成本效益原則。

管理會計與財務會計在資料蒐集過程和終極目的方面很類似，由會計系統中得到各種資料，經過各種的整理與分析，以提供報表使用者評估企業績效所需的資訊。除此之外，管理會計與財務會計有數點差異之處，主要原因為報表使用者不同。管理會計報表使用者為內部管理人員，其包括歷史性和預測性的資料，編製格式則隨決策者的需要而定，內容有財務性和非財務性雙方面的資訊。反觀財務會計方面，報表使用者主要為外界的投資者和債權人，為避免使用者對報表產生誤解，財務報表的編製，要遵守一般公認會計準則，定期公佈企業個體的營運成果和財務狀況。

管理會計與成本會計之間有著很密切的關係，此點可由管理會計的發展史來看。管理會計的名詞是在1958年才由美國會計學會所組成的管理會計委員會所定。在此之前，有不少相關名詞，例如管理者的會計和行政會計等。雖然所使用的名詞不同，但仔細探究其意，都大同小異。

由於製造業從勞力密集走向資本密集，產品成本的組成結構與過去不同，人工成本的重要性漸漸被製造費用所取代。近十年來，企業所面臨的國內和國外競爭愈來愈激烈，為求取長期的生存與成長，不少公司致力於提高產品品質和降低製造成本，以滿足消費者的需求。隨著科技的進步，企業投入不少資金於自動化生產設備，使產品的製造過程與傳統的人工方式大為不同。尤其在電腦整合製造系統的製造環境下，成本會計系統無法提供管理者足夠的資訊，以從事規劃、執行和控制工作。近年來，有學者提出成本管理系統，建議以成本動因為製造費用的分攤基礎。並且認為企業的績效評估，要顧及財務性和非財務性雙方面；評估模式的選擇，要考慮所評估單位的特性，以避免因選擇偏差所造成的不實結果。

關鍵詞

正確性(Accuracy)：

會計資訊要經過各種客觀方法的測試，所得的結果皆一致，對決策者才有使用的價值。

控制(Controlling)：

比較各單位的實際成果與預期目標的差異。

成本效益(Cost-Effectiveness)：

對某一決策，將所投入成本與所得到的效益相比較，以決定投資是否值得。

資料(Data)：

會計的原始憑證。

資料庫(Database)：

把相類似的資料集中在一起，以便提供決策者資訊。

分權化(Decentralization)：

組織內各單位分別負責，有明確的權責範圍。

決策(Decision Making)：

各種不同方案中，選擇一個最好的方案來執行。

借貸分錄系統(Double Entry System)：

將交易行為以會計分錄來表示，並且符合借貸法則。

效果(Effectiveness)：

既定目標達成的程度。

效率(Efficiency)：

實際產出與實際投入之比率。

回饋(Feedback)：

資訊的流程，從開始點經過不同的過程，最後又回到始點，以更新原來的資訊。

資訊(Information)：

將資料經過有系統的整理與分析，以供決策者參考之用。

資訊超載(Information Overload)：

給管理者太多的資訊，數量超過其負荷，反成為一種資源的浪費，甚而導致不良的決策。

直線(Line)：

在組織圖上，單位之間有直接隸屬關係，上階層主管可直接監督和管理其直屬單位。

管理會計(Management Accounting)：

運用適當的方法和觀念，以處理一個實體之歷史性和預測性的經濟資料，來協助管理階層建立合理的經濟目標，進而協助管理階層作各種理性的決策，以達到既定的經濟目標。

目標(Objective)：

組織所定的預期成果。

執行(Operating)：

實際進行各種計畫。

組織(Organization)：

由一群有共同目標的人所組成之社會系統。

組織圖(Organization Chart)：

組織內各單位的隸屬關係以圖表來表示。

績效評估(Performance Evaluation)：

衡量實際結果與預期目標的差異，以決定各單位的成果。

規劃(Planning)：

依據歷史資料和其他相關的長、短期計畫。

主要成本(Prime Cost)：

原料成本和人工成本的總和。

攸關性(Relevance)：

資訊要與決策有關才有價值。

幕僚(Staff)：

在組織圖上，沒有實際的直線隸屬關係，但其目的在協助直線單位的工作。

策略性規劃(Strategic Planning)：

管理階層依據董事會所決定的長期目標，進行各單位之目標規劃，以達到既定目標。

適時性(Timeliness)：

資訊要隨時更新，並且可即時提供給管理者。

可被瞭解性(Understandability)：

報告要讓使用者明白其內容，資訊才具有價值。

作業

一、選擇題

1. 管理會計可說是：

   A.包括組織的財務性歷史資料。

   B.要遵守一般公認會計準則。

   C.主要任務是提供組織內管理者各種與決策相關的資訊。

   D.以歷史資料分析為主。

2. 下列哪一點為管理會計與財務會計相同之處？

   A.提供資訊給外界使用者。

   B.遵守一般公認會計準則。

   C.使用相同的會計資料系統。

   D.報表的格式相同。

3. 由數種方案中選擇最好的方案之過程稱為：

   A.決策。

   B.規劃。

   C.執行。

   D.控制。

4. 管理會計資訊的特性包括：

   A.攸關性。

   B.適時性。

   C.正確性。

   D.以上皆是。

5. 主要的財務報表不包括下列哪一項？

   A.損益表。

   B.資產負債表。

   C.現金流量表。

D.現金預算表。

二、問答題

1. 何謂分權化組織?
2. 目標設立的原則為何?
3. 管理者在日常營運中所參與的四項主要活動為何?
4. 試述管理會計資訊的特性。
5. 試敘述成本會計與財務會計和管理會計的關係。
6. 管理會計與財務會計的相同點和相異點為何?
7. 試解釋下列名詞:

   (1)主要成本

   (2)總製造成本
8. 說明管理會計的起源。
9. 傳統的會計方法是何時發展的?
10. 何謂產品成本和售價關係的模式?
11. 說明管理會計的定義。
12. 請簡述「及時存貨系統」。
13. 比較成本會計系統與成本管理系統的差異。
14. 何謂無附加價值的成本?

第2章

成本的性質與分類

學習目標:

- 辨明成本的分類
- 區分製造成本與非製造成本
- 瞭解銷貨成本在買賣業和製造業的計算方式
- 熟悉一些相關成本的意義
- 認識資訊的成本與效益

前 言

管理活動涉及了規劃、控制及決策三項過程，要更有效率地執行這些過程，有賴於會計人員提供相關的資訊，這類資訊的焦點集中在組織內所發生的成本。由於在各不同的管理階段所需要的成本資訊不相同，所以管理者要先瞭解各項成本名詞的意義，才有助於管理活動的進行。

成本在不同的環境下有不同的意義。以某一方法所蒐集和記錄的成本僅適用該目的之下，而對另一目的可能是不適當的。例如去年生產汽油的成本，在衡量該部門的損益時很有用，但在規劃下一年度該部門的預算成本時，可能因生產方式改進，而變得沒有用了。因此會計人員須瞭解不同的決策需要，以提供不同的成本資訊。故不論在財務會計或管理會計方面，成本始終佔一舉足輕重的地位。本章的重點在於說明各項成本的意義，使會計人員對成本有正確的認識，有助於提供管理者資訊品質的提昇。

2.1 成本分類

成本的分類方式可依目的之不同而改變，如果依成本習性來區分，大體上可分為變動成本(Variable Cost)和固定成本(Fixed Cost)。當組織採用責任中心制度時，成本可依單位的歸屬情況而分為直接成本(Direct Cost)和間接成本(Indirect Cost)。如果依單位主管的管轄範圍為績效衡量的標準，大致上分為可控制成本(Controllable Cost)和不可控制成本(Uncontrollable Cost)。 在本節中，將詳細說明每一種成本的意義。

2.1.1 變動成本和固定成本

所謂變動成本(Variable Cost)係指成本總額會隨著活動量(Activity)成正比例的變動，亦即活動量的減少（增加），會使得總變動成本成正比例減少（增加）。例如直接原料成本就是變動成本，它會隨著產品數量的增加而使直接原料的總成本成正比例增加。活動量的型式可為生產或銷售的數量、原料使用量、工作時數等等。

在活動量和成本之間存在一個比例關係，當活動量在一定範圍內，每一單位的變動成本是一定的，總變動成本隨著總活動量的增加成正比例變動。總變動成本線的斜率代表了每單位的變動成本。例如每單位原料成本是$20，$20X就代表了在產出量是X的水準下之總變動成本，圖2.1顯示出活動量增加對總變動成本和單位變動成本的影響。在此所考慮的是最單純的情況，假設數量折扣不存在，否則單位成本可能會因數量的增加而減少。

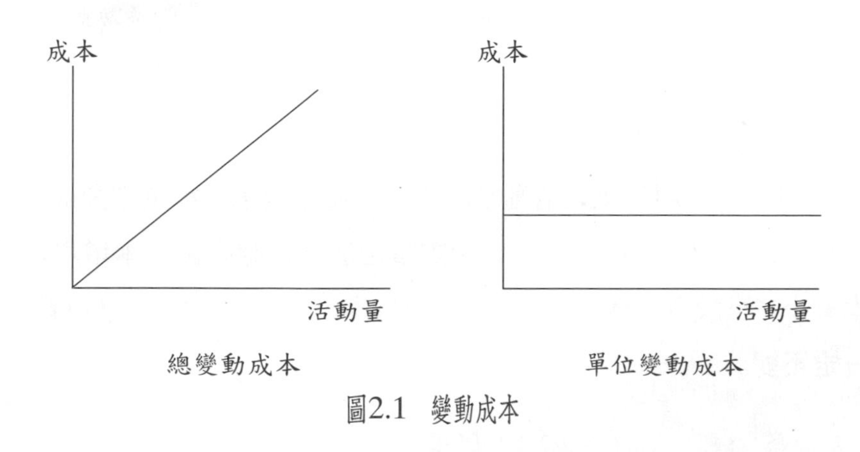

圖2.1 變動成本

常見的變動成本例子，在製造業有直接原料、直接人工以及製造費用中的某些項目（如物料、潤滑劑）會隨生產數量的增減而改變。在買賣業則有銷貨成本、銷貨人員的佣金和帳單成本等，總成本會隨銷售量的增減而改變。

固定成本(Fixed Cost)係指在特定範圍內，當活動水準改變時，成本總額維持不變。固定成本通常以一筆總額來表示，而不像變動成本一般用比率表示。例如房屋租金是以一個月或一年的期間來計算，而不是以每一產品單位或每一使用小時的租金來表示。房租有時會隨著某些因素上升，但這些因素一般與企業的活動水準無關，因此還是屬於固定成本。

從上述定義可知，總固定成本是不變的，但是每單位的固定成本是變動的。圖2.2顯示了固定成本在總成本和單位成本方面的成本線，總固定成本不會隨著活動量改變，因此呈現線性關係。當公司生產更多產品時，每單位的固定成本會下降；相反地，當公司生產量減少時，每單位的固定成本則會上升。固定成本的例子有折舊、房租、保險費、廣告費、廠房經理的薪水等。

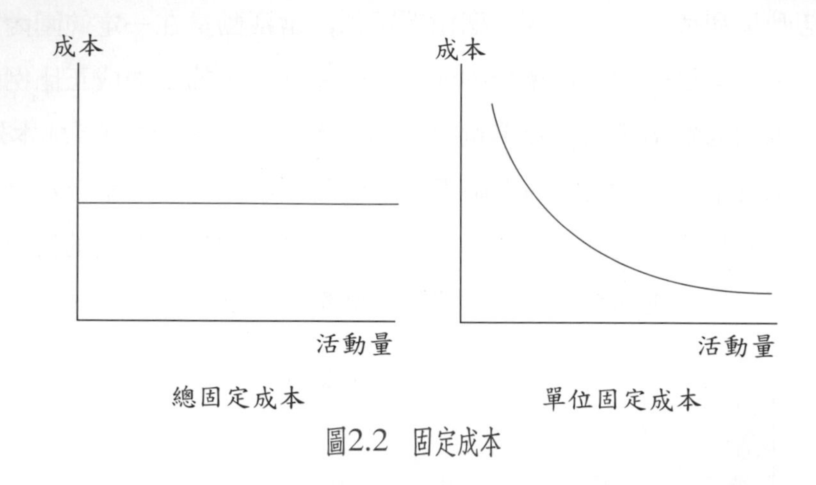

圖2.2 固定成本

由表2.1上的資料看來，活動量改變對總變動成本、單位變動成本、總固定成本和單位固定成本的影響。當生產量增加時，總變動成本增加，單位固定成本減少；至於單位變動成本和總固定成本，在一定的範圍（攸關範圍），保持一定不變。

表2.1 活動量與成本的關係

生產量	總變動成本	單位變動成本	總固定成本	單位固定成本
1	$ 10	10	$300	$300
5	$ 50	10	300	60
10	100	10	300	30
20	200	10	300	15

固定成本雖然在性質上總數不會隨著數量而改變，但某些固定成本則會隨著管理行為而改變，這就是任意性固定成本或稱裁決性固定成本(Discretionary Fixed Costs)，有時亦稱為管理性成本(Managed Costs)、計畫性成本(Programmed Costs)。任意性固定成本的支出與否係由管理者所決定，所以它有二項特質：⑴起源於某一項契約；⑵投入與產出之間並無明顯的因果關係存在。例如公司可能編列下一年度管理諮詢費的支出為$20,000，但在契約上

註明公司可隨時取消該契約，此時管理者保有支出的決定權。但如果該契約是一份不可取消的顧問契約，且已簽署完成，則產生了既定性固定成本或稱為承諾性固定成本(Committed Fixed Cost)。所謂既定性固定成本係指管理者在短期間無法控制支出的權力，也就是說這些成本必然發生。

表2.2彙總變動成本和固定成本的成本習性，可使讀者更瞭解這兩種成本的特性。

表2.2 變動成本和固定成本的習性彙總表

	成本習性	
成本	總額	每單位
變動成本	隨著活動水準的改變，總變動成本成正比例的變動。	每單位變動成本保持不變。
固定成本	固定成本總額不受活動水準改變的影響，亦即當活動水準變動時，固定成本總額保持不變。	當活動水準上升時，每單位固定成本減少；當活動水準下降時，每單位固定成本增加

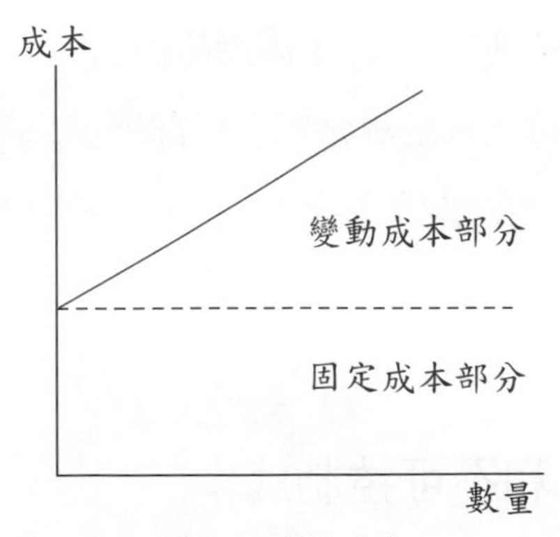

圖2.3 混合成本

理論上可將成本劃分為變動和固定兩大類，但在實務上，很多成本的特性，既不完全屬於變動成本，又不屬於固定成本。此種成本兼具了兩種成本的特性，可稱為半變動成本(Semivariable Cost)、半固定成本(Semifixed Cost)或混合成本(Mixed Cost)。也就是說即使無產量時，也有一定的支出，當生產開始時，成本會呈一定比率的增加。在此情況下，總成本的計算方式為總變動成本和總固定成本之總和。

2.1.2 直接成本和間接成本

管理會計的主要功用之一，是協助管理者來控制成本。要使某個組織達到成本最小化，就必須控制組織內每個單位的成本。尤其在實施責任會計的組織，可將成本歸屬到各個單位，以加強對成本的控制。

針對企業的某一部分(Segment)，如作業、產品、部門，來設定成本標的(Cost Object)，如成本能辨認或易於歸屬到某一成本標的時，就稱為該成本標的之直接成本(Direct Cost)，或稱為可追溯的成本，例如直接原料、直接人工。如成本與成本標的之間關係並不易看出時，就稱為間接成本(Indirect Cost)，例如間接原料、間接人工。直接成本與間接成本的區分，在於是否可將成本直接歸屬到該成本標的。

間接成本有時也稱為共同成本(Common Cost)。共同成本所帶來的效益可使一個以上的企業活動或單位受惠。既然此類成本對所有的單位有共同的效益，那它對任一單位而言就不是直接的成本。例如A、B產品的製造均須經過機器甲，則機器甲的折舊費用對A、B兩產品而言是共同成本。

由於直接成本與間接成本的界定點在於部門歸屬問題，與2.1.1節的變動和固定成本之間不一定存在相互的關係，也就是說直接成本不一定是變動成本，固定成本也可能為直接成本。例如生產單位的設備折舊費用是該單位的直接成本，也是一種固定成本。

2.1.3 可控制成本和不可控制成本

可控制成本(Controllable Cost)與不可控制成本(Uncontrollable Cost)之差別，在於該成本之發生是否可由某一特定的管理者控制，可以控制就是可控制成本，不可以控制就是不可控制成本，因此該特定人員須對其可控制成本負責。基本上，大多數的成本是可控制的，只是會隨階層不同而有不同的控制，例如高階管理人員可控制部門經理的薪資，部門經理可控制該部門所使用的物料成本。

直接成本並不一定是可控制成本，有時某一成本雖可以直接歸屬到甲部門，但可能不為該部門經理所控制。例如部門經理的薪資對該部門而言是直接成本，但對部門經理而言是不可控制的成本，因為它是由高階管理人員所決定的。

有些固定成本是不可控制的成本，例如廠房租金，對於生產部門經理而言是不可控制的；但對於有權去簽訂房租契約的管理者而言，它是可控制的。如果由成本習性（變動或固定）來決定成本是否為可控制的成本，這種方式可能會造成錯誤的決策，因為有些固定成本的支出可由單位主管完全控制，可歸屬於可控制成本。

時間的長短在決定可控制性時，也扮演著一個重要的角色。成本可能就長期而言是可控制的，但對短期而言是不可控制的。例如辦公大樓的租金，當已決定並簽下房租契約，管理者就無權去改變支出；但當契約到期時，管理者擁有控制權，可決定續租或另外找其他的地方借用。

2.2　製造成本與非製造成本

在行業分類上，大致上分為製造業、買賣業和服務業三大類，其中製造業的會計系統可說是最複雜的，因此在本節說明製造成本(Manufacturing Cost)與非製造成本的意義。

2.2.1　製造成本

基本上可將製造成本分為直接原料成本、直接人工成本和製造費用。使用在生產過程中的主要原料，稱為直接原料，例如木製椅子的直接原料成本是木材成本。直接人工成本是指在生產線上作業員的工資，例如從事鋸木頭和釘椅子等工作的人。至於製造費用方面，包括了很多項目，從間接原料、間接人工，到其他種種費用。在椅子製造廠內，釘子可說是間接原料，監工人員的薪水可說是間接人工成本。除此之外，折舊費用、保險費、電費等皆列為製造費用的一部分。

在一般的工廠內，有時難免會有加班(Overtime)和閒置(Idle Time)的情況產生。針對這兩種情形的會計處理程序，在此分別舉例說明。假若明泉公司僱用一位技工，每小時工資$800。一週工作44小時，若有加班的情況，每小時工資漲至$1,200。假設本週要趕製一些貨品，要求該技工加班4小時，這一週要支付的工資計算如下:

直接人工成本	$800 × (44 + 4)	$38,400
間接人工成本	($1,200 − $800) × 4	1,600
		$40,000

由上式看來，加班費每小時比平時上班多付$400，因為加班4小時，所以$1,600列為間接人工成本。

相對的，明泉公司在另一週訂單不多，該工人閒置了6小時，對此工人週薪的會計處理如下:

直接人工成本	$800 × 38	$30,400
間接人工成本	$800 × 6	4,800
		$35,200

由上面計算過程，可明確得知直接人工成本僅為$30,400，閒置時間所付的工資，全部當作間接人工成本$4,800。

在製造成本的三個組成要素中，直接原料成本和直接人工成本的總合，稱為主要成本(Prime Cost)；直接人工成本和製造費用的總和，稱為加工成本(Conversion Cost)。在傳統製造環境下，原料和人工為主要成本；在新製造環境下，生產自動化導致製造費用的重要性提高。

2.2.2 非製造成本

在非製造成本方面，所涵蓋的範圍很廣，包括了商品成本(Merchandise Cost)、行銷成本(Marketing Cost)、行政成本(Administrative Cost)、研究發展成本(Research and Development Cost)、財務成本(Financial Cost)等。這些成本主要發生在買賣業和服務業。近年來，這兩大行業發展得很迅速，管理者應善用各種管理會計的方法，來控制各項成本的支出。商品成本為購買貨品成本，其他四種成本分別敘述如下:

1. 行銷成本

行銷成本包含了銷售產品和勞務的成本以及配銷成本。銷售成本或稱為取得訂單成本(Order-Getting Costs)，包含了銷售人員的薪資、佣金和旅行成本，以及廣告和促銷的成本。配銷成本(Distribution Cost)或稱之為履行訂單成本(Order-Filling Cost)，則是包含了儲存、處理及裝運貨品的成本。因此行銷成本是指從取得客戶訂單，送貨給客戶，再到收到貨款的全部過程中所發生的成本。

2. 行政成本

行政成本係指為管理組織整體正常運作所發生的成本，包含一般行政作業與幕僚服務的成本。如同高階管理人員的薪水、法律顧問費、公共關係活動的成本等都是行政成本的例子。

3. 研究發展成本

研究發展成本包含了為發展新的產品和勞務所發生的成本。當國際競爭愈來愈激烈，以及高科技產品的日新月異，企業投入大量資金於研究發展，以提昇企業生存能力。實驗室的研究成本、新產品模型的建立及測試的成本，均屬於研究發展成本。

4. 財務成本

財務成本係指與企業理財相關的成本。在現今的社會，公司必須多多利用槓桿原理，以借貸方式為企業創造更多的財富。因此，與理財相關的成本在理財時需考慮，其為銀行手續費、利息費用等。

無論在哪一種行業，在財務報表上應明確的劃分產品成本(Product Cost)

和期間成本(Period Cost)。產品成本表示製造或購買產品所支付的成本，在製造業則包括原料成本、人工成本和製造費用；在買賣業則為商品成本。在產品未出售以前，產品成本也可稱為存貨成本(Inventory Cost)；在產品出售之後，產品成本則稱為銷貨成本(Cost of Goods Sold)。

在成本分類上，如果只區分為產品成本和期間成本二類，期間成本可說是除產品成本以外的成本，其發生與產品的生產或銷售活動無關，只是隨時間的發生而增加。例如水電費、廣告費、電話費和折舊費用等，在每一段期間內即發生，不論是否有生產量或銷售量。

2.3 銷貨成本

銷貨成本的計算，在買賣業較為簡單，在製造業則較為複雜。本節先介紹銷貨成本在買賣業的計算方法，再說明在製造業的計算方式。

表2.3為龍群公司90年度的銷貨成本，該公司以銷售體育用品為主，所持有的貨品都是商品存貨，所以銷貨成本的計算公式如下：

期初存貨成本	+本期進貨成本	−期末存貨成本	=銷貨成本
$300,000	+ $1,537,000	− $50,000	= $1,787,000

其中本期進貨成本包括了幾項成本：全部的購買成本扣除進貨退回和折讓，再加上進貨運費。有一點要特別提醒讀者，銷貨運費(Transportation-Out Cost)屬於銷售費用，不可列入銷貨成本的計算中。

由表2.4中算出平誠公司在90年度所使用的直接原料成本，再代入表2.5中來計算製造業的銷貨成本。表2.4的計算方式與表2.3類似，唯一不同的是買賣業的貨品為商品，製造業是購買原料(Raw Materials)貨品。平誠公司將所購買的原料予以加工，尚未完成的部分稱為在製品(Work-in-Process)，加工完成者稱為製成品(Finished Goods)。比較表2.3和表2.5，可以明確的看出製造業的銷貨成本計算較複雜，可以下列公式來表示：

期初製成品成本	+ 本期製成品成本	− 期末製成品成本	= 銷貨成本
$230,000	+ $5,400,000	− $130,000	= $5,500,000

表2.3　銷貨成本表: 買賣業

龍群公司 銷貨成本表 90年度		
期初存貨成本		$ 300,000
本期進貨成本:		
進貨成本	$1,500,000	
減: 進貨退回	(20,000)	
進貨折讓	(3,000)	
加: 進貨運費	60,000	1,537,000
可供銷售貨品成本		$1,837,000
減: 期末存貨成本		(50,000)
銷貨成本		$1,787,000

表2.4　直接原料成本表: 製造業

平誠公司 直接原料成本表 90年度		
期初原料存貨		$ 60,000
本期原料進貨:		
進貨成本	$1,000,000	
減: 進貨退回與折讓	(80,000)	
加: 進貨運費	70,000	990,000
減: 期末原料存貨		(50,000)
本期直接原料成本		$1,000,000

表2.5 銷貨成本表: 製造業

平誠公司 銷貨成本表 90年度			
期初製成品成本			$ 230,000
本期製成品成本:			
期初在製品存貨		$ 50,000	
本期製造成本:			
直接原料成本	$1,000,000		
直接人工成本	1,500,000		
製造費用	3,000,000	5,500,000	
小　計		$5,550,000	
期末在製品存貨		(150,000)	5,400,000
可供銷售貨品成本			$5,630,000
期末製成品成本			(130,000)
銷貨成本			$5,500,000

2.4 其他成本的意義

除了上面三節所討論的成本分類與意義外，在管理會計學還有一些成本名詞，在本節分別予以敘述。

2.4.1 單位成本與總成本

雖然管理者在作決策時，經常使用總成本的觀點，但對於平均成本(Average Cost)與單位成本(Unit Cost)的使用也需注意，因為在某一些決策制定時仍會用到。

平均成本的計算是以總成本(Total Cost)除以活動量，至於活動量的選擇須和總成本的發生具有密切的關係，如此才有意義，常見的活動量有產品數量和小時數。

例如將總製造成本除以總生產量就可得到每一產品的單位成本，如下所示:

製造1,000單位的總製造成本（分子）	$49,000
生產的單位數（分母）	1,000
單位製造成本($49,000/1,000)	$49

假設本期賣800單位尚餘200單位於期末存貨中，則可利用平均成本的觀念，將總製造成本分成二部分：

銷貨成本（800單位 × $49）	$39,200
期末製成品存貨（200單位 × $49）	9,800
	$49,000

單位成本雖係一平均數，但解釋時須加小心，主要問題在於單位化固定成本(Unitized Fixed Cost)，只將其視為單位成本，忽略了固定成本的總額是不變的，可能會產生錯誤，因為有時將單位成本包含了單位數所得結果無法與總成本相符。如果單位成本包含了單位變動成本和單位固定成本，在作決策時須將兩者加以區分，活動水準的變動僅會影響總變動成本，而不會影響總固定成本。所以單位成本雖然很好用，但在解釋時要特別小心，尤其是以單位固定成本表示時更要謹慎。

2.4.2　增量成本與減量成本

增量成本(Incremental Cost)是指增加額外的活動，如銷售增加而成立一新部門所發生的額外成本。有時會用邊際成本(Marginal Cost)來描述增量成本，邊際成本是指增加額外一產出單位或做額外一件事所發生的成本。增量成本經常是變動成本，但也包含因增加作業水準而增加的固定成本。因此這些額外的固定成本，就是增量固定成本。

增量成本的反義字是減量成本(Decremental Cost)，其情形則與上述相反。減量成本是指減少一單位產品所減少的成本，但通常也稱為可避免成本(Avoidable Cost)。例如關掉一家連鎖分店，該店每月支出的水電費就不必再行支出，故水電費是可避免成本。

2.4.3 攸關成本與非攸關成本

在做增量成本分析時，必須知道哪些成本是攸關的以及哪些成本是非攸關的。攸關成本(Relevant Cost)係指在各個不同方案中，成本會隨方案的選擇而改變。非攸關成本(Irrelevant Cost)的定義則相反，係指在各方案中無論選擇哪一個方案都不會改變的成本。非攸關成本並不是意謂著它可被忽視或它不需要被評價，而是指它不是影響成本的因素。攸關成本必定具有現時或未來的價值，也就是可用現時市價或現金價值來評估所有的資產和負債之價值，付現成本(Out-of-Pocket Cost)就是一種攸關的現金成本。

沉沒成本(Sunk Cost)是來自於過去決策的支出，且管理者不再擁有控制權。因為沉沒成本已不可改變，它們對未來的決策不具攸關性，所以在分析決策時可予以忽略。任何發生在過去的成本都是沉沒成本，因此歷史成本是沉沒成本，都是不可避免成本(Unavoidable Cost)。

歷史成本雖是資產評價和損益衡量的基礎，但它對經營分析的影響很小。過去的成本在決定資產是否繼續擁有或出售是沒有意義的，只有現時或未來的價值才有意義。另外，使用歷史成本可能會扭曲決策過程，作出錯誤的決策。

2.4.4 差異成本與機會成本

決策過程是要比較不同的方案，並從中選擇最好的，因此其焦點集中在成本差異上。差異成本(Differential Cost)是指兩個方案其成本差異之所在。假如現有二個方案——A方案、B方案，將A、B兩方案的增量收入和成本予以彙總並加以比較，就可得出差異成本。由上可知差異成本是增量成本與減量成本的合稱，正時為增量成本，負時為減量成本。

有時可找出一中間點或稱無異點(Indifference Point)，在此點上，管理者不論選擇哪一方案，其結果都是一樣的。例如A方案的經營成本是固定成本$2,000加每單位$10，B方案的經營成本則是固定成本$1,000加上每單位$20。

A方案		B方案
$2,000+$10X	=	$1,000+$20X
X	=	100單位

當X為100單位時，選擇A方案或B方案對管理者皆一樣，因為每方案的總成本為$3,000。但在100單位以下時，選擇B方案較有利；在100單位以上時，選擇A方案較有利。

機會成本是差異成本的另一解釋。機會成本(Opportunity Cost)是指選擇另一方案所需放棄的利得，一般是指放棄最佳選擇的價值。例如A方案每年可帶來淨利$10,000，B方案則為$5,000，當選擇B方案時，機會成本是$10,000。一般的決策原則認為機會成本不可超過所選擇方案的價值。

2.5　資訊的成本與效益

在本章中已介紹過多種成本的概念，對於每一種成本的意義也詳細說明。一個現代的會計人員要充分瞭解每種成本的意義，並且能明確的判斷在決策過程中，哪些成本資訊是應提供給管理者作參考之用。尤其在這資訊發達、變化快速的時代，會計人員盡力於建立良好的資料庫，善用各種電腦硬體和軟體，來提供不同決策所需的各項資訊。成本衡量和分類的效益，理論上是有助於管理者的決策品質。

在提供資訊時，會計人員要考慮蒐集和分析資料所需的成本，以及由該成本資料所可能帶來的效益。雖然會計人員想提供所有與決策相關的資訊，但要考慮決策者是否能將所有資訊運用到決策過程中，不會造成決策者面對龐大的資料而有不知所措的現象，也就是所謂的資訊超載(Information Overload)。同時，會計人員要衡量提供各種資訊的成本與效益，如果成本大於效益，則要仔細考慮該種資訊的必要性。因此，會計人員在決定所要提供資訊的類型和數量時，要先考慮各種可能發生的限制情況。

以下所列為龍元信託公司貸款部門所發生的成本，針對每一項成本，請指出其應屬於下列哪一種成本類別。每一項成本可能歸屬於一個以上的成本類別。

成本分類

a.貸款部門經理可控制成本。

b.貸款部門經理不可控制成本。

c.貸款部門的直接成本。

d.貸款部門的間接成本。

e.差異成本。

f.邊際成本。

g.機會成本。

h.沉沒成本。

i.付現成本。

成本項目

1.貸款部門經理的薪水。

2.在貸款部門所使用的辦公文具用品成本。

3.貸款部門經理去年購置該部門所使用的個人電腦。

4.每增加一個貸款申請所需要增加支付的成本。

5.假設將一貸款辦事處從郊區遷入市中心，可使該貸款部門增加的收入。

6.分攤給貸款部門的廣告費。

解答：

成本類別／成本項目	可控制成本	不可控制成本	直接成本	間接成本	差異成本	邊際成本	機會成本	沉沒成本	付現成本
1		∨	∨						∨
2	∨		∨						∨
3	∨		∨					∨	
4					∨	∨			
5							∨		
6		∨		∨					∨

本章彙總

成本的觀念對一般人而言並不陌生，但會因在管理過程中不同的階段而有不同的意義。在成本分類方面，可因為目的不同而有各種的分類方式。在第2.1節中，成本分類方式有三種：(1)依成本習性而分為變動成本和固定成本；(2)依成本標的歸屬情況而分為直接成本和間接成本；(3)依單位主管的管轄範圍，大致上分為可控制成本和不可控制成本。

製造業的會計系統比買賣業和服務業的會計系統複雜，把成本依與製造程序的相關性，分為製造成本與非製造成本。與產品製造有關的成本，包括直接原料成本、直接人工成本和製造費用，稱為製造成本。產品在銷售之前，其成本稱為存貨成本；在銷售之後，產品成本改稱為銷貨成本。至於非製造成本部分，所涵蓋的範圍很廣，本章介紹了商品成本、行銷成本、行政成本、研究發展成本和財務成本。

銷貨成本在買賣業的計算方式較簡單，為期初商品存貨成本，加上本期進貨成本，減去期末商品存貨成本，即得到銷貨成本。在製造業方面，銷貨成本則包括原料成本、人工成本和製造費用，要先計算出原料實際使用量的成本當作直接原料成本，再計算本期製造成本，才能求得銷貨成本。

除了上述的成本概念，本章還敘述了一些在實務上較常使用的成本名詞，包括單位成本與總成本。另外，提醒會計人員在提供資訊時，要考慮資訊的成本與效益，以避免造成資訊超載的現象發生。

關鍵詞

平均成本(Average Cost):

是把總成本除以總數量而得到的結果。

可避免成本(Avoidable Cost):

停止某一項活動，即可節省的成本。

承諾性固定成本(Committed Fixed Cost):

因為契約行為所發生的固定成本。

可控制成本(Controllable Cost):

成本的發生與否，可由某位管理者所控制。

加工成本(Conversion Cost):

直接人工成本和製造費用的總和。

成本標的(Cost Object):

成本歸屬的目標，例如一個作業單位、產品、部門等。

銷貨成本(Cost of Goods Sold):

產品的成本，在買賣業為商品成本，在製造業則為產品成本。

減量成本(Decremental Cost):

減少一個活動量所能減少的成本。

差異成本(Differential Cost):

在不同的選擇方案下，方案之間成本的差異部分。

直接成本(Direct Cost):

可直接歸屬到某一個生產單位的成本，也可稱為可追溯的成本，例如直接原料成本。

任意性固定成本(Discretionary Fixed Costs):

由管理者可以決定是否要支出的成本，又稱裁決性固定成本。

固定成本(Fixed Cost):

在特定範圍內，當活動水準改變時，成本總額保持不變。

增量成本(Incremental Cost)：

指增加一個活動量所增加的額外成本。

間接成本(Indirect Cost)：

無法直接歸屬到某一生產單位，例如間接原料成本。有些間接成本的效益分散在數個單位，也可稱為共同成本。

資訊超載(Information Overload)：

管理者接到過多的資訊，而茫然不知所措。

非攸關成本(Irrelevant Cost)：

與決策沒有關係的成本，也就是無論選擇哪一個方案，成本都不受影響。

製造成本(Manufacturing Cost)：

包括直接原料成本、直接人工成本和製造費用。

邊際成本(Marginal Cost)：

每增加一個單位所增加的額外成本。

混合成本(Mixed Cost)：

也稱為半變動成本，或半固定成本，包括了兩種成本特性。

機會成本(Opportunity Cost)：

是指選擇另一方案所需放棄的利得。

付現成本(Out-Of-Pocket Cost)：

實際支付的成本。

期間成本(Period Cost)：

與產品製造或銷售活動無關，凡是期間一過即會發生的成本，例如電費。

主要成本(Prime Cost)：

直接原料成本和直接人工成本的總和。

產品成本(Product Cost)：

一般指與所出售貨品的製造過程有關的成本，包括直接原料成本、直接人工成本和製造費用。也可說是隨產品的製造或銷售水準增加而變化的產品相關成本。

攸關成本(Relevant Cost)：

指在各個不同方案中，成本會隨方案的選擇而改變。

沉沒成本(Sunk Cost)：

由過去決策所決定支出的成本，與未來決策無關。

不可避免成本(Unavoidable Cost)：

無論作任何決策，某些成本一定要支付，不可避免的。

不可控制成本(Uncontrollable Cost)：

成本的發生不是由某位管理者所能控制。

單位成本(Unit Cost)：

每一單位產品的成本，與平均成本的定義相似。

變動成本(Variable Cost)：

成本總額會隨著活動量成正比例的變化。

作業

一、選擇題

1. 下列何者是屬於製造業的產品成本的一部分？

   A.銷售佣金。

   B.運輸成本（進貨）。

   C.運輸成本（銷貨）。

   D.行政管理人員薪資。

2. 對製造商來說，損益表中的銷貨成本是指銷售下列哪一種產品？

   A.商品。

   B.在製品。

   C.直接人工。

   D.製成品。

3. 當定義原料成本是直接或間接成本時，其關鍵在：

   A.使用原料的成本。

   B.使用原料的數量。

   C.原料的使用與生產過程的關係。

   D.從供應商購買的原料數量。

4. 下列哪個項目既是主要成本的要素，又是加工成本的要素？

   A.直接人工。

   B.直接原料。

   C.間接人工。

   D.間接原料。

5. 在損益表上，成本可分為產品成本和下列哪一項成本兩大類？

   A.主要成本。

   B.期間成本。

   C.加工成本。

D.商品成本。

6. 有關沉沒成本的敘述，何者為非？

A.來自於過去的決策。

B.管理者不再擁有控制權。

C.成本可改變。

D.對未來的決策不具攸關性。

二、問答題

1. 成本標的為何？
2. 試舉例說明成本動因。
3. 試述直接原料與間接原料，及直接人工與間接人工的性質。
4. 何謂主要成本？何謂加工成本？
5. 說明成本習性的意義。
6. 試述固定和變動成本習性的差異。
7. 請解釋何謂可控制成本？何謂不可控制成本？
8. 請說明直接成本與間接成本的差異。
9. 何謂沉沒成本？
10. 試舉例說明機會成本。
11. 比較增量成本與減量成本的差異。
12. 會計人員在資料蒐集與分析時，應考慮哪些成本與效益？
13. 何謂資訊超載？

第3章

新製造環境的介紹

學習目標:

- 探討製造環境的改變
- 明白新製造環境對管理會計的衝擊
- 瞭解及時系統的特性和及時成本法
- 介紹作業基礎成本法
- 認識績效評估的相關考量

前言

綜觀管理會計學的發展史，每一種方法的產生是基於產業的實際需要，最早起源於十八世紀的工業革命，工廠漸漸產生，成本計算的需求也因應而起。接著，鐵路運輸興起，鐵路公司的管理階層需要有效的方法來規劃和控制日益複雜的營運活動。到了二十世紀初期，從事多元化生產的大型企業紛紛成立，管理者需要詳細的會計資料，用以計算產品成本和決定售價。

二十世紀中期以後，電腦科技實際的應用到製造業，使生產自動化程度提昇。此時，製造環境由勞力密集的人工生產方式走向資本密集的自動化作業，生產線上的工作以機器來取代人工。近十幾年來，國際市場的競爭日漸激烈，為加強企業生存能力，企業投入大量的資金於研究發展和機器設備，用以提昇產品品質來提高附加價值，並且增加生產效率以降低成本。

這些製造環境的改變，使得適用於勞力密集時代的傳統管理會計方法面臨不適用的局面。自從1980年代中期起，美國多位學者提出新的管理會計觀念。本章首先介紹電腦在製造業的應用情況，再談談製造環境變遷對管理會計的衝擊。除此之外，還探討一些新的管理會計觀念和方法。

3.1 製造環境的改變

隨著交通的發達，產品銷售範圍由國內市場擴展到國外市場，使得消費者有較多貨品選擇的機會。為應付國際市場上激烈的競爭，很多世界性的跨國公司自1980年以後，紛紛尋找新的製造技術設備，以生產品質好、成本低的產品，來增加自己在國際市場上的競爭能力。早期廠商採用自動裝配機和電腦數值控制器(Computer-Numerically-Controlled, CNC)等自動化設備，然後隨著科技的進步，製造廠商採用更新的機器設備。本節的重點是敘述電腦設備在製造環境的應用情況。

3.1.1　電腦輔助設計與電腦輔助製造

所謂電腦輔助設計(Computer-Aided Design, CAD)和電腦輔助製造(Computer-Aided Manufacturing, CAM)，是把機器和電腦的技術應用在產品設計和製造程序方面。電腦輔助設計是運用電腦來發展、分析和修改產品的設計，也可說是由電腦程式來執行設計過程中的每一個步驟。至於電腦輔助製造是指用電腦來規劃、執行和控制產品的製造程序，包括原料的使用和機器設備的排程。

這種機器與電腦的整合技術，發展至今已有四十多年的歷史，其真正起源於美國麻省理工學院在1950年代所發展的自動排程工具(Automatically Programmed Tools, APT)的程式語言，再隨著電腦製圖的發展而不斷更新技術。尤其是在1960年代中期，這方面的技術有很顯著的進步，美國的企業界從此開始認知電腦製圖和電腦輔助設計(CAD)的功能，並由航太工業的製造商率先使用電腦製圖於生產程序。同時，電腦硬體和軟體的製造商也開始大力推廣電腦輔助設計和電腦輔助製造(CAD/CAM)的系統，尤其在1970年代期間發展更為迅速。

一般而言， 電腦輔助設計和製造系統(CAD/CAM System)的主要功能是減短產品生產週期，例如汽車製造業在過去由新車設計到製造完成需要五年以上的時間，到1995年時，由設計到製造、銷售的期間，已降低至一年半。一項新產品的推出，其銷售績效的好壞，與顧客對此產品的接受性有很大的關係。為爭取較高的市場佔有率，產品設計需要隨著顧客的喜好而改變。不少世界級的大型製造商希望藉著產品設計的新穎來招攬顧客以增加收入，同時經由有效率的製造程序來提高生產力，進而降低產品成本。

3.1.2　彈性製造系統

將電腦輔助設計和電腦輔助製造兩者整合，使產品的設計和製造程序彼此互相協調，不僅有助於生產力的提昇，同時可降低製造時間和產品不良率。有些製造商將電腦輔助製造系統擴展為彈性製造系統(Flexible Manufacturing

System, FMS)，亦即由電腦來控制兩個或兩個以上的機器，以輸送系統來連接，例如採用機器人，無人搬運車和自動輸送帶，使產品製造由原料到成品的過程，完全由電腦來控制機器設備，並且使生產設備調整為可製造數種不同的產品。由於製造與整備(Set Up)的時間縮短，彈性製造系統使製造商可隨市場的需求來調整生產程序與數量，使得生產部門可因應客戶的要求而很快調整生產排程，達成產品少量多樣的製造目標，同時機器的使用率也因此而提高。在完整的彈性製造系統下，生產線與自動倉儲設備相連接，原料由供應商送到倉庫，電腦控制自動倉儲設備，由輸送帶運送各個工作站所需要的原物料，產品製造完成再由輸送帶送回倉庫。生產線上無人化，只需要機器的控制與維修人員。這樣一方面可降低人工成本，避免人工短缺的問題；另一方面使產品品質穩定，減少生產不良率，所以單位產品製造成本也較傳統製造方式為低。

3.1.3 電腦整合製造系統

電腦整合製造(Computer Integrated Manufacturing, CIM)系統是將電腦輔助設計(CAD)、電腦輔助製造(CAM)、彈性製造系統(FMS)三者加以整合，再結合資訊系統和管理系統，使物流、資訊流和成本流三者同步進行。近年來採用電腦整合製造系統為製造商主要的發展趨勢，其主要的好處是降低直接人工成本。在這新的製造環境下，生產部門可製造出數量多且品質穩定的產品，同時在短時間內製造出少量多樣且變化性高的產品。

由於電腦整合製造系統的投資計畫為長期性且投資額高的計畫，企業管理者考慮是否值得投資於高度自動化設備的決策，屬於資本預算決策(Capital Budgeting Decision)。不少世界級的大型製造商，投入大量資金來建立電腦整合製造系統，藉此來增加企業在國際市場的競爭能力。此項投資的成功與否，管理階層的投入和員工的努力，以及彼此之間的合作，都扮演著很重要的角色。例如美國通用汽車公司(General Motors)和日本豐田汽車公司(Toyota Motor Company of Japan)皆投入數十億的美金於自動化設備。管理者在此項自動化投資決策時，要仔細考慮兩種因素：(1)投資計畫的成本與效益；(2)投資計畫的全部執行期間和回收期間。

由於電腦整合製造系統的投資，屬於整廠自動化的投資。一般而言，該項投資的金額大且回收期長，所以在投資計畫審核時，要特別的審慎小心。根據美國管理會計人員協會(Institute of Management Accountants)的前身，美國管理會計人員學會(National Association of Accountants)所發表的，新製造環境下的管理會計研究報告中，將企業在作電腦整合製造系統的資本預算決策時所應考慮的成本與效益因素，在報告中分別予以說明❶。在表3.1中，分別列出財務面和非財務面的因素，雖然有些因素是可以數量化，但大部分因素為非數量化，因此在衡量方面比較困難。由表3.1看來，成本方面主要是自動化設備的硬體與軟體成本，以及人員的訓練成本。至於效益方面，主要是單位產品成本的降低和品質的提昇。財務方面的資料可由公司內部會計系統得到；非財務面且數量化的資料可由生產單位的記錄得知；至於非財務面且非數量化的資料，在評估上較費事，可以問卷和觀察的方式來取得這些內部資料。如果公司整廠自動化投資得當，各部門人員配合良好，該項投資的效益應超過成本。

電腦整合製造系統的投資為一長期性的計畫，可分為短期、中期、長期不同期間的執行步驟，在某些行業的執行時間可長達十年。一般而言，在投資初期要投入大量的資金，所得的效益則要經過幾年才會明顯呈現。企業在評估投資效益時，還本期的長短會因產業和公司的差異而不同，有些公司的回收期為三年左右，但也有些公司的回收期要五年以上。

❶ Hewell, Robert A., James D. Brown., Stephen R. Soucy, and Allen H. Seed, III. *Management Accounting in the New Management Environment*, Montvale, NJ: NAA, 1987.

表3.1 電腦整合製造系統的成本與效益分析

		成　本	效　益
財務面	數量化	設備投資增加 軟體成本增加 人員訓練成本增加	直接人工成本降低 間接人工成本降低 耗損成本降低 原料成本減少 存貨成本降低
	非數量化	投資風險增加	
非財務面	數量化		製造循環時間減少 生產產能增加 產品耗損率降低
	非數量化		改進產品的運送與服務 增加市場上競爭地位 減短產品發展期間 加速對市場變化的反應 增進員工對自動化的學習 改進產品品質和可信度 增加生產設備的製造彈性

3.2 新製造環境對管理會計的衝擊

為增加生產力和提昇品質,不少企業投入大量的資金於自動化生產設備,以因應國內外市場的競爭壓力。自從四十多年前,電腦輔助設計和電腦輔助製造(CAD/CAM)系統的發展,隨自動化程度的增加,彈性製造系統(FMS)逐漸盛行。近年來,電腦整合製造(CIM)系統的推出,使工廠走向整廠自動化的境界。這些科技進步對製造環境的影響,使產品的發展過程與過去傳統方式完全不同。製造業的種種改變,使人質疑傳統的管理會計方法在新製造環境的適用性。美國管理會計人員學會(NAA)委託學者針對工廠自動化會計問題進行研究,在其所提出的報告上,把與製造業有關的會計問題,大致分為四大方面:⑴設備購置;⑵成本控制;⑶產品成本和⑷績效評估。這四方面的問題與因應之道,在本節分別予以說明。

3.2.1 設備購置

自動化設備的購置，有些是現有設備的擴充，也有些是全廠自動化的新設備，由於購買這些設備所需的金額較一般支出大，在投資計畫審核方面要謹慎。傳統的資本預算方法有還本期間法、投資報酬率法、淨現值法和內部報酬率法；這些方法主要是衡量投資計畫的財務面之成本與效益，分析過程所需的資料，由一般的會計記錄中即可得到。

由表3.1得知電腦整合製造系統投資的成本與效益，其中所涵蓋的項目，比傳統資本預算所採用的成本與效益資料為多且詳細；除了財務面可數量化的成本與效益項目外，其他各項在一般會計記錄中無法得知。尤其在投資效益評估方面，大致可分為直接人工成本的減少、產品品質的提高和市場競爭能力的增加。這些效益的評估資料，並非會計人員可完全瞭解和掌握的，必須藉助於其他方面的專家，例如電腦、機械、工程等方面，才能將這些變數列入評估模式。

自動化生產是以機器來代替人工的操作，生產線上的人工數目自然減少。就直接人工成本節省部分的計算，雖然在一般會計資料中可得知人工成本，但是仍需注意一些問題，以免扭曲所得到的結果。如果因自動化實施而遣散工人的資料可掌握，其所節省的人工成本，將可明確的計算出來。但是在實務上，如果無法解聘工人，每個月所付的薪資費用並未減少，則無法真正達到直接人工成本的減少。另一方面，在生產自動化的過程中，生產線上的作業是漸漸減少工人的人數。如果自動化實施程度的增加與人工減少比率不配合，可能會造成生產部門已實施全面自動化，但是直接人工的僱用仍未減少，反而造成製造成本的增加。

至於產品品質提高和市場競爭能力增加方面，皆屬於非財務面且非數量化的效益評估資料，故需來自行銷部門人員的主觀判斷。如果不將這些無形效益納入投資效益分析模式，這些自動化設備計畫可能因為投資金額高但效益不明確，而遭到管理當局的拒絕。因此，傳統的資本預算方法，需要考慮一些非財務面的因素，避免過度保守或樂觀的評估，而造成錯誤的決策。

3.2.2 成本控制

產品成本的組成要素為原料、人工、製造費用三種。在傳統製造環境下，產品成本的成本習性，較偏向於變動成本，原料與人工成本會隨著生產量呈正比的變動；製造費用主要是以直接人工小時或直接人工成本為基礎分攤而來的。在勞力密集的行業，直接人工成本為主要成本，所以管理者在降低成本方面，主要是控制直接人工成本，製造費用也會因此而受到影響。

在新製造環境下，產品的設計、製造、行銷與管理各項工作，皆與電腦系統結合，所有的生產程序大部分由電腦來控制，製造商漸漸走向無人化的工廠，唯有機器的維修和電腦的控制需要有專業人員負責。此現象使往昔直接人工的重要性大為減弱，生產單位主管對成本控制的項目由直接人工成本，轉移到與生產製程相關的成本，例如直接原料、模具、整備和操作機器的人工和檢驗品質等成本。

在電腦整合製造系統的生產部門，工廠所發生的費用大部分屬於固定成本，所生產的產品種類較以往傳統方式為多，朝向產品多樣少量化。管理階層對於成本的控制方面，除了變動成本較容易掌握外，對於固定成本要明確區分為部門主管可控制和不可控制的兩大類成本，以便於部門的績效評估與責任歸屬。至於各項成本所涵蓋的範圍，會隨著公司和單位之不同，而有定義上的差異，例如運轉機器設備所使用的電費，對生產部門經理而言，是一種可控制的成本；但對於全公司使用冷氣和電燈所產生的電費，依合理基礎分攤至該生產單位的部分，對該部門主管為不可控制的成本。

管理會計方法的主要功能為規劃與控制營運活動，其中彈性預算、標準成本和績效報告為傳統上經常使用的控制方法。在新製造環境下，這三種方法的基本觀念仍相同，只是在成本分類上有些不同：傳統上將成本分為固定和變動兩大類；新方法則將成本明確訂定為可控制和不可控制兩部分，或是直接和間接成本兩大類。針對部門主管不可控制成本部分，對公司整體而言仍需要有所管制，所以最高管理階層要顧及企業整體而制定出適當的政策，使全公司的浪費降到最低。

3.2.3 產品成本

產品成本計算的正確性會直接影響到產品訂價，尤其在競爭激烈的市場，訂價的高低與市場的接受程度有直接關係。錯誤的價格會使公司面臨倒閉的危機，管理階層面對傳統產品成本的計算方法，不得不考慮其在新製造環境的適用性。由於自動化生產系統的引進，使產品的製造方式由人工作業轉換成以機器為主的生產方式。因此，製造費用的重要性，也隨著自動化程度的增加而逐漸重要。傳統的產品成本三要素為直接原料、直接人工和製造費用，其中直接人工成本會因為操作機器人員的薪資與生產數量沒有直接關係，而被併入製造費用。因此，產品成本的新組成要素為直接原料成本和加工成本，或直接原料成本和製造費用。直接人工成本隨其重要性的減弱而逐漸消失了。在此有一點仍需注意，如果人工成本與生產數量有直接歸屬關係存在，則仍列為直接人工成本；沒有直接關係者，才列為間接人工成本，例如維修部門的人員薪水。

製造費用在性質上是屬於與生產數量沒有直接相關的成本，理論上沒有一個客觀的比例，來將全部成本分配到每個產品。傳統上，製造費用是採用全廠單一的分攤基礎，例如直接人工小時和直接人工成本，此方法適用於勞力密集並且產品性質相近的生產單位。相反的，在資本密集、產品多樣化和各單位實施自動化程度不同時，製造費用分攤基礎的決定，成為管理階層要仔細衡量的問題。

為符合顧客的需求和保持公司在市場上的競爭能力，不少製造商投入大量資金於新產品的開發，使公司產品多元化，且更新的速度加快，產品生命週期也因此而較以前縮短。在這多變的時代，產品之間的相同性日益減少，因此全廠單一製造費用分攤基礎的觀念也就不適用了。隨著生產方式的不同，各個生產單位採用不同的製造費用分攤基礎，例如原料處理部門採用原料數量或原料成本，作為處理原料機器成本的分攤基礎；生產機器轉換時所發生的整備成本，可隨著產品製造過程中轉換的次數，作為成本的分攤基礎。

總言之，製造費用的分攤基礎，會隨部門別、單位別、成本特性而不同。

首先將總成本依生產性質的差異而分類，同一類成本採用相同的分攤基礎。一般而言，成本分類愈詳細，製造費用的分攤基礎愈多，產品成本的資料愈正確。但是，在會計資料的處理與分析方面，要考慮其成本與效益雙方面，所耗成本不宜超過效益。

3.2.4 績效評估

績效評估可分為效率和效果兩方面，效率偏向數量化的衡量，效果則偏向於非數量化的衡量。由於效果的衡量不易找到客觀的標準來評定，所以一般組織常以效率來評估其績效。對營利事業組織而言，利潤常被用來衡量某一企業的營運績效；對非營利事業組織或政府單位而言，實際支出與預算成本之間的差異，常被用來決定該單位的績效。

傳統上，損益表為營運成果報告，投資報酬率為獲利能力的指標，大部分企業以財務資料來評估績效。主要因為這些資料在一般會計記錄已存在，另一方面這些評估方法已廣為企業使用，一般會計人員對其較易瞭解與運用。在傳統製造環境下，大部分企業為勞動力密集的生產方式，直接人工成本為主要成本項目。由於固定資產的投資不多，成本結構以變動成本為主，所以績效評估上較偏向於短期的獲利能力。企業投資者希望該組織所作的投資，短期即可影響其利潤，以提高投資報酬率。總言之，傳統企業較偏向於短期的財務面績效評估。

隨著科技的進步和市場的競爭，再加上人力缺乏和工會問題不斷發生，業者多投入大量資金於機器設備，採用以機器取代人工的生產方式。在新製造環境下，隨著固定資產的增加，成本結構漸漸以固定成本為主。投資效益漸漸偏向長期的效益，因為短期效益的評估無法衡量出自動化投資的真正績效。

生產自動化的程度愈高，工廠佈置愈走向電腦整合製造系統。這些重型投資的效益，基本上要衡量長期短期二方面，並且財務面和非財務面的因素皆要考慮。表3.2列出一些自動化設備投資的有形與無形效益。在有形效益部分，一般會計記錄可能無法得到該類資料，需要設計不同系統來蒐集各方面資料。因此，會計人員要會同工程、製造、管理和行銷等方面的專家，共同協商來建立績效評估系統，以及每項效益的衡量方法。

表3.2 自動化投資的效益分析

有形效益	無形效益
作業人員的減少	取得客户的信賴
產品品質的提高	提昇企業的技術和形象
生產力的提昇	提昇員工士氣
市場佔有率的增加	鼓勵新產品的發展
不需要技術純熟者	重視員工作業安全

製造環境的改變使傳統管理會計方法需要重新審議其適用性，因為有些方法已不適用於新製造環境，例如以直接人工小時或成本為整廠製造費用的單一分攤基礎。但有些方法的基本理論仍可適用，只是成本結構改變時，考慮的範圍要兼顧財務面和非財務面的因素。管理會計人員在採用任何一種方法前，要先瞭解其生產單位的特性，再與各方面相關的專家商議，將採用的方法作適度的調整，如此將有助於達到預期的成果。

3.3 及時系統

及時系統(Just-In-Time, JIT)由日本豐田汽車公司(Toyota Motor Company of Japan)於1970年代的後期應用於生產單位，目的為降低存貨量，使其趨近於零，以減少浪費和無效率。及時系統的理想境界是產銷完全配合，有需求才生產，隨時保持零庫存的狀態。此系統目前廣為世界各國的製造商所效法，及時系統的特性與會計處理方法，在本節分別予以討論。

3.3.1 主要特性

使浪費完全消除和生產效率發揮到極點，為及時系統下最理想的境界。因此及時系統又可稱為需求帶動生產系統(Production as Needed System,

PANS)，最小存貨生產系統(Minimum Inventory Production System, MIPS)，或零存貨生產系統(Zero Inventory Production System, ZIPS)。基本上，及時系統具有下列十二項特性：

(1)穩定的生產率。

(2)低的存貨量。

(3)較少的採購量與製造量。

(4)整備的時間短和成本低。

(5)彈性的廠房佈置。

(6)預防性的維修計畫。

(7)工人有較高的技術程度。

(8)高品質水準。

(9)團隊精神的發揮。

(10)可信賴的供應商。

(11)拉的物流方式。

(12)問題即時解決。

1.穩定的生產率

及時系統的主要目標是建立一個平穩的生產流程，該流程的範圍由原料供應商開始，到貨品銷售給消費者為止。在此範圍內的每一項活動，必須有良好的規劃與協調系統，使生產排程與需求時間完全配合，以免造成供不應求的生產瓶頸，或供多於求的產能閒置問題，因此，銷售預測的準確度十分重要，會直接影響到生產排程的穩定性。

2.低的存貨量

對一個製造商而言，隨生產性質不同而擁有各種不同的存貨，其樣式雖多但仍可區分為原料、在製品、製成品和零配件四大類。在及時系統下，各種存貨量應降到最低點或近於零存量。存貨的減少可節省倉庫的空間，尤其在土地價值高的地區，此點更形重要。再說，存貨低使生產活動的缺失較容易顯現，例如機器運轉突然中斷，倉庫中沒有足夠的貨品來遞補，管理階層很快就注意到缺貨問題的癥結，立刻採取補救的方法。

3. 較少的採購量與製造量

傳統的生產方式是單項產品大量製造，同一類型產品製造完成後再生產另一種產品。相反的，在彈性製造環境下，機器轉換所花的時間和成本較低，所以生產的產品種類與數量，可隨著市場需求而調節。在及時系統下，每批產品數量少且排程常轉換，同時原料採購量，也與產品製造量相配合。最理想的存貨數量為一個單位。但實務上，零存貨的境界不易達成。製造商為避免浪費，原料採購量和產品製造量皆維持最低量。

4. 整備的時間短和成本低

為配合產品少量多樣的製造，機器轉換時所花的整備時間要短且成本要低，才能使其完成。工人要有專業的訓練，對於自己工作區的機器整備工作才能熟悉。在新的製造環境下，機器轉換工作比以前容易，有時機器本身亦可自動調整以生產不同產品；或操作手續較簡易，在短時間內即可完成整備工作。

5. 彈性的廠房佈置

生產線由單一整線作業，逐漸走上可生產類似產品的彈性工作站。在傳統方式下，產品在一個生產中心完成後，全部再移送另一個生產中心，中間有不少時間是花費在等待和搬運方面。對生產效率而言，不但無貢獻，並且為無效率。在新製造環境下，工廠所佔的面積較以前小，一個工作站同時可完成幾項生產作業，因此在同一工作中心內即可完成產品所有的製造程序。

6. 預防性的維修計畫

在及時系統下，在製品存貨量希望為零。為達到零存貨的境界，機器的運轉要正常，不能隨時中斷而影響全部的生產活動。有些公司為避免偶發性當機的情況發生，平時安排預防性的維修計畫，且有專人負責定期檢查機器狀況，並且定期保養設備。平時如果找出某部分有壞損的現象，維修人員會在機器未損壞前將零件更新，以減少臨時中斷運轉的機會。即使事先預防工作十分注意，但意外當機的情形仍會發生，所以每次發生的原因要仔細查核，以降低日後當機的可能性。

7. 工人有較高的技術程度

隨著自動化程度的增加，直接人工的需要也逐漸降低，生產單位所需的人工作業趨向於機器的保養、維修和整備方面，工人的責任區也隨之擴張與複雜化。為精減人力，多功能性工人(Multifunctional Workers)的概念廣為企業所喜愛，亦即一個工人會調整和修護各種不同功能的機器設備，也就是所謂的彈性工人(Flexible Workers)。此類工人的培養成本較高，要不斷的給予新技術的訓練，所以企業在投入資金於人才培訓方面之前，要有預防人員流動的措施。另外，對於資深但無法接受新技術挑戰的員工，公司要有妥善的安排，以免引起不必要的勞資問題。

8. 高品質水準

較高的不良率會影響生產排程的穩定性，所以原料投入到成品產出的程序要與事先安排的進度配合，以免發生作業失調而造成壞損的現象。要維持產品的品質，可從三方面來著手，首先將產品設計列入產品製造過程中，也就是說在設計階段即考慮產品易受損的部分；在生產過程中，設立適當的檢查點，並且將生產線上的工作盡量標準化，以提高品質。另外，原料供應商的選擇要嚴謹，以原料品質和運送時間為決策的主要考量因素，同時進料檢驗工作也要徹底執行，以免發生劣質原料所引起的生產中斷問題。

9. 團隊精神的發揮

及時系統的成果與生產單位有關人員之間的團隊合作精神有很大的關聯性。從原料供應到產品銷售的每一個過程，所有的相關人員要彼此互相配合。如果其中任何一部分未依計畫進行，作業流程會因此而中斷，無法達到零存貨的境界。及時存貨系統在日本公司的推行十分有效，其原因與日本民族性有關，有不少員工把公司的成長視同為自己的成長，並且對公司的忠誠度很高。實施及時系統的公司應有完整的制度，來促使全體人員發揮所長，並與其他相關人員配合，以提高公司整體的績效。

10.可信賴的供應商

原料供應商提供適時適量的產品，是及時系統中的第一個要點。傳統上採購部門人員依請購單位的需求來招標議價，並且價格往往是採購決策的主要考慮因素。在新製造環境下，希望將供應商視為衛星工廠，與公司生產需求完全配合。因此將供應商的家數盡量減少，彼此建立長期關係。除價格因素之外，品質的一致性、運送時間與問題的反應等因素，在選擇供應商時，都需要作整體的考慮。理想上，供應商提供完全符合規定的原料，則進料檢驗程序可省略，製造商不必有原料倉庫，供應商可即時提供質好量足的原料。

11.拉的物流方式

生產流程有兩種不同的方式：推的系統(Push System)和拉的系統(Pull System)。推的系統盛行於生產導向的時代，產品在工廠完成後即送到倉庫等待銷售。此種方式以生產單位為主，由其決定生產量，每當製造程序完成，則將產品送往下一個工作站，完全不考慮需求量。相反的，拉的系統為需求帶動生產的方式，也就是接到顧客訂單，生產工令單才送達製造單位，同時向供應商購買原料。由於在新製造環境下，產品製造時間較以前為短，甚至有些產品的製造時間，在電腦整合製造系統下，只要數小時即可完成，為了使產品的製造排程較容易與需求完全配合，有些公司在每一個工作站之間設置看板卡(Kanban Card)。Kanban的日文意思為信號記錄(Signal Record)，作為生產線上各個工作站之間的聯絡工具，生產線上每一項零件的移動指令，完全由看板卡來控制。

12.問題即時解決

要有平穩的生產排程，生產線上的問題要能隨時發現隨時解決。在及時系統下，可將生產線的各種作業資料隨時輸入電腦主機，使管理者在主控室內可完全掌握製造過程的活動。如果生產過程中某一部分發生異常的現象，管理者可從檢測系統和監控系統中找出問題的所在，立即採取補救措施，使生產排程穩定，產量與需求配合。有些工廠在各個工作站設有三色燈號標誌來表示工作站的情況。綠燈表示沒問題；黃燈表示工作的進度緩慢，進度有點落後；紅燈表示有嚴重問題的產生，需要其他人員的支援。管理階層可依照例外管理(Management by Exception)的方式，來管理有差異的地方。問題的解決有助於組織績效的提昇，尤其在及時系統下，全體員工共同努力來促使存貨的減少和浪費的消除。

及時系統與傳統製造系統在基本觀念上有數點不同，主要差異在於存貨的處理。存貨在資產負債表上屬於資產科目，傳統觀念上存貨愈多，表示愈有安全感。尤其在交通不發達的時代，企業為避免缺貨情形的發生，皆有存貨的安全存量，以避免因缺貨所遭受的損失。反觀及時系統，存貨的積壓視為一種浪費，因其由需求來決定生產數量，產銷完全配合，存貨水準幾近於零。在傳統上的經濟採購量模式，其主要目的是求倉儲成本和訂貨成本的最小化。現在由於交通發達和技術進步，生產完全由需求來決定，當產品製造完成即銷售出去，不留在公司為存貨。因此，不少世界級的大製造商皆採用及時系統，來降低公司的銷貨成本。

3.3.2 及時成本法

在及時系統下，由需求面帶動生產面，理想上是產銷完全配合，產品製造時間短，廠商不需要保留任何存貨。在帳務處理方面，會計分錄也因應及時系統而有較簡略的一種會計分錄方法，稱為及時成本法(Just-In-Time Costing)，有時也稱為逆流成本法(Backflush Costing)。由於原料是有需求才採購，且產品加工完畢後即刻銷售，所以將傳統會計上的二個科目：原料存貨(Raw Material Inventory)和在製品存貨(Work-in-Process Inventory)合併，產生一個新的科目，稱為「原料在製品存貨」(Raw and In-Process Inventory, RIP)。假設美芳公司為出售1,000個櫃子給仁華公司，當接到訂單時，馬上向原料廠商進貨$100,000的原料，其分錄如下：

原料在製品存貨	100,000		(1)
應付帳款（或現金）		100,000	

當原料投入生產線後，立即發生加工成本$800,000，來完成加工程序，其分錄如下：

加工成本	800,000		(2)
應付薪資		200,000	
累積折舊		600,000	
製成品存貨	900,000		(3)
原料在製品存貨		100,000	
加工成本		800,000	

當貨品運送給顧客，且由對方簽收並得到現金$1,500,000，完成了交易行為，其分錄如下：

銷貨成本	900,000		(4)
製成品存貨		900,000	
現金（或應收帳款）	1,500,000		(5)
銷貨收入		1,500,000	

在及時成本法下，製造業廠商可因「原料」與「在製品」存貨科目的合併，而減少一些會計分錄。有些公司把及時系統與物料需求規劃系統相結合，可使原料存貨量降到最低點。上述的五個分錄與傳統製造業分錄不同點，主要在於「原料在製品存貨」科目。有些公司採取另一種分錄方式，為使讀者易於瞭解，只把上面例子更改一點。假設供應商送貨到工廠，原料立即投入生產線，加工成本在銷售量確定後才加入，其分錄如下：

原料在製品存貨	100,000		(6)
應付帳款（或現金）		100,000	
製成品存貨	100,000		(7)
原料在製品存貨		100,000	

銷貨成本	100,000		(8)
製成品存貨		100,000	
加工成本	800,000		(9)
應付薪資		200,000	
累積折舊		600,000	
銷貨成本	800,000		(10)
加工成本		800,000	

當產品製造完成後，銷售量為生產量的95%，也就是說產銷沒有完全配合，產生了期末存貨，其分錄如下：

製成品存貨	45,000		(11)
銷貨成本		45,000	

上述的分錄比傳統產品製造到銷售過程的分錄簡略，在實務上可隨各公司的性質而作適度的調整，其基本原則是簡化會計作業。在我國，有些電子業製造廠商採用逆流成本法，每個月可減少10,000筆以上的會計分錄。

3.4 作業基礎成本法

在競爭的國際市場下求生存，企業管理者需要更詳細和正確的成本資料，以作為產品訂價的基礎。另一方面，產品製造由過去人工作業轉變為機器作業，並且製造程序隨自動化程度的增加而降低人力的重要性。傳統成本分攤法用單一的分攤基礎，漸漸已不適用於生產多元化的製造環境。因此，管理會計的學術界和實務界皆投入精神來尋找較合理的成本分攤方法。作業基礎成本法(Activity-Based Costing, ABC)在這種情況下，漸漸受重視。所謂作業基礎成本法，是一種著重於分析產品完成過程中各項製造活動的會計系統。各項活動成為基本點，所耗用資源的成本可分派到各項活動上，再分配到相關的產品。在作業基礎成本法下，資源成本、營運活動和產品之間的成本關係如表3.3。

表3.3 作業基礎成本法下的成本關係

資源成本 ⟶ 營運活動 ⟶ 產品

在作業基礎成本下，成本分類的重點是在區分直接成本(Direct Cost)和間接成本(Indirect Cost)，與傳統的變動成本與固定成本的分類方法不同。所謂直接成本是指任何可以直接追溯到某一個營運活動或某一產品的成本，例如木材原料成本可說是椅子的直接成本，因為每把椅子的木材使用量可明確的計算出來。相對的，間接成本可說是無法直接歸屬到某一營運活動或某一產品的成本，例如木材工廠的電費。

在作業基礎成本法下，固定成本可能為直接成本，也可能為間接成本，要依成本歸屬的情況而定。例如椅子製造廠內木材切割機的折舊費用，可依照切割每批產量椅子所使用的機器小時來分攤。在傳統方法下，折舊費用屬於固定成本。但在作業基礎成本法下，該項木材切割機的折舊費用，因為可以明確的追溯到某批椅子的生產量，所以算是直接成本。在成本分攤的過程中，必須要找出實際影響成本變動的原因，即成本動因(Cost Driver)，來作為成本的分攤基礎。在表3.3中，將資源成本分配到各個營運活動單位，以及各個活動單位的成本要分配到產品上，需要數種不同的成本動因來作為分攤基礎。如同前例，木材切割機折舊費用的成本動因是每批椅子使用該機器的時間，也就是機器小時。

在實施作業基礎成本法時，要遵循五項基本步驟（如表3.4），產品成本的計算會較為正確。就第一個步驟而言，是將營運活動予以分類，相關的活動集中在一起。例如把製造同一單位產品的活動集中，稱為單位水準活動(Unit-Level Activities)，包括製造此一單位產品所使用人工小時和機器小時等。如果把生產同一種類產品的製造活動集中，則稱為產品水準活動(Product-Level Activities)，包括原料處理、工程變更和測試等活動。

表3.4 實施作業基礎成本法的基本步驟

1. 把類似的活動分類和組合
2. 依照活動特性和費用種類為成本分類基礎
3. 選擇成本動因
4. 計算每一個成本動因的單位成本
5. 將成本分配到成本目標

接著再依照活動的特性和費用的種類來將總成本區分為各個不同的成本庫(Cost Pool)或成本中心(Cost Center)。也就是把相類似活動範圍（即活動中心）所發生的成本集中，或是把同一類的成本集中。接著是要選擇成本動因(Cost Driver)作為分攤間接成本的基礎。在製造過程中，所發生的間接成本，需要以成本動因來連接成本、活動和產品。在間接成本的分攤過程中，有二階段不同的成本動因：⑴初步階段的成本動因(Preliminary Stage Cost Driver)和⑵主要階段的成本動因(Primary Stage Cost Driver)。成本動因用來連接一個單獨活動中心的資源使用成本和其他活動中心，稱為初步階段的成本動因，例如把服務部門成本分攤到各個生產部門。至於主要階段的成本動因，是指連接每個活動中心的成本和產品本身，例如機器折舊費用可用機器小時作為成本動因，來分攤到每個產品上。

成本動因的名詞在傳統製造環境雖未出現，但其基本概念早就存在。在傳統成本會計系統與新的成本管理系統下，都有製造費用分攤方法的應用，主要差異在於成本動因的個數不同。在傳統成本會計系統下，全部製造費用的分攤基礎只有一種或少數幾種，並且分攤基礎的選擇全由管理者主觀判斷。相對的，在新的管理系統下所採用的作業基礎成本法是將全部製造費用加以詳細分析，就每一種費用的特性來選擇合適的成本分攤基礎。換言之，在新成本管理系統下，每個組織之成本動因的種類與個數，會隨著製造費用的複雜性而改變。當製造程序複雜度越高，成本動因的個數也越多。

辨識成本動因的方法，可用專家意見、經驗法則、統計分析等方式。另外，工作評估法(Work Measurement)也算是一種決定工作完成所需投入因素的有系統性分析方法，其所強調的是下列四點要素：

(1)工作完成所需要的步驟。

(2)每一個步驟完成所需要的時間。

(3)所需人員數目和種類。

(4)原料或其他投入因素。

以工作評估法來辨別每一種間接成本的成本動因，在實務界已很普遍，例如郵件處理成本的成本動因是所需處理郵件的數量。

成本動因與間接成本之間的關係決定後，可計算出每一種成本動因的單位成本，也可稱為間接成本率。最後再把所得的間接成本率乘上成本動因的數量，可將總成本分配到成本目標(Cost Objective)。作業基礎成本法在近幾年來由美國哈佛大學管理學院的Kaplan和Cooper二位教授大力的宣導，此方法廣受美國的學術界和實務界的支持。有些傳統管理會計方法受作業基礎成本法的影響而產生的改變情況，在以後的章節，有詳細說明。

3.5　績效評估的相關考量

在績效評估方面，傳統的管理會計方法較偏向於財務面的衡量指標，例如投資報酬率。基本上，傳統的財務性指標雖可衡量出當期的績效，但無法改善同期的績效，只能作為下期預測的參考。在目前競爭激烈的情況下，廠商需要一些衡量方法，隨時可協助管理階層找出差異之處，立即採取糾正行動，使無績效的情況很快可改善。

廠商在追求利潤最大化時，不外乎在增加收入和減少成本兩方面。公司可藉著品質好和服務好來增加收入，因為顧客對產品品質有信心和銷售服務很滿意，公司的銷售額自然提高。同時，公司可運用一些非財務面的衡量指標，來提高生產效率與減少無謂的浪費。

本節提出以生產力作為非財務面的主要績效評估方法。在管理會計學上，美國管理會計人員學會(NAA)在1970年代後期，資助學術界從事公司生產力的研究，並且在1980年綜合學者的研究結果，刊出一系列的研究報告，討論如何把生產力研究從國家總體面的衡量運用到個別公司生產力的評估。之後，美國學者Robert S. Kaplan建議把生產力評估作為製造業績效評估的一部分，使企業瞭解利潤的增加，是來自生產力的提高，或是價格的上漲。由於近幾年來市場上的競爭愈來愈激烈，很多製造商為求得生存而致力於提高生產力，因為產品的訂價主要決定於市場的供需情形，廠商不易提高售價來增加利潤。因此企業開始重視生產力的成長，希望藉著有效率的生產，以降低產品成本，再達到預期的利潤。

Davis所著的《生產力會計》(*Productivity Accounting*)一書，主要探討公司總生產力的衡量。在該書的序文中，著名的經濟學家認為，這是第一本把生產力評估運用到企業個體的書。建議以生產力表(Productivity Statement)和損益表來評估企業的績效。基本上，生產力是一種衡量產出(Output)和投入(Input)比率的方法，可用來評估整個組織或單一部門的績效。對企業整體總生產力(Total Factor Productivity)而言，總產出價值為銷貨收入（單位售價×銷售數量），總投入成本為生產過程所需的全部原料成本、人工成本和製造費用之總和。針對單一部門而言，產出和投入的定義可隨管理者的需求而定。例如，汽車製造廠要衡量工人每天所生產的引擎數量，其生產力的計算方式是工廠每天所完成的引擎數量除以工人的人數。Davis並且建議在計算生產力時，通貨膨脹對生產力的影響也要考慮。

就生產力的衡量而言，偏生產力(Partial Productivity)也可稱為單一生產力，是產出量對單一投入因素的比例，勞動生產力是最經常使用的單一生產力。Kendrick認為偏生產力，只適用於評估生產過程中某一種投入因素的績效。事實上，當生產過程中有數種投入因素時，單一生產力的提高可能來自另一種投入成本的增加。例如，生產自動化可促使勞動生產力提高，但勞動生產力的增加是來自於新機器有效的運轉，並非工人效率的提高。為去除投入因素之間的替代作用，總生產力之評估，較受多數學者的支持。總生產力可說是新製造環境下最有效的績效評估方法。

對製造商而言，生產力的提高會使產品品質和機器設備使用率提高。因此產品售價可藉著高品質來提高，產品單位成本也可因產量多而降低。由此看來，生產力的提昇對企業獲利能力之成長有正面的影響。尤其是在競爭激烈的國際市場下，產品的售價由市場的供需情況來決定，企業唯有以高效率的生產作業來降低成本，以達到預期的利潤。

在國際市場要爭取一席之地，品質可說是企業競爭最有效的武器。公司為提昇品牌與形象，可有效地將品質管制推廣到產品開發至銷售的全部過程。這也就是所謂的全面品質管理(Total Quality Management, TQM)。在品質管制過程中所花費的成本，稱為品質成本(Quality Cost)，大致上可分為下列四大類：

1. 預防成本(Prevention Cost)

主要是指減低產品不良率所花費的成本，包括品管計畫，供應商的評估與輔導品質教育訓練，和有助於提高品質所採取的行動而花費的成本。

2. 鑑定成本(Appraisal Cost)

包括原料驗收時的檢驗成本，以及在生產過程中，設立各個檢驗站以查出瑕疵品所耗用的成本。

3. 內部失敗成本(Internal Failure Cost)

主要係指產品出售以前，把不良品重新製造所使用的成本。另外，還包括生產過程中品質異常的處理成本，和品質異常所引起的生產中斷所遭受的損失。

4. 外部失敗成本(External Failure Cost)

是針對貨品出售後，處理顧客退回不良品所花費的處理成本。此類成本包括處理顧客抱怨的服務中心費用，特價折讓損失，保證期間內的修理零件成本和服務費用，以及商譽損失等。

除了上述的非財務面績效評估方法，有些公司以貨品準時運送率和貨品退回率來衡量顧客滿意程度。另外在工廠方面，採用下列的製造循環效率指標，來評估製造效率。

$$\text{製造循環效率指標}=\frac{\text{製程時間}}{\text{製程時間}+\text{檢驗時間}+\text{等候時間}+\text{移動時間}}$$

在上式中，比率愈高表示愈有效率。如果所得結果為100%，表示生產過程中沒有浪費之處，因為分母中的後三項變數皆為零。在實務上無法避免一些浪費，但製造循環效率指標要愈高愈好。

本章彙總

企業管理者希望藉著管理會計的方法來掌握日常的營運狀況，因此隨著製造環境的改變，管理會計的方法也要隨之有所變化或創新。在探討傳統管理會計方法的適用性之前，對製造業的生產設備與技術的更新要有所認識，以瞭解製造程序由人工作業改為機器作業的發展過程。

由於科技的進步，電腦應用在生產過程的範圍愈來愈廣，製造廠商在早期採用自動裝備機和電腦數值控制器，再運用電腦來輔助產品設計和製造，使產品製造週期縮短和品質穩定。接著，電腦應用到全部的生產系統。近年來，電腦網路技術更為進步，大型製造廠商走向電腦整合製造系統，將生產、資訊和管理系統三者相結合，使物流、資訊流和成本流同步進行，其主要目的為確實掌握生產作業流程，以提高品質和降低成本。這些電腦設備與新機器設備的投資，屬於長期性投資，其成功與否對企業有很大的影響。因此，在作此類的投資，要謹慎的考慮其成本與效益。

製造環境隨生產自動化程度的增加，漸漸由勞力密集走向資本密集，在這幾十年內產生了不少變化。反觀管理會計學，大部分的傳統方法是在1925年以前所建立，讀者可參考本書第1章內第1.5節有關於管理會計的發展史。由於新製造環境對傳統方法產生衝擊，與製造業有關的會計問題，大致分為四方面：⑴設備購置；⑵成本控制；⑶產品成本和⑷績效評估。主要的問題在於成本結構的改變，固定成本的比例提高，以及績效評估方面要兼顧有形和無形兩方面的效益。

及時系統的應用起源於日本豐田汽車公司，主要目的是降低存貨、減少浪費和提高效率。及時系統具有十二項特性，可運用到製造單位。生產流程是採用拉的系統，產品在有需求的情況下才生產，每一個工作站之間設置看板卡，作為聯絡的工具。在及時系統下，會計處理方法也較為簡略，稱為及時成本法或逆流成本法，將原料存貨和在製品存貨合併而成一個新科目「原料在製品存貨」。這種會計處理方法，可減少一些會計分錄，作業程序較為簡化。

機器取代人工的作業，使得固定成本佔總成本的比例愈來愈高，因此固定成本的單一分攤基礎，漸漸已不適用於多元化生產的新製造環境。在此情況下，重視成本關係的作業基礎成本法廣受自動化程度高的廠商支持。將成本分為直接成本和間接成本二大類，把成本動因作為分攤基礎。在間接成本的分攤過程中，有二階段的成本動因。至於辨識成本動因的方法，可採用工作評估法。在新製造環境下，採用作業基礎成本法，可算出較正確的產品成本。

生產作業和成本結構的改變，使績效評估的方法由過去偏向財務面的衡量，走向兼顧非財務面的方面。績效指標除了獲利能力外，生產力評估可作為製造業績效評估的一部分。由此，使企業瞭解利潤增加的原因，是來自於生產力提昇或價格上漲。為增加企業的競爭能力，品質管制成為一個重要工作，為提高品質所花費的成本稱為品質成本，大致上可分為四大類：(1)預防成本；(2)鑑定成本；(3)內部失敗成本和(4)外部失敗成本。除此之外，製造循環效率指標也常被用來衡量生產部門的績效。

關鍵詞

電腦輔助設計(Computer-Aided Design, CAD)：

是指由電腦程式來執行設計過程中的每一個步驟。

電腦輔助製造(Computer-Aided Manufacturing, CAM)：

是指用電腦來規劃、執行和控制產品的生產程序。

電腦整合製造(Computer Integrated Manufacturing, CIM)系統：

是指將電腦輔助設計(CAD)、電腦輔助製造(CAM)、彈性製造系統(FMS)三者加以整合，再結合資訊系統和管理系統，使物流、資訊流和成本流三者同步進行。

彈性製造系統(Flexible Manufacturing System, FMS)：

用電腦來控制兩個或兩個以上的機器和輸送系統，使生產過程達到高度自動化。

及時(Just-In-Time, JIT)系統：

應用於生產單位，目的乃在降低存貨量，使其趨近於零，以減少浪費和無效率。

及時成本法(Just-In-Time Costing)；逆流成本法(Backflush Costing)：

因應及時系統所產生的一種較簡略的會計記錄方法。

看板卡(Kanban Card)：

一種信號記錄，為生產線上各個工作站之間的聯絡工具。

多功能性工人(Multifunctional Workers)；彈性工人(Flexible Workers)：

即一個工人會調整和修護各種不同功能的機器設備。

偏生產力(Partial Productivity)：

產出量對單一投入因素的比例。

拉的系統(Pull System)：

生產流程的方式之一，以需求帶動生產，也就是接到顧客訂單後，才開始生產，使產銷完全配合。

推的系統(Push System)：

生產流程的方式之一，其以生產單位為主，完全不考慮需求量，每當製造程序完成，則將產品送往下一個工作站。

全面品質管理(Total Quality Management)：

即有效地將品質管制推廣到產品開發至銷售的全部過程。

附錄3.1：教科書內容大綱的變化

內容大綱＼年代	1960｜1969	1970｜1979	1980｜1989	1990｜1993
財務會計			×	
成本的習性與分類			○	
分批成本法			○	
分步成本法			○	
成本、數量、利潤分析			○	
全部成本法與直接成本法			○	
預算的概念與編製			○	
攸關性決策			○	
資本預算決策			○	
標準成本制度		○		
彈性預算與製造費用的控制			○	
分權化與責任會計		○		
成本中心之控制：服務部門的成本分攤				
數量方法				
成本動因			∨	
及時系統			∨	
非財務性績效評估			∨	
作業基礎成本法				∨
企業組織國際化				∨
品質成本				∨

【註】×消失　○改變　∨出現

附錄3.2：傳統與新製造環境下管理會計方法之內容的改變

	大綱主題	傳統環境	新製造環境
一	成本習性與分類	1. 產品成本三要素。 2. 直接成本和間接成本。 3. 固定成本和變動成本。	1. 直接原料和加工成本為產品成本。 2. 直接成本定義為可追蹤成本。 3. 固定成本比變動成本更具重要性。
二	全部成本法&變動成本法	對外採全部成本法；對內提供管理人員資料採變動成本法，由於存貨水準改變，所計算的損益往往有差異。	在及時系統下，因為無存貨顧慮，在全部成本法與變動成本法二者所得的淨利都會相同，易於說明、解釋。
三	成本、數量、利潤分析	邊際貢獻率—低 營業槓桿—低 損益平衡點—低 危險性—低 （傳統勞力密集）	邊際貢獻率—高 營業槓桿—高 損益平衡點—高 危險性—高 （自動化資本密集）
四	分批成本法&分步成本法	按不同生產過程來選擇個別方法。	直接原料採分批成本法，加工成本採分步成本法，形成所謂混合成本法。
五	成本流程	原料存貨、直接人工、製造費用 → 在製品 ↓ 製成品 ↓ 銷貨成本	原料在製品存貨、加工成本（逆流成本法）— 製成品 ↓ 銷貨成本
六	資本預算決策	1. 還本期間法。 2. 會計報酬法。 3. 淨現值法。 4. 內部報酬率法。 5. 獲利能力指數。	傳統方法只考慮有形效益，對無形效益未列入計算。應使用多元決策模式，使用一組包括財務(數量）與非財務（數量與非數量）等多項指標的決策模式，同時考慮有形及無形效益。

七	標準成本制度	利用標準成本制度的各項差異分析來控制成本和衡量績效。	1. 人工需求不大，人工成本和人工差異已不重要。 2. 較重視原料成本和品質以及製造費用，採成本動因分析。 3. 增加非財務性績效評估，包括品質控制、原料控制、存貨控制、機器績效及運送績效等。
八	彈性預算與製造費用的控制	用一種分攤基礎(直接人工小時)來編製彈性預算。	採多項成本動因，編製彈性預算，將更精確，即所謂作業基礎成本。
九	品質成本	未提及	對原料、零件和製成品嚴格要求品質，品質成本報告中，包含預防成本、鑑定成本、內部失敗成本及外部失敗成本。另包括非財務性資料，例如顧客接受度衡量，在製品品質控制等。

作業

一、選擇題

1. 電腦輔助設計和製造系統的主要功能是：

   A.有好的銷售績效。

   B.爭取較高的市場佔有率。

   C.縮短產品生產週期的長度。

   D.設計新穎產品來招攬顧客。

2. 電腦整合製造(CIM)系統，不包括下列何者?

   A.彈性製造系統。

   B.產品銷售系統。

   C.電腦輔助製造。

   D.電腦輔助設計。

3. 新製造環境對管理會計的衝擊有哪些?

   A.對成本控制的影響。

   B.對資本投資的影響。

   C.對攸關決策的影響。

   D.以上皆是。

4. 及時系統的主要特性為：

   A.較少的採購量與製造量。

   B.彈性的廠房佈置。

   C.拉的物流方式。

   D.以上皆是。

5. 及時成本法，或稱逆流成本法，是將哪兩種科目合併?

   I：原料存貨　　II：製成品存貨　　III：在製品存貨

   A. I 與II。

   B. I 與III。

C.II與III。

D.以上每種組合皆可。

6.下列何者不是品質成本中的一類?

A.內部失敗成本。

B.鑑定成本。

C.維修成本。

D.預防成本。

二、問答題

1.試解釋CAD、CAM,並簡單說明(CAD/CAM System)主要功能。

2.何謂彈性製造系統?其優點為何?

3.電腦整合製造系統的投資決策應考慮哪些因素?

4.試分析電腦整合製造系統的成本與效益。

5.請說明在新製造環境下,管理會計的主要功能為何?

6.試述績效評估與生產自動化程度之間的關係。

7.何謂及時系統?

8.說明及時系統的主要特性。

9.比較生產流程中推的系統與拉的系統之間的差異。

10.試述及時系統與傳統製造系統主要的差異處。

11.何謂及時成本法?試舉例說明其分錄與傳統分錄不同處。

12.實施作業基礎成本法的基本步驟為何?

13.品質成本大致上可分為哪四大類?並試說明各類成本的意義。

14.公司如何運用一些非財務面的衡量指標,來提高生產效率?

15.請列舉三個發生在1990年以後的管理會計主題。

第4章

分批成本法

學習目標:

- 辨別分批成本法與分步成本法的適用環境
- 瞭解製造業在分批成本法之下，直接原料、直接人工與製造費用的成本計算過程
- 熟悉分批成本法下的會計處理
- 計算整廠與各部門的製造費用分攤率
- 探討作業基礎成本法在訂單生產作業的應用
- 明白非製造業的分批成本法

前言

產品成本系統的主要功用是累積生產過程中所發生的所有成本，再把這些成本分配到最終的產品上。在財務報表上，需要有產品成本資料才能計算出存貨成本和銷貨成本；在管理上則需要產品成本資料來作為成本規劃與控制的參考，以提供產品訂價、產品組合和產量預測等決策所需的資訊。

本章主要討論產品成本在分批成本法之下的計算與會計處理方法，以確認個別訂單產品的成本。首先將說明分批成本法與分步成本法的適用環境，再解釋直接原料與直接人工的處理方式，接著便說明計算製造費用的諸項問題。另外，應用作業基礎成本法的觀念到訂單生產作業，使產品成本計算更為準確。除了對製造業作詳細闡釋外，並對分批成本法在非製造業上的應用予以說明。

4.1 成本計算方法

不論產品的生產或服務的提供，都需要付出成本。如本書第2章所述，產品成本可分為三類：直接原料成本、直接人工成本及製造費用。管理者想要知道存貨價值與銷貨成本，便必須計算出產品單位成本；前者將列在資產負債表上，後者則列在損益表上。

成本計算的方法可適用於製造業、買賣業以及服務業；即使是非營利事業，例如學校、教會等組織，亦可使用。不論組織的型態為何，產品成本可分為直接成本(Direct Cost)與間接成本(Indirect Cost)兩類，前者指可以明確歸屬於某標的(Objective)的成本；後者則為無法清楚確認其標的之成本，必須用合理的基礎來分攤。

累積產品成本的方式，與生產過程的特性及資訊需求的目的，有非常密切的關係。一般企業所採用的產品成本計算方法，包括分批成本法(Job-Order Costing)與分步成本法(Process Costing)。此兩種方法各有其適用環境，管理者應瞭解企業的生產型態與加工程序，再仔細選擇適當的方法。

4.1.1　分批成本法的適用環境

假使企業生產的產品或提供的服務有下列特性則適合使用分批成本法：

⑴每項產品或服務十分獨特，按照顧客的特殊要求而以批次的方式生產。

⑵各種產品或服務之投入因素的差異相當大，這裡所謂的投入因素包括直接原料、直接人工及製造費用。

具有上述特性的產品有建築物、太空船、家具、服裝與玩具等；而符合以上特性的服務則如健康檢查、會計師事務所的帳務查核、汽車修理、音樂會及戲劇等。產品或服務的獨特性決定相關作業(Operation)的內容，而不同的作業又決定直接原料、直接人工與製造費用的種類和多寡。由於投入因素的不同，即使產品類似，單位成本也可能有很大的差異，此時便適合應用分批成本法，來計算各批次之產品或服務的成本。

4.1.2　分步成本法的適用環境

當產品或服務屬大量製造或連續生產時，適於使用分步成本法。在此情況下，同一類的產品或服務，單位成本都一樣，不必明確區分批次的不同。分步成本法適用於食品加工、煉油、橡膠製造與汽車組裝等行業，具有以下的特色：

⑴產品之間完全相同或相似，以連續的方式生產。

⑵產品之間所耗用的直接原料、直接人工和製造費用的數額非常相近。

直接原料對於服務而言，通常不甚重要，例如銀行業務、保險理賠處理與機場行李保管等，主要耗用的都是直接人工與製造費用。本章主要探討分批成本法的會計處理與其相關問題，而分步成本法則於下一章說明。

4.2　分批成本法的會計處理

分批成本法對於各批產品或服務，分別累計其直接原料、直接人工與製造費用。每日、每週或每月的成本資訊，都可藉由電腦系統來產生。電腦給予每一批次一個彙總性質的「成本單」(Production Orders或Job Orders)以累計與該批次相關的成本；各批次的成本單集合起來，便是明細分類帳。當然，亦可不用電腦，而用人工來處理。一般常見的成本單格式，如表4.1所示。接著再討論各批次的成本要素之會計處理，包括直接原料、直接人工與製造費用。

表4.1 成本單

<table>
<tr><td colspan="7">中興股份有限公司
成本單

客戶名稱 ______　　　　批 次 編 號 ______
產品名稱 ______　　　　製造開始日期 ______
規　　格 ______　　　　製造完成日期 ______
數　　量 ______</td></tr>
<tr><td colspan="3">直接原料</td><td colspan="3">直接人工</td><td>製造費用</td></tr>
<tr><td>日期</td><td>領料單號</td><td>金額</td><td>日期</td><td>計工單號</td><td>金額</td><td rowspan="2">應計時數
製造費用分攤率
分攤之製造費用</td></tr>
<tr><td></td><td></td><td></td><td></td><td></td><td></td></tr>
<tr><td rowspan="2"></td><td rowspan="2"></td><td rowspan="2"></td><td rowspan="2"></td><td rowspan="2"></td><td rowspan="2"></td><td>彙總</td></tr>
<tr><td>直接原料
直接人工
製造費用
總成本</td></tr>
<tr><td colspan="2">小計</td><td></td><td colspan="2">小計</td><td></td><td>單位成本</td></tr>
</table>

4.2.1 直接原料的成本計算

當需要直接原料以供應製造時，便將原料從倉庫移至生產線。為了取得直接原料，生產部門的領班(Supervisor)必須填寫領料單(Material Requisition Form)，交給倉庫管理員，而領料單的一份副本則交至成本會計部門。成本會計部門人員將領料單中所記載的成本，從原料存貨帳戶轉到在製品帳戶，並把直接原料的成本登錄到該批次的成本單中。表4.2列示領料單的格式。

在許多工廠裡，領料單資料是由領班直接輸入電腦，再自動傳到倉庫與成本會計部門的終端機。如此的作業減少單據的簽發，避免人員填寫錯誤，更可加速成本資訊的處理作業。

管理者對於經常製造的產品，可以預先知道所需要的直接原料之數量與排程時間，而這便是所謂的「物料需求規劃」(Material Requirements Planning, MRP)技術。物料需求規劃是一項物料管理的工具，幫助經理人員作生產排程規劃，使得每一製造階段所需要的原料與零件，都能及時取得。物料需求規劃通常都以電腦程式來處理，各製造階段所需要的原料及零件，都明確的標示在「原物料清單」(Bill of Materials, BOM)。

表4.2　領料單

<table>
<tr><td colspan="5">中興股份有限公司</td></tr>
<tr><td colspan="5">領料單編號 ________　　　　日　期 ________
歸屬批次編號 ________　　　部　門 ________
領班簽名 ________</td></tr>
<tr><td>項　目</td><td>規　格</td><td>數　量</td><td>單位成本</td><td>金　　額</td></tr>
<tr><td></td><td></td><td></td><td></td><td></td></tr>
</table>

4.2.2　直接人工的成本計算

直接人工成本的計算，主要依據員工所填寫的「計工單」，以記錄某員工花在各生產批次的時間。計工單是成本會計部門將直接人工成本記入在製品存貨以及各批次成本單時，所根據的原始憑證。表4.3為計工單的一個範例。

如表4.3所示，大部分的員工每天都不只做一批工作。成本會計部門將每個員工花在各批次的人工成本，計入在製品存貨與相對應的成本單。在表4.3中，該員工也花了20分鐘在清理廠房方面，此部分的成本必須列為間接人工，而歸入製造費用當中。

表4.3 計工單

中興股份有限公司			
員工姓名 王大傑		日　　期 90/5/21	
員工編號 19		部　　門 鑽孔	
工 資 率 $300／小時		會計帳戶 在製品存貨	
起始時間	停止時間	批　　次	成　　本
8:10	11:40	A367	$1,050
11:40	12:00	清理廠房	100
13:30	17:30	G219	1,200

除了計工單之外，每位員工還有一張「計時卡」(Clock Card)，以計算其工資。通常每週更換一張計時卡，一週結束後便加總工作時數，以核算各員工當期的工資。表4.4為一員工的計時卡。

4.2.3 製造費用的成本計算

直接原料與直接人工的成本，都很容易地就能追溯至各批次的產品或服務，但是製造費用的歸屬就相當困難了。製造費用包括許多間接生產成本，例如間接原料、間接人工、折舊、電費、保險費、維修費及稅捐等。這些成本與各批次的產品或服務沒有明顯而直接的因果關係，但卻是生產所必需。為了正確計算產品或服務的成本，必須把這些製造費用作適當的分攤。

製造費用的分攤乃藉由成本動因與產品或服務相聯結。通常製造費用之分攤所採用的成本動因為直接人工小時、機器小時或直接人工成本。每年對製造費用的總數作預算，且估計成本動因的活動數量（直接人工時數、機器時數或直接人工成本），將前者除以後者，即得到「製造費用分攤率」。各產品或服務即用此分攤率乘以所耗用的成本動因活動數量，求得應分攤的製造費用。

選擇製造費用的成本動因時必須謹慎，成本動因需要與製造費用和產品兩者有緊密的關聯。如果某項生產作業十分倚賴機器，其製造費用包括潤滑油、機器維修、折舊、電費與其他和操作機器有密切關係的成本，對於這些

表4.4 計時卡

中興股份有限公司							
員工姓名	王大傑			日　期	5/21(一)–5/26(五)		
員工編號	19			部　門	鑽孔		
工 資 率	$300／小時			加班津貼	$150／小時		
日期	早上		下午		加班		總時數
	上　班	下　班	上　班	下　班	上　班	下　班	
5/21	7:52	12:02	12:59	17:03			8
5/22	7:59	12:03	12:57	17:02	18:30	22:30	12
5/23	7:55	12:01	12:59	17:00			8
5/24	8:00	12:04	12:58	17:02			8
5/25	7:54	12:00	12:56	17:01			8
5/26					7:56	12:01	4
正常時間	40小時		一般工資率		$300／小時		$12,000
加班時間	8小時		加班津貼		$150／小時		1,200
總　計							$13,200

成本的分攤基礎以機器小時來衡量最適當。在其他勞力較密集的部門，或許以直接人工小時或直接人工成本來分攤比較恰當。

4.3 分批成本法的釋例

為了使讀者熟悉分批成本法的應用，在此以東安公司的例子來說明每項成本支出時，會計部門對這些交易的帳務處理方式。假設東安公司在今年6月份完成了兩筆訂單，訂單的號碼和內容分別敘述如下：

訂單　J10號　40張書桌
訂單　J20號　20張餐桌

東安公司為了完成這兩批訂單的生產和銷售，在6月份產生了下列的交易行為。

1. 原料的購買

在6月1日，東安公司以賒帳方式購買木材，全部價格為$10,000，其會計分錄如下：

原料存貨	10,000	
應付帳款		10,000

2. 原料的使用

在6月2日，生產部門向原料倉庫領取木材，分別用在兩種不同的訂單。生產部門填寫了下面兩張領料單：

領料單　74號：4,000公分的乙種木材，每公分單價為$2，總計$8,000，完全使用於J10號的訂單。

領料單　78號：1,800公分的甲種木材，每公分單價為$2.5，總計$4,500，完全使用於J20號的訂單。

上述二次領用木材原料的分錄如下：

在製品存貨	125,000	
原料存貨		125,000

3. 間接原料的使用

在6月15日，生產部門向倉庫領取5公升的膠水，每公升的價格為$20，因此所使用全部膠水的價值為$100。由於膠水在桌子的製造過程中，屬於一種間接性的原料，所以當作製造費用的一部分，其分錄如下：

製造費用——實際數	100	
用品存貨		100

4. 直接人工的投入

根據生產部門的統計資料顯示，J10號和J20號訂單所使用的直接人工成本分別為$4,500和$3,000。會計人員可從每張訂單的成本單得知人工成本資料，例如訂單J20號的成本單列在表4.5。關於直接人工成本的會計分錄如下：

在製品存貨　　　　7,500
　　應付薪資　　　　　　　7,500

表4.5　成本單：J20號訂單

東安股份有限公司
成本單

客戶名稱	仁愛公司		批次編號	J20號
產品名稱	餐　桌		製造開始日期	90/6/1
規　格	四方型		製造完成日期	90/6/25
數　量	20張			

直接原料			直接人工			製造費用
日　期	領料單號	金　額	日　期	計工單號	金　額	
6月2日	78	$4,500	6月3日	19	$3,000	應計時數500機器小時 製造費用分攤率$10 分攤之製造費用$5,000
						彙　總
						直接原料　$ 4,500 直接人工　3,000 製造費用　5,000 總成本　$12,500
小　計		$4,500	小　計		$3,000	單位成本　$ 625

5. 間接人工的投入

由工人的計工單上得知，6月份工人花了一些時間在清理廠房，這部分的相關工資為$5,000，為間接人工成本，屬於全廠的費用，無法直接歸屬到哪一張訂單，其分錄如下：

製造費用——實際數　　5,000
　　應付薪資　　　　　　　5,000

6. 製造費用的實際發生

在6月份，東安公司除了投入上述的各項成本外，還投入下列各項支出：

房租	$1,500
機器設備折舊	2,000
電費	1,500
保險費	1,500
合　計	$6,500

會計人員可準備下列的分錄來記載6月份實際發生的製造費用。

製造費用——實際數	6,500	
應付房租		1,500
累計折舊：機器設備		2,000
應付電費		1,500
預付保險費		1,500

7.製造費用的分攤

東安公司用機器小時作為製造費用的分攤基礎，每一機器小時預計分攤$10的製造費用。根據生產部門的資料顯示，訂單J10號使用了600個機器小時，訂單J20號使用了500個機器小時，所以兩張訂單的製造費用預估數之計算過程如下：

訂單J10號	$10 × 600 = $6,000
訂單J20號	$10 × 500 = $5,000

以上的分錄是以製造費用的預估數代入在製品存貨。

在製品存貨	11,000	
製造費用——預估數		11,000

8.銷管費用的發生

在6月份，東安公司的業務部門和管理部門有下列的各項支出：

各項支出：

辦公室租金	$ 2,000
業務人員薪水	5,000
管理人員薪水	6,000
廣告費	2,000
辦公用品費	500
合　計	$15,500

以上的銷管費用都不是生產部門的費用，屬於期間成本，所以分錄如下：

銷管費用	15,500	
應付房租		2,000
應付薪資		11,000
應付帳款——廣告費		2,000
用品盤存		500

9. 訂單完成

假若J20號訂單所生產的20張餐桌在6月份完成，全部成本$12,500在表4.5的成本單上。這20張餐桌在完成所有製造程序後，由工廠轉到倉庫，其分錄如下：

製成品存貨	12,500	
在製品存貨		12,500

10. 貨品銷售

6月份所完成的20張餐桌，其中15張送給顧客，收到應收帳款$13,500（每張餐桌售價為$900）。與這筆交易相關的分錄如下：

應收帳款	13,500	
銷貨收入		13,500

銷貨成本	9,375	
製成品存貨		9,375

$$\$\,12{,}500 \times \frac{9}{12} = \$\,9{,}375$$

11.製造費用差異的處理

在6月份中，製造費用的實際發生成本為$11,600 (=$100+$5,000+$6,500)，與製造費用預估數$11,000相比較，二者之間的差異數是$600。在處理這項差異前，先要計算下列四個T帳戶的期末餘額。

製造費用	
實際數 11,600	預估數 11,000
600	

在製品	
6,000 5,000	5,000
6,000	

製成品	
5,000	3,750
1,250	

銷貨成本	
3,750	

在製造費用帳戶內，實際數在借方（左邊），預估數在貸方（右邊），如果實際數超過預估數則產生製造費用低估(Underapplied)的現象；如果預估數超過實際數則產生製造費用高估(Overapplied)的現象。在本例中，東安公司6月份製造費用有高估$600的現象。針對這差異部分的會計處理方式有兩種，首先談較簡單的方式，也就是把全部差異調整到銷貨成本帳戶，其分錄如下：

	借	貸
銷貨成本	600	
製造費用		600

目前有很多公司採用上述的處理方式，主要原因是處理方式很簡單且很清楚。尤其在有效率的公司內，差異數的金額相當小，就成本與效益而言，會計人員不應花太多時間在處理差異不大的事項。

如果公司製造費用的實際數和預估數之間有很大的差異，則可採另一種差異處理法，將差異分配到三項不同帳戶，這種處理過程稱為按比例(Proportion)分配方式。由於製造費用預估數會出現在三個不同帳戶：在製品、製成品和銷貨成本，所以把製造費用預估數在這三項不同帳戶的期末餘額作為分配差異數的基礎。在上述東安公司的在製品帳戶內，屬於製造費用的金額為$11,000，其中訂單J20號部分轉入製成品，只剩下$6,000餘額。製成品內有75%（20張餐桌中出售15張）轉入銷貨成本，餘額成為$1,250。如果東安公司要把差異數$600分配到三個帳戶，其計算方式如下：

帳　戶	解　釋	餘　額	百分比	分　配　過　程
在製品	訂單J10號	$ 6,000	54.5%	$600 × 54.5% = $327
製成品	5張餐桌	1,250	11.4%	$600 × 11.4% = $ 68
銷貨成本	15張餐桌	3,750	34.1%	$600 × 34.1% = $205
6月份製造費用預估數		$11,000	100.0%	

完成上述的分配過程，會計人員可準備下列的分錄：

在製品存貨	327	
製成品存貨	68	
銷貨成本	205	
製造費用		600

由東安公司的例子，讀者可瞭解分批成本法下對每張訂單的會計處理方式與過程。至於製造費用差異數的處理方式，可依各公司差異數大小而作決定，如果差異不大，可將差異數完全調整到銷貨成本一項帳戶；如果差異很大，才需要將差異數分配到在製品、製成品和銷貨成本三項帳戶。

4.4 製造費用的分攤

在本小節的釋例中，使用不同的製造費用預算來計算分攤率。首先，在不同活動水準下編製一系列預算，稱為「彈性製造費用預算」(Flexible Overhead Budget)。編製該預算時必須注意，在攸關範圍(Relevant Range)中，有些成本是固定的，有些成本則是變動的。茲將一個製造費用預算的例子列於表4.6，以方便說明。

在本例中，以6,000個預計直接人工小時為製造費用的分攤基礎。不論在哪個生產水準，變動製造費用分攤率都相同，而固定製造費用分攤率則隨生產水準的增加而減少。在6,000個直接人工小時水準之下，製造費用分攤率如下所計算：

$$\frac{\text{預計製造費用}}{\text{預計直接人工小時}} = \frac{\$105,000}{6,000} = \$17.5\text{每直接人工小時}$$

表4.6 製造費用預算

	預計直接人工小時			
	4,000	6,000	8,000	10,000
預計製造費用:				
變動:				
間接物料	$ 8,000	$ 12,000	$ 16,000	$ 20,000
維　修	6,600	9,900	13,200	16,500
能　源	5,400	8,100	10,800	13,500
小　計	$20,000	$ 30,000	$ 40,000	$ 50,000
固定:				
間接人工	$20,000	$ 20,000	$ 20,000	$ 20,000
維　修	6,000	6,000	6,000	6,000
能　源	8,000	8,000	8,000	8,000
工廠租金	11,000	11,000	11,000	11,000
設備折舊	30,000	30,000	30,000	30,000
小　計	$75,000	$ 75,000	$ 75,000	$ 75,000
製造費用合計	$95,000	$105,000	$115,000	$125,000
直接人工小時分攤率:				
變　動	$ 5.000	$ 5.000	$ 5.000	$ 5.000
固　定	18.750	12.500	9.375	7.500
總　計	$23.750	$ 17.500	$ 14.375	$ 12.500

在當年度裡，工廠所製造的產品以此預計製造費用分攤率來計算。當製造作業進行的過程中，有各種不同的分錄來計算產品成本。假設編號1001批次的產品耗用直接原料$30,000，直接人工2,500小時，直接人工工資率$10，則其生產成本計算如下:

直接原料	$30,000
直接人工(2,500 × $10)	25,000
製造費用(2,500 × $17.5)	43,750
總成本	$98,750

在分批成本法之下，直接原料、直接人工與製造費用根據各產品批次而彙集，先轉入「在製品」(Work-in-Process)，待製造完成，便轉入「製成品」(Finished Goods)帳戶。

為何會計人員要如此麻煩地用預計製造費用分攤率來分攤？為何不等到年終待各項資料都已確定時，才獲取實際的資料？其主要三個原因為：

1. 去除非生產因素

例如，對於亞熱帶或熱帶的許多公司而言，夏天的冷氣費用比冬天的暖氣費用為高，是否應該分攤較多的空調費用在夏天製造的產品？如果是，問題成為產品成本難道應該與外面的氣候相關嗎？

2. 去除產量因素

當淡季來臨，生產量減少，若不用預計製造費用分攤率，將使所分攤的製造費用增加，極不公平。而且，大部分公司每個月的生產活動並不平均，假日較多的月份常進行機器維修，而產生較多的維修成本，但該成本乃是對整年的生產都有效用，不應只讓當月的產量承擔。

3. 掌握時效

管理當局可能在期中某一時點或某一批次完成時，即想瞭解成本資料，而不願等到期末。畢竟資訊若能夠即時，對於公司營運有莫大的好處，例如管理者需要成本資料作為訂價或投標的依據，不能等到期末獲知實際成本資料時才訂出價格。

4.4.1 變動製造費用的計算

本小節直接以釋例來說明。某批次的總生產成本估計為$50,000，原料成本為$11,000，直接人工工資率為每小時$50，工時為600小時，變動製造費用分攤率則為每個直接人工小時$15，固定製造費用並不考慮。由於更改生產程序，直接人工小時可以縮短為550小時。玆將生產程序更改前後的成本計算於表4.7。

在更改生產程序之後，由於直接人工小時減少了50小時，使得該批次的生產成本節省$3,250，其來自於直接人工成本減少$2,500，以及變動製造費用減少$750。從這個例子可以看出，直接人工的減少，可以大幅降低生產成本，提高企業的競爭優勢。管理人員便應該時時注意生產程序的改進，以降低成本。

表4.7 生產程序更改前後之生產成本的比較

更改前的預計成本	
直接原料	$11,000
直接人工(600×$50)	30,000
變動製造費用(600×$15)	9,000
總　計	$50,000
更改後的預計成本	
直接原料	$11,000
直接人工(550×$50)	27,500
變動製造費用(550×$15)	8,250
總　計	$46,750
差　異	$ 3,250

4.4.2 固定製造費用

在上一小節中，並未考慮固定製造費用，本小節則將之納入計算。假設固定製造費用也是以直接人工小時來分攤。該公司預估當年度有$250,000的製造費用，且預計營運10,000直接人工小時，故固定製造費用分攤率為每直接人工小時$25，計算如下：

$$\frac{\text{預計固定製造費用}}{\text{預計直接人工小時}} = \frac{\$250,000}{10,000} = \$25 \text{ 每直接人工小時}$$

同樣地，將製程更改前後的成本比較於表4.8。

表4.8 生產程序更改前後之生產成本的比較

更改前的預計成本	
直接原料	$11,000
直接人工(600×$50)	30,000
變動製造費用(600×$15)	9,000
固定製造費用(600×$25)	15,000
總　計	$65,000
更改後的預計成本	
直接原料	$11,000
直接人工(550×$50)	27,500
變動製造費用(550×$15)	8,250
固定製造費用(550×$25)	13,750
總　計	$60,500
差　異	$ 4,500

如此，似乎又節省了$1,250的生產成本。但是必須特別注意的是，對於變動製造費用而言，直接人工小時的減少，是真正地節省成本；而對固定製造費用來說，則只是少分攤至該批次的產品而已，公司實際花費的固定製造費用還是一樣。

在以上的例子當中，如果當年度為真正營運了10,000個直接人工小時，則所有的固定製造費用都被各批次所生產的產品所吸收。然而，若只生產了9,000個直接人工小時，則只分攤$225,000的固定製造費用，計算如下：

固定製造費用分攤率$25 × 9,000直接人工小時
=$225,000固定製造費用

此實際計入產品成本固定製造費用和預算的差異$25,000 (=$250,000−$225,000)，將歸為「產能差異」(Capacity Variance)或「產量差異」(Volume Variance)。差異分析的進一步觀念，請見本章後面「標準成本」的說明。

4.4.3 多重分攤率

如前所述，在分攤製造費用時，必須謹慎選擇成本動因，使其在邏輯上與製造費用和產品的生產緊密關聯。在上述的釋例裡，都假設對整個工廠而言，只適用一個成本動因(Cost Driver)，情況相當單純。在生產多種產品或服務的公司中，由於生產過程的差異，成本動因可能有許多個，必須個別探討，才不致扭曲成本分攤。

當產品之間的差異愈大，工廠作業的差異就愈大。若能對各部門使用不同的製造費用分攤率，將會比整廠採用單一分攤更為有效且正確。事實上，只有在生產一、兩種產品時，才可使用整廠分攤率。

在此舉一例說明。長春公司為一家具加工的公司，專門替當地的家具製造廠代加工。其主要兩大加工程序為砂磨與上漆，因而形成兩個工作部門。各部門上個月的直接人工與製造費用資料列示於下：

	砂　磨	上　漆	合　計
直接人工	$45,000	$32,000	$ 77,000
製造費用	90,000	80,000	170,000

製造費用以直接人工成本為基礎來分攤。將製造費用除以直接人工成本，得到以下的部門別與整廠分攤率。

$$砂磨(\$90,000 \div \$45,000) = 200\%$$
$$上漆(\$80,000 \div \$32,000) = 250\%$$
$$整廠(\$170,000 \div \$77,000) = 220.8\%$$

由於以上分攤率的不同，成本分攤有差異。假設某批次產品的砂磨與上漆的直接人工成本分別為$135及$68，故其總直接人工成本為$203。茲以整廠與部門別分攤率來分攤製造費用，計算如下：

使用整廠分攤率($203 × 220.8%)		$448.22
使用部門別分攤率:		
砂磨($135 × 200%)	$270	
上漆($68 × 250%)	170	$440.00

在這個例子裡，使用整廠分攤率使該批次多分攤了$8.22，讓該批次產品的生產成本受到扭曲。由於砂磨與上漆均以直接人工成本為成本動因，故形成的差異不大。若各作業的成本動因差別很大，例如一個是機器小時，另一個是直接人工小時，則扭曲的情況就更為嚴重了。

4.4.4　不同時段的分攤率

合江公司生產許多種類型不同的冷氣機，並使用分批成本法來彙集成本資料，製造費用以直接人工小時為基礎進行分攤。由於銷貨量受季節影響頗大，該公司在四個季節的生產量有明顯的差異。在生產高峰的季節，以臨時工人來解決勞工不足的問題。表4.9的資料為合江公司未來一年的預估資料。

表4.9　合江公司未來一年之預估資料

	預計製造費用	預計直接人工小時	各季預計製造費用分攤率
第一季（1月–3月）	$ 70,000	20,000	$3.50
第二季（4月–6月）	140,000	40,000	3.50
第三季（7月–9月）	100,000	20,000	5.00
第四季（10月–12月）	50,000	10,000	5.00
合　計	$360,000	90,000	

如果合江公司以整年資料來計算製造費用分攤率，將得到每直接人工小時$4.00 (=$360,000÷90,000)。至於是否應該使用季節別資料來計算分攤率，請見以下的討論。

合江公司在一般情況下，生產一臺超靜音冷氣機，需要以下的投入：

直接原料	每單位	$ 75
直接人工（15小時 × 工資率$20）	每單位	$300

在4月與9月各生產一臺超靜音冷氣機，這二個月將分攤到下列的成本：

	4月	9月
直接原料	$ 75.00	$ 75.00
直接人工	300.00	300.00
分攤製造費用：		
4月：15小時×分攤率$3.50	52.50	
9月：15小時×分攤率$5.00		75.00
總　計	$427.50	$450.00

$22.50的差異似乎並不重要，但是若以此作為訂價的依據，將可能降低價格的競爭力。假設合江公司用整年的分攤率來分攤以上的成本，則兩臺冷氣機在不同月份生產但得到相同的成本，列示如下：

直接原料	$ 75.00
直接人工	300.00
分攤製造費用	
（15小時 × 分攤率$4.00）	60.00
總　計	$435.00

如果以$435.00作為產品訂價的依據，便可有一個比較穩定的訂價政策。假設合江公司以季節別資料來計算分攤率。為方便說明，又假設該公司只有超靜音冷氣機一條生產線。以下為合江公司第二、三季的產銷資料。

	第二季	第三季
銷貨量	3,000單位	3,000單位
生產量	4,000單位	2,000單位

假設合江公司有一個穩定的訂價政策，其價格為$700，每一季的銷管費用為$600,000。表4.10為第二季與第三季的損益表。

為什麼第二季和第三季的銷貨額相同，但淨利卻差了$45,000呢？此乃因

表4.10　合江公司季節別損益表──使用季節別分攤率

	第二季	第三季
銷貨收入（3,000單位×$700）	$2,100,000	$2,100,000
銷貨成本：		
3,000單位×單位成本$427.50	1,282,500	
1,000單位×單位成本$427.50		427,500
2,000單位×單位成本$450.00		900,000
銷貨毛利	$ 817,500	$ 772,500
銷貨費用	600,000	600,000
淨　利	$ 217,500	$ 172,500

為兩季的生產量並不相同。在第二季中，預計有$140,000的製造費用分攤予40,000個直接人工小時（4,000單位的產品）；在第三季中，則有$100,000的製造費用分攤予20,000個直接人工小時（2,000單位的產品）。結果造成第三季生產的冷氣機之成本大於第二季生產的成本，而使第三季的淨利低於第二季的淨利。

在生產技術相同、投入價格穩定和無明顯的效率差異之情況下，第二季與第三季的冷氣機生產成本應該一樣。許多管理者會被以上的結果所誤導，以為第三季的生產效率遜於第二季，而影響公司決策。

如果合江公司用整年的分攤率來分攤製造費用，便不至於引起以上的問題，其季節別損益表將成為表4.11所示。

在每季或每月的銷貨額相等之情況下，利用整年分攤率來分攤製造費用，可使損益結果不會產生大幅波動，所以許多管理人員比較偏好使用整年分攤率。

表4.11 合江公司季節別損益表——使用整年分攤率

	第二季	第三季
銷貨收入(3,000單位×$700)	$2,100,000	$2,100,000
銷貨成本:		
3,000單位×單位成本$435.00	1,305,000	1,305,000
銷貨毛利	$ 795,000	$ 795,000
銷貨費用	600,000	600,000
淨　利	$ 195,000	$ 195,000

4.5 作業基礎成本法的應用:訂單生產

在第3章中曾經討論過作業基礎成本法,在間接成本的分攤過程包括了二個階段的成本動因:⑴初步階段成本動因(Preliminary Stage Cost Driver),主要的用途在於將組織內所發生的成本,藉著有因果關係的分攤基礎,分攤到相關的成本庫(Cost Pool)。⑵主要階段成本動因(Primary Stage Cost Driver),其功用在於把各個成本庫內的成本,經由合理的分攤基礎分配到產品。

在競爭激烈的製造環境下,顧客的要求變化很多,工廠生產每張訂單時,製造過程也比以前複雜,加工的步驟會隨各訂單而不同。在這新製造環境下,作業基礎成本法可運用到分批成本法,使訂單成本的計算更為準確。在這舉個例子來幫助讀者瞭解如何把作業基礎成本法運用到訂單生產的成本計算過程。

假若迪安公司在90年度開始採用作業基礎成本法,把全年度的成本分配到各個不同的成本庫,並且選擇了適合各個成本庫的成本動因,以便於決定各項製造費用的預估分攤率,詳細資料如下:

成本庫	製造費用金額	成本動因	預期成本動因數	預估製造費用率
原料處理成本	$ 30,000	原料數量	10,000 磅	$ 3
機器的折舊費用	150,000	機器小時	150,000小時	1
廠房的折舊費用	30,000	生產數量	5,000 個	6
間接人工成本	20,000	生產數量	5,000 個	4
電　費	75,000	機器小時	150,000小時	0.5

迪安公司在91年初接到一張生產訂單，要求生產1,000個產品，管理者在報價之前要先計算出該訂單的成本。該張訂單需要投入2000磅原料，每磅原料成本為$5，另外需要30,000個機器小時來完成製造作業。該訂單成本的計算過程如下：

原料成本	$ 5 × 2,000 =	$10,000
原料處理成本	3 × 2,000 =	6,000
機器的折舊費用	1 × 30,000 =	30,000
廠房的折舊費用	6 × 1,000 =	6,000
間接人工成本	4 × 1,000 =	4,000
電　費	0.5 × 30,000 =	15,000
合　計		$71,000

由上述的計算，可得知該訂單的總成本為$71,000。這種將作業基礎成本法運用到訂單生產作業的成本計算過程，使產品成本的準確性更為提高。

4.6 非製造業組織之分批成本法

分批成本法也可應用在非製造業組織中，然而，其「批次」通常是指「作業」(Operation)而言。醫院和會計師事務所將成本分攤給各個個案；顧問公司與廣告公司可按合約分攤成本；而政府單位則分攤成本給各個計畫。非製造業需要成本累積的原因，和一般製造業類似。以美國太空總署發射商業衛星的計畫為例，其累積並分攤成本的用途在於規劃和控制計畫的執行步驟。

為方便說明，以下舉一廣告公司的例子。假設表4.12為立人廣告公司的相關資料。

表4.12 立人廣告公司的相關資料

民國90年的預計製造費用：	
間接人工	$150,000
間接物料	30,000
影　印	8,000
租用電腦	38,000
紙張等消耗品	32,000
辦公室租金	130,000
保　險	12,000
郵　資	16,000
雜　項	34,000
總　計	$450,000
預計直接人工成本（廣告專業人員的薪資）	$150,000

立人公司以直接人工成本為基礎來分攤製造費用，分攤率計算如下：

$$\frac{\text{預計製造費用}}{\text{預計直接人工成本}} = \frac{\$450,000}{\$150,000} = 300\%$$

在民國90年，立人公司完成一筆大統公司的廣告案，該案需要$20,000的直接人工，$5,000的直接原料，其成本資料如下：

直接原料	$ 5,000
直接人工	20,000
製造費用(300% × 20,000)	60,000
總成本	$85,000

此廣告案的成本資料可供立人公司進行成本控制、現金流量規劃與合約訂價等決策。當然，在訂價方面，還需要參考市場需求與競爭者的價格。

銘傳機具公司為一生產自動化機器的公司，其使用分批成本法進行會計處理。民國90年度，銘傳公司發生以下的交易，請作出相關的分類帳（T帳戶）。

⑴當年度共購買$1,680,000的原料。

⑵申請使用$1,262,800的直接原料，另申請使用$94,400的間接物料。

⑶工廠員工的工資共$3,748,000，所得稅扣抵額$786,800。

⑷經過分析，員工工資中的$3,520,000為直接人工成本，$228,000為間接人工成本。

⑸在正常產能500,000直接人工小時之下，算得製造費用分攤率為每直接人工小時$6。當年度的直接人工小時為440,000小時。

⑹間接原料與間接人工除外的製造費用為$2,350,000，包括折舊費用$240,000，其餘部分均記入應付帳款。

⑺當年度轉入存貨的總成本為$5,890,400。

⑻銷貨成本為$4,640,000。

⑼分攤的製造費用與實際製造費用的差額，以銷貨成本來沖銷。

解答:

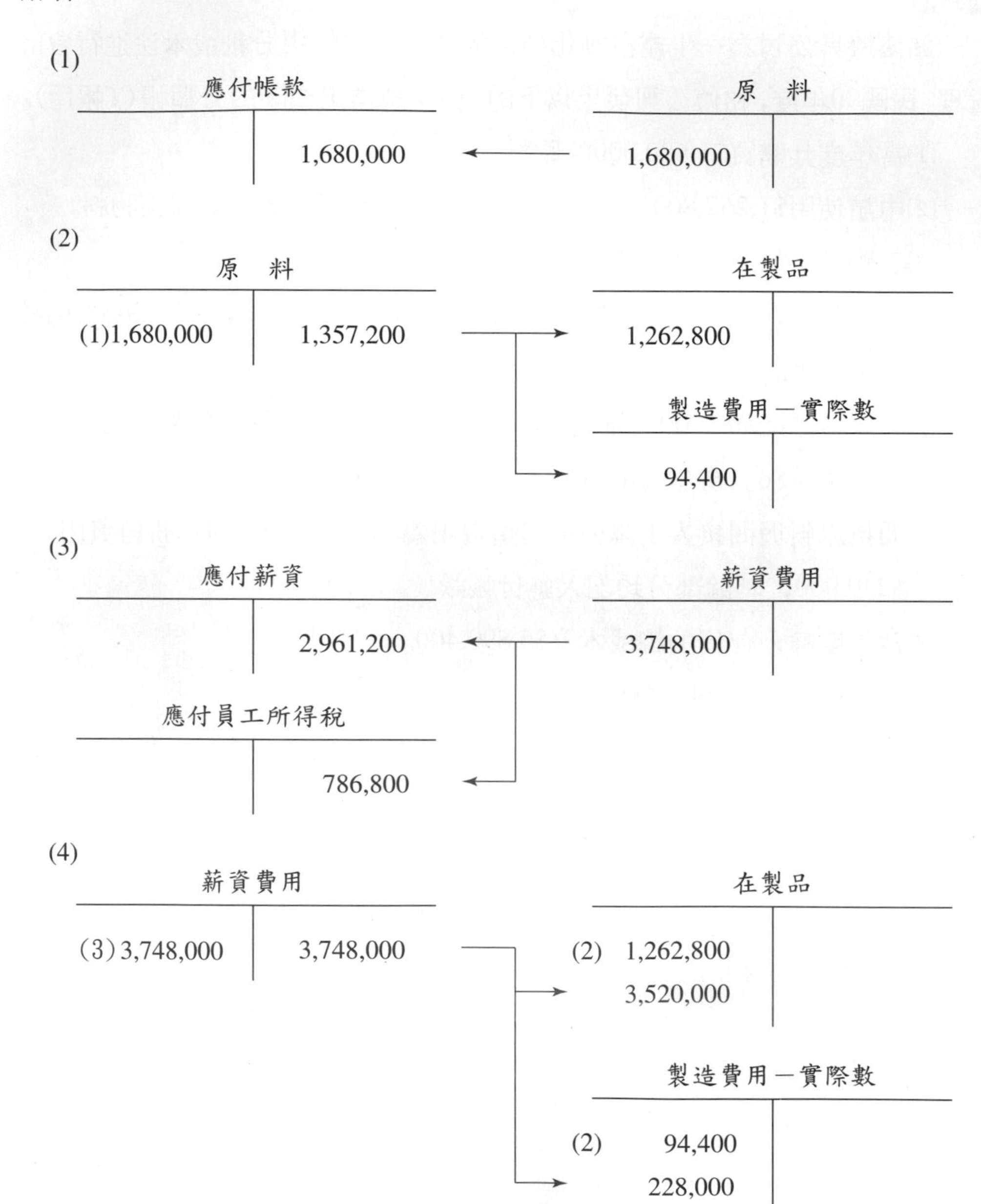
(1)
應付帳款
1,680,000
原　料
1,680,000
(2)
原　料
(1)1,680,000
1,357,200
在製品
1,262,800
製造費用－實際數
94,400
(3)
應付薪資
2,961,200
薪資費用
3,748,000
應付員工所得稅
786,800
(4)
薪資費用
(3)3,748,000
3,748,000
在製品
(2) 1,262,800
3,520,000
製造費用－實際數
(2) 94,400
228,000

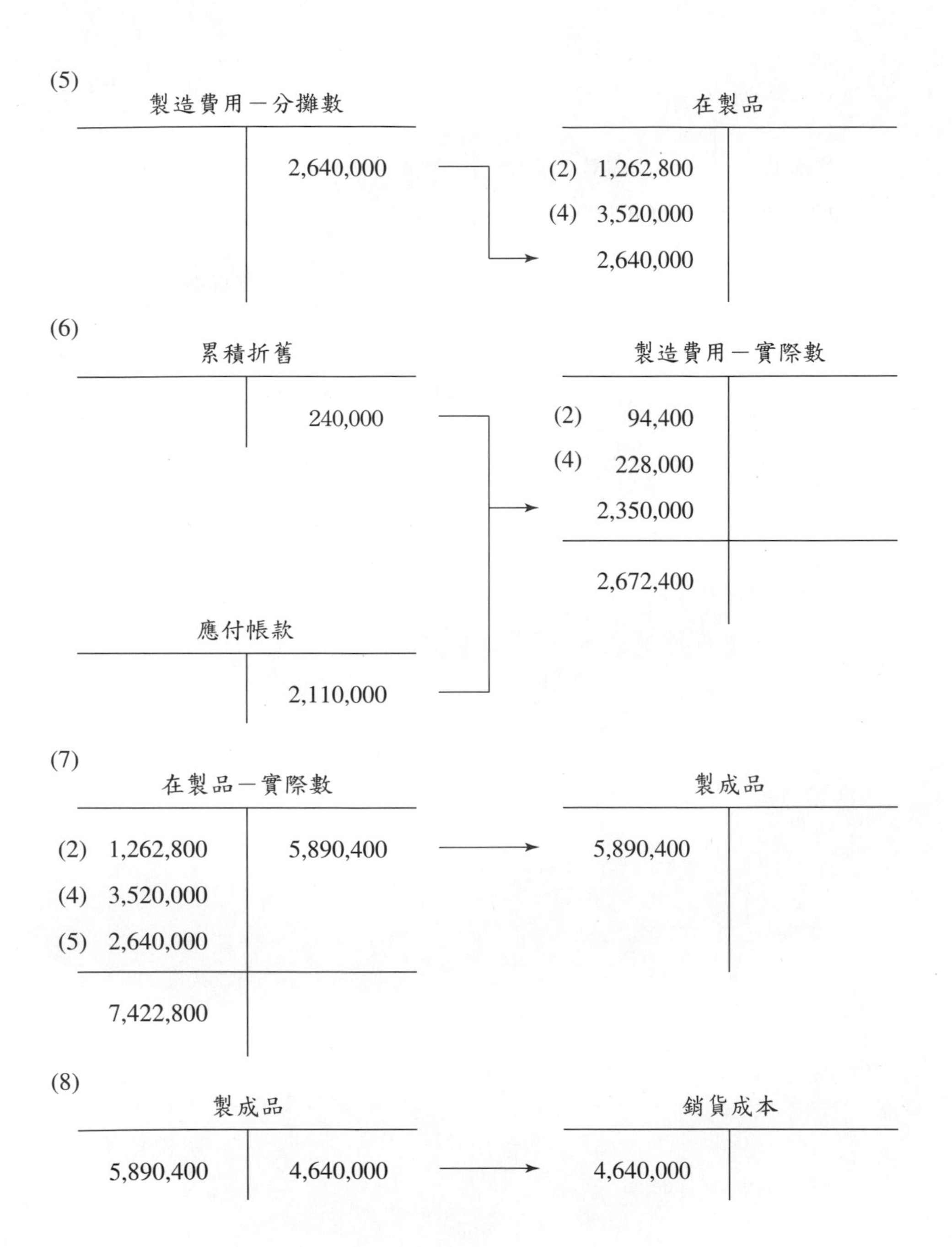
(5)
製造費用－分攤數
2,640,000
在製品
(2) 1,262,800
(4) 3,520,000
2,640,000
(6)
累積折舊
240,000
製造費用－實際數
(2) 94,400
(4) 228,000
2,350,000
2,672,400
應付帳款
2,110,000
(7)
在製品－實際數
(2) 1,262,800
(4) 3,520,000
(5) 2,640,000
7,422,800
5,890,400
製成品
5,890,400
(8)
製成品
5,890,400
4,640,000
銷貨成本
4,640,000

(9)

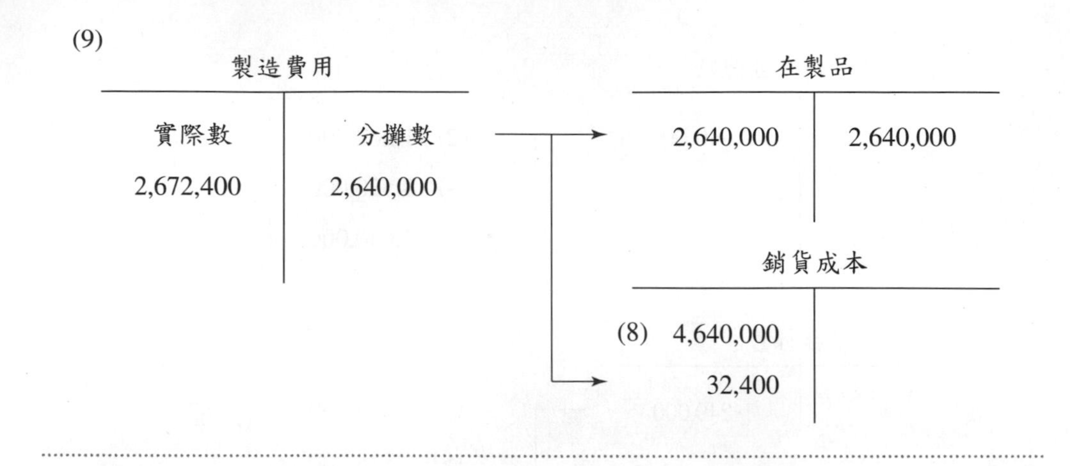
製造費用
實際數
2,672,400
分攤數
2,640,000
在製品
2,640,000
2,640,000
銷貨成本
(8) 4,640,000
32,400

本章彙總

把生產過程中所發生的成本予以彙總，再把總成本分配到產品，即為產品成本系統的主要功用。有了產品成本資料後，存貨成本和銷貨成本可計算出來，以便於財務報告使用，同時也提供管理者在規劃和控制生產活動所需參考的資訊。產品成本的觀念和計算，除了應用到製造業，也可應用到服務業、非營利事業，甚至政府單位。

由於生產方式的不同，所有的製造程序可分為兩大類：訂單生產和大量生產。分批成本法適用於訂單生產作業，成本的累積和分配程序隨著訂單而不同。相對的，分步成本法適用於產品較少變化的大量生產作業，詳細的成本計算和會計處理將在第5章敘述。

在分批成本系統中，直接原料成本和直接人工成本，與預估的製造費用三項科目，先轉入在製品存貨帳戶，待製造完成後再轉入製成品存貨帳戶。等產品出售以後，全部成本轉入銷貨成本帳戶。每張訂單都跟隨著一張成本單，在製造過程完成時，該訂單的總成本和單位成本也要即時計算出來。領料單為計算原料成本的主要憑證；計工單和計時卡可作為人工成本計算的主要依據。至於製造費用方面，有預估數和實際數二項，預估數是由分攤率乘上成本動因數而得來的，因此製造費用分攤方法的選擇對產品成本的計算有很大影響。本章還介紹如何運用作業基礎成本法於訂單生產作業，使成本計算更為準確。

除了製造業外，服務業也有採用訂單作業的方式，例如會計師事務所的查帳工作，會因客戶不同而採用不同的程序，當然所投入的時間也不同，所以對每個客戶的收費也不同。此時，分批成本法的各項會計處理步驟，可適度的應用到非製造業。

關鍵詞

原物料清單(Bill of Materials, BOM)：

將各製造階段所需要的原物料及零件，都明確的標示在此一清單上。

成本動因(Cost Driver)：

指影響成本變動的因素，例如直接人工小時、機器小時或直接人工成本等。

直接成本(Direct Cost)：

成本可明確歸屬於某項標的。

彈性製造費用預算(Flexible Overhead Budget)：

在不同活動水準下，所編製的一系列製造費用預算。

間接成本(Indirect Cost)：

成本無法清楚確認其標的，必須用合理的基礎來分攤。

分批成本法(Job-Order Costing)：

按照顧客的特殊要求，而以批次的方式生產，來計算此種生產作業之產品成本的方法。

物料需求規劃(Material Requirements Planning, MRP)技術：

係一項物料管理的工具，管理者對於經常製造的產品，可以預先知道所需的直接原料之數量與時間。

初步階段成本動因(Preliminary Stage Cost Driver)：

將組織內所發生的成本，藉著有因果關係的分攤基礎，把全部成本分攤到相關成本庫。

主要階段成本動因(Primary Stage Cost Driver)：

其功用在於把各個成本庫內的成本，經由合理的分攤基礎，把成本分配到產品上。

作業

一、選擇題

1. 下列哪個製造過程最可能使用分批成本法?

   A.鑽石切割。

   B.藝術雜誌出版業。

   C.訂單家具生產。

   D.音響裝配。

2. 分批成本表未包括下列哪一項?

   A.預計銷售價格。

   B.直接人工。

   C.製造費用。

   D.直接原料。

3. 通常分批成本表中的哪個部分是採用估計數?

   A.成本擴充。

   B.製造費用分攤。

   C.直接原料投入成本。

   D.直接人工的投入。

4. 使用分批成本法是因為:

   A.客戶訂購不同的產品量。

   B.售貨員發現高品質產品較容易推銷。

   C.公司需要適時的資訊。

   D.每個訂單其單位成本不同。

5. 在分批成本法下,用來記載每張訂單成本資料的表格稱為:

   A.訂單成本彙總表。

   B.持續的生產過程報告。

   C.相異的產品分類表。

D.部門別會計報告。

二、問答題

1. 比較分批成本法與分步成本法的適用環境。
2. 何謂物料需求規劃(MRP)技術?
3. 為何會計人員要採用預計製造費用分攤率來計算成本，而不用實際數?
4. 說明採用部門別與整廠分攤率，其各自的優點。
5. 試述在作業基礎成本法下，二個階段的成本動因。
6. 舉例說明為何非製造業亦可用分批成本法。

第5章

分步成本法

學習目標:

- 明白分步成本法的特色
- 瞭解約當產量的概念
- 認識生產部門的會計分錄
- 編製生產成本報告
- 分析後續部門增投原料對產品成本計算的影響
- 探討作業成本法的概念

前言

對製造業而言，產品成本系統的功用在於累積成本資料和將成本分配到各個產品上。會計人員將成本資料加以分析，可提供管理者作訂價決策的參考，同時可作為建立標準成本的參考。

製造業用來累積產品成本及計算單位成本之主要成本方法可分為：(1)分批成本法與(2)分步成本法兩種。分批成本法，在第4章已討論過，在該成本法下，成本係按各批次或訂單來彙總。由於每一訂單產品之數量及規格不同，製造方法亦有差異，因此各訂單的單位成本也不同。然而，分步成本法係按各成本中心或部門來分析成本，適用於產品規格標準化，和大量生產的作業單位。

本章首先討論成本的累積程序、約當產量的觀念；其次，介紹在加權平均法和先進先出法下，生產成本報告的編製方式；接著，說明後續部門增投原料後生產成本報告的編製方式。最後，介紹分批成本法與分步成本法的混合成本法，也就是所謂的作業成本法。

5.1　分步成本法的介紹

產品成本的計算對管理者作營運規劃、成本控制和決策分析等過程有很大的影響，在第4章所討論的分批成本法適用於訂單生產方式，本章所討論的分步成本法則適用於大量生產方式。例如，接受顧客訂單生產的家具製造公司，可採用分批成本法；而大量生產的石油提煉廠公司，則以採行分步成本法為宜。在家具製造商的例子中，每張訂單使用分批成本單以累積原料成本、人工成本及製造費用。相反地，石油公司則無法辨認每一張訂單的原料、人工與製造費用等資料的差異，因為所有產品的製造過程都是經過相同的生產過程。由於採用連續性大量生產，廠商對個別訂單的成本既然無法辨識，只好藉由某一期間所發生的總成本除以當期完成的總數量，以求得每一個產品的單位成本。

分步成本法是一種將成本分配到類似產品的方法，這些類似產品是由一系列連續式生產步驟來大量製造的，常見於塗料業、紡織業、石油業、化學業、水泥業、玻璃業、麵粉業及食品加工業等行業。分步成本法也可用於非製造業，例如郵局郵件分類作業、銀行票據交換作業及保險公司的保費處理等。

5.1.1　分步成本法的特徵

採用分步成本法的公司，通常按生產程序或步驟設立部門，各部門負責完成某一特定作業或程序，然後將完成的產品移轉至次一部門繼續生產，其成本亦一併轉入次一部門，直至最後的部門製造完成再轉入倉庫為止。一般而言，公司採用分步成本法來計算產品成本，需遵循下列各項步驟：

⑴由每一製造部門或成本中心來累積成本資料。

⑵每一個製造部門有其部門別在製品帳戶，此帳戶用來借記歸屬於該部門的成本，及貸記轉入次部門繼續生產的成本，或製造完成轉入製成品的成本。

⑶期末在製品存貨均折算為約當產量(Equivalent Units)。

⑷在某特定期間內，將部門的總成本除以該部門的總生產量以求出單位成本，例如每個約當產量的原料成本和加工成本。

⑸將每個部門所發生的總成本明確的區別為製成品成本和期末在製品成本兩大類。

⑹運用生產成本報告(Cost of Production Report)來定期蒐集、彙總與計算各部門的總成本和單位成本。

5.1.2　分步成本法的產品成本流程

在分步成本法下，工廠各部門的產品成本流程方式可依生產方式而不同，較常見的兩種作業流程列示於圖5.1。類型一的公司擁有三個部門作業，於部門A投入原料，並加入人工成本與製造費用。當產品在A部門工作完成後，即轉入B部門繼續製造，直到C部門完工後轉入製成品帳戶。任何後續的製程，可能再投入更多的原料，或僅將前部轉入之部分完工品繼續加工。

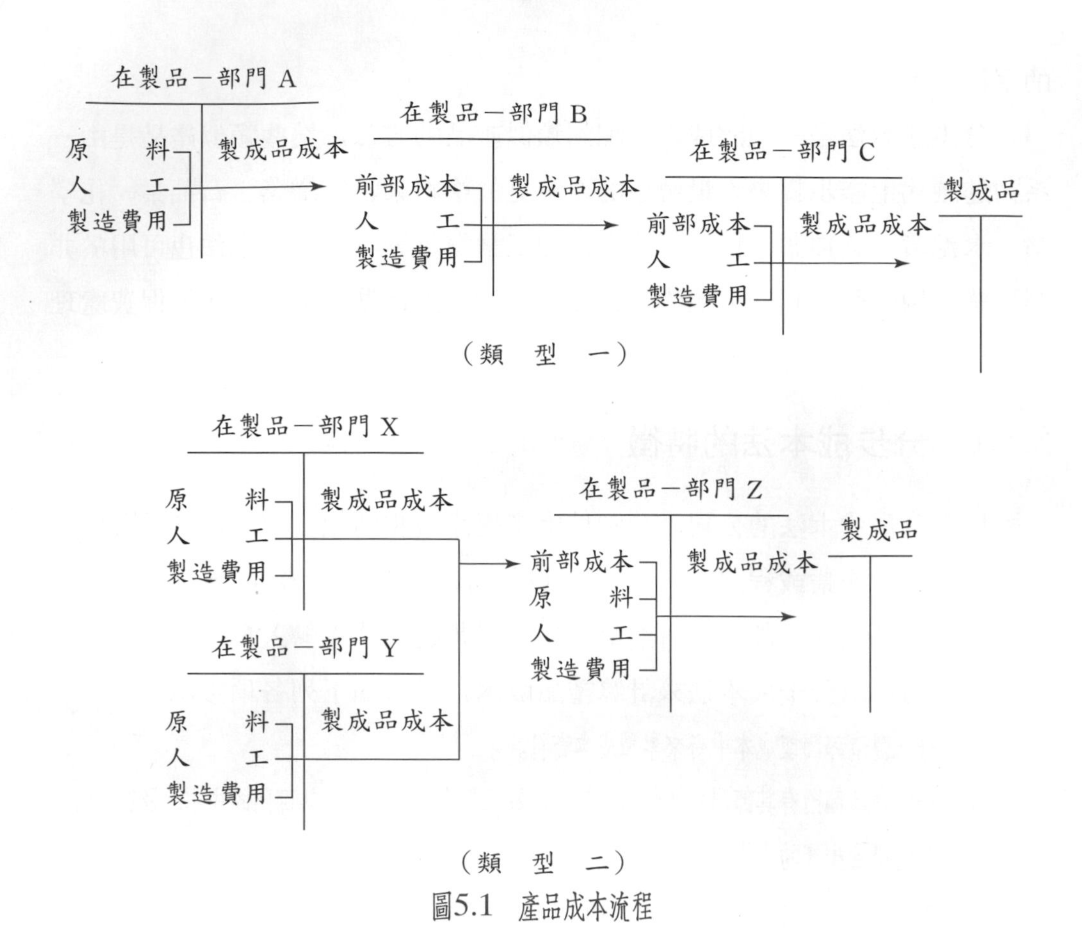

圖5.1　產品成本流程

類型二為另一種作業流程，產品並非經由三個部門順序生產，係分別先於部門X與部門Y製造兩種不同的在製品，然後匯流入次部門Z，並加入原料、人工及製造費用繼續製造，使其完成並轉入製成品。

5.1.3　分步成本法與分批成本法的比較

製造單位會隨著生產方式的不同而採用不同的成本會計制度，較常見的分步成本法與分批成本法，在很多方面有其相同點與相異點，茲分別敘述如下：

1. 分步成本法與分批成本法的相同點

(1)此兩種成本法之最終目的皆是計算產品的單位成本。

(2)分步成本法與分批成本法使用相同的會計科目，當投入原料、人工及製造費用時，借記「在製品」帳戶；製造完成時，再由「在製品」轉至「製成品」帳戶；產品出售時，則由「製成品」轉至「銷貨成本」帳戶。

2. 分步成本法與分批成本法的相異點

(1)分步成本法下，成本按生產步驟或部門來累積；分批成本法下，成本乃是按工作批次或特定訂單彙集。

(2)分步成本法下，採用生產成本報告以蒐集、彙總與計算總成本與單位成本。原則上，單位成本係由特定期間歸屬於某部門之總成本，除以該部門當期總產量而得；分批成本法下，以成本單彙集的總成本除以該批訂單的生產量而求得該批訂單的產品單位成本。

(3)分步成本法較適用於僅製造一種產品，或按標準規格製造的類似產品之行業，例如化工業、麵粉業、煉油業等；分批成本法較適用接受顧客訂單而生產的行業，例如造船廠、機器廠等。在分批生產下，每一訂單內容不同，故產品單位成本也不同。

(4)分步成本法與分批成本法的主要差異在產品製造過程所經過的成本目標不同，如圖5.2所示，分步成本法下的在製品帳戶會因加工部門的增加而增加；相對的，分批成本法下，只有一個在製品帳戶。產品單位成本的計算，在分步成本法下，以一個部門為計算基礎；在分批成本法下，單位成本會隨訂單的不同而有變化。

由上述的各種方法之比較看來，每個方法有其特色，因此公司在選擇成本制度時，應先考慮其製造程序的性質。以成衣業為例，服裝廠使用一定規格的布料，生產尺寸、款式皆相同的服裝，不必藉成本單即知其所完成每一件衣服的成本，此時適合採用分步成本法。反之，服裝廠依據客戶訂單來生產各種不同款式的服裝，則需要設立成本單以計算每個訂單的成本，此時宜採用分批成本法。

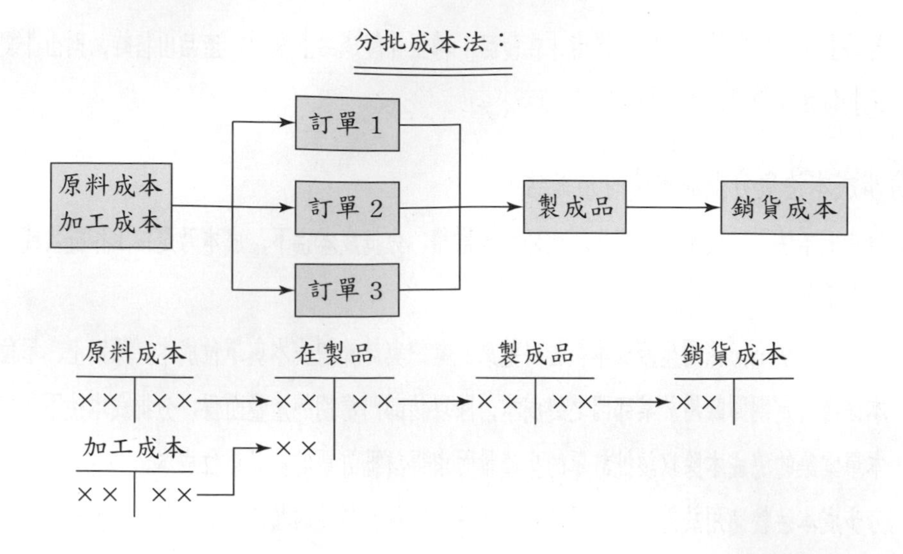

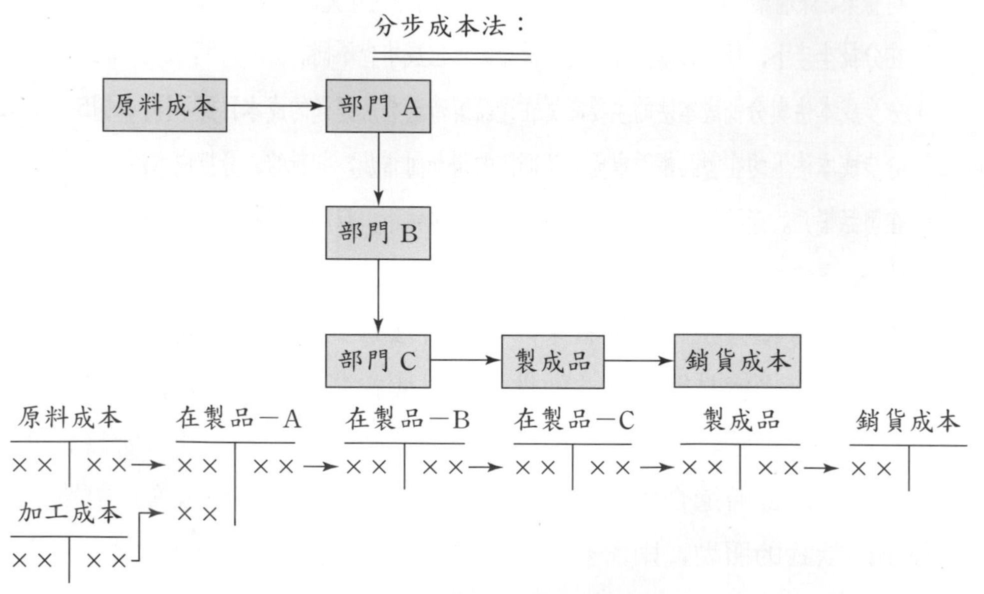

圖5.2 分步成本法與分批成本法的比較

5.2　約當產量的觀念

在分步成本法下，在製品的原料、人工與製造費用經常處於不同的完工階段。在許多製造程序中，直接人工與製造費用（合稱加工成本）通常在生產過程中持續不斷的發生。因此，當會計期間終了時，在製品的各項成本要素常處於不同的完工階段。因此，為了將成本客觀地分配於在製品存貨及製成品，需先分析在製品存貨的完工程度，以換算為完工單位數，並與當期實際完工數量相加總，以得出當期的約當產量。

會計人員在計算約當產量之前，需先估計各部門在製品的數量，再依照估計之完工程度，計算各項成本要素的約當產量。在此，以益華公司為例，來解說約當產量的計算過程。

假設益華公司A部門1月份的生產情形如下：

	單位數
期初在製品	0
1月份投入生產量	1,000
總單位數	1,000
已完成及移轉數量	600
期末在製品（原料100%，加工程度50%）	400
總單位數	1,000
本部投入成本：	
直接原料	$4,500
直接人工	1,200
製造費用	2,000
合　計	$7,700

任何部門作業後，方可將產品移轉給次一部門，產品非至離開最後生產部門，不能出售給顧客。在益華公司例中，於1月份完成且移轉次一部門繼續加工的數量為600單位，假設該公司採用加權平均法，原料和加工成本的約當產量計算過程如下：

原料：　　600 + 400 × 100% = 1,000（單位）
加工成本：　　600 + 400 × 50% = 800（單位）

5.3 各項成本的會計處理程序

分步成本法的會計處理細節常較分批成本法簡單，因為後者如果同時處理的訂單過多，成本的累積過程將變得較為複雜。分批成本法所採用以累積原料、人工與製造費用之程序，仍適用於分步成本法，成本應經由適當的分錄來記入各部門或步驟的會計帳戶。

在分批成本法下，領料單是記載各批次訂單的直接原料之基礎。在分步成本法下，領料單的使用可簡化會計處理，因為原料是借入各部門，而不是工作批次。各部門所耗用原料的數量登載在各部門的會計記錄，會計處理所花的時間較分批成本法為少。在一般大量生產的工廠，原料僅於開始生產之部門投入，記錄某期間內耗用原料成本之分錄如下：

在製品——A部門	×××	
原　料		×××

在分步成本法下，人工成本是按部門來認列，可免除按批次累積人工成本之繁瑣工作；分批計工單亦由每日計工單或每週記時卡取代。分配直接人工成本至各部門之彙總分錄如下（借方科目的多少視部門多寡而定）：

在製品——A部門	×××	
在製品——B部門	×××	
在製品——C部門	×××	
應付薪資		×××

不論分批或分步成本法，生產部門與服務部門所發生的製造費用，均先彙集於製造費用明細帳中。每當費用發生時，先將其記入製造費用統制帳戶，然後再過帳到部門別製造費用分析表，而成為製造費用的明細帳。實際發生的製造費用記入統制帳分錄如下：

製造費用統制帳　　　　×××
　　各類貸項　　　　　　　　×××

在每一期間終了時，則將實際製造費用或已分攤製造費用，計入各生產部門。在分攤製造費用時，分攤基礎的選擇應以各生產部門之實際作業，例如直接人工小時或機器小時為基礎，來計算產品成本。

製造費用按預定分攤率來分配，各生產部門應共同負擔的製造費用總額，需轉入在製品帳戶，其分錄如下：

在製品——A部門　　　×××
在製品——B部門　　　×××
在製品——C部門　　　×××
　　已分攤製造費用　　　　　×××

如採用預定分攤率分配製造費用，則在期末時，應將製造費用統制帳（實際數）與已分配製造費用（分攤數）相互結轉調節，二者之間的差異處理方式可參照第4章分批成本法。

5.4 生產成本報告

在分步成本法下，每一部門於會計期間結束時，需編製部門生產成本報告，以彙總各部門投入的總成本及計算單位成本。生產成本報告內包括數量表(Quantity Schedule)、本部門應負擔的總成本及製成品成本和在製品成本的分配情形三部分。生產成本報告的編製步驟如下：

(1)分析產品的實體流程。

(2)依據在製品完工程度，計算約當產量。

(3)彙總成本資料並計算單位成本。

(4)分配總成本到製成品和在製品。

生產成本報告有兩種編製方法：一為加權平均法(Weighted-Average Method)；一為先進先出法(First-In, First-Out Method)。以下的釋例，將分別採用加權平均法與先進先出法來編製生產成本報告。

假定宏亞公司以A、B兩部門來製造一種化合物。直接原料於A部門生產線的起點時投入，人工及製造費用於生產過程中陸續發生。如表5.1所示。

表5.1　宏亞公司生產基本資料 — A部門（90年2月份）

生產數量資料:			
期初在製品（原料100%投入，加工程度40%）			1,000單位
本期投入生產			25,000單位
本期完工轉入次部			20,000單位
期末在製品（原料100%投入，加工程度60%）			6,000單位
成本資料:			
期初在製品			
直接原料	$ 4,000		
加工成本	4,400	$ 8,400	
本期投入			
直接原料	$126,000		
直接人工	91,600		
製造費用	140,000	$357,600	

列示A部門90年2月份的生產數量及成本資料，由表5.1可知A部門2月份期初在製品的金額為$8,400。

2月份投入成本的分錄如下:

在製品——A部門	357,600	
原　料		126,000
應付薪資		91,600
製造費用		140,000

5.4.1 加權平均法

加權平均法對期初在製品成本和本期投入成本的處理方法相同；亦即期初在製品中前期的約當產量及製造成本，與本期的約當產量和製造成本合併，計算平均單位成本。

在加權平均法下，約當產量係期末完成轉入次部的數量和期末在製品依其完工程度換算之約當產量的合計數。此種計算方式，已將期初在製品的約當產量包括在內。成本計算方面，將前期成本與本期成本合併，亦即將期初在製品成本按成本要素與本期的投入成本相加總。加權平均法在實務上被廣泛使用，以下將按生產成本報告編製的程序，來討論加權平均法下生產成本報告的編製與計算方式。

【步驟1】分析產品的實體流程

編製數量表以分析2月份的實際生產流程，詳見表5.2。此表反映出下列的存貨方程式：

期初在製品數量 + 本期投入數量 − 本期完成轉入次部數量
= 期末在製品數量

表5.2 【步驟1】分析產品的實體流程 — A部門

數量表	實際單位
期初在製品（加工程度40%）	1,000
本期投入	25,000
	26,000
本期完成轉入次部	20,000
期末在製品（加工程度60%）	6,000
	26,000

【步驟2】計算約當產量

分別計算直接原料和加工成本的約當產量，表5.3是依據表5.2的實際產量來計算約當產量。假設原料在生產開始時即加入。本期完成轉入次部的20,000

單位已100%完工，因此計入直接原料及加工成本的約當產量皆為20,000單位；期末在製品6,000單位，加工程度為60%，因此計入直接原料的約當產量為6,000單位，計入加工成本的約當產量是6,000單位的60%為3,600單位。

表5.3 【步驟2】計算約當產量—A部門（加權平均法）

			約當產量	
	實際單位	加工程度	直接原料	加工成本
期初在製品	1,000	40%		
本期投入	25,000			
	26,000			
本期完成轉入次部	20,000	100%	20,000	20,000
期末在製品	6,000	60%	6,000	3,600
	26,000		26,000	23,600

【步驟3】計算單位成本

接著是計算直接原料和加工成本的每一種成本要素的約當產量之單位成本，列示於表5.4。將期初在製品的原料成本$4,000與本期投入之直接原料成本$126,000加總後，除以直接原料的約當產量26,000單位，即得直接原料的單位成本$5。加工成本的單位成本$10的計算方式如同直接原料的計算方式。

表5.4 【步驟3】計算單位成本—A部門（加權平均法）

	直接原料	加工成本	合計
期初在製品成本	$ 4,000	$ 4,400	$ 8,400
本期投入成本	126,000	231,600	357,600
成本總額	$130,000	$236,000	$366,000
約當產量（取自表5.3）	26,000	23,600	
單位成本	$5	$10	$15
	↑	↑	↑
	$\frac{\$130,000}{26,000}$	$\frac{\$236,000}{23,600}$	$ 5+$10

【步驟4】成本分配

最後一個步驟是將總成本分配給本期完成轉入次部的產品及期末在製品。計算方式列示於表5.5。為了便於計算，和易於對照成本總額與分配於各項目的成本總數，故將步驟3（表5.4）也列於表5.5內，以確定總成本$366,000已全部分配完畢。

表5.5　【步驟4】成本分配——A部門（加權平均法）

	直接原料	加工成本	合　計
期初在製品成本	$　4,000	$　4,400	$　8,400
本期投入成本	126,000	231,600	357,600
成本總額	$130,000	$236,000	$366,000
約當產量（取自表5.3）	26,000	23,600	
單位成本	$5	$10	$15
	↑	↑	↑
	$130,000 / 26,000	$236,000 / 23,600	$ 5+$10
本期完成轉入次部成本		20,000×$15=$300,000	
期末在製品成本			
直接原料			
（直接原料約當產量×原料單位成本）			
	6,000×$5=$30,000		
加工成本			
（加工成本約當產量×加工成本單位成本）			
		3,600×$10=$36,000	$　66,000
成本總額			$366,000

依據表5.5的計算，可知A部門完成轉入B部門繼續生產之成本為$300,000，其分錄如下：

	借	貸
在製品——B部門	300,000	
在製品——A部門		300,000

2月底A部門在製品存貨帳戶如下：

在製品——A部門

2月初餘額	8,400		
2月份之原料、人工、製造費用	357,600	2月底完工轉入次部之成本	300,000
2月底餘額	66,000		

完成以上四個步驟後，即可依據各步驟計算出的資料，來編製生產成本報告。將表5.3與表5.5合併於表5.6中，即為生產成本報告。此報告提供加權平均法下，分步成本法的成本計算彙總。

表5.6 生產成本報告—A部門（加權平均法）

			約當產量	
數量資料	實際單位	加工程度	直接原料	加工成本
期初在製品	1,000	40%		
本期投入	25,000			
合　計	26,000			
本期完成轉入次部	20,000	100%	20,000	20,000
期末在製品	6,000	60%	6,000	3,600
合　計	26,000			
約當產量合計			26,000	23,600

成本資料	直接原料	加工成本	合　計
期初在製品成本	$ 4,000	$ 4,400	$ 8,400
本期投入成本	126,000	231,600	357,600
成本總額	$130,000	$236,000	$366,000
約當產量	26,000	23,600	
單位成本	$5	$10	$15
	↑	↑	↑
	$\frac{\$130,000}{26,000}$	$\frac{\$236,000}{23,600}$	\$5+\$10

成本分配	
本期完成轉入次部成本：20,000×$15	$300,000
期末在製品成本	
直接原料：　6,000×$5=$30,000	
加工成本：3,600×$10=$36,000	66,000
成本總額	$366,000

5.4.2　先進先出法

在先進先出法下，計算當期各項成本要素的單位成本時，不包括期初在製品的約當數量及成本。故在先進先出法下，在當期完成期初在製品存貨的成本，與由當期開始且於當期完成的單位之成本，應予以明確劃分。轉出產品之成本，包括期初在製品存貨成本，期初在製品存貨於本期完成的成本，及本期開始製造並完成的產品之成本。期末在製品存貨應按當期生產數量之單位成本評價。當期生產數量的單位成本，只按當期發生之各項成本，除以約當完成數量而得。為使讀者瞭解先進先出法如何應用於生產成本報告編製的程序，在此討論採先進先出法之生產成本報告的編製與計算方式。

【步驟1】分析產品的實體流程

實際生產數量不會因採用加權平均法或先進先出法而受影響，因此先進先出法的步驟1與加權平均法的步驟1相同，請參見表5.2。

【步驟2】計算約當產量

在先進先出法下，約當產量的計算方式列示於表5.7。此表與加權平均法下所編製的約當產量計算表大致相同，唯一較大的差異是先進先出法下，將期初在製品存貨所代表的約當產量，從約當產量總數中減除，得出當期的約當產量。期初在製品之原料於上期已全部投入，故其原料之約當產量為1,000單位，加工程度只有40%，因此加工成本的約當產量為400單位（= 1,000單位 × 40%）。

表5.7 【步驟2】計算約當產量——A部門（先進先出法）

	實際單位	加工程度	約當產量	
			直接原料	加工成本
期初在製品	1,000	40%		
本期投入	25,000			
	26,000			
本期完成轉入次部	20,000	100%	20,000	20,000
期末在製品	6,000	60%	6,000	3,600
			26,000	23,600
減：期初在製品的約當產量			1,000	400
當期約當產量			25,000	23,200

【步驟3】計算單位成本

在先進先出法下，單位成本的計算，係以本期投入的成本，除以當期的約當產量。期初在製品成本和期初在製品的約當產量不包括在單位成本的計算中，故計算出的單位成本為當期產品的單位成本（見表5.8），與加權平均法下將期初存貨成本與當期投入成本合併計算出的單位成本不同。

表5.8 【步驟3】計算單位成本——A部門（先進先出法）

	直接原料	加工成本	合計
期初在製品成本			$ 8,400*
本期投入成本	126,000	231,600	357,600
成本總額			$366,000
當期約當產量（取自表5.7）	25,000	23,200	
單位成本	$5.04	$9.98	$15.02
	↑	↑	↑
	$\frac{\$126,000}{25,000}$	$\frac{\$231,600}{23,200}$	$5.04+$9.98

*此為1月份發生的成本，故計算2月份的單位成本時，不包括在內。

【步驟4】成本分配

成本分配是編製生產成本報告的最後步驟，表5.9即是在先進先出法下的成本分配情形。步驟3的計算在表5.9重複列示，以便於成本分配時引用。

表5.9 【步驟4】成本分配 —A部門（先進先出法）

	直接原料	加工成本	合 計
期初在製品成本			$ 8,400
本期投入成本	$126,000	$231,600	357,600
成本總額			$366,000
當期約當產量（取自表5.6）	25,000	23,200	
單位成本	$5.04	$9.98	$15.02
	↑	↑	↑
本期完成轉入次部成本	$\frac{\$126,000}{25,000}$	$\frac{\$231,600}{23,200}$	$5.04+ $9.98
1. 期初在製品部分			
(1)期初在製品成本		$ 8,400	
(2)期初在製品本期投入成本			
（期初在製品單位×本期尚需加工程度×加工成本單位成本）			
*1,000×(1−40%)×$9.98		5,988*	
		$ 14,388	
2. 本期投入生產完成部分			
（本期投入生產完成單位數×總單位成本）			
*19,000×$15.02		285,380*	299,768
期末在製品成本			
直接原料			
（直接原料約當產量×原料單位成本）			
	6,000×$5.04	$ 30,240	
加工成本			
（加工成本約當產量×加工成本單位成本）			
	3,600×$9.98	35,992*	66,232
成本分配合計			$366,000

*調整尾數 $64。

在先進先出法下，完成轉入次部的產品成本之計算，較加權平均法複雜。因為在加權平均法下，完成轉入次部的產品成本之計算是以移轉單位數乘以加權平均後的單位成本；而在先進先出法下，完成轉入次部產品，應劃分為期初在製品完成部分，及本期投入生產且完成的部分，二者分別計算成本。期初在製品部分之成本計算，分為前期發生之期初在製品成本，和期初在製品在本期完成所需投入的成本兩部分。本例中期初在製品1,000單位，成本為\$8,400，因原料已全部投入，故不需再投入原料，而人工與製造費用僅完成40%，故必須再投入60%的人工與製造費用。故需要將期初在製品完成，本期需增投的成本為\$5,988 (=1,000 × 60% × \$9.98)。該批已完工並移轉之1,000單位的總成本合計為\$14,388 (= \$8,400 + \$5,988)。另外之19,000單位是以\$15.02之單位成本移轉，其總成本為\$285,380。

依據表5.9之計算，可知A部門完成轉入B部門繼續生產的成本為\$299,768，其分錄如下：

在製品——B部門	299,768	
在製品——A部門		299,768

2月底A部門在製品存貨帳戶如下：

在製品——A部門

2月初餘額	8,400		
2月份之原料成本	126,000		
人工、製造費用成本	231,600	2月底完工轉入次部之成本	299,768
2月底餘額	66,232		

表5.7和5.9彙總之後即為A部門之生產成本報告，此報告列示於表5.10，以提供先進先出法下，分步成本制度的成本計算彙總。

表5.10　生產成本報告──A部門（先進先出法）

數量資料	實際單位	加工程度	約當產量	
			直接原料	加工成本
期初在製品	1,000	40%		
本期投入	25,000			
合　計	26,000			
本期完成轉入次部	20,000	100%	20,000	20,000
期末在製品	6,000	60%	6,000	3,600
合　計	26,000		26,000	23,600
減：期初在製約當產量			1,000	400
當期約當產量			25,000	23,200

成本資料	直接原料	加工成本	合　計
期初在製品成本			$ 8,400
本期投入成本	126,000	231,000	357,600
成本總額			$366,000
當期約當產量	25,000	23,200	
單位成本	$5.04	$9.98	$15.02

成本分配			
本期完成轉入次部成本			
1. 期初在製品部分			
(1)期初在製品成本	$8,400		
(2)期初在製品本期投入成本	5,988*	$ 14,388	
*1,000×(1−40%)×$9.98			
2. 本期投入生產完成部分		285,380*	$299,768
*19,000×$15.02			
期末在製品成本			
直接原料　6,000×$5.04		$ 30,240	
加工成本　3,600×$9.98		35,992*	66,232
成本總額			$366,000

*調整尾數$64。

5.4.3 加權平均法與先進先出法的比較

加權平均法與先進先出法各有其優點，如果說其中一法較他法為簡單或正確，似嫌武斷。這兩種方法的選擇，全在於管理當局認為哪種成本計算程序最合適且最切實際需要而定。此二方法的基本差異在於期初在製品存貨的處理，就加權平均法與先進先出法的不同之處，依生產成本報告之編製步驟區分，在下列數項分別說明。

1. 分析產品的實體流程

在先進先出法下，確定實際生產數量時，應將完成後轉入次部的單位，區分為由期初在製品完成和本期投入且完成兩部分，以便於約當產量及單位成本的計算；在加權平均法下，對於完成後轉入次部的單位無需區分其不同的來源。

2. 計算約當產量

在先進先出法下，應將期初在製品之約當產量扣除；在加權平均法下，期初在製品約當產量則包含在內。

3. 彙總成本資料以計算單位成本

在先進先出法下，期初在製品成本，不併入本期投入產品的單位成本計算中，故需按成本要素以單獨列示；在加權平均法下，計算出的單位成本為平均單位成本，故期初在製品成本，應按成本要素分別列示，以便與本期的投入成本加總，來計算加權平均單位成本。

4. 成本分配

在先進先出法下，完成轉入次部成本的計算分為(1)期初在製品完成的總成本；(2)本期投入並完成之成本。加權平均法下，完成轉入次部成本不需分為兩部分計算，只需將完成單位數乘以平均單位成本，即可求得完成轉入次部的成本。

由於加權平均法與先進先出法對於期初在製品存貨的處理不同，導致兩法所計算出的單位成本不同。就存貨評價觀點而言，二者均可採用。惟自成本控制與績效評估觀點言，先進先出法優於加權平均法；因其提供的是當期單位成本，故能評估當期績效以加強成本控制。相反的，加權平均法下的單位成本，實際為上期與本期的平均數，無法正確評估管理者當期的績效，亦使成本控制缺乏時效性。但加權平均法，因其計算較簡單，故實務上較常採用。目前大部分行業的成本制度已逐漸電腦化，由於電腦可以處理很多複雜的問題，因此先進先出法的帳務較為繁複之缺點，可借助電腦科技加以改善。

5.5 後續部門增投原料

後續部門增投原料，對於生產中的單位與成本，可能有下列兩種情形：

1. 增投原料不增加產出單位

由於增投的原料成為所製造產品的一部分，但並未增加最終產出的單位數，僅會使單位成本增加。例如，紡織公司的完成部，通常增投的原料為漂白劑；在電纜公司，則為電鍍混合液；在汽車裝配廠，則為額外的零件。這些原料都是賦予產品某些特定品質，特性或完整性所必須，不會影響產出數量，僅會增加產品的單位成本。

2. 增投原料增加產出單位

後續部門加入原料後使產量增加，例如製造化學品時，常將水加入混合物中，結果是產出單位增加，而成本亦由更多的單位分攤，使單位成本改變。

上述的兩種情況，在下面章節中，以釋例來解說成本計算過程。

5.5.1 增投原料不增加產出單位

在最單純的情況下，諸如服裝上增加鈕扣，新加入的原料並不增加生產單位，僅增加了總成本與單位成本。因此該部門的產品單位成本必須重新計算，並將新增的原料成本計入在製品存貨中。

為使讀者易於瞭解本小節的概念，仍採用宏亞公司為例，來說明增投原料對於部門的總成本與單位成本的影響。

表5.11列示B部門90年 2月的數量及成本資料。假設B部門增投原料，但不增加該部門之產出單位，僅使總成本與單位成本增加。B部門按加權平均法編製生產成本報告如表5.12。

表5.11　基本資料—B部門 (90年2月)

生產資料			
期初在製品（原料100%投入，加工程度50%）			2,000單位
本期從A部門轉入			20,000單位
本期製成品			18,000單位
期末在製品（原料100%投入，加工程度80%）			4,000單位
成本資料			
期初在製品：			
前部轉入成本	$ 37,000		
本部投入成本：直接原料	6,250		
加工成本	8,600	$ 51,850	
本期投入：			
前部轉入成本：（加權平均法）	$315,000		
本部投入成本：直接原料	48,750		
加工成本	129,200	$492,950	

表5.12 生產成本報告——B部門（加權平均法）

數量資料	實際單位	加工程度	約當產量 前部成本	直接原料	加工成本
期初在製品	2,000	50%			
本期從A部門轉入	20,000				
合　計	22,000				
本期製成品	18,000	100%	18,000	18,000	18,000
期末在製品	4,000	80%	4,000	4,000	3,200
合　計	22,000		22,000	22,000	21,200

成本資料	前部成本	直接原料	加工成本	合　計
期初在製品成本	$ 37,000	$ 6,250	$ 8,600	$ 51,850
本期投入成本	315,000	48,750	129,200	492,950
成本總額	$352,000	$55,000	$137,800	$544,800
約當產量	22,000	22,000	21,200	
單位成本	$16	$2.5	$6.5	$25
	↑	↑	↑	↑
	$\frac{\$352,000}{22,000}$	$\frac{\$55,000}{22,000}$	$\frac{\$137,800}{21,200}$	$16+$2.5+$6.5

成本分配			
製成品成本：	18,000 × $25 =		$450,000
期末在製品成本			
前部成本	4,000 × $ 16 =	$64,000	
直接原料	4,000 × $2.5 =	10,000	
加工成本	3,200 × $6.5 =	20,800	94,800
成本總額			$544,800

5.5.2 增投原料增加產出單位

假設B部門增投原料後增加單位數4,000單位，則按加權平均法編製報告如表5.13。表5.12與表5.13之差異，在於表5.13因為B部門增投之原料，使產出單位數增加4,000單位，由於約當產量增加，使計算出的單位成本降低，詳細計算請參考表5.13。

表5.13 生產成本報告——B部門（加權平均法）

			約當產量		
數量資料	實際單位	加工程度	前部成本	直接原料	加工成本
期初在製品	2,000	50%			
本期從A部門轉入	20,000				
淨增加單位數	4,000				
合　計	26,000				
本期製成品	22,000	100%	22,000	22,000	22,000
期末在製品	4,000	80%	4,000	4,000	3,200
合　計	26,000		26,000	26,000	25,200

成本資料	前部成本	直接原料	加工成本	合　計
期初在製品成本	$ 37,000	$ 6,250	$ 8,600	$ 51,850
本期投入成本	315,000	48,750	129,200	492,950
成本總額	$352,000	$55,000	$137,800	$544,800
約當產量	26,000	26,000	25,200	
單位成本	$13.54	$2.12	$5.47	$21.13
	↑	↑	↑	↑
	$352,000 / 26,000	$55,000 / 26,000	$137,800 / 25,200	$13.54+$2.12 +$5.47

成本分配			
製成品成本:	22,000×$21.13 =		$464,860
期末在製品成本			
前部成本	4,000 × $13.54 =	$54,160	
直接原料	4,000 × $ 2.12 =	8,480	
加工成本	3,200 × $ 5.47 =	17,300*	79,940
成本總額			$544,800

*含調整尾數 $204。

5.6 作業成本法

分步成本法與分批成本法在本質上有很大的不同，尤其在這高度競爭的環境下，製造廠商為因應市場多變的需求，必須在產品上求多樣化，生產排程上更要有彈性調整的能力。因此，有不少廠商同時採用二種成本法，尤其適用於生產類似產品的工廠。也就是說產品因顧客要求來採用不同的原料，但加工方式都是採用類似的程序。這種情況下所採用的成本法稱為作業成本法(Operation Costing)，在原料成本的計算方面則採用分批成本法；在加工成本的計算方面則採用分步成本法，為一種混合成本法。

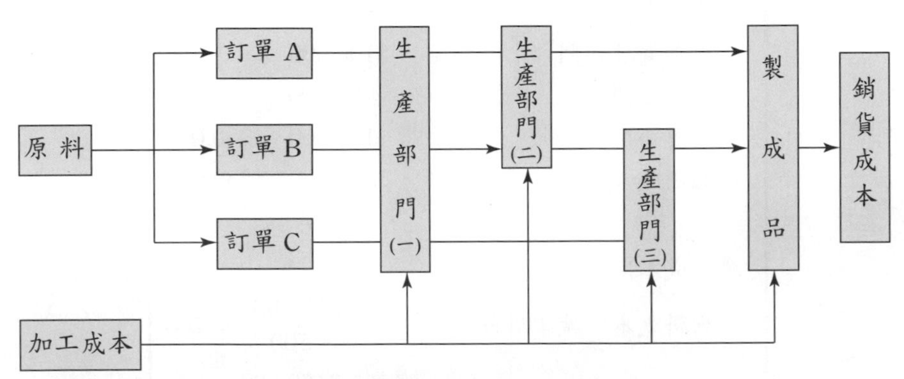

圖5.3 作業成本法的產品實體流程

在圖5.3上，舉例說明作業成本法的產品實體流程。假如公司接受A、B、C三種不同的訂單，分別要求採用不同的原料來生產。訂單A的原料只經過第一個和第二個生產部門的加工；訂單B的原料則經過三個生產部門；訂單C的原料則在第一個和第三個生產部門加工。等三個訂單完成了必要的加工程序，再轉入製成品和銷貨成本帳戶。由此看來，有的訂單經過了全部生產部門的加工程序，有的訂單只經過部分生產程序，只要成本資料蒐集正確，產品成本自然可算出。作業成本法可發生在各種不同的製造業，例如成衣廠可生產一般便裝或某個組織所訂購的制服，汽車製造商可生產一般自用車或警察單位所訂的偵防車。

假若南海公司專門製造網球鞋，本月份生產職業用網球鞋500雙和休閒用網球鞋1,500雙。二種鞋各採用不同的原料，但加工程序完全相同，詳細成本資料請參考表5.14。二種不同類型的網球鞋其單位成本之計算如下：

職業用鞋 \$ 200 + \$ 50 + \$ 30 + \$ 60 = \$ 340
休閒用鞋 \$ 100 + \$ 50 + \$ 30 + \$ 60 = \$ 240

表5.14　南海公司基本成本資料

原料成本：		
職業用鞋（500雙）	\$100,000	
休閒用鞋（1,500雙）	150,000	
總原料成本		\$250,000
加工成本：		
皮革處理部門	\$100,000	
切割部門	60,000	
縫製部門	120,000	280,000
產品總成本		\$530,000

單位成本：

原料成本：職業用鞋 $\frac{\$100,000}{500}=\$200$

休閒用鞋 $\frac{\$150,000}{1,500}=\$100$

加工成本：皮革處理部門 $\frac{\$100,000}{2,000}=\$50$

切割部門 $\frac{\$\ 60,000}{2,000}=\$30$

縫製部門 $\frac{\$120,000}{2,000}=\$60$

由於作業成本法是分批成本法與分步成本法的混合方法，所以記帳方式相似，由原料、人工和製造費用帳戶轉入在製品帳戶，當產品製造完成後即轉入製成品帳戶。等產品出售之後，使轉入銷貨成本帳戶，完成了產品生產過程的全部分錄。

範例

佳德食品廠專門製造行軍用的營養餅乾，全部製造過程集中在一個工廠，原料到成品的生產程序在一條生產線上完成。下面所列資料為佳德食品廠在3月份的生產數量與成本資料，請以⑴加權平均法和⑵先進先出法，來計算該公司2月份的製成品成本和在製品期末存貨成本。

生產數量資料：（原料於生產開始時加入）

在製品期初存貨，2,000單位，完工程度40%。
本月原料投入量，28,000單位。
本月製成品數量，25,000單位。
在製品期末存貨，5,000單位，完工程度50%。

成本資料：

在製品期初存貨包括原料成本$4,000，加工成本$5,150。
本期投入的原料成本$56,000。
本期投入的加工成本$80,100。

解答：

⑴加權平均法

	約當產量	
	原料成本	加工成本
製成品	25,000	25,000
在製品期末存貨（完工程度50%）	5,000	2,500
	30,000	27,500

	單位成本	
	原料成本	加工成本
在製品期初存貨	$ 4,000	$ 5,150
本期投入成本	56,000	80,100
成本總額	$60,000	$85,250
約當產量	30,000	27,500
單位成本	$2	$3.1

製成品成本：($2+$3.1)×25,000=$127,500
在製品期末存貨成本：$2×5,000+$3.1 ×5,000 ×50% =$17,750

⑵先進先出法

	約當產量	
	原料成本	加工成本
製成品	25,000	25,000
在製品期末存貨（完工程度50%）	5,000	2,500
合　計	30,000	27,500
減：期初在製品約當產量	2,000	800
當期約當產量	28,000	26,700

	單位成本		
	原料成本	加工成本	合　計
期初在製品成本			$ 9,150
本期投入成本	$56,000	$80,100	136,100
成本總額			$145,250
當期約當產量	28,000	26,700	
單位成本	$2	$3	

製成品成本：$9,150+($2+$3)×23,000+2,000 ×$3 ×60%=$127,750

在製品期末存貨成本：5,000×$2+5,000 ×$3 ×50%=$17,500

本章彙總

分步成本法適用於生產數量大、產品性質相似和連續性生產的程序。分步成本法與分批成本法的基本目的都相同，主要是要累積成本資料和將總成本分配到製成品和在製品上。對任何組織而言，產品成本計算的正確性，會影響到組織的營運規劃、成本控制和訂價決策。

無論組織採用任何一種成本法，在生產過程中，成本流程相同，由原料、人工和製造費用轉入在製品，等製造完成後再轉入製成品，待出售後轉入銷貨成本。分步成本法是以生產部門為基礎來計算產品單位成本，分批成本法則以訂單為產品單位成本的計算基礎。

生產成本報告是用來累積和分配部門的生產成本，編製程序包括了四個步驟：(1)分析產品的實體流程；(2)計算每項成本要素的約當產量；(3)彙總成本資料並計算單位成本；(4)分配總成本到製成品和在製品。在分步成本法下，有加權平均法和先進先出法兩種方法，可用來計算產品成本。加權平均法的計算過程較為簡單；先進先出法的計算較為複雜，但對成本控制方面較有效用。公司在選擇方法時，計算的複雜程度不必考慮，因為電腦軟體可用來完成計算程序，所以方法的選擇主要考慮企業的營運特性。

企業要在國際市場上佔一席之地，必須要有彈性的製造系統，現代企業漸漸採用分批成本法與分步成本法的混合種，稱之為作業成本法。工廠可接受訂單生產也可接受大量生產，原料的使用可隨訂單不同而有差異，加工過程則為大同小異。也就是說，單位原料成本的計算採用分批成本法，單位加工成本的計算則採用分步成本法。在早期，分步成本法與分批成本法僅用於製造業，現在也有人將此觀念運用到非製造業，使得這二方法的使用範圍擴大。

關鍵詞

生產成本報告(Cost of Production Report)：

在分步成本法下，每部門需編製部門生產成本報告，以彙總各部門總成本及計算單位成本。包括數量表、部門的總成本及製成品成本和在製品成本的分配情形三部分。

約當產量(Equivalent Units)：

在加權平均法下，先分析在製品期末存貨的完工程度，然後換算為完工單位數，並與當期實際完工數量相加總，以得出當期的約當產量。在先進先出法下，約當產量的計算不考慮上期已完成的部分。

加權平均法(Weighted-Average Method)：

期初在製品中前期的約當產量及製造成本，與本期的約當產量和製造成本合併，計算平均單位成本的方法。

先進先出法(First-In, First-Out Method)：

只考慮當期各項成本要素，不包括期初在製品的約當數量及成本，以計算單位成本的方法。

作業成本法(Operation Costing)：

產品採用不同的原料，但加工方式卻採用類似的程序之成本法，為分批成本法和分步成本法的混合方法。

作業

一、選擇題

1. 分步成本法與分批成本法的相同點為:

   A.每一訂單內容不同，其產品單位成本也不同。

   B.最終目的是計算產品的單位成本。

   C.單位成本由特定期間歸屬於某部門之總成本，除以該部門當期總產量而得。

   D.成本按工作批次或特定訂單來彙集。

2. 有關約當產量的觀念，下列何者為非?

   A.在分批成本法下，在製品的各項成本要素常處於不同的完工階段。

   B.為了將成本客觀地分配於在製品存貨及製成品存貨。

   C.需先分析在製品存貨的完工程度，以換算為完工單位數。

   D.要與當期實際完工數量相加總，以得出當期的約當產量。

3. 下列何者為生產成本報告的編製步驟?

   A.分析產品的實體流程。

   B.依據在製品完工程度，計算約當產量。

   C.彙總成本資料並計算單位成本。

   D.以上皆是。

4. 下列敘述何者正確?

   A.在先進先出法下，期初在製品約當產量應包含在計算約當產量之內。

   B.加權平均法下的單位成本是當期單位成本。

   C.在先進先出法下，期初在製品成本，不併入本期投入產品的單位成本計算。

   D.在加權平均法下，對於完成後轉入次部的單位需區分其不同的來源。

5. 有關作業成本法，下列敘述何者為非?

   A.產品採用不同的原料，但加工方式都是採用類似的程序。

B.是分批成本法與分步成本法的混合方法。

C.當產品製造完成後即轉入製成品帳戶。

D.以上皆是。

二、問答題

1. 試比較分步成本法與分批成本法的異同。
2. 何謂約當產量?
3. 生產成本報告的編製步驟為何?
4. 比較加權平均法與先進先出法的差異。
5. 說明後續部門增投原料不增加產出單位，對於製造過程的生產單位與成本有何影響。
6. 說明後續部門增投原料會增加產出單位，對於製造過程的生產單位與成本又有何影響。
7. 何謂作業成本法?
8. 說明作業成本法的會計處理方式。

第二篇

管理會計的規劃功能

第6章

成本習性與估計

學習目標:

- 說明成本習性的意義
- 瞭解成本習性的分類
- 明白攸關範圍與成本的關係
- 敘述成本估計的方法
- 瞭解迴歸分析的重要性

前言

組織內的管理者需要瞭解成本與營運活動的關係，也就是成本與數量的關係分析，尤其是在規劃階段，管理者在編列預算時，需要得知在不同的產量水準時所要的成本。由歷史資料來作成本估計，可先分析成本的習性，明確的找出變動成本和固定成本兩部分，再將估計值代入預測的模式，以預測未來的成本數。本章的重點在於介紹成本習性和成本估計，同時也說明攸關範圍與成本的關係。

6.1 成本習性的意義

成本習性係指營運活動發生變動時，成本有所因應的改變。一般而言，成本習性分析之目的，可從二方面來談：

1. 決策制定

成本習性會影響管理當局決策之制定。在很多決策中，變動成本是增量成本或差異成本；而固定成本只有在特殊決策中，在產能改變時才會有所增減。

另外，以成本基礎來制定價格時，也需對成本習性有所瞭解。此乃因為在計算固定成本時，會因產量增加而改變。由於每單位固定成本是假設產能水準為已知所計算的，若生產或銷售數量不是預期產能，則以成本作為訂價基礎時，易造成訂價決策的錯誤。

2. 規劃和控制

管理者在規劃和控制變動成本的方法是不同於固定成本的。變動成本是以投入與產出關係來衡量；例如，投入多少原料成本、人工成本和製造費用，即可生產一單位的產品。同時，投入與產出關係是指為因應產量水準改變，所耗資源需求所發生的變化。假如產量水準下降，表示資源需要減少，甚至要停止購買。相反的，產量水準上升，則需要更多的資源。另外，資源的使用超過投入與產出關係時，表示有無效率和浪費的現象存在，管理當局必須調查其原因，以消除或降低不利差異。

至於固定成本的衡量，都至少以一年為基礎。通常固定成本的控制發生在二個時點，第一是在未發生固定成本時，管理當局必須評估成本發生之需要性，及再決定是否要接受此計畫。然而，一旦固定成本發生時，則進入另一個控制點，即如何使成本所提供之產能發揮最大的功用。

6.2 成本習性的分類

就投入與產出的關係來分析，成本習性可分為(1)變動成本；(2)固定成本和(3)混合成本，分別敘述如下：

6.2.1 變動成本

變動成本(Variable Cost)是指成本總額隨著產量水準而成正比例變動之成本。假如產量水準降低10%，則變動成本也將隨之減少10%，同樣的，產量水準的增加，也會使總變動成本成同比例增加。典型的變動成本如直接原料成本、銷售佣金等。

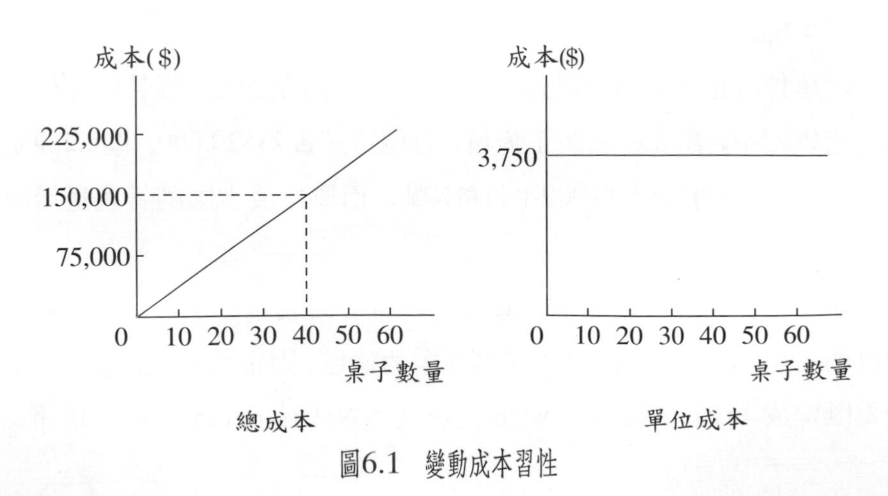

圖6.1 變動成本習性

在圖6.1變動成本習性圖形中，變動成本線的斜率即為單位變動成本。且單位變動成本金額愈大，總變動成本線會愈陡。雖然變動成本總數會隨著產量水準的變動而變動，但是每單位變動成本是保持不變的。

假設某公司製造一張橡木的電腦桌，需要25呎的橡木，每呎橡木的價格為$150，則完成一張桌子的原料成本為$3,750。在圖6.1變動成本習性中，每張桌子原料成本$3,750是一定的，但原料總成本則隨桌子生產數量成正比例的變動。

6.2.2 固定成本

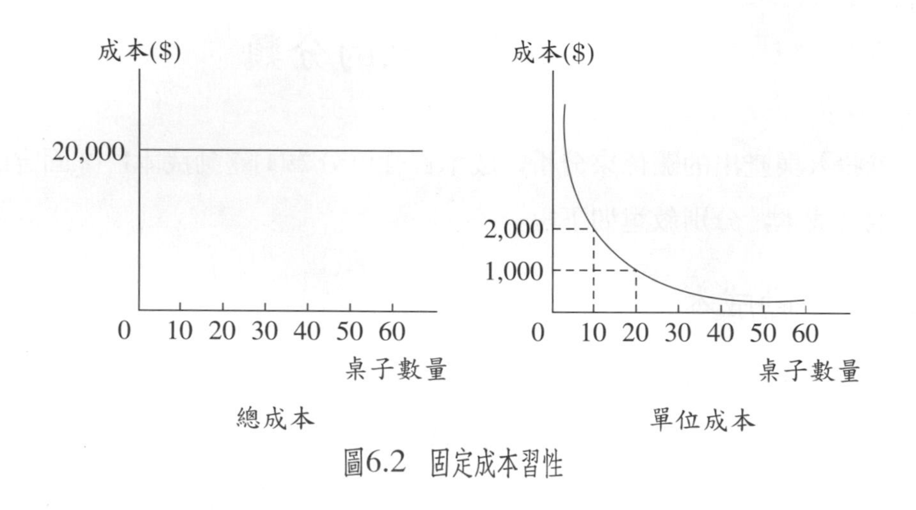

圖6.2 固定成本習性

固定成本(Fixed Cost)是指成本的總額不會因產量水準變動而變動者。雖然固定成本的總額是固定不變，但單位固定成本則會因數量增加而降低。也就是說，單位固定成本會隨著產量增減而成相反的變化。假若前述橡木電腦桌的生產過程中，需要一名監工人員，每個月薪資為$20,000。圖6.2說明了固定成本的習性：總成本$20,000平行於X軸，而單位成本則隨著產量增加而遞減。

固定成本亦稱為產能成本(Capacity Cost)，因其包括購買廠房、設備及其他項目的支出，以支出組織基本營運所需的能量。固定成本依計畫目的而言，可分為既定成本(Committed Cost)及任意性成本(Discretionary Cost)兩種：

1. 既定成本

通常係指與該公司所擁有的廠房、設備及基本組織有關之成本。此類成本包括廠房設備之折舊、財產稅、保險費及高階主管人員薪資等。既定成本數額主要是受公司管理者長期決策所影響，其主要特性為：⑴具有長期的性質；⑵短期內若將既定成本降為零，會損害企業的獲利能力或長程目標。所以公司即使營運受到中斷或減少時，亦不會將其重要主管人員解任或出售廠房。由於廠房設備與基本組織維持不變，相對的既定成本也不會變動。

2. 任意性成本

也稱為計畫性成本(Programmed Cost)或支配成本(Managed Cost)。此類成本在性質上屬於固定成本，但由管理者作支出決策。任意性成本包括廣告費、研究發展費及公共關係費等。

基本上，任意性成本與既定成本有兩項主要的差異：⑴就規劃的涵蓋期間而言，任意性成本較短，通常為一年；而相反地既定成本的規劃涵蓋期間，則包含數年。⑵在經濟不景氣時，短期可削減任意性成本，而對企業長期目標不會有太大的影響。例如公司可能因經濟蕭條，將每年的研究發展費用予以刪除，一旦公司業務情況有了改善，此項研究發展費用支出便可恢復。這樣的刪減，應不至於損及公司的長期競爭地位。

由上觀之，任意性成本的最主要特性是管理當局不必受到許多年度的束縛，每年可重新對各種成本項目支出做評估。對於某項支出是否要繼續增加、減少或完全減少，均可在短期內作適當決策。

6.2.3　混合成本

混合成本(Mixed Cost)係包含變動成本與固定成本兩部分，也稱為半變動成本(Semivariable Cost)或半固定成本(Semifixed Cost)。在某一特定作業水準下，混合成本可能顯示與固定成本具有相同的特性；但超過該特定產量水準，其又可能與變動成本具有相同的特性。

此種混合成本的特質，使得企業即使產量水準為零時，仍需支付固定成本，但當產量水準增加時，總成本會超過基本固定成本成比例增加。此種成本的典型例子如電費，也就是基本部分是與經過時間有關，與產量水準無關，這部分成本為固定成本；超過一定的用量，電費會隨產量水準增加而增加，此部分屬於變動成本。圖6.3即說明混合成本的觀念。

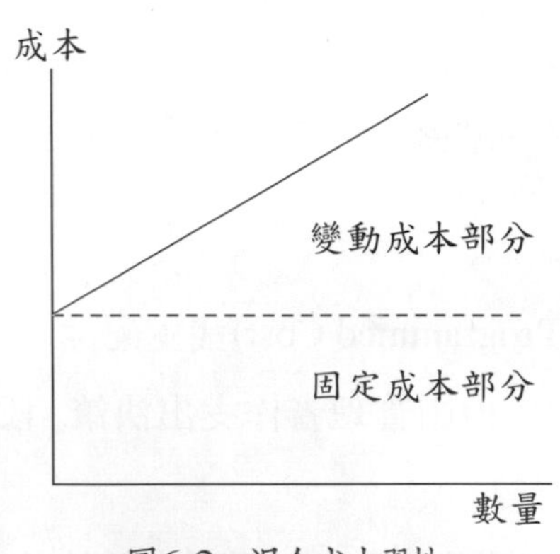

圖6.3 混合成本習性

圖6.4列示了一些半變動和半固定成本(Semivariable and Semifixed Cost)的型態。例A為半變動成本型態，成本雖隨產量的變動而變動，但並非呈正比例的變動，顯示了當生產更多產品時，每單位成本會下降，因為會更有效率地使用原料。例B則指出在達到某一作業水準之後，每單位的變動成本會增加，例如超過工作時數所付給的加班津貼。例C則是固定成本加變動成本即所謂的混合成本，如水電費均包含每月的基本費及超次費。例D則顯示階梯型固定成本(Step Fixed Cost)，在每一作業水準到達之後，皆會有另一成本總額，它是半固定成本的例子。

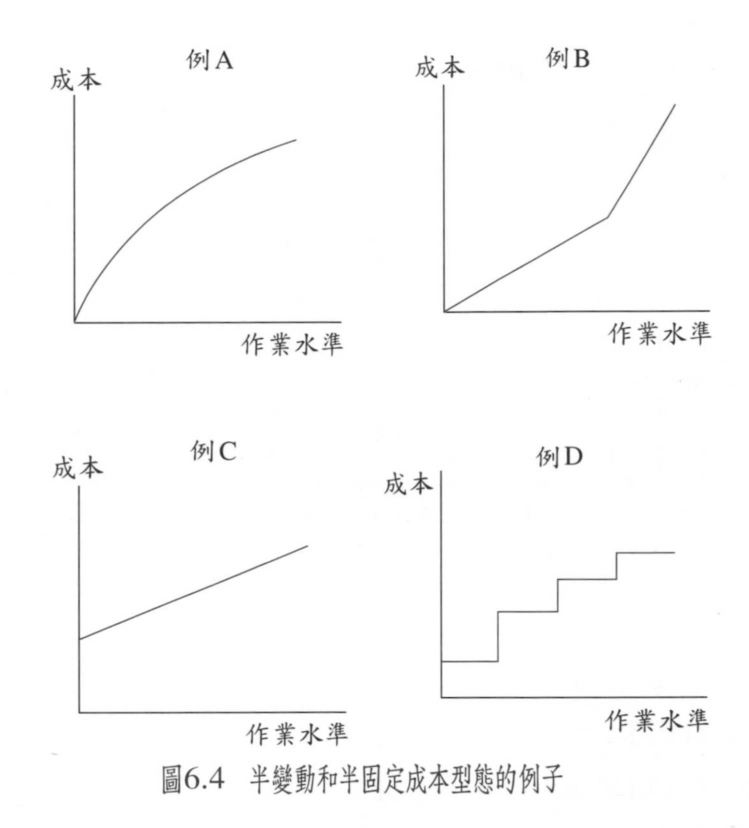

圖6.4 半變動和半固定成本型態的例子

將混合成本區分為變動和固定兩部分有助於規劃和控制工作，在編製這類成本的預算時，要仔細分析其成本習性及瞭解成本和成本動因之間的關係。

6.3 攸關範圍

當產量增加時，總變動成本成比例增加，單位變動成本不變；但總固定成本不變，單位固定成本遞減，此現象只發生在攸關範圍(Relevant Range)內，成本關係的型態才會穩定。也就是說成本和成本動因在此範圍內，其關係是一定的。固定成本只有在特定的攸關範圍及特定的期間，總固定成本才是不變的。圖6.5顯示在每年3,000到9,500機器小時的攸關範圍內，固定成本的金額是$60,000，該圖也顯示出當運作超出9,500或低於3,000個機器小時，會有不同的固定成本。在低於3,000個機器小時時，固定成本會急遽減少，可能是因裁撤掉若干人員，而超過9,500個機器小時會增加固定成本，因為企業可能需增僱人員以應付所增加的作業。

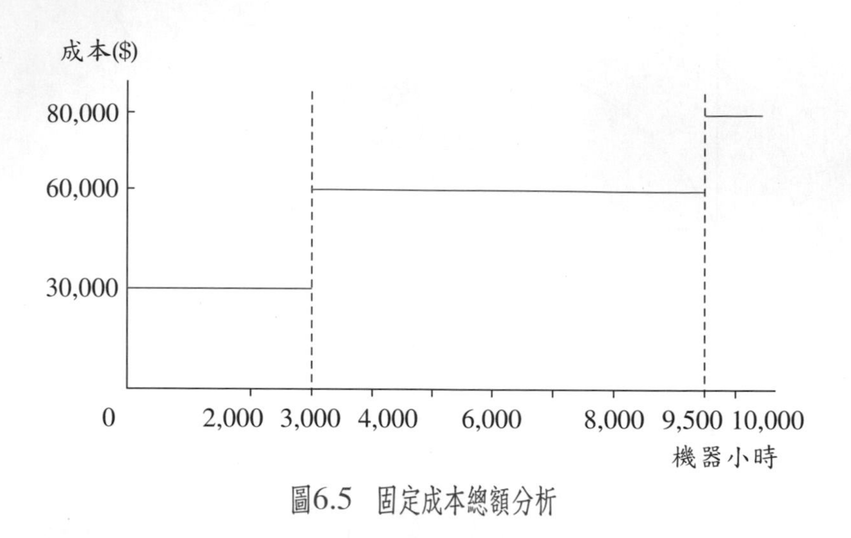

圖6.5 固定成本總額分析

通常在實務上，很少以圖6.5的方式來圖示固定成本，因為數量超過攸關範圍的可能性很少，所以在圖6.6中以$60,000作為固定成本，並將此固定成本總數延伸至縱軸（數量為零），只要經營決策並未超過攸關範圍，則此圖形不會改變。

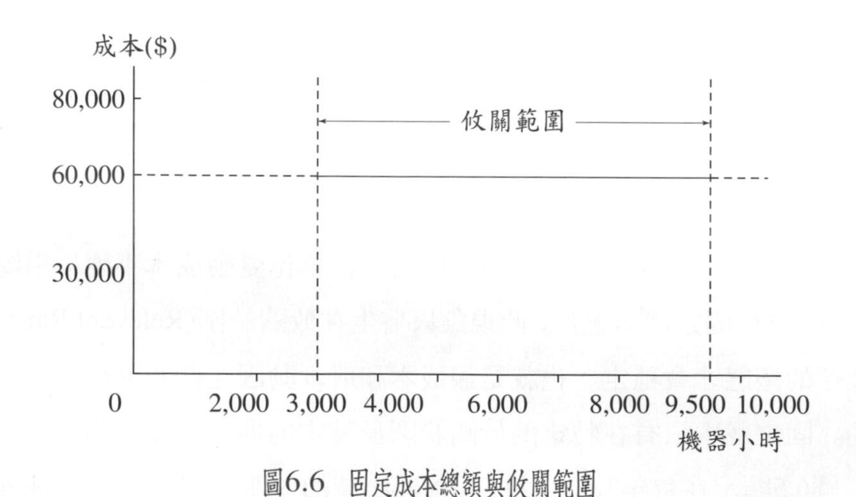

圖6.6 固定成本總額與攸關範圍

攸關範圍的基本假設亦可用於變動成本。在攸關範圍之外，某些變動成本在每單位數量的習性上可能有所不同。例如在剛開始製造新產品時，可能浪費更多的人工時間，所以每單位成本會隨著工人製造熟練程度而遞減。但是經過一段時間，工人操作技術熟練，單位變動成本不變，所以總變動成本會隨著作業水準的增加而呈一定比例的增加如圖6.7所示。

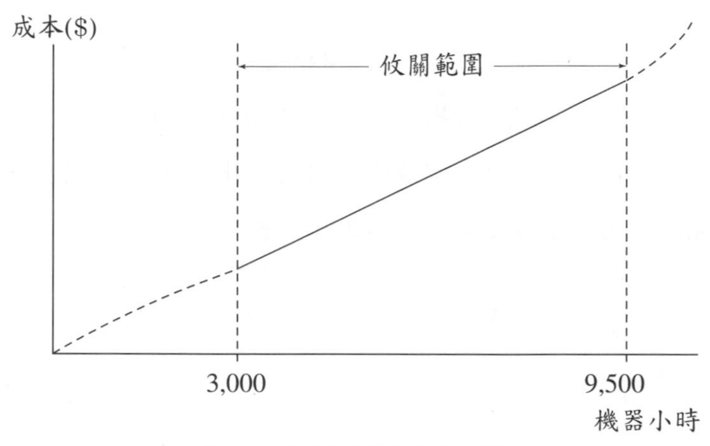

圖6.7 變動成本總額與攸關範圍

6.4 成本估計

成本估計(Cost Estimation)是用來決定某一特定成本習性的過程。在本節中要介紹三種較為簡單的成本估計法，在6.5節介紹估計較為精確的迴歸分析法。

6.4.1 帳戶分類法

帳戶分類法(Account-Classification Method)是在仔細分析組織內的分類帳戶後，將每個帳戶歸類於變動、固定或混合成本的其中一種，因此也稱為帳戶分析法(Account Analysis Method)。這種成本分類標準，取決於會計人員對組織活動和成本的認知經驗。有些成本帳戶可以很明確的決定其型態，例如直接原料成本為變動成本，廠房設備折舊費用為固定成本，電費則為混合成本。但有些成本不易判斷其成本習性，則由會計人員憑主觀判斷。一旦成本分類完成之後，會計人員可分析歷史資料來估計未來成本數。這種成本估計法，其準確度全依會計人員的經驗而定。

6.4.2 散佈圖法

當成本習性屬於混合成本時，會計人員不易判斷哪一部分屬固定成本，哪一部分屬於變動成本。在此情況下，可把成本和數量的資料，以圖形來表示其關係，也就是所謂的散佈圖法(Scatter Diagram Method)，也稱為視覺法(Visual-Fit Method)。由資料散佈的圖形，可分析出成本(Y)與數量(X)的關係。為使讀者瞭解此方法，以表6.1的資料來繪製散佈圖。

表6.1 成本估計的基本資料

月	生產量(X)	間接製造成本(Y)
1	25	$ 262
2	32	340
3	34	346
4	22	220
5	35	352
6	40	375
7	45	382
8	43	405
9	37	390
10	42	395
11	49	420
12	30	320
合　計	434	$4,207

把生產量的資料對應到X軸，間接資料成本對應到Y軸，即可在座標上找出一點。在圖6.8上，把12個月份的資料，找出12個點，然後由Y軸起畫一線，把12個點區分為兩部分，上面6個點，下面6個點。

由圖6.8上的成本線顯示，間接製造成本屬於混合成本，總固定成本可被估計為$80，至於單位變動成本，把總固定成本資料代入每一個點，即可求出。例如在1月時，單位變動成本為$7.28 [=($262−$80)÷25]。在12月時，單位變動成本則為$8。由此看來，在散佈圖法下，單位變動成本可隨月份的不同而改變。

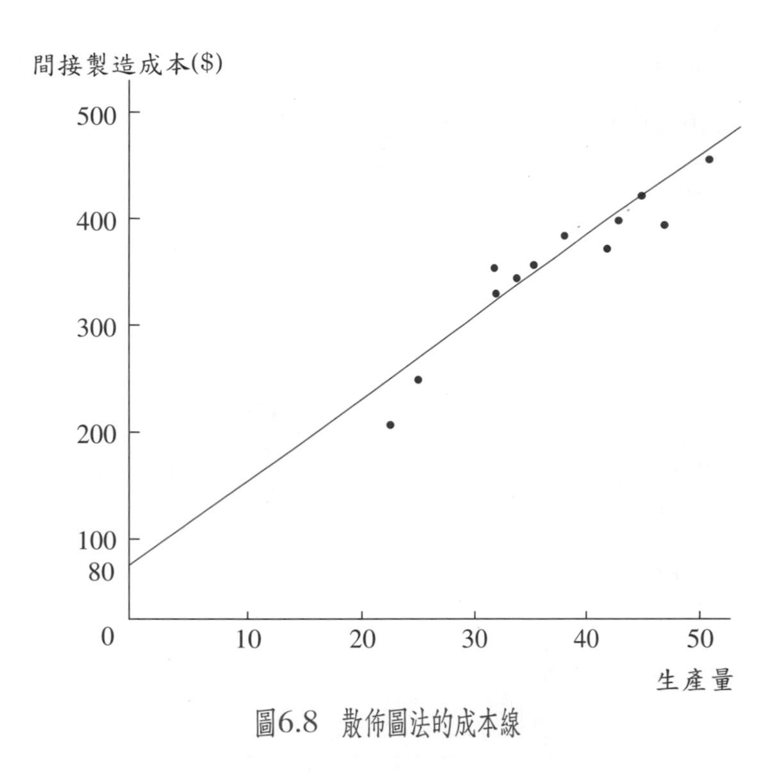

圖6.8　散佈圖法的成本線

散佈圖法的計算過程簡單，但缺乏客觀性，因為兩位不同的成本分析人員，會對同一種資料得到不同的答案。所以該法僅適用於成本只要約略估計時，不適用於精確性的成本估計。在實務上，散佈圖法可作為使用其他較準確方法之前，作為測試資料趨勢圖的方法。

6.4.3　高低點法

估計混合成本的另一種方法，是找出全組資料中，最高點的產量水準和成本，與最低點的產量水準和成本，由這兩點的資料來求出總固定成本和單位變動成本，這種方法稱為高低點法(High-low Method)。在此方法下，單位變動成本的計算公式如下：

$$\text{單位變動成本} = \frac{\text{兩點的成本差異數}}{\text{兩點的產量差異數}}$$

$$= \frac{\$420 - \$220}{49 - 22} = \$7.4$$

當單位變動成本求出後，代入最高點或最低點，皆可得到相同的總固定成本$57，如圖6.9所示。

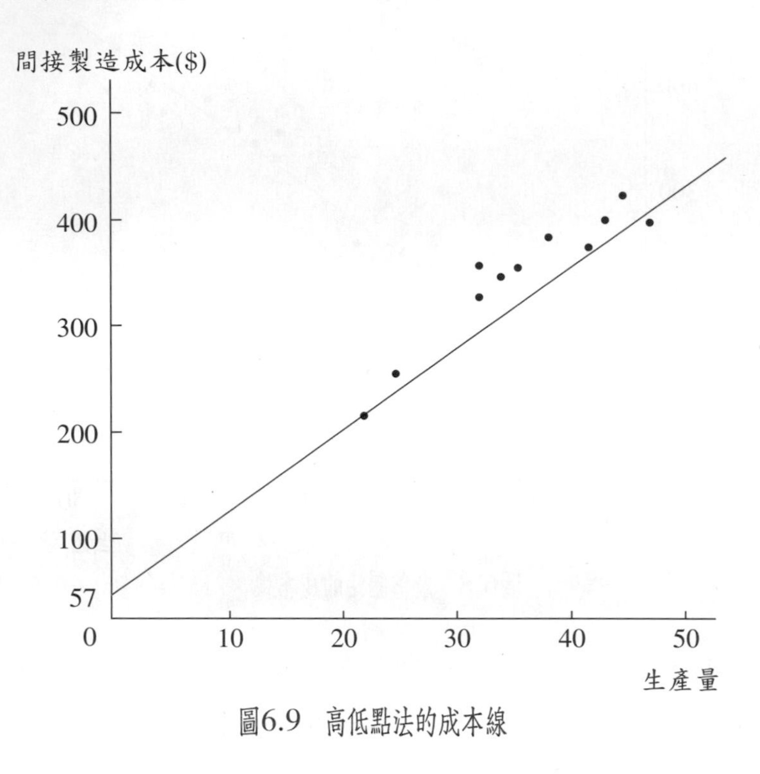

圖6.9　高低點法的成本線

高低點法的客觀性較前面所敘述的方法高，因為不同的成本分析人員若採用同一組資料，以高低點法來計算成本，會得到相同的答案。雖然如此，高低點法還是不夠精確，因為最高點與最低點的資料特性，不一定能代表其他各點的資料特性。為使讀者易於瞭解成本估計法，使用同一組資料，代入不同的成本估計法，所得的結果會因方法的不同而不同。

在本節中所介紹的方法，其準確性不高，在下一節將介紹最客觀的成本估計法，也就是統計學上所常用的迴歸分析法。

6.5　迴歸分析

迴歸分析(Regression Analysis)的目的，是用來分析依變數(Dependent Variable)與自變數(Independent Variable)之間的關係。所謂自變數是指除了自身的變化之外，不受其他因素影響的變數。所以，一般而言，自變數盡量選取與其他變數獨立之變數。至於依變數則是受自變數影響而產生的變數，一般均將自變數稱為X、依變數稱為Y。

自變數與依變數之間的關係可由線性模式表示，要瞭解模式對資料的解釋程度，迴歸分析可以解決這個問題。除此，迴歸分析對於依變數的預測問題及迴歸模式的診斷(Diagnostic)，均為良好的分析方法。所以，迴歸分析的方法應用在成本習性(Cost Behavior)上，不失為一個適當的分析方法。

6.5.1　圖形分析

圖形分析(Plot Analysis)是迴歸分析的輔助工具，可藉由圖形來瞭解資料的特性。最簡單的圖形分析為散佈圖，仍使用表6.1上的基本資料，則可以X（生產量）為橫軸、Y（間接製造成本）為縱軸，畫散佈圖如圖6.10：

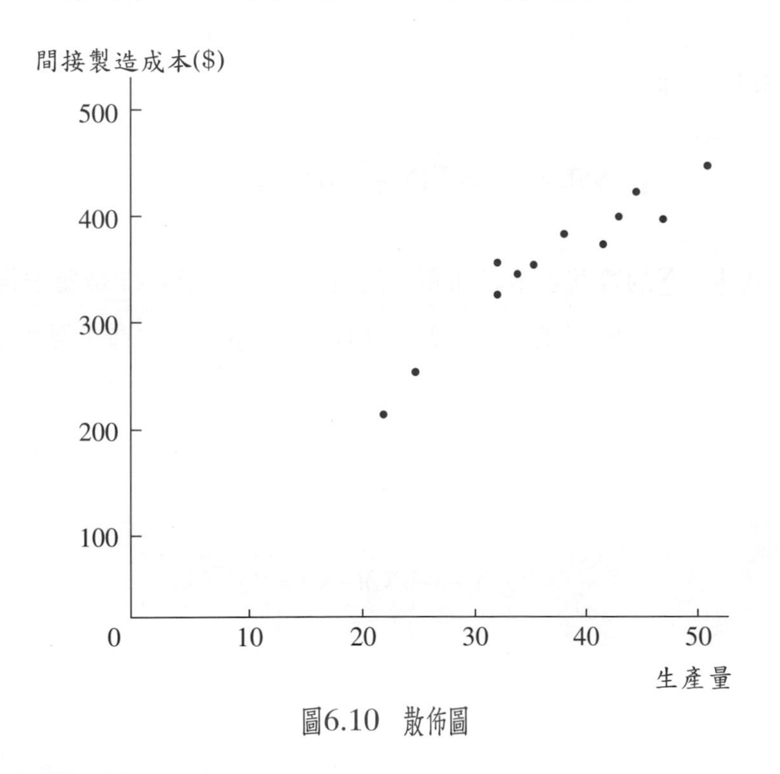

圖6.10　散佈圖

由上面的分佈圖，可以看出X（生產量）、Y（間接製造成本）有簡單的直線關係，則可進一步的分析求得簡單迴歸模式。

6.5.2 簡單迴歸模式

經由散佈圖的判斷，自變數與依變數之間具有直線關係後，可進一步地做迴歸模式的估計。在探討迴歸模式的估計問題，本書僅討論簡單迴歸模式。所謂簡單迴歸模式(Simple Regression Model)，即是模式中只有一個自變數。將簡單迴歸模式敘述如下：

$$Y_i = \alpha + \beta X_i + \varepsilon_i \qquad i=1, \cdots, n \qquad (1)$$

其中Y_i表示第i期的依變數；
X_i表示第i期的自變數；
α為截距（亦即表示固定成本)；
β為斜率（亦即表示單位變動成本)；
ε_i為未知的誤差項，並符合常態分配。

將$\varepsilon_i=Y_i-\alpha-\beta X_i$等號兩邊平方後累加n項，則可得誤差平方和(Error Sum of Squares, SSE)，即

$$SSE = \sum_{i=1}^{n}\varepsilon_i^2 = \sum_{i=1}^{n}(Y_i-\alpha-\beta X_i)^2 \qquad (2)$$

在(2)式中，$\sum$的符號表示累加和。迴歸模式的估計，即是為求得α、β的估計值，使得模式中的誤差平方和為最小(Least-Squares)。為求得α、β的最佳估計值，將誤差平方和分別對α和β微分，並令微分方程式為零。

$$\frac{\Delta SSE}{\Delta\alpha} = 2\sum_i(Y_i-a-bX_i)(-1) = 0 \qquad (3)$$

$$\frac{\Delta SSE}{\Delta\beta} = 2\sum_i(Y_i-a-bX_i)(-X_i) = 0 \qquad (4)$$

在(3)、(4)兩式中，a和b分別為α和β的估計值。將(3)、(4)兩式整理後，可得下列兩個標準方程式(Normal Equations)：

$$na + b\sum X_i = \sum Y_i \qquad (5)$$

$$a\sum X_i + b\sum X_i^2 = \sum X_i Y_i \qquad (6)$$

由(5)、(6)兩式，可得

$$a=\frac{\begin{vmatrix} \sum Y & \sum X \\ \sum XY & \sum X^2 \end{vmatrix}}{\begin{vmatrix} n & \sum X \\ \sum X & \sum X^2 \end{vmatrix}} \qquad (7)$$

$$b=\frac{\begin{vmatrix} n & \sum Y \\ \sum X & \sum XY \end{vmatrix}}{\begin{vmatrix} n & \sum X \\ \sum X & \sum X^2 \end{vmatrix}} \qquad (8)$$

將(7)式和(8)式簡化後，得到α和β的估計值為

$$a = \frac{(\sum Y)(\sum X^2) - (\sum X)(\sum XY)}{n\sum X^2 - (\sum X)^2} \qquad (9)$$

$$b = \frac{n\sum XY - (\sum X)(\sum Y)}{n\sum X^2 - (\sum X)^2} \qquad (10)$$

以誤差平方和為最小的估計方法，為最小平方法(Least Square Method)，所得之估計方程式將a、b代入即可得。

$$\hat{Y}_i = a + bX_i \qquad i = 1, \cdots, n \qquad (11)$$

以表6.1的資料為例，計算過程如下：

表6.2 最小平方法的計算

月(n)	生產量(X)	間接製造成本(Y)	X^2	XY
1	25	262	625	6550
2	32	340	1024	10880
3	34	346	1156	11764
4	22	220	484	4840

5	35	352	1225	12320
6	40	375	1600	15000
7	45	382	2025	17190
8	43	405	1849	17415
9	37	390	1369	14430
10	42	395	1764	16590
11	49	420	2401	20580
12	30	320	900	9600
總　和	434	4207	16422	157159

所以，此例中a、b之值為

$$a=\frac{(4207)(16422)-(434)(157159)}{12(16422)-(434)(434)}=101.10$$

$$b=\frac{12(157159)-(434)(4207)}{12(16422)-(434)(434)}=6.90$$

將a、b之值代入模式，可得估計的迴歸模式為

$$\hat{Y}=101.10+6.90X$$

若想預測當生產量為30單位時，其間接製造成本為多少？則可將30代入X，即可求得間接製造成本為$308.10。

$$\hat{Y}=101.10+6.90(30)=308.10$$

當迴歸模式的估計式求出後，首先需要瞭解的是迴歸係數的意義。由上述的公式中可以看出a為迴歸模式的截距，一般而言，a表示固定成本；b則是意謂當自變數增加一單位時，依變數所增加的程度。換句話說，b為單位變動成本。

6.5.3　模式的合適性及相關係數

有了代表資料的迴歸模式後，自然希望知道此模式對於資料的解釋程度。針對此目的，推導出了判定係數(Coefficient of Determination) R^2 (R-Square)。一般而言，依變數的變異可分成兩部分，一是可以被自變數解釋的部分，另一部分為自變數無法解釋的部分。將

$$Y_i - \bar{Y} = \hat{Y}_i - \bar{Y} + Y_i - \hat{Y}_i \qquad (12)$$

等號兩邊平方總合

$$\sum(Y_i - \bar{Y})^2 = \sum(\hat{Y}_i - \bar{Y})^2 + \sum(Y_i - \hat{Y}_i)^2 \qquad (13)$$

其中 $\bar{Y} = \frac{\sum_{1} Y_i}{n}$ =依變數n期的平均數；

$Y_i - \hat{Y}_i$ = 第i期的殘差；

$\sum(Y_i - \bar{Y})^2$=總變異；

$\sum(\hat{Y}_i - \bar{Y})^2$=迴歸平方和；

$\sum(Y_i - \hat{Y}_i)^2$=誤差平方和。

總變異的英文縮寫為SSTO (Total Sum of Squares, SSTO)；迴歸平方和為SSR (Regression Sum of Squares, SSR)，亦即為迴歸模式所能解釋的部分。判定係數即為迴歸模式中所能解釋的部分除上總變異，也就是說把1減去模式對總變異所不能解釋部分的比率。

$$R^2 = \frac{SSR}{SSTO} = 1 - \frac{SSE}{SSTO} \qquad (14)$$

以表6.1資料舉例計算如下：

$\Sigma(Y_i - \bar{Y})^2 = 38858.96$

$\Sigma(Y_i - \hat{Y}_i)^2 \fallingdotseq 4700.37$

$R^2 = 1 - \frac{4700.37}{38858.96} \fallingdotseq 0.879 = 87\%$

詳細計算過程，請參見表6.3。

R^2表示間接製造成本的變動，有87%是由生產量的變動所影響的。將R^2開根號可得相關係數r (Coefficient of Correlation)，其符號與迴歸方程式中係數b的符號一致，該值表示為自變數和依變數的相關性。例如R^2=0.879，則r =0.938，因為b值為正數，所以相關係數為正。

表6.3 迴歸平方和與誤差平方和的計算

月	$\hat{Y}_i$	$(Y_i - \bar{Y})^2$	$(Y_i - \hat{Y}_i)^2$
1	273.55	7846.42	133.40
2	321.84	111.94	329.79
3	335.64	20.98	107.33
4	252.86	17051.14	1079.98
5	342.54	2.02	89.49
6	377.03	596.34	4.12
7	411.52	987.22	871.43
8	397.72	2961.54	53.00
9	356.33	1553.94	1133.67
10	390.82	1973.14	17.47
11	439.11	4819.14	365.19
12	308.04	935.14	143.04
總　和		38858.96	4700.37

6.5.4 預測值的信賴區間

迴歸分析的目的之一是作新的觀察變數預測，當得到一個新的自變數，藉由迴歸分析的估計式可得一預測值。對於此預測值所關心的是此預測值的信賴區間。在未談預測值信賴區間之前，必須先瞭解殘差的標準誤差S_D (Standard Error of Residuals)。何謂殘差的標準誤差？在前面曾提過誤差平方和(Error Sum of Squares, SSE)，藉由此誤差平方和可以瞭解估計的迴歸函數與實際的迴歸函數之間的差異程度。為衡量此一差異程度將誤差平方和除以自由度n−2，開根號後即得殘差的標準誤差。

$$S_D = \sqrt{\frac{\sum(Y - \hat{Y})^2}{n-2}} \qquad (15)$$

其中，n−2的自由度是指n個觀察值再扣掉兩個；因為在估計參數α、β時會失去兩個自由度。以表6.3的資料為例，可得

$$S_D = \sqrt{\frac{4700.37}{10}} = 21.68$$

求得殘差的標準誤差後，當得到一個新的自變數X_0時，其預測值的信賴區間如下：

$$\hat{Y}_{new} \pm t_{\frac{\alpha}{2}} \times S_D \sqrt{1 + \frac{1}{n} + \frac{(X_0 - \bar{X})^2}{\sum(X_i - \bar{X})^2}} \qquad (16)$$

在(16)式中，$\bar{X}$ 為自變數n期的平均數，t值的自由度為n−2。

舉例計算如下（表6.1資料為例）。當生產量為41單位時，間接製造成本的預測為

$$\hat{Y}_{new} = 101.10 + 6.90(41) = 384$$

由t分配求得，當信賴係數為0.05，自由度為10的t值為3.581。其他相關計算如下

$$(X_0 - \bar{X})^2 \doteq 23.33$$

$$\sum_{i=1}^{12}(X_i - \bar{X})^2 = 722.77$$

所以可以得到當生產量為41單位時，間接製造成本的預測信賴區間為[384.00±82.00]。

6.5.5 迴歸分析的基本假設

迴歸分析的假設基本上有下列數點:

(1)自變數與依變數必須有直線關係。

(2)誤差項必須符合常態分配之假設。

(3)誤差項的期望值為零。

(4)誤差項之變異數須為常數 (固定的) 變異數。

(5)誤差項之間具獨立性。

根據迴歸分析的基本假設，可由一些簡單的診斷(Diagnostic)看出端倪。以下均是藉由圖形分析法來診斷資料是否符合迴歸分析的基本假設。

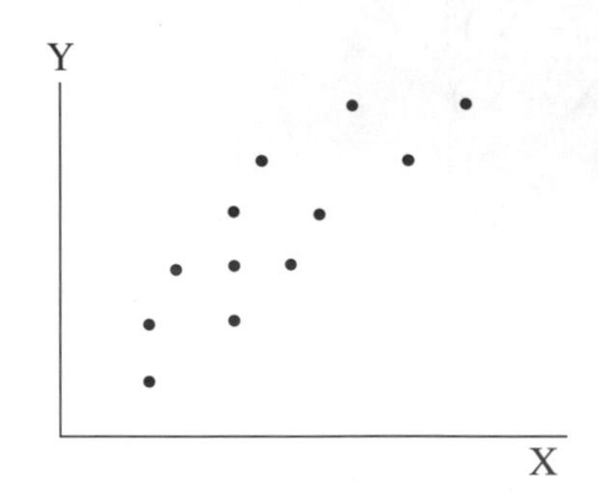

資料的散佈情形可用一條直線代表全部資料，表示依變數與自變數具有直線關係。而且散佈均勻，表示為隨機變數，具有獨立性。

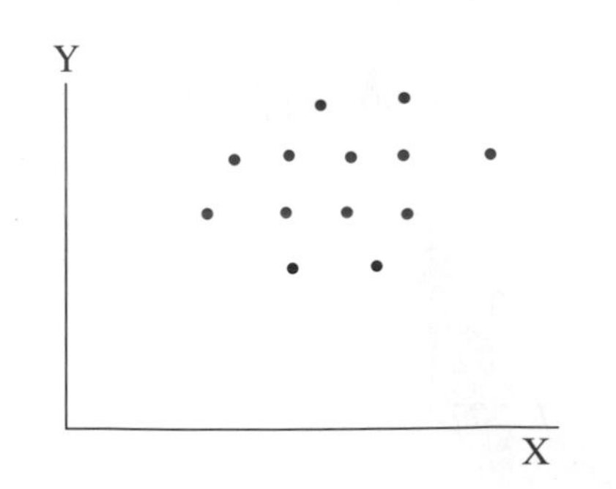

資料散佈略成圓形，表示依變數與自變數之間無直線關係。

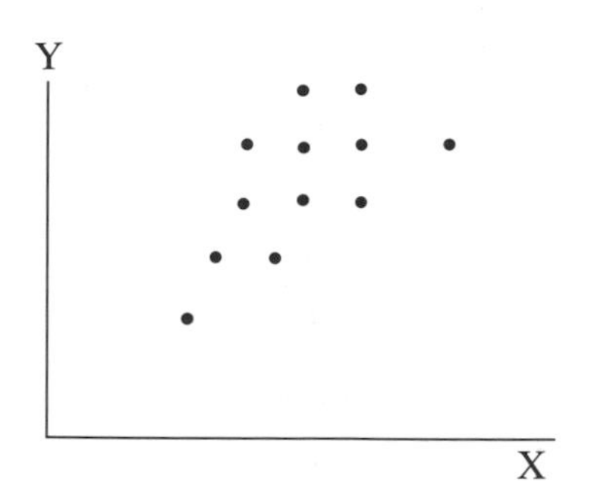

資料分佈成喇叭狀，表示依變數的變異數隨著自變數的增加而增加（或是隨著自變數的增加而減少)，此意謂依變數的變異數不為常數變異數。

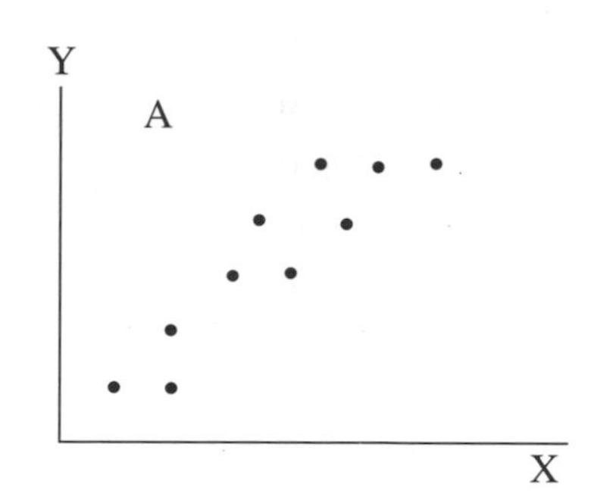

圖形中的A點明顯的遠離其他的變數， 對於A點稱之為游離子(Outlier)，此點會嚴重影響迴歸模式的估計，一般均將A點棄卻或是進一步找出A點造成的原因。

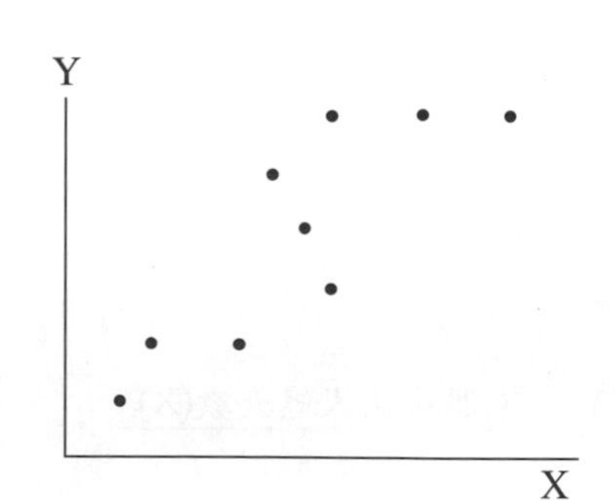

圖形顯示，資料具有循環的特性，這意謂變數之間不具獨立性， 可能有時序(Time Order)之關係。

三泰藥品公司，其器材維修部門成本及服務病人總天數資料如下：

月份	器材維修部門成本(Y)	服務病人總天數(X)
1	$37,000	3,700
2	23,000	1,600
3	37,000	4,100
4	47,000	4,900
5	33,000	3,300
6	39,000	4,400
7	32,000	3,500
8	33,000	4,000
9	17,000	1,200
10	18,000	1,200
11	22,000	1,800
12	20,000	1,600

試以高低點法與最小平方和迴歸法來估計成本模式。

解答：

⑴高低點法

月　份	器材維修部門成本(Y)	服務病人總天數(X)
高：4月	$47,000	4,900
低：9月	17,000	1,200
差　異	$30,000	3,700

每服務病人天數，變動成本為：

$$V = \frac{\$47,000 - \$17,000}{4,900 - 1,200} = \frac{\$30,000}{3,700} = \$8.108$$

每月固定成本，F= 總混合成本減總變動成本

在X（高）：$F = \$47,000 - \$8.108 \times 4,900$

$= \$47,000 - \$39,730$

$$= \underline{\underline{\$7{,}270}}\text{（每月）}$$

$$\text{在X（低）：} F = \$17{,}000 - \$8.108 \times 1{,}200$$
$$= \$17{,}000 - \$9{,}730$$
$$= \underline{\underline{\$7{,}270}}\text{（每月）}$$

所以，高低點法下，器材維修部門其成本方程式為：

$$Y = \$7{,}270\text{（每月）} + \$8.108 \times \text{服務病人總天數}$$

⑵最小平方和迴歸法

假設迴歸方程式為

$$Y_i = a + bX_i \qquad i = 1, \cdots, n$$

其計算過程如下：

最小平方法的計算

月份(n)	總天數(X)	器材維修成本(Y)	X^2	XY
1	3,700	37,000	13,690,000	136,900,000
2	1,600	23,000	2,560,000	36,800,000
3	4,100	37,000	16,810,000	151,700,000
4	4,900	47,000	24,010,000	230,300,000
5	3,300	33,000	10,890,000	108,900,000
6	4,400	39,000	19,360,000	171,600,000
7	3,500	32,000	12,250,000	112,000,000
8	4,000	33,000	16,000,000	132,000,000
9	1,200	17,000	1,440,000	20,400,000
10	1,200	18,000	1,440,000	21,600,000
11	1,800	22,000	3,240,000	39,600,000
12	1,600	20,000	2,560,000	32,000,000
總　和	35,300	358,000	124,250,000	1,193,800,000

$$a=\frac{(\sum Y)(\sum X^2)-(\sum X)(\sum XY)}{n\cdot\sum X^2-(\sum X)^2}$$

$$=\frac{(358{,}000)(124{,}250{,}000)-(35{,}300)(1{,}193{,}800{,}000)}{12(124{,}250{,}000)-(35{,}300)(35{,}300)}$$

$$=\frac{(44{,}481{,}500{,}000-42{,}141{,}140{,}000)\times 1{,}000}{(1{,}491{,}000-1{,}246{,}090)\times 1{,}000}$$

$$=\frac{2{,}340{,}360{,}000\times 1{,}000}{244{,}910\times 1{,}000}$$

$$=9{,}556$$

$$b=\frac{n\cdot\sum XY-(\sum X)(\sum Y)}{n\cdot\sum X^2-(\sum X)^2}$$

$$=\frac{12(1{,}193{,}800{,}000)-(35{,}300)(358{,}000)}{12(124{,}250{,}000)-(35{,}300)(35{,}300)}$$

$$=\frac{14{,}325{,}600{,}000-12{,}637{,}400{,}000}{1{,}491{,}000{,}000-1{,}246{,}090{,}000}$$

$$=\frac{1{,}688{,}200{,}000}{244{,}910{,}000}$$

$$=6.893$$

固定成本是每月$9,556，而單位變動成本為每服務病人的天數$6.893，所以線性成本方程式為：

器材維修部門成本=$9,556（每月）+$6.893×服務病人的人天數

Y=$9,556+$6.893×服務病人的天數

本章彙總

對成本習性的瞭解，有助於管理者預期成本與產量水準間的變動關係。成本估計是根據成本習性來預測未來的成本數。一般而言，成本習性分析有二項目的：⑴影響管理決策的制定；⑵有助於規劃和控制營運活動。

就投入和產出之間的關係來區分成本習性，可分為三種型態，變動成本、固定成本和混合成本。總變動成本會隨數量的增加而增加；但單位變動成本不受數量影響，會保持不變。總固定成本不會隨數量改變，但單位固定成本則隨數量增加而減少。混合成本則包括變動成本和固定成本二項。

成本估計是用來決定某一特定成本習性的過程。本章介紹四種估計方法：⑴帳戶分類法；⑵散佈圖法；⑶高低點法和⑷迴歸分析法。前三種方法在計算過程較為簡單，迴歸分析法較為客觀，所得到的成本估計值較為準確。

關鍵詞

帳戶分類法(Account-Classification Method)：

分析組織內的分類帳戶，將每個帳戶歸類於變動、固定或混合成本的其中一種，亦稱為帳戶分析法。

既定成本(Committed Cost)：

通常係指與該公司所擁有的廠房、設備及基本組織有關之成本。

成本習性(Cost Behavior)：

當營運活動發生變動時，成本與活動水準之間的關係。

成本估計(Cost Estimation)：

主要是用來決定某一特定成本習性的過程。

任意性成本(Discretionary Cost)：

亦稱為計畫性成本(Programmed Cost)或支配成本(Managed Cost)。此類成本在性質上屬於固定成本，但由管理者作支出決策，包括廣告費、研究發展費及公共關係費等。

固定成本(Fixed Cost)：

成本總額不會因產量水準變動而變動者。

高低點法(High-Low Method)：

找出全組資料中，最高點的產量水準和成本，與最低點的產量水準和成本，由這兩點的資料來求出總固定成本和單位變動成本。

最小平方法(Least Square Method)：

迴歸模式計算中，為求得α、β的估計值，使得模式中的誤差平方和為最小的方法。

混合成本(Mixed Cost)：

即包含變動成本與固定成本兩部分，也稱為半變動成本(Semivariable Cost)或半固定成本(Semifixed Cost)。

迴歸分析(Regression Analysis)：

利用迴歸分析，應用在成本習性上，分析依變數與自變數之間的關係。

攸關範圍(Relevant Range)：

成本和成本動因在此範圍內，其關係是一定的。

散佈圖法(Scatter Diagram Method)：

把成本和數量的資料，以圖形來表示其關係，亦稱為視覺法(Visual-Fit Method)。

殘差的標準誤差(Standard Error of Residuals)：

藉由誤差平方和可以瞭解估計的迴歸函數與實際的迴歸函數之間的差異程度。為測此差異程度，將誤差平方和除以自由度n−2。

變動成本(Variable Cost)：

成本總額隨著產量水準而成正比例變動之成本。

作業

一、選擇題

1. 成本習性型態包括數種型態，除了下列何者以外？

   A.變動成本。

   B.固定成本。

   C.期間成本。

   D.混合成本。

2. 在何種假設下分析成本習性型態才有意義？

   A.攸關範圍。

   B.生產期間。

   C.損益表。

   D.財務年度。

3. 下列哪種方法不能用來發展成本估計方程式？

   A.散佈圖法。

   B.最小平方法。

   C.高低點法。

   D.以上所有方法皆可使用。

4. 高低點法的第一步驟是：

   A.找出總成本的固定部分。

   B.計算每單位變動成本。

   C.找出最高點和最低點的資料。

   D.決定損益平衡點。

5. 攸關範圍外之營運：

   A.大部分公司可良好控制成本。

   B.總固定成本隨著活動水準改變而仍維持不變。

   C.變動成本將不會隨著活動水準改變而成比例的持續改變。

D.所有成本總是呈遞減性。

二、問答題

1. 何謂成本習性?
2. 分析成本估計、成本習性及成本預測之間的關係。
3. 簡單繪出變動成本、逐步變動成本、固定成本、逐步固定成本、半變動成本和曲線成本之成本習性圖形。
4. 說明攸關範圍對於成本習性型態的重要性。
5. 試比較散佈圖與高低點法的優缺點。
6. 舉例說明帳戶分析法。
7. 所有成本估計法都是根據一些重要假設而來,其中最重要的二個假設為何?
8. 舉例說明工作評估法對成本估計的影響。

第7章

成本—數量—利潤分析

學習目標：

- 認識損益平衡點分析
- 考慮目標利潤的影響
- 分析利量圖
- 計算安全邊際
- 探討敏感度分析
- 認知多種產品的成本—數量—利潤分析
- 瞭解成本結構與營運槓桿
- 明白成本—數量—利潤的假設

前　言

決策的制定與工作的規劃乃是組織中管理當局的主要任務。在制定決策之前，管理當局需評估各種不同的可行方案對組織績效之影響，尤其是對企業營運結果的影響。在進行規劃時，管理當局亦需瞭解該計畫所產生的可能結果，並進一步為該計畫設立目標。在決策及規劃的過程中，成本一數量一利潤分析是極為有用的分析工具，管理當局可藉此瞭解各種不同方案之關係，以評估各方案對組織的影響。管理當局亦可經由成本一數量一利潤分析，對整個規劃程序作一通盤的瞭解。

由於成本一數量一利潤分析，乃成本習性分析之進一步運用，讀者研讀本章前，應先對第6章成本習性分析有所瞭解。本章首先介紹損益平衡點的觀念，再由成本一數量一利潤分析中利潤為零的狀況談起，接著將損益平衡點觀念擴充至利潤不等於零的情形。之後，在敏感度分析一節，說明售價、變動成本與固定成本的改變對損益平衡點與利潤的影響。此外，本章將介紹安全邊際、成本結構、營運槓桿等，與成本一數量一利潤分析相關的主題。成本一數量一利潤分析是一有用的分析方法，其公式很容易瞭解，本章最後將對此分析方法所隱含的假設加以說明。

7.1　損益平衡點分析

當企業考慮推出某一新產品時，管理當局最關心的是該項新產品是否能為企業帶來利潤，並且要考慮銷售量與利潤之間的關係。管理當局希望預知若要達到獲利的情況，其銷售量應為何？諸如此類的問題，成本一數量一利潤分析(Cost-Volume-Profit Analysis; CVP Analysis)可做為概括性的分析，以瞭解在不同情形下，各方案的成本、數量與利潤之間的關係。

損益平衡點分析(Break-Even-Point Analysis)是成本一數量一利潤分析中令利潤為零的一種分析方法。所謂損益平衡點(Break-Even-Point)，係指總收入等於總成本（利潤為零）時的銷貨數量或銷售額。經由損益平衡點分析，可瞭解當銷貨數量超過某一定量時會有利潤的產生；反之，當銷貨數量低於某一定量時會發生損失。

計算損益平衡點的方法包括方程式法、邊際貢獻法和圖解法三種，茲分述如下：

7.1.1 方程式法 (Equation Approach)

企業利潤乃總收入減去總成本後的餘額，其方程式為

總收入－總成本=利潤 (1)

總收入為單位售價與銷售數量的乘積，總成本則可依其成本習性區分為變動成本與固定成本。其中變動成本等於單位變動成本乘以銷售數量；然而在某一產能水準下，固定成本為一定額，所以總收入與總成本的方程式如下：

總收入=單位售價×銷售數量 (2)

總成本=變動成本+固定成本
　　　=（單位變動成本×銷售數量）+固定成本 (3)

將(2)式與(3)式代入(1)式中，我們可以得到下列方程式：

（單位售價×銷售數量）－〔（單位變動成本×銷售數量）
+固定成本〕= 利潤 (4)

在損益平衡時，利潤為零，因此

（單位售價×銷售數量）－〔（單位變動成本×銷售數量）
+固定成本〕= 0 (5)

茲舉下例說明以方程式法計算損益平衡點之過程。

興隆公司擬銷售新型隨身聽，該新型隨身聽之單位售價為$500，單位變動成本為$300，每年的固定成本$300,000，請問興隆公司每年必須出售多少

臺隨身聽才能達成損益平衡?（本例假設未售出之隨身聽可退還給供應商）

設損益平衡點之銷售數量為Q，則依損益平衡點之方程式，可得到下列等式：

$$(\$500 \times Q) - (\$300 \times Q + \$300{,}000) = \$0$$

解　Q=1,500（臺）

7.1.2　邊際貢獻法

使用邊際貢獻法(Contribution Margin Approach)，需先計算銷售一單位所產生的單位邊際貢獻(Unit Contribution Margin)，而所謂的單位邊際貢獻係指單位售價減單位變動成本，亦即

$$\text{單位邊際貢獻} = \text{單位售價} - \text{單位變動成本} \tag{6}$$

單位邊際貢獻表示每出售一單位所產生對固定成本的貢獻。因此，將固定成本除以單位邊際貢獻，即可得出損益平衡點之銷售數量，其公式為

$$\text{損益平衡點的銷售數量} = \frac{\text{固定成本}}{\text{單位邊際貢獻}} \tag{7}$$

邊際貢獻法與方程式法其實是源於同一種計算形式，可由(5)式與(6)式中導出(7)式：

$$（\text{單位售價} \times \text{損益平衡點的銷售數量}）-（\text{單位變動成本} \times \text{損益平衡點的銷售數量} + \text{固定成本}）= 0$$

$$（\text{單位售價} - \text{單位變動成本}）\times \text{損益平衡點的銷售數量} - \text{固定成本} = 0$$

$$\text{單位邊際貢獻} \times \text{損益平衡點的銷售數量} = \text{固定成本}$$

$$\text{損益平衡點的銷售數量} = \frac{\text{固定成本}}{\text{單位邊際貢獻}}$$

損益平衡點除了可以數量的方式表示， 亦可以銷售金額表示。

將(7)式等式兩邊同乘以單位售價，可得

$$損益平衡點的銷售數量 \times 單位售價 = \frac{固定成本}{單位邊際貢獻} \times 單位售價$$

$$損益平衡點的銷售金額 = \frac{固定成本}{單位邊際貢獻 \div 單位售價}$$

上式中，分母為單位邊際貢獻除以單位售價，此一比率又稱為邊際貢獻率(Contribution Margin Ratio)，表示每一塊錢的銷售金額所產生的邊際貢獻。因此將上式簡化，可得

$$損益平衡點的銷售金額 = \frac{固定成本}{邊際貢獻率}$$

仍以前面興隆公司為例，根據邊際貢獻法計算損益平衡點之銷售數量與金額如下：

先計算單位邊際貢獻

單位邊際貢獻=$500−$300=$200
損益平衡點的銷售數量=$300,000÷$200=1,500（臺）

若以金額表示則需先計算邊際貢獻率

邊際貢獻率=$200÷$500=40%
損益平衡點的銷售金額=$300,000÷40%=$750,000

7.1.3　圖解法

以圖解法來說明損益平衡點，係將成本—數量—利潤之間的關係繪於平面座標圖上，稱為成本—數量—利潤圖(Cost-Volume-Profit Chart)；或損益平衡圖(Break-Even-Point Chart)，如圖7.1，總收入等於總成本的點即為損益平衡點。

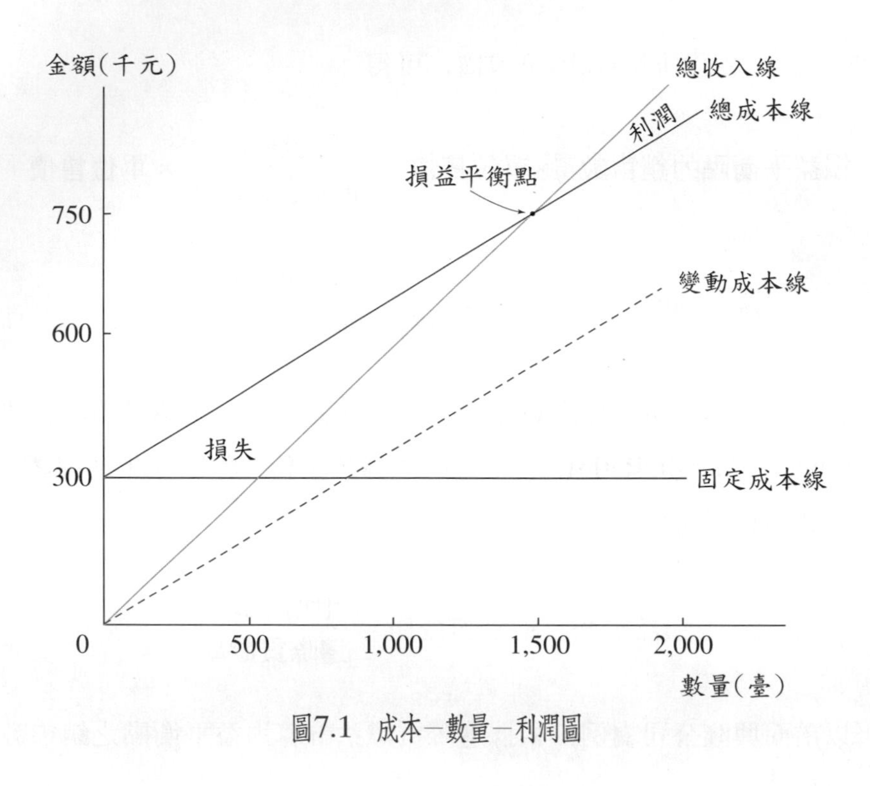

圖7.1 成本—數量—利潤圖

成本—數量—利潤圖係由總收入線、總成本線、變動成本線與固定成本線所構成，其中總成本線為變動成本線與固定成本線的垂直加總，茲分別說明如下：

1. 總收入線

總收入係單位售價乘以銷售數量，當銷售數量為零時，總收入等於零。隨著銷售數量增加，總收入亦呈等比例增加，因此總收入線為一通過原點且斜率為正的直線。

2. 變動成本線

變動成本為單位變動成本乘以銷售數量，當銷售數量為零時，變動成本為零。隨著銷貨成本增加，變動成本呈等比例增加，因此變動成本線亦為一通過原點且斜率為正的直線。

3. 固定成本線

固定成本在攸關範圍內並不隨著銷售數量而改變，故為一條與橫座標（銷售數量軸）平行的直線。

4. 總成本線

總成本等於變動成本與固定成本的總和，因此總成本線的畫法係將變動成本線與固定成本線垂直加總。

成本—數量—利潤圖的畫法有下列兩種方法，其主要的差異在於變動成本線與固定成本線的累加順序不同，茲以興隆公司為例來說明如下（圖7.2）：

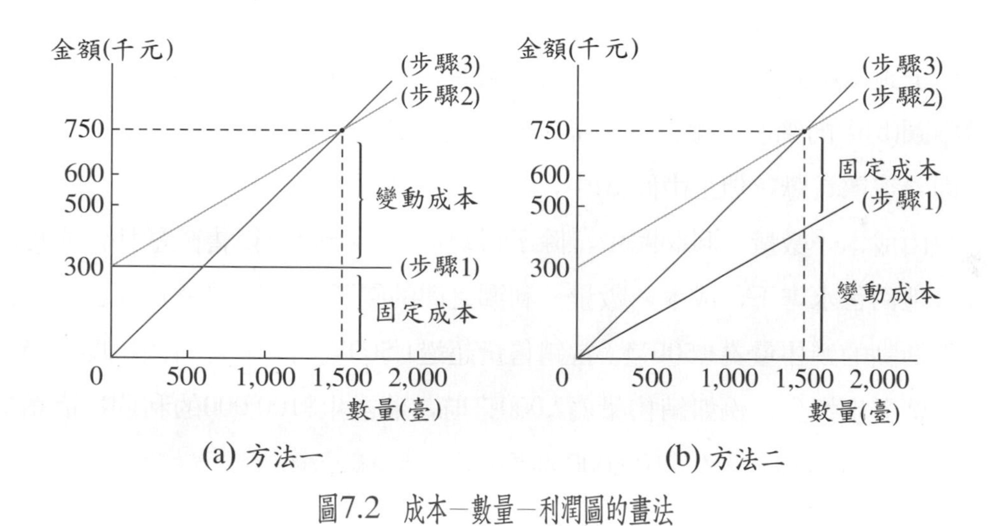

圖7.2 成本—數量—利潤圖的畫法

⊙方法一

【步驟1】繪製固定成本線：本例中的固定成本為$300,000，因此於縱座標上找出金額為$300,000的點，並以此點作一條與橫座標平行的直線，此線即為固定成本線。

【步驟2】將變動成本加總於固定成本線上得出總成本線：本例中，當銷售量為零時，總成本為固定成本$300,000加上變動成本$0，亦即$300,000；當銷售量為1,000臺時，總成本等於固定成本$300,000加上變動成本$300,000，亦即$600,000，過此兩點畫一直線即可得出總成本線。

【步驟3】繪出總收入線：當銷售量為零時，總收入為$0；當銷售量為1,000臺時，總收入為$500,000，過此兩點畫一直線即可得出總收入線。

⊙方法二

【步驟1】先繪出變動成本線：當銷售量為零時，變動成本為$0，銷售量為1,000臺時，變動成本為$300,000，過此兩點畫出變動成本線。

【步驟2】將固定成本加總於變動成本上得出總成本線：當銷售量為零時，成本等於變動成本$0加上固定成本$300,000，即$300,000；當銷售量為1,000臺時，總成本等於變動成本$300,000加上固定成本$300,000，即$600,000，過此兩點畫出總成本線。

【步驟3】繪製總收入線：同方法一的步驟3。

上述兩種繪製成本—數量—利潤圖的方法所隱含的資訊並不完全相同，其中圖(b)中的總收入線與變動成本線皆從原點畫起，因此這二條線的縱軸距離即為邊際貢獻；但是由圖(a)中，無法獲得此項資訊。

由成本—數量—利潤圖中，除了得知損益平衡點的銷售數量外，亦可瞭解其他銷售水準下，成本—數量—利潤之間的關係。就興隆公司而言，其損益平衡點的銷售量為1,500臺。當銷售量超過1,500臺時，即有利潤；低於1,500臺時則發生損失。例如銷售量為2,000臺時，將產生$100,000的利潤；而銷售數量為1,000臺時，發生$100,000的損失。

7.2 目標利潤

由7.1節所討論的損益平衡點分析，企業經營者可瞭解新產品的出售，必須有多少的銷售量才能達到無損失的情況；但是管理當局除了想瞭解損益平衡時的銷售數量外，更想知道為了要達成某一特定利潤水準時，銷售數量應為何？此一特定的利潤水準稱為目標利潤(Target Profit)。

7.2.1　稅前目標利潤

以興隆公司為例，若管理當局想瞭解每年稅前利潤為$50,000時，應銷售多少臺隨身聽？茲以7.1節中所介紹的方程式法及邊際貢獻法分述如下：

1. 方程式法

由(4)式，得知

（單位售價×銷售數量）－〔（單位變動成本×銷售數量）+固定成本〕＝稅前目標利潤

此例中利潤為$50,000，因此將已知數代入上式中，得到

（$500×銷售數量）－〔（$300×銷售數量）+$300,000〕=$50,000
銷售數量=($300,000+$50,000)÷($500−$300)=1,750（臺）

2. 邊際貢獻法

在目標利潤的情形下，邊際貢獻法的公式為

$$\text{特定目標利潤的銷售數量}=\frac{\text{固定成本}+\text{目標利潤}}{\text{邊際貢獻}}$$

本例中目標利潤為$50,000的銷售數量=($300,000+$50,000)÷$200
=1,750（臺）

7.2.2　稅後目標利潤

在7.2.1節中所討論目標利潤，並不考慮所得稅因素，僅考慮稅前的目標利潤。然而事實上每一家公司都需要支付所得稅，管理者更關心的是稅後目標利潤。因此將所得稅納入成本－數量－利潤分析的方程式如下：

總收入－總成本－所得稅=稅後淨利　　(8)

(8)式中

$$\text{所得稅}=\text{稅前淨利}\times\text{稅率}=(\text{總收入}-\text{總成本})\times\text{稅率} \quad (9)$$

將(9)式代入(8)式，可得到下列的等式：

$$(\text{總收入}-\text{總成本})-(\text{總收入}-\text{總成本})\times\text{稅率}=\text{稅後淨利}$$

$$(\text{總收入}-\text{總成本})\times(1-\text{稅率})=\text{稅後淨利}$$

$$(\text{總收入}-\text{總成本})=\frac{\text{稅後淨利}}{1-\text{稅率}} \quad (10)$$

再將

$$\text{總收入}=\text{銷貨數量}\times\text{單位售價}$$

$$\text{總成本}=\text{銷貨數量}\times\text{單位變動成本}+\text{固定成本}$$

代入(10)式，即可得到修正後的方程式如下：

$$(\text{銷貨數量}\times\text{單位售價})-[(\text{銷貨數量}\times\text{單位變動成本})+\text{固定成本}]=\frac{\text{稅後淨利}}{1-\text{稅率}} \quad (11)$$

或

$$(\text{單位售價}-\text{單位變動成本})\times\text{銷貨數量}-\text{固定成本}=\frac{\text{稅後淨利}}{1-\text{稅率}} \quad (12)$$

由(12)式，可得到邊際貢獻法在考慮所得稅後，修正如下：

$$\text{特定稅後目標利潤的銷貨數量}=\frac{\text{固定成本}+\dfrac{\text{稅後目標利潤}}{1-\text{稅率}}}{\text{邊際貢獻}}$$

此外，必須特別注意，所得稅對損益平衡分析並無影響，因為在損益兩平時，利潤為零，自然就沒有所得稅的問題。

仍以興隆公司為例，假設所得稅率為25%，管理當局想瞭解每年稅後目標利潤為$60,000時，應銷售多少臺隨身聽？

1. 方程式法

假設興隆公司銷售Q臺隨身聽，可達$60,000的稅後目標利潤，則方程式如下：

$$(\$500 - \$300) \times Q - \$300{,}000 = \$60{,}000 \div (1 - 25\%)$$

解　Q=1,900（臺）

2. 邊際貢獻法

$$Q = [\$300{,}000 + \$60{,}000 \div (1 - 25\%)] \div (\$500 - \$300)$$

解　Q=1,900（臺）

7.3　利量圖

利量圖(Profit-Volume Chart)為另一種表現成本—數量—利潤分析的圖形。在成本—數量—利潤圖中，以總收入線、總成本線來表現成本、數量及利潤間的關係，而在利量圖中，則以淨利線與銷貨線來表現銷貨與利潤間的關係。仍以興隆公司為例，說明利量圖的畫法（見圖7.3)。

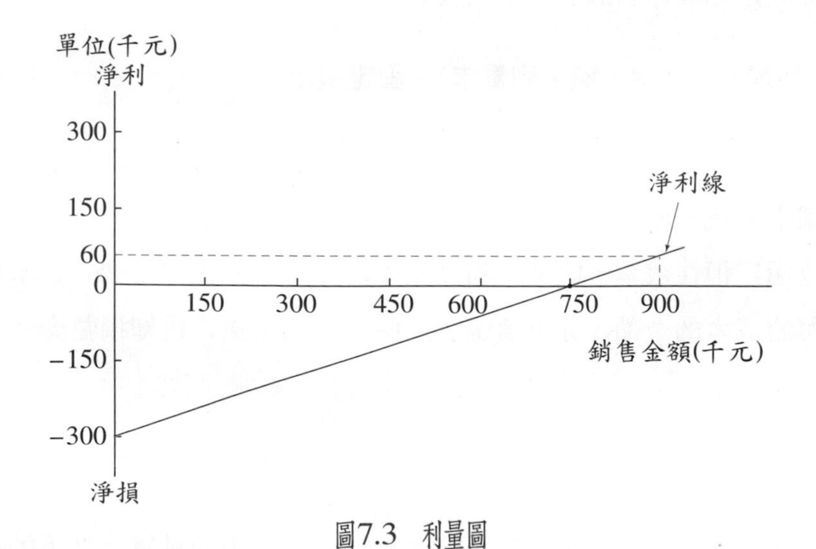

圖7.3　利量圖

以興隆公司為例，繪製利量圖的步驟如下：

【步驟1】首先在縱軸上找出銷售金額為零時的損失點，該損失金額必須等於固定成本的金額。本例中，如果銷售金額為零時，損失金額為固定成本$300,000。

【步驟2】在銷貨線上任選一銷貨水準，並計算出該水準下的損益，本例中，選擇銷售金額為$900,000（1,800臺），該水準下的利潤計算如下：

總收入($500 × 1,800)	$ 900,000
變動成本($300 × 1,800)	(540,000)
邊際貢獻	$ 360,000
固定成本	(300,000)
利　潤	$ 60,000

【步驟3】連接步驟1與步驟2兩點，即可得出淨利線。

由利量圖中，淨利線與銷貨線的相交點即代表損益平衡點。在圖7.3中，可看出損益平衡點的銷售金額為$750,000。利量圖中淨利線的斜率為利量率(Profit-Volume Ratio)等於邊際貢獻率。至於淨利線則表示不同的銷貨水準下的損益金額，亦即淨利線表示下列的等式關係：

$$利潤 = （銷售金額 \times 利量率）- 固定成本 \tag{13}$$

利量圖與成本—數量—利潤圖都是以圖形表示銷售數量與損益的關係：從利量圖中可直接看出每一個銷貨水準下的損益，但無法瞭解該銷貨水準下的成本金額；但在成本—數量—利潤圖中，除可瞭解在每一個銷貨水準下，總收入與總成本的金額，亦可將總收入減去總成本後，得知損益金額。

7.4 安全邊際

運用成本—數量—利潤分析可使管理當局瞭解不同銷貨水準下的損益，以便決策的制定與營運的規劃。然而企業所預計的銷貨水準能否達成，具有不確定性。因此在從事成本—數量—利潤分析時，需考慮此項風險。安全邊際(Safety Margin)與敏感度分析則可用以測量此項風險，本節首先介紹安全邊際，下一節則介紹敏感度分析。

所謂安全邊際是指銷售金額（或銷售數量）超過損益平衡點的部分，安全邊際可用預計或實際的銷售金額（或數量）來計算，其公式如下：

安全邊際
= 預計銷售金額（或數量）－損益平衡點的銷售金額（或數量） (14)

或

安全邊際
= 實際銷售金額（或數量）－損益平衡點的銷售金額（或數量） (15)

以預計數據所計算的安全邊際，表示在某一特定預計銷貨水準下，企業未能達成該預計銷貨水準但不至於發生損失，是所能承受銷售金額（或數量）下降的最大限額；而以實際數據所計算的安全邊際，則表示在已達成的銷售水準中，企業所能承受銷售金額（或數量）減少，而不至於發生損失的限額。

以興隆公司為例，若預計銷售金額為$1,000,000，則安全邊際計算如下：

安全邊際 = $1,000,000－$750,000 = $250,000

安全邊際亦可由成本—數量—利潤圖或利量圖表示。在此以利量圖為例來說明，銷貨線超過損益平衡點的部分即代表安全邊際（圖7.4）。

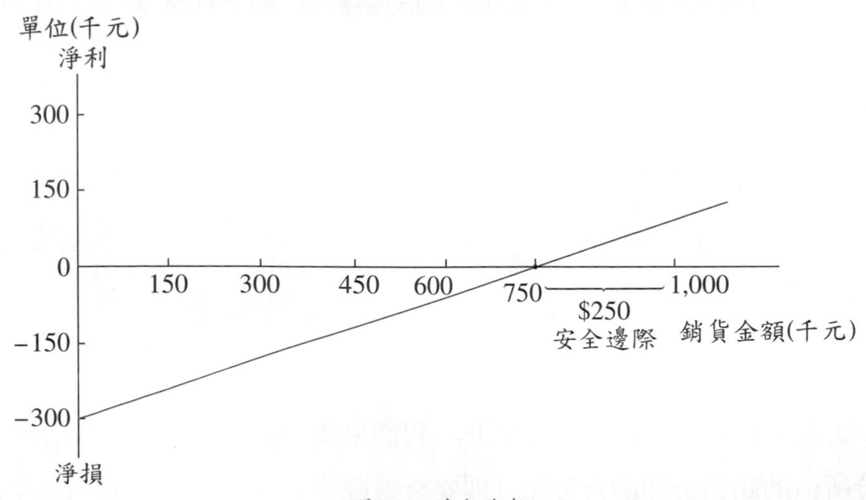

圖7.4 安全邊際

本例中安全邊際為$250,000，表示在預計銷貨水準為$1,000,000的情形下，只要銷貨金額減少的範圍在$250,000以內，企業仍不會發生損失。安全邊際亦可以比率的方式表示，此即所謂的安全邊際率(Safety Margin Ratio)，公式如下：

$$安全邊際率 = \frac{安全邊際}{預計（或實際）銷貨金額}$$

以興隆公司為例：

$$安全邊際率 = \$250,000 \div \$1,000,000 = 25\%$$

安全邊際與安全邊際率愈大，企業產生利潤的可能性愈大，遭受損失的可能性愈小。反之，安全邊際與安全邊際率愈小，企業獲得利潤的可能性較小，而遭受損失的風險較大。

安全邊際表示超過損益平衡點的銷貨金額，因此安全邊際的銷貨金額中，扣除變動成本即代表利潤。可以下列的式子來說明利潤、安全邊際與利量率的關係。

$$利潤 = (預計銷貨數量 - 損益平衡點的銷貨數量) \times 單位邊際貢獻 \quad (16)$$

或

$$利潤 = (預計銷貨金額 - 損益平衡點的銷貨金額) \times 利量率 \quad (17)$$

或

$$利潤 = 安全邊際 \times 利量率 \quad (18)$$

若將(18)式中等式兩邊同除以銷貨金額，則可得到下列的關係式：

$$\frac{利潤}{銷貨金額} = \frac{安全邊際}{銷貨金額} \times 利量率 \quad (19)$$

$$利潤率 = 安全邊際率 \times 利量率 \quad (20)$$

(20)式表示在某一特定銷貨水準下，利潤率等於銷售金額超過損益平衡點的部分所佔的銷售金額的百分比（即安全邊際率）乘上每一塊錢所產生的邊際貢獻（利量率）。

7.5 敏感度分析

成本—數量—利潤分析中的變數（如單位售價、單位變動成本、固定成本等），會隨著企業採行不同的方案而有不同的估計值，例如企業在決定生產某一新產品時，可能考慮引用自動化程度不同的生產設備，若採用自動化程度高的機器，通常會增加固定成本，降低變動成本；若採用自動化程度低的機器，則通常會固定成本增加不多，變動成本也降低很少。此外，在進行成本—數量—利潤分析時，對公式中變數之估計亦不可能百分之百的準確。基於上述的原因，通常運用敏感度分析(Sensitivity Analysis)來瞭解成本—數量—利潤分析中一個或多個變數的改變（不論是因方案不同，或估計偏差所造成的），對損益平衡點或損益的影響。本節將以長城公司為例來說明敏感度分析的運用。

長城公司為一專門從事自行車製造的廠商，該公司只生產一種產品。以下是長城公司90年度的損益表（該公司90年共銷售1,000輛自行車）。

長城公司
損益表
90年度

銷貨收入		$ 600,000
銷貨成本：		
變　動	$320,000	
固　定	100,000	(420,000)
		$ 180,000
銷貨毛利		
銷管費用：		
變　動	$ 80,000	(130,000)
固　定	50,000	$ 50,000

由上述長城公司損益表，可以得到下列的資料：

(1)單位售價$600,000÷1,000=$600
(2)單位變動成本=($320,000+$80,000)÷1,000=$400
(3)固定成本=$150,000
(4)損益平衡點的銷貨金額=[$150,000÷($600−$400)]×$600=$450,000

7.5.1 單位售價的改變

假設長城公司管理當局的訂價決策視經濟景氣而定，若91年景氣好轉，則自行車單價訂為$650；若景氣持平，單位訂價為$600；若景氣轉壞，自行車單價訂為$560，並假設長城公司的訂價決策不會影響銷售數量。可由表7.1瞭解銷售量為1,000輛時，三種銷售價格對損益及損益平衡點的影響。

表7.1 長城公司損益表──單位售價改變

	@$650	@$600	@$560
銷貨收入	$ 650,000	$ 600,000	$ 560,000
變動成本	(400,000)	(400,000)	(400,000)
邊際貢獻	$ 250,000	$ 200,000	$ 160,000
固定成本	(150,000)	(150,000)	(150,000)
利　潤	$ 100,000	$ 50,000	$ 10,000
損益平衡點的銷貨金額	$390,000	$450,000	$525,000

可將表7.1繪製成利量圖（圖7.5），從該圖中可更清楚看出單位售價對銷貨金額與利潤的影響。

由表7.1可看出，在其他條件不變的情形下，單位售價愈高，利潤則愈高。在圖7.5中，單位售價愈高，邊際貢獻愈高，利量圖中的淨利線愈陡。此外，單位售價愈高，達成損益平衡的銷貨金額愈低。在表7.1中，單位售價為$650所產生的利潤比單位售價為$600時多出$50,000，此金額乃每銷售一單位所多增加的邊際貢獻$50(=$650−$600)乘以銷售數量1,000輛。

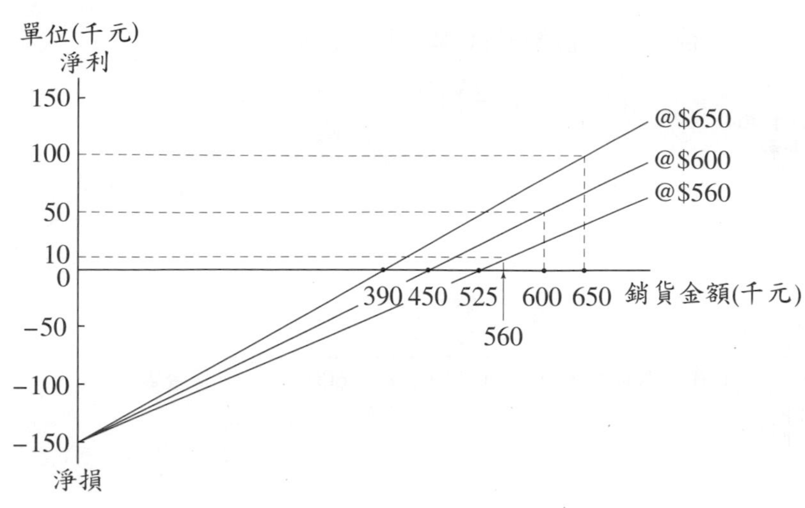

圖7.5 單位售價改變的利量圖

7.5.2 變動成本的改變

單位變動成本的改變對利潤與損益平衡點的影響，與單位售價對利潤與損益平衡點的影響相反。在此仍以長城公司為例來說明：

假設管理當局預估91年的單位變動成本可能為$420、$400或$375，而其他狀況與90年相同，則三種不同單位變動成本對利潤與損益平衡點的影響如表7.2所示。

表7.2 長城公司損益表——單位變動成本改變

	單位變動成本 $420	單位變動成本 $400	單位變動成本 $375
銷貨收入	$ 600,000	$ 600,000	$ 600,000
變動成本	(420,000)	(400,000)	(375,000)
邊際貢獻	$ 180,000	$ 200,000	$ 225,000
固定成本	(150,000)	(150,000)	(150,000)
利　潤	$ 30,000	$ 50,000	$ 750,000
損益平衡點的銷貨金額	$500,000	$450,000	$400,000

同樣的，三種不同單位變動成本的利量圖如圖7.6所示。

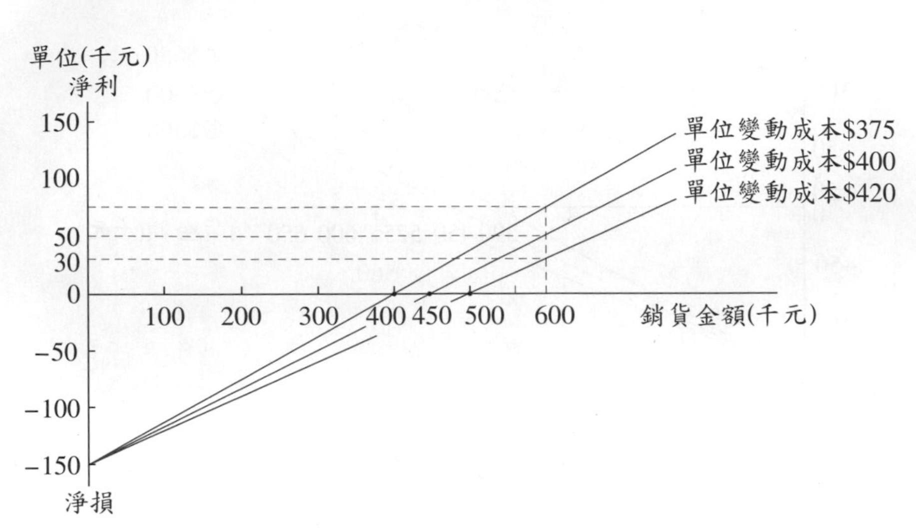

圖7.6 單位變動成本改變的利量圖

由7.5.1與7.5.2兩小節得知單位售價或單位變動成本的改變會影響單位邊際貢獻的金額，同時也改變了利量率。因此在圖7.5與圖7.6中，三條淨利線的斜率不同；單位邊際貢獻愈大，則斜率愈大，而在同一銷貨水準下，單位邊際貢獻愈大所產生的利潤愈大。

7.5.3 固定成本的改變

固定成本的改變亦會對損益發生影響，但其影響金額並不因銷貨水準不同而有所不同。假設長城公司預估91年的固定成本金額，可能為$130,000、$150,000或$170,000，可由表7.3及圖7.7看出此三種不同金額的固定成本對利潤及損益平衡點的影響。

表7.3　長城公司損益表——固定成本改變

	固定成本 $ 130,000	固定成本 $ 150,000	固定成本 $ 170,000
銷貨收入	$ 600,000	$ 600,000	$ 600,000
變動成本	(400,000)	(400,000)	(400,000)
邊際貢獻	$ 200,000	$ 200,000	$ 200,000
固定成本	(130,000)	(150,000)	(170,000)
利　潤	$ 70,000	$ 50,000	$ 30,000
損益平衡點的銷貨金額	$390,000	$450,000	$510,000

固定成本的改變，並不影響邊際貢獻，亦即利量率不會改變，因此可由利量圖中（圖7.7）得知，固定成本的改變使淨利線平行的移動。當固定成本增加，淨利線往下移；當固定成本減少，則淨利線往上移。

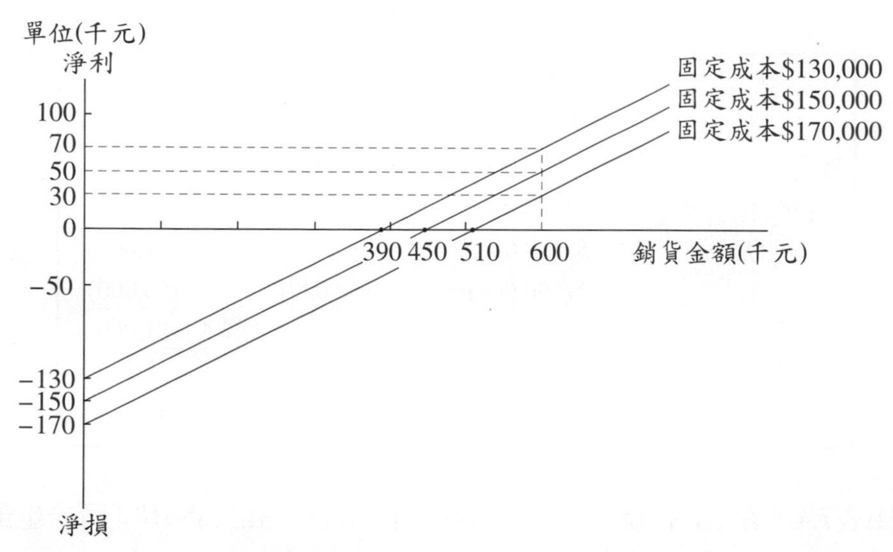

圖7.7　固定成本變動的利量圖

此外，固定成本增加使得損益平衡點銷貨金額上升；反之，固定成本減少，損益平衡點銷貨金額下降。

7.5.4 單位售價與銷售數量同時改變

由7.5.1、7.5.2及7.5.3三小節所介紹的敏感度分析，係假設成本一數量一利潤分析中，僅某一項變數的改變，其他變數不會受到影響。但有時該分析中各變數之關係並非獨立的，亦即某一項變數的改變會影響另一變數。最常見的情形是單位售價與銷貨數量間的關係，通常單位售價提高，銷貨數量會下降；單位售價降低，銷貨數量會增加。此時，亦可運用敏感度分析，來分析不同的量價關係對利潤的影響。仍以長城公司之釋例來一一說明如下：

假設長城公司管理當局認為91年若將自行車單位售價定為$580、$600和$610，預計銷貨數量分別為1,100輛、1,000輛與960輛，而單位變動成本與固定成本並不受影響，此時公司應採何種訂價使公司利潤最大？將上述三種情況所產生的利潤列示於表7.4：

表7.4 長城公司損益表

	單位售價$580 銷貨數量1,100	單位售價$600 銷貨數量1,000	單位售價$610 銷貨數量960
銷貨收入	$ 638,000	$ 600,000	$ 585,600
變動成本	(440,000)	(400,000)	(384,000)
邊際貢獻	$ 198,000	$ 200,000	$ 201,600
固定成本	(150,000)	(150,000)	(150,000)
利　潤	$ 48,000	$ 50,000	$ 51,600
損益平衡點的銷貨金額	$ 483,333	$ 450,000	$ 435,714

由表7.4可看出，長城公司應將自行車的單位價格訂為$610，可產生最大的利潤，此時雖然單位售價提高導致銷售量減少，然而因銷售量減少而導致的損失$8,000 (=$200×40)，小於因價格提高產生的利潤$9,600 (=$10×960)，因此利潤提高了$1,600。在某些情況下，降低價格增加銷售量可能為企業帶來較大的利潤。究竟何種的價量關係對企業最為有利，需視產品的需求彈性而定，而敏感度分析可幫助企業獲致答案。

另一種常見的情況是單位變動成本與固定成本的相互影響。企業可增加固定成本的支出，例如購買自動化設備，以減少人工成本等變動成本的支出，將在7.7節「成本結構與營運槓桿」一節中，做更深入的探討。

7.6　多種產品的成本—數量—利潤分析

前面所討論的成本—數量—利潤分析係假設企業僅生產單一產品，然而此一簡化的假設與實際的情形不太相符。當企業有多種產品時，前面所介紹的觀念仍可適用，但必須考慮銷售組合(Sales Mix)的問題。所謂銷售組合係指總銷貨數量（或銷貨金額）中，各項產品所佔的比例不同。例如某公司生產甲、乙兩種產品，甲產品的單位售價為$100，乙產品為$200。假設90年該公司銷售甲產品40個，乙產品60個，則該公司的產品組合，以銷貨數量表示，甲與乙之比例為2:3；以銷貨金額表示，甲與乙之比例為1:3。多種產品的成本—數量—利潤分析，須在某一特定的產品組合比例下進行分析，茲以建華公司來說明如下：

建華公司為一運動鞋製造商，生產球鞋與慢跑鞋兩種產品，其資料如下：

	球　鞋	慢跑鞋
單位售價	$　300	$　200
單位變動成本	(200)	(150)
單位邊際貢獻	$　100	$　50

建華公司每月的固定成本為$84,000，預計91年1月可銷售2,100雙女運動鞋（包括球鞋與慢跑鞋），其銷貨數量組合，球鞋與慢跑鞋之比為2:3。試問在此情形下，建華公司的損益平衡點銷貨數量為何？又91年1月的預計損益金額是多少？

本例可以邊際貢獻法，求得建華公司損益平衡點的銷售數量，然而由於該公司產品項目不只一種，必須按其產品組合比例計算每銷售一單位產品所產生的加權平均單位邊際貢獻，其計算如下：

	球　鞋	慢跑鞋
單位售價	$ 300	$ 200
單位變動成本	(200)	(150)
單位邊際貢獻	$ 100	$ 50
產品組合比例	2 :	3

加權平均單位邊際貢獻 $=\$100\times\frac{2}{5}+\$50\times\frac{3}{5}=\$70$

接著再將固定成本除以加權平均單位邊際貢獻，即可得出損益平衡點之銷貨數量，亦即：

$$\text{損益平衡點的銷貨數量}=\frac{\text{固定成本}}{\text{加權平均單位邊際貢獻}}$$

$$=\$84,000\div\$70=1,200\text{（雙）}$$

此1,200雙鞋包含了球鞋與慢跑鞋，再按計算損益平衡時之產品組合比例，來計算球鞋與慢跑鞋個別的銷售數量，其算式如下：

$$\text{球　鞋}=1,200\times\frac{2}{5}=480\text{（雙）}$$

$$\text{慢跑鞋}=1,200\times\frac{3}{5}=720\text{（雙）}$$

將上述答案驗算，代入下列的損益表，即可得知其結果。

	球　鞋	慢跑鞋	合　計
銷售數量	480（雙）	720（雙）	1,200（雙）
銷售收入	$144,000	$ 144,000	$ 288,000
變動成本	(96,000)	(108,000)	(204,000)
邊際貢獻	$ 48,000	$ 36,000	$ 84,000
固定成本			(84,000)
淨　利			$ 0

如果建華公司預計91年運動鞋的總銷售量為2,100雙，產品組合比例為

2:3，其估計的損益情形如下：

	球　鞋	慢跑鞋	合　計
銷售數量	840（雙）	1,260（雙）	2,100（雙）
銷售收入	$ 252,000	$ 252,000	$ 504,000
變動成本	(168,000)	(189,000)	(357,000)
邊際貢獻	$ 84,000	$ 63,000	$ 147,000
固定成本			(84,000)
淨　利			$ 63,000

多種產品的成本—數量—利潤分析，在產品組合比例不同時，其損益平衡點的銷貨數量（金額）與損益金額皆有所改變。以建華公司為例，假設球鞋與慢跑鞋的產品數量組合比例分別為2:3、1:1與3:2時，則可由表7.5與7.6分別說明其損益平衡點之銷售數量，及在銷售水準為2,100單位時之損益金額。

表7.5　建華公司的產品組合損益平衡分析

銷貨組合比例		2:3	1:1	3:2
加權平均單位邊際貢獻		$70	$75	$80
損益平衡銷售數量	總數量	1,200	1,120	1,050
	球　鞋	480	560	630
	慢跑鞋	720	560	420

表7.6 建華公司的產品組合利潤分析 (單位千元)

	球　鞋	慢跑鞋	合　計	球　鞋	慢跑鞋	合　計	球　鞋	慢跑鞋	合　計
產品組合	2	: 3		1	: 1		3	: 2	
銷貨數量	840	1,260	2,100	1,050	1,050	2,100	1,260	840	2,100
銷貨收入	$ 252	$ 252	$ 504	$ 315	$ 210.0	$ 525.0	$ 378	$ 168	$ 546
變動成本	(168)	(189)	(357)	(210)	(157.5)	(367.5)	(252)	(126)	(378)
邊際貢獻	$ 84	$ 63	$ 147	$ 105	$ 52.5	$ 157.5	$ 126	$ 42	$ 168
固定成本			(84)			(84)			(84)
淨　利			$ 63			$ 73.5			$ 84

由表7.5與7.6可看出，在各種產品組合中，單位邊際貢獻愈高的產品所佔的比重增加，則每一產品組合的加權平均單位邊際貢獻愈高，損益平衡點的銷售數量愈少，並且在同一銷貨數量水準下，其所產生的利潤愈高。

7.7 成本結構與營運槓桿

本章7.5.4節中曾討論管理當局在擬定訂價策略時，如何運用成本—數量—利潤分析。同樣地，企業管理當局亦可運用此分析工具來制定生產策略。不同的生產策略形成不同的成本結構，藉此瞭解不同成本結構對利潤的影響，有助於生產決策的制定。營運槓桿為測度成本結構的指標，該指標可使管理當局瞭解在某一特定銷售水準下，成本結構對利潤的影響。

7.7.1 成本結構

所謂成本結構(Cost Structure)是指總成本中固定成本與變動成本所佔的相對比重。影響成本結構的因素很多，產業別是主要的原因之一，例如高科技工業，大多為資本密集工業，其固定成本所佔的比重較高；紡織及製鞋業等多為勞力密集工業，其變動成本所佔的比重較高。然而就屬於同一種產業的不同廠商而言，其成本結構亦不盡相同，有些廠商採自動化程度較高的設備從事生產，有些則使用較傳統的生產設備，不同的生產方式亦會影響成本結構。究竟何種成本結構對企業最為有利，此一問題需視不同的情況而定。通常，生產相同產品的兩種不同成本結構，於某一特定銷售水準下，此二者的利潤相同，該特定的銷售水準即所謂的「無差異銷售點」(Indifference Point)。當銷售金額大於無差異銷售點時，變動成本所佔的比例較小之成本結構所產生的利潤較高。反之，銷售金額小於無差異銷售點時，變動成本所佔的比例較小之成本結構所產生的利潤則較低。茲以下例說明：

假設東亞玩具公司有A、B兩部門皆生產同一種玩具，A部門為傳統製造單位，B部門採用自動化生產設備。該玩具的單位售價為$20。A、B兩部門的成本結構不同，A部門的單位變動成本為$16，固定成本為每月$10,000元；B部門的單位變動成本$10，固定成本為每月$28,000，請回答下列問題：

⑴A、B兩部門的損益平衡點銷貨數量各為多少?

⑵當銷貨數量為多少時，A、B兩部門的損益相同?

⑶當銷售數量為2,900與3,100單位時，A、B兩部門的損益各是多少?

A部門的損益平衡點銷貨數量= $10,000÷($20−$16)=2,500（單位）
B部門的損益平衡點銷貨數量= $28,000÷($20−$10)=2,800（單位）

其次，計算A、B兩部門損益金額相同的銷貨數量，假設該數量為X單位，則可由成本—數量—利潤方程式，得到以下的等式：

$$(\$20 - \$16) \times X - \$10,000 = (\$20 - \$10) \times X - \$28,000$$

解　X=3,000（單位）

也就是說當銷售數量為3,000單位時， 無論此數量完全由A部門生產或B部門生產，對東亞玩具公司的損益都沒差異，也就是所謂的「無差異銷售點」。最後，當銷貨數量為2,900及3,100單位時，分別完全由A、B兩部門生產的損益金額列於表7.7。

表7.7 東亞公司損益表

	銷售數量=2,900單位		銷售數量=3,100單位	
	A部門	B部門	A部門	B部門
銷貨收入	$ 58,000	$ 58,000	$ 62,000	$ 62,000
變動成本	(46,400)	(29,000)	(49,600)	(31,000)
邊際貢獻	$ 11,600	$ 29,000	$ 12,400	$ 31,000
固定成本	(10,000)	(28,000)	(10,000)	(28,000)
損　益	$ 1,600	$ 1,000	$ 2,400	$ 3,000

由東亞公司的例子中，可瞭解不同的成本結構對企業損益的影響，在銷貨數量為3,000單位時，A、B兩公司的損益相同；當銷貨數量為2,900單位時，A部門之利潤大於B部門；當銷貨數量為3,100單位時，B部門的利潤大於A部門。由此可見，產品銷售量較大時，企業採用自動化生產，所得的利潤較高。此情形可由圖7.8的利量圖得知。

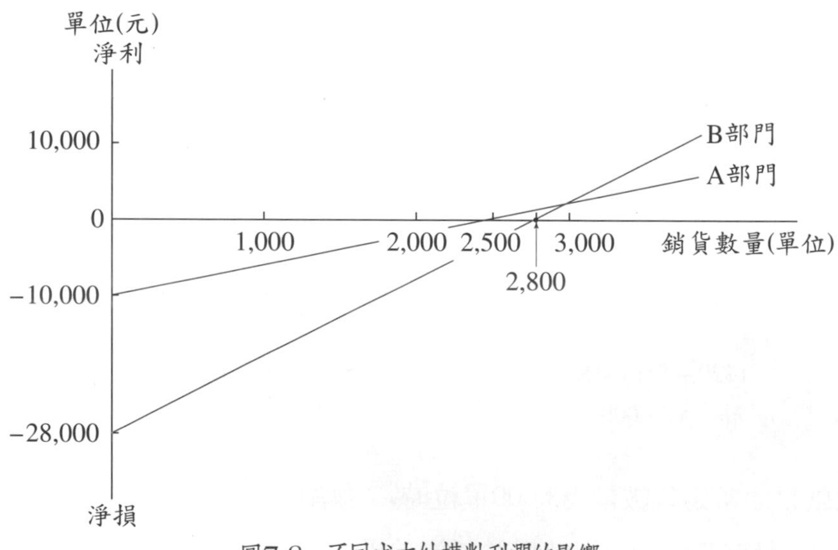

圖7.8 不同成本結構對利潤的影響

在圖7.8中，當銷貨數量超過某一水準時（本例為3,000單位），成本結構中變動成本較低的公司（如同本例中B部門），由於每多銷售一單位所產生的邊際貢獻，大於成本結構中變動成本較高的公司（如同本例中A部門），因此其利潤較高。反之，當銷貨數量低於該水準時，成本結構中變動成本較高的公司，由於每減少銷售一單位所減少之邊際貢獻亦較少，因此其利潤較成本結構中變動成本低的公司為高。由此看來，管理當局對銷貨水準的預期，亦是影響成本結構的因素。此外，管理當局對風險的偏好，也會影響成本結構，通常高固定成本和低變動成本的成本結構，其風險性較高。

7.7.2　營運槓桿

衡量企業組織使用固定資產的程度，稱為營運槓桿(Operating Leverage)。所謂營運槓桿係數(Operating Leverage Factor)係指在某一銷貨水準下，邊際貢獻與淨利之比例，其公式如下：

$$營運槓桿 = \frac{邊際貢獻}{淨利}$$

營運槓桿最主要的目的在衡量企業成本結構中，固定成本運用的程度，以東亞公司為例，在銷貨額為$60,000（3,000單位）時，A、B兩部門的淨利相同，但其營運槓桿卻不同（見表7.8）。

表7.8　東亞公司營運槓桿分析

	A部門	B部門
銷貨收入	$ 60,000	$ 60,000
變動成本	(48,000)	(30,000)
邊際貢獻	$ 12,000	$ 30,000
固定成本	(10,000)	(28,000)
淨　利	$ 2,000	$ 2,000
營運槓桿係數	$\frac{\$12,000}{\$2,000}=6$	$\frac{\$30,000}{\$2,000}=15$

在銷貨水準為$60,000時，A部門的營運槓桿係數為6，B部門為15。對A部門而言，在銷貨水準為$60,000時，每增或減1%的銷貨收入將造成6%的淨

利增加或減少，例如A部門銷貨收入增加20%，即$12,000 (=$60,000×20%)，則淨利將增加120%，亦即$2,400(=$2,000×120%)；同樣的，對B部門而言，在銷貨水準為$60,000時，每增或減1%的銷貨收入，將造成15%的淨利增或減，例如B部門銷貨收入增加20%，即$12,000(=$60,000×20%)，則淨利將增加300%，即$6,000 (=$2,000×300%)。

此外，在不同的銷貨水準，其營運槓桿係數亦不相同。以東亞公司中A部門為例，表7.9列示在不同銷貨水準的營運槓桿係數。

表7.9 東亞公司A部門的營運槓桿係數分析

銷貨水準	1,500 單位	2,000單位	2,500單位	3,000單位	3,500單位
銷貨收入	$ 30,000	$ 40,000	$ 50,000	$ 60,000	$ 70,000
變動成本	(24,000)	(32,000)	(40,000)	(48,000)	(56,000)
邊際貢獻	$ 6,000	$ 8,000	$ 10,000	$ 12,000	$ 14,000
固定成本	(10,000)	(10,000)	(10,000)	(10,000)	(10,000)
淨 利	$ (4,000)	$ (2,000)	$ 0	$ 2,000	$ 4,000
營運槓桿係數	−1.5	−4	−	6	3.5

由表7.9可看出在銷貨水準愈接近損益平衡點時，營運槓桿係數的絕對值愈大。

7.8 成本—數量—利潤的假設

成本—數量—利潤分析，是由真實世界的情形加以簡化而來的模式，因此該分析必須在有關的假設性條件皆成立時才有效，所以在運用此模式時，需瞭解這些假設(Assumptions)。當實際情形與這些假設有較大的不同時，必須修正此模式，以避免造成錯誤的決策。基本上，成本—數量—利潤分析模式主要的假設有以下幾項：

(1)銷貨數量是影響銷貨收入與變動成本的唯一因素，且在攸關範圍(Relevant Range)內，銷貨收入和變動成本與銷貨數量呈線性關係。

(2)企業所發生的成本可區分為變動及固定兩部分。

⑶固定成本在攸關範圍內總數維持不變，亦即成本－數量－利潤分析係在某一特定產能水準下進行分析。

⑷銷貨的產品組合比例不變。

⑸本期生產數量等於本期銷售數量，亦即無存貨或存貨水準不變。

範例

興民公司計畫生產一種新型充電器，該產品單位售價$100，單位變動成本$40，每年固定成本為$360,000。試依上述資料回答下列問題（每個問題間彼此獨立）。

⑴興民公司每年應生產多少個充電器，方可達成損益平衡?

⑵興民公司每年應生產多少個充電器，方可達成$120,000的稅前淨利?

⑶在稅率為25%時，興民公司每年應生產多少個充電器，方可達成$67,500的稅後淨利?

⑷假設興民公司預計每年可銷售10,000個充電器，試計算安全邊際銷售金額及安全邊際率。

⑸其他條件不變，若單位售價增加20%，其損益平衡點的銷售金額為何?

⑹其他條件不變，若單位變動成本增加25%，其損益平衡點的銷售金額為何?

⑺其他條件不變，若固定成本減少20%，其損益平衡點的銷售金額為何?

⑻假設管理當局預測，若單位售價訂為$100，預計可銷售10,000個充電器，若單位售價訂為$90，預計可銷售11,000個，則公司應採何種訂價方案最為有利?

解答:

⑴假設生產Q單位可達成損益平衡，則

($100 − $40) × Q − $360,000 = 0
或Q = $360,000 ÷ ($100−$40)
Q=6,000（個）

⑵假設生產Q單位可達成$120,000的稅前淨利，則

($100 − $40) × Q − $360,000 = $120,000
或Q = ($360,000 + $120,000) ÷ ($100−$40)
Q=8,000（個）

⑶假設生產Q單位可達成$67,500的稅後淨利，則

$(\$100 - \$40) \times Q - \$360,000 = \$67,500 \div (1 - 25\%)$

或$Q = [\$360,000 + \$675,000 \div (1 - 25\%)] \div (\$100 - \$40)$

Q=7,500（個）

⑷安全邊際銷售金額

$\$100 \times (10,000 - 6,000) = \$400,000$

安全邊際率$= \$400,000 \div \$1,000,000 = 40\%$

⑸假設生產Q單位可達成損益平衡，則

$(\$100 \times 120\% - \$40) \times Q - \$360,000 = 0$

$Q = 4,500$（個）

$\$100 \times 120\% \times \$4,500 = \$540,000$

或 $Q = \$360,000 \div (\$120 - \$40) = 4,500$（個）

$\$100 \times 120\% \times 4,500 = \$540,000$

⑹假設生產Q單位可達成損益平衡，則

$(\$100 - \$40 \times 125\%) \times Q - \$360,000 = 0$

$Q = 7,200$（個）

$\$100 \times 7,200 = \$720,000$

或$Q = \$360,000 \div (\$100 - \$40 \times 125\%) = 7,200$（個）

$\$100 \times 7,200 = \$720,000$

⑺假設生產Q單位可達成損益平衡，則

$(\$100 - \$40) \times Q - \$360,000 \times (1 - 20\%) = 0$

$Q = 4,800$（個）

$\$100 \times 4,800 = \$480,000$

或$Q = \$360,000 \times 80\% \div (\$100 - \$40) = 4,800$（個）

$\$100 \times 4,800 = \$480,000$

(8)單位售價訂為$100的利潤為

$$(\$100 - \$40) \times 10{,}000 - \$360{,}000 = \$240{,}000$$

單位售價訂為$90的利潤為

$$(\$90 - \$40) \times 11{,}000 - \$360{,}000 = \$190{,}000$$

因此公司應將單位售價訂為$100

本章彙總

成本—數量—利潤分析乃成本習性分析的進一步運用。管理當局可藉由成本—數量—利潤分析對整個決策與規劃過程作一通盤的瞭解。損益平衡分析為成本—數量—利潤分析中利潤為零的狀況，管理當局常以此作為分析的起點。運用方程式法、邊際貢獻法及圖解法可求得損益平衡時及特定的目標利潤下，企業應達成的銷售數量或金額。成本—數量—利潤圖及利量圖為兩種以不同方式表現各種銷售水準與利潤關係的圖形。安全邊際表示預計或實際的銷售金額或數量超過損益平衡點的部分。藉由敏感度分析可瞭解單位售價、單位變動成本、固定成本、銷售數量或銷售組合等，一個或多個變數改變時對利潤的影響。

成本結構係指一組織總成本中，固定成本與變動成本所佔的相對比例，變動成本所佔的比例較低者，在銷售水準超過無差異銷售點時，所產生的利潤較高；反之，在銷售水準低於無差異銷售點時，所產生的利潤較低。因此，究竟何種成本結構對企業最為有利，需視情形而定。營運槓桿係數係指在某一銷貨水準下，邊際貢獻與淨利的相對比例，其主要的目的在衡量成本結構中，固定成本運用的程度。成本—數量—利潤分析雖為一極有用的分析工具，然而在運用此分析時，必須瞭解其隱含的諸多假設，當實際情形與這些假設有較大的差異時，需修正此模式，以避免造成錯誤的模式。

關鍵詞

損益平衡點(Break-Even-Point)：

總收入等於總成本時的銷售數量或金額；利潤為零的銷售數量或金額。

損益平衡分析(Break-Even-Point Analysis)：

假設利潤為零的情形下，分析成本—數量—利潤的關係。

邊際貢獻法(Contribution Margin Approach)：

利用邊際貢獻求算損益平衡時或特定目標利潤下應有的銷售數量或金額。

邊際貢獻率(Contribution Margin Ratio)：

又稱利量率，單位邊際貢獻除以單位售價所得出的百分比。

成本結構(Cost Structure)：

一組織的總成本中，固定成本與變動成本所佔的相對比例。

成本—數量—利潤分析(Cost-Volume-Profit Analysis)：

分析不同銷貨水準下成本與利潤之間關係的一種研究方法。

成本—數量—利潤分析圖(Cost-Volume-Profit Chart)：

描繪不同銷貨水準下，銷貨收入與成本間關係的圖形。

方程式法(Equation Approach)：

以下列方程式求算損益平衡時或特定目標利潤下之銷售金額或數量。

(單位售價−單位變動成本)×銷售數量−固定成本=利潤

無差異銷售點(Indifference Point)：

製造相同產品的兩種不同成本結構而有相同利潤的銷貨水準。

營運槓桿係數(Operating Leverage Factor)：

某一銷貨水準下，邊際貢獻與淨利的相對比例，其公式如下：

$$營運槓桿係數=\frac{邊際貢獻}{淨利}$$

利量圖(Profit-Volume Chart)：

描繪不同銷售數量或金額與利潤間關係的圖形。

利量率(Profit-Volume Ratio; P/V Ratio)：

又稱邊際貢獻率；單位邊際貢獻除以單位售價所得出的百分比。

攸關範圍(Relevant Range)：

與制定決策有關的分析範圍。

安全邊際(Safety Margin)：

實際或預計的銷售數量或金額超過損益平衡點的銷售數量或金額的部分。

安全邊際率(Safety Margin Ratio)：

某一特定銷售水準下，安全邊際除以總銷貨收入所得出的百分比。

銷售組合(Sales Mix)：

總銷售數量或金額中，各項產品所佔的相對比重。

敏感度分析(Sensitivity Analysis)：

研究成本－數量－利潤分析模型中，一個或多個變數的改變對利潤的影響的一種分析方法。

目標利潤(Target Profit)：

企業所欲達成的特定利潤水準。

單位邊際貢獻(Unit Contribution Margin)：

單位售價減單位變動成本；每銷售一單位所產生的邊際貢獻。

作業

一、選擇題

1. 適用於成本－數量－利潤分析的損益表，通常包括哪個項目？
   A.邊際貢獻。
   B.損益平衡單位銷售。
   C.損益平衡金額銷售。
   D.目標淨利。
2. 公司一般較偏愛高水準的營業槓桿，它代表的意義是：
   A.較少數量，且每單位有較高的固定費用和較低的變動費用。
   B.較多數量，且每單位有較高的固定費用和較低的變動費用。
   C.較少數量，且每單位有較低的固定費用和較高的變動費用。
   D.較多數量，且每單位有較低的固定費用和較高的變動費用。
3. 在基本的成本－數量－利潤分析方程式中，不需要下列哪一項變數？
   A.單位售價。
   B.單位變動費用。
   C.總固定費用。
   D.銷貨收入。
4. 在方程式$Q=\frac{F}{P-V}$中，如果每次只更改一個變數，則下列哪一種情形正確？
   A.當F增加時，Q會減少。
   B.當P增加時，Q會增加。
   C.當V增加時，Q會增加。
   D.當V增加時，Q會減少。
5. 下列各項有關於損益平衡分析的敘述，除了何者以外，其他都正確？
   A.固定成本改變，將會改變損益平衡點，但不會影響邊際貢獻。
   B.同時改變固定與變動成本，將會造成損益平衡點的變動。
   C.固定成本的改變，將會改變邊際貢獻，但不會影響損益平衡點。

D.每單位變動成本的改變，將會改變邊際貢獻率。

6.關於「安全邊際」，何者是會計人員必須謹記在心的？

A.銷貨收入超過變動成本的部分。

B.預算或實際銷貨收入超過固定成本的部分。

C.實際或預算銷貨量超過損益平衡銷貨量的部分。

D.以上皆非。

二、問答題

1.何謂損益平衡點分析？

2.試列出公式並舉例說明計算損益平衡點的三種方法，即方程式法、邊際貢獻法及圖解法。

3.何謂目標利潤？

4.試以方程式法與邊際貢獻法列出公式，說明稅前目標利潤與稅後目標利潤。

5.試比較利量圖與成本—數量—利潤圖的優缺點。

6.何謂安全邊際？試列出安全邊際的公式。

7.試舉例說明當單位售價改變，而其他條件不變時，損益平衡點之敏感度分析。

8.試舉例說明當單位售價與銷售數量同時改變，而其他條件不變時，損益平衡點之敏感度分析。

9.何謂成本結構？無差異銷售點的意義又為何？

10.說明營運槓桿的定義及主要目的。

11.試述營運槓桿係數所代表的意義。

12.成本—數量—利潤分析模式主要的假設為何？

第8章

全部成本法與直接成本法

學習目標:

- 瞭解全部成本法與直接成本法的意義
- 敘述兩法之下損益表的編製和損益比較
- 分析存貨變動對損益的影響
- 討論損益平衡分析
- 評估全部成本法和直接成本法的優缺點
- 編製作業基礎成本法下的損益表

前　言

損益表上的營業損益常被用來評估企業的單位和整體的績效。在成本累積方式和損益表格式方面，有二種不同的方法可採用，一為全部成本法，另一為直接成本法。兩種方法的差異，主要來自於固定製造費用的會計處理。在全部成本法下，固定製造費用當作產品成本；在直接成本法下，固定製造費用則當作期間成本。另外在損益表編製方面，全部成本法損益表為傳統式損益表；直接成本法損益表為貢獻式損益表，前者符合財務報表編製準則，後者有助於管理者績效評估。

在設計會計制度時，管理人員及會計人員必須謹慎選擇一種衡量產品成本的方法。此種方法之選擇將會對當年的損益數字，產生重大影響。本章即在探討兩種產品成本的計價方法，解釋其意義，並加以分析比較其對損益之影響。

8.1　全部成本法與直接成本法的介紹

產品成本的計算方法可採用一般公認會計準則所認定的全部成本法(Full Costing)，也稱為吸納成本法(Absorption Costing)；另一種方法為直接成本法(Direct Costing)，也可稱為變動成本法(Variable Costing)。這兩種方法的主要不同點在於成本累積方法和損益表的編製方式，在本節中首先介紹全部成本法和直接成本法的意義。

8.1.1　全部成本法

全部成本法的由來是因為產品成本的計算包括全部的製造成本，由直接原料成本、直接人工成本、變動製造費用和固定製造費用四項要素所組成。其中前三項成本屬於變動成本，會隨著產量的增加而成正比例變化，在產品未出售之前稱為存貨成本，在產品出售之後則稱為銷貨成本。這三種變動成本在生產停頓時則不會發生，可說是與生產活動有直接的關係。反觀固定製造費用的成本習性，無論生產水準為何，每段期間的固定製造費用自然產生。在全部成本法下，固定製造費用當作產品成本的組成元素之一。

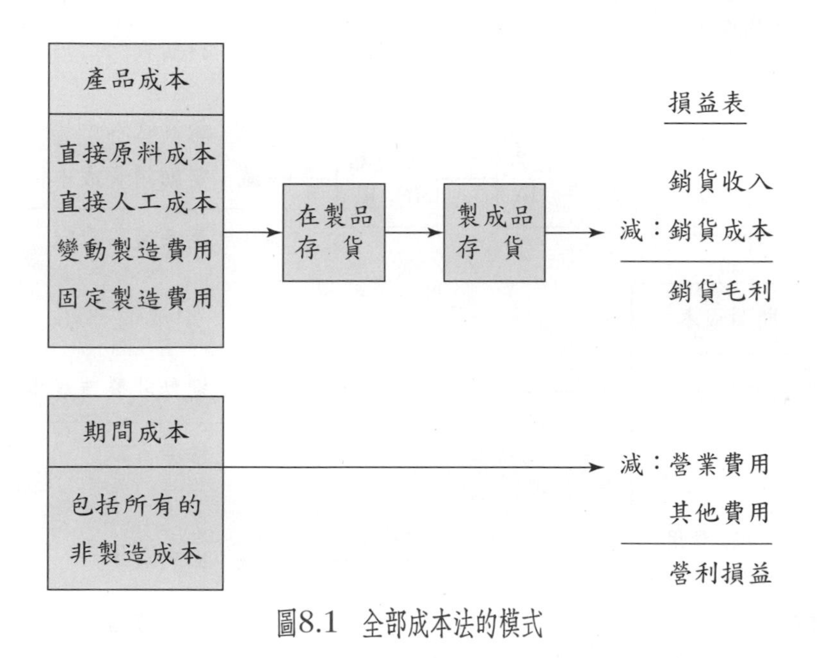

圖8.1　全部成本法的模式

在圖8.1中，顯示出全部成本法的成本累積和報表編製模式。產品成本包括上段所敘述的四個要素，期間成本則為非製造成本。產品成本待產品銷售以後，在損益表上則為銷貨成本。全部成本法下的損益表格式為銷貨收入減銷貨成本得到銷貨毛利，再減去營業費用，即成為稅前淨利。在圖8.1中，產品成本內包括了變動成本和固定成本兩類，全都與產品製造有關。如同本書第2章所述，期間成本是指與產品製造無關的成本，一般常指銷售費用和管理費用；其中銷售費用可能有一部分為變動成本，例如銷售佣金會隨著銷售數量而成正比例變化。

8.1.2 直接成本法

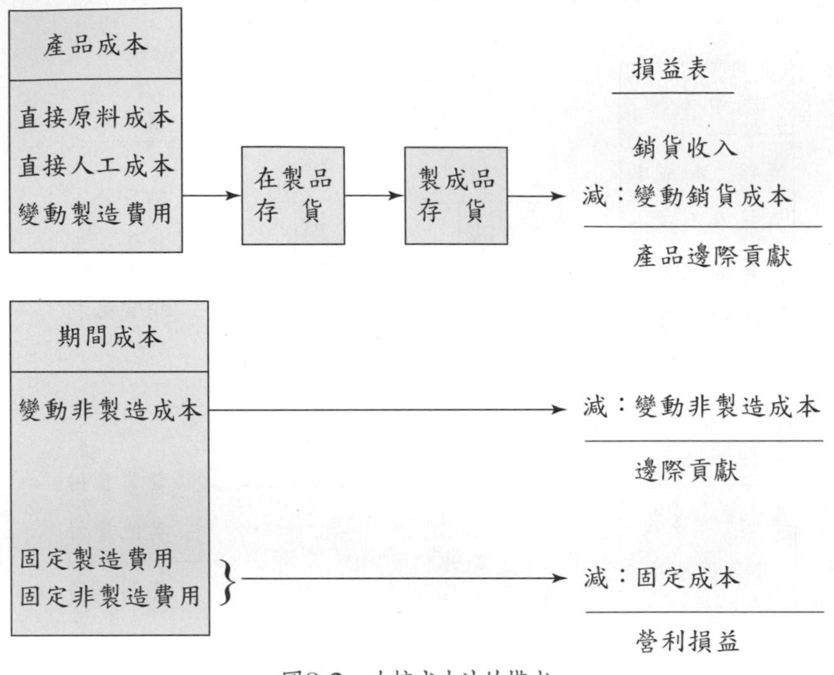

圖8.2 直接成本法的模式

由圖8.2可明確得知，在直接成本法下，產品成本只包括直接原料成本、直接人工成本和變動製造費用三種，可說是變動製造成本。這類成本的增減，與生產數量成正比方向變化。至於固定製造費用因與生產量無直接關係，被列為期間成本的一部分，此點是與全部成本法的處理方式不同。

在直接成本法下，損益表的編製方式是依成本習性來排列，銷貨收入減銷貨成本，此部分的銷貨成本應該是屬於變動的銷貨成本，結果得到產品邊際貢獻。接著再減去期間成本內的變動非製造成本，即得到邊際貢獻，也可說是對固定成本和利潤的貢獻。如果邊際貢獻大於固定成本即產生利潤的情況，反之則為損失的產生。直接成本法下的損益表，也可稱為貢獻式的損益表(Contribution Income Statement)。

由上二小節可看出，全部成本法與直接成本法的主要差異，乃在於兩種方法對固定製造費用的處理不同。全部成本法主張所有的製造費用，不論其為固定或變動成本，皆列入產品成本計算中，因其認為固定製造費用是製造產品的必要支出；然而，在直接成本法下，認為即使沒有發生生產活動，固定製造費用都會發生，因此認為固定製造費用是一種隨時間經過而發生的期間成本，沒有任何的未來經濟效益，所以不應將其列為存貨成本。表8.1將二法之下成本的歸類，做一彙總。

表8.1　全部成本法與直接成本法的成本歸類

成本類別	全部成本法	直接成本法
直接原料成本	產品成本	產品成本
直接人工成本	產品成本	產品成本
變動製造費用	產品成本	產品成本
固定製造費用	產品成本	期間成本
變動銷售費用	期間成本	期間成本
固定銷售費用	期間成本	期間成本
變動管理費用	期間成本	期間成本
固定管理費用	期間成本	期間成本
利息費用	期間成本	期間成本

即使全部成本法與直接成本法有不少差異，但仍有三個相同點，即為：⑴兩種方法都採用相同的成本資料；⑵針對直接原料成本、直接人工成本和變動製造費用，在任何一種方法下，都屬於產品成本；⑶所有非製造成本都當作期間成本。

8.2　損益表的編製與損益比較

全部成本法與直接成本法由於對產品成本的計算不同，不僅會造成二法之下的存貨成本不同，更會導致損益表的編製格式及損益數字有所差異。本節即要探討這些差異。

8.2.1 全部成本法與直接成本法的損益表

為說明全部成本法與直接成本法之下，損益表的編製差異，茲以正偉公司為例。有關正偉公司的基本資料如表8.2所示，該公司採用標準成本法來計算產品成本，所有的差異都調整到銷貨成本，至於各項差異的解釋在本書第13和第14章中有詳細說明。

全部成本法下損益表的編製，與傳統的損益表相同，仍以銷貨毛利為重點。固定製造費用包含於銷貨成本中，而銷貨毛利乃是銷貨收入減除銷貨成本而得。表8.3乃是正偉公司在全部成本法下所編製的損益表，而表8.4則為編製損益表所需的標準製造成本表。

表8.2 正偉公司的基本資料

標準單位成本			
直接原料	$20		
直接人工	8		
製造費用			
變　動	32		
固　定	50	$110	
預算固定製造費用		$72,000	
生產單位數			
本期開始且完成單位數		1,800單位	
期初製成品存貨		50單位	
期末製成品存貨		150單位	
本期銷售量		1700單位	
差　異			
直接原料價格差異		$ (900)	F
直接原料數量差異		4,000	U
直接人工價格差異		5,850	U
直接人工效率差異		4,210	U
製造費用（三項差異分析）			
價格差異		120	U
效率差異		594	U
生產數量差異		5,040	U
總差異		$ 19,024	U

銷管費用（假設$40,000是固定成本）	$ 90,000
銷貨收入（$200 × 1,700）	$340,000

*所有差異皆計入銷貨成本科目，不須考慮所得稅。

表8.3　全部成本法下的損益表

正偉公司
損益表（全部成本法）
90年度

銷貨收入		$ 340,000
銷貨成本：		
期初存貨	$ 5,500	
加：標準製造成本（表8.4）	198,000	
不利差異總數	19,024	
可供銷貨商品	$222,524	
減：期末存貨標準成本	(16,500)	
銷貨成本		(206,024)
銷貨毛利		$ 133,976
減：銷管費用		(90,000)
營業淨利		$ 43,976

表8.4　全部成本法下的標準製造成本表

正偉公司
標準製造成本表（全部成本法）
90年度

投入生產標準成本：		
直接原料($20 × 1,800)		$ 36,000
直接人工($8 × 1,800)		14,400
製造費用：		
變動($32 × 1,800)	$57,600	
固定($50 × 1,800)	90,000	147,600
總投入生產的標準成本總數		$198,000

然而，在直接成本法下，固定的製造成本並沒有包括在銷貨成本中，其所編製的損益表乃屬於貢獻式的損益表。所謂的邊際貢獻(Contribution Margin)即是銷貨收入減除所有的變動成本而得。正偉公司以直接成本法所編製的損益表列示於表8.5，而表8.6則為標準製造成本表。

表8.5 直接成本法下的損益表

正偉公司 損益表（直接成本法） 90年度		
銷貨收入		$ 340,000
變動銷貨成本：		
期初存貨($60 × 50)	$ 3,000	
加：變動標準製造成本（表8.6）	108,000	
不利差異*	13,984	
可供銷貨商品	$124,984	
減：期末存貨標準成本($60 × 150)**	(9,000)	
變動銷貨成本	$115,984	
加：變動銷管費用***	50,000	
總變動成本		165,984
邊際貢獻		$ 174,016
減：預算固定製造費用	$ 95,040	
固定銷管費用	40,000	(135,040)
營業淨利		$ 38,976
* 不利差異		
總差異		$ 19,024
減：生產數量差異		(5,040)
不利差異		$ 13,984
** 期末標準存貨		
總標準單位成本		$ 110
減：標準固定製造費用單位成本		(50)
標準變動單位成本		$ 60
*** 銷管費用		
總金額		$ 90,000
減：固定費用		(40,000)
變動費用		$ 50,000

表8.6　直接成本法下的標準製造成本表

正偉公司 標準製造成本表（直接成本法） 90年度	
投入生產標準成本	
直接原料 ($20 × 1,800)	$ 36,000
直接人工 ($8 × 1,800)	14,400
變動製造費用($32 × 1,800)	57,600
總投入變動標準成本	$108,000

8.2.2　全部成本法與直接成本法的損益差異分析

在前述正偉公司的例子中，可發現兩種方法下所編製的損益表，有一些明顯的差異，分別敘述如下：

(1)在全部成本法下，所有的製造成本，不論是固定成本或變動成本，都由銷貨收入中減去，獲得銷貨毛利；在直接成本法下，所有的變動費用皆先從銷貨收入中扣除，以求得邊際貢獻。

(2)在全部成本法下，因有分攤的固定製造費用，所以就可能會有生產數量差異的發生；在直接成本法下，由於沒有將固定製造費用分攤至產品成本中，因此就沒有「生產數量差異」。

(3)由表8.3與表8.5可得知，正偉公司在兩種方法之下的營業淨利，其差異計算如下：

營業淨利：	
全部成本法	$43,976
直接成本法	38,976
淨利差異	$ 5,000

而這淨利差異可分析如下:

製成品存貨:	
期　初	50
期　末	150
增加的製成品存貨	(100)

淨利差異 = 總存貨變動量 × 固定製造費用分攤率

= 100 × $50

= $5,000

由上面的計算過程可看出，在全部成本法和直接成本法下的營業淨利不同，其差異主要是因為存貨變動的因素。如同正偉公司的例子，存貨增加100個單位，乘上固定製造費用分攤率$50，即可得到$5,000的淨利差異數。

8.3　存貨變化對損益的影響

在年度之間，期初存貨與期末存貨的數量比較，有三種可能的情況：(1)存貨量未增加；(2)存貨量增加；(3)存貨量減少。表8.7顯示出存貨增減對損益的影響，在90年度時，存貨沒有變化，所以兩種方法下所得的損益數應相同。在91年度時，有期末存貨200單位，也就是說存貨增加200單位。相反的，在92年度時，期初存貨200單位，期末存貨為零，表示存貨量減少200單位。下面的公式可用來解釋存貨變化對損益的影響:

表8.7 存貨變化對損益的影響

	90年度	91年度	92年度
期初存貨量	0	0	200
本期製造量	2,500	2,400	2,800
可供銷售量	2,500	2,400	3,000
本期銷貨量	2,500	2,200	3,000
期末存貨量	0	200	0
存貨增(減)量	0	200	(200)
(全部成本法:每單位成本$30)			
期初存貨成本	$ 0	$ 0	$ 6,000
本期製造成本	75,000	72,000	84,000
可供銷售成本	$75,000	$72,000	$90,000
銷貨成本	75,000	66,000	90,000
期末存貨成本	$ 0	$ 6,000	$ 0
(直接成本法:每單位成本$25)			
期初存貨成本	$ 0	$ 0	$ 5,000
本期製造成本	62,500	60,000	70,000
可供銷售成本	$62,500	$60,000	$75,000
銷貨成本	62,500	55,000	75,000
期末存貨成本	$ 0	$ 5,000	$ 0
損益增(減)額	$ 0	$ 1,000	($1,000)

年度	期末存貨量	−	期初存貨量	=	存貨增減量	×	固定製造費用分攤率	=	損益影響
90	0	−	0	=	0	×	$5	=	$0
91	200	−	0	=	200	×	$5	=	$1,000
92	0	−	200	=	(200)	×	$5	=	$(1,000)

在91年度時有期末存貨,部分當期固定製造費用隨著期末存貨遞延到下期,所以在全部成本法下的利潤會比直接成本法下的利潤高$1,000。相對的,在92年度沒有期末存貨並且將期初存貨200單位也出售,此時全部成本法下的利潤比直接成本法下的利潤低$1,000,其原因為全部成本法下的銷貨成本包括上期遞延過來的部分固定製造費用。

由上面的敘述可歸納出三種現象：⑴當生產量等於銷售量時，兩種成本法所得的損益相同；⑵當生產量多於銷售量時，全部成本法下的利潤較高；⑶當生產量少於銷售量時，直接成本法下的利潤較高。這些利潤差異數的由來，主要因為固定製造費用是當作產品成本或期間成本，而造成存貨成本差異，進而影響當期損益。

8.4 損益平衡分析

損益平衡點乃是企業衡量績效指標中，相當重要的一項，在第7章曾介紹過不少例子，本節即要介紹直接成本法與全部成本法之下，損益平衡點的運用。

在直接成本法下，由於營業利益是銷貨收入的函數，即銷貨收入增加，營業利益便增加，反之亦然。因此，在直接成本法下的損益平衡點只有一個，其計算公式為：

$$\text{損益平衡點（單位）} = \frac{\text{某段期間的總固定成本}}{\text{單位邊際貢獻}}$$

然而，在全部成本法下，由於營業利益乃是銷售數量及生產數量的共同函數，所以生產水準的改變，會影響損益，亦即損益平衡點將不是唯一的，其會隨著生產水準不同而不同。因此，損益平衡點的計算公式修正如下：

$$\text{損益平衡點（單位）} = \frac{\text{某段期間的總固定成本} + 〔\text{固定製造費用率} \times \text{（損益平衡點的銷售單位} - \text{生產單位數）}〕}{\text{單位邊際貢獻}}$$

茲舉一例來幫助說明。假設損益平衡點為BV，固定製造費用率為$2，總固定成本為$22,800，生產單位數1,800，單位邊際貢獻$12，則損益平衡點計算如下：

$$BV=\$22,800+\frac{\$2\times(BV-1,800)}{12}$$

$$BV=1,920$$（單位）

從上述的分析得知，損益平衡點的計算，在直接成本法較容易，因為由損益表上可得到所需的資料。然而，在全部成本法下，損益平衡點的計算過程較複雜，所需的資料無法從損益表上直接得到，需要另外一些補充資料，才可求出固定成本的總數。

8.5　全部成本法與直接成本法的評估

實務上，在衡量績效與分析成本時，大多採用貢獻法(Contribution Approach)，使得在內部管理上，有傾向採用直接成本法的趨勢。雖然如此，於成本計價上，全部成本法還是比直接成本法採用得更普遍。從不同的觀點來看，二者各有利弊，茲將其分述如下。

8.5.1　全部成本法的優點與缺點

全部成本法也就是傳統成本法，固定製造費用當作產品成本，為一般企業會計人員所熟悉的方法，其優缺點分別敘述如下：

全部成本法的優點：

⑴符合對外財務報導的要求及稅法的規定。

⑵無劃分固定與變動成本的困擾。

⑶就長期而言，將固定製造費用分攤至產品成本中，將有助於長期生產成本的衡量，利於長期訂價政策。

全部成本法的缺點：

⑴不符合彈性預算觀念。

⑵將固定成本武斷分攤，將使報告所表示的績效不明確。

⑶全部成本法較不能直接提供管理人員所需要的資料。

8.5.2 直接成本法的優點與缺點

從不同的角度來看，直接成本法有以下的優點及缺點。

直接成本法的優點：

⑴營運規劃：直接成本法與彈性預算、標準成本等成本控制方法相結合，有利於管理者作利潤規劃。

⑵利量分析或損益平衡分析：直接成本法的觀念與成本－數量－利潤分析相符合，使管理者易獲取分析損益平衡的資料。

⑶管理決策：直接成本法將變動與固定成本作一適當分類，有助於管理者瞭解與評估資料，進而幫助其判定決策。

⑷產品訂價：瞭解邊際貢獻的計算乃是銷售部門制定價格決策的首要步驟，而直接成本法恰能提供此一訊息。

⑸管理控制：直接成本法之報表較能反映出與當期利潤目標及預算的配合度，且其有助於組織單位責任的劃分。

直接成本法的缺點：

⑴外部報導：直接成本法最大的缺點，就是不符對外財務報導的要求及稅法之規定。

⑵將成本明確劃分為變動與固定成本，在實務上有其困難。

⑶就長期觀點而言，若存貨成本僅含變動生產成本，將會影響企業長期的利潤。

8.6 作業基礎成本法下的損益表

在傳統成本處理程序中，成本是採生產投入量或產出量作為分攤基礎。但是由於生產活動走向高度自動化，及國際性競爭活動的衝擊之下，企業經營者在極力尋找增加競爭力及提高產品品質的措施時，覺得傳統成本分攤方法必須加以修正，以符合環境之變化。同時，更需要有關生產規劃、製造、行銷、顧客服務等所耗用之確實成本資料，作為管理決策及產品決策的參考。

作業基礎成本法的觀念與制度，也就在此情況下廣受到企業界的認同與採用。

作業基礎成本法基本上是一種較切合現代製造環境的成本分攤及計算方法。簡言之，是將成本依其特性，歸屬至各項不同作業的成本庫，而後根據各項作業的性質分析成本產生之各項成本動因，如產品檢驗次數、生產訂單數及採購訂單數等，再依不同的成本動因分配至各成本標的(Cost Object)。而傳統成本法係將成本依數量基礎分攤至成本中心，再將成本中心所累積之成本，依不同的單一生產投入因素之數量，如人工小時、機器小時或原料成本等，分配給所有產出單位。

目前有些專家正在研究更能配合當前新成本結構之損益表的編列方式，如1992年9月Robin Cooper和Robert S. Kaplan所發表的損益表排列方式（見表

表8.8　作業基礎成本法下的損益表

香香公司
損益表
90年度

銷貨收入			$20,000
減：直接使用的資源費用：			
原　料	$7,600		
電費支出	600		
短期人工	900		9,100
邊際貢獻			$10,900
減：固定資源費用：	有附加價值	無附加價值	
固定直接人工	$1,400	$200	
機器運轉時間	3,200		
訂　貨	700	100	
存貨驗收	450	50	
產品製造	1,000	100	
顧客抱怨處理	700	200	
工程改變	800	100	
零件管理	750	50	
總固定資源費用	$9,000	$800	9,800
營業淨利			$ 1,100

8.8）為銷貨收入減去使用時才支付的直接成本等於邊際貢獻，再減去固定作業成本即得營業利益，其中將固定資源費用分為有附加價值和無附加價值兩部分。至於有附加價值成本與無附加價值成本的意義，在本書第1章中有明確的說明。

由表8.8上，管理者可以很明確的瞭解費用的支出對企業利潤的影響。要減少浪費，必須將無附加價值的成本降到最低，才容易達到效果。如果企業能把無附加價值的成本明確找出並加以控制，則有助於利潤的提昇。

範例

中正公司民國90年度的損益資料如下，試編製全部成本法與直接成本法下的損益表。

基本資料：

生產單位數：

期初存貨	8,000單位
本期生產	1,800單位
銷　售	6,000單位
期末存貨	3,800單位

其他資料：

每單位變動製造成本	$ 4
固定製造成本	$20,000
正常產能	$10,000
每單位固定製造成本	$ 2
固定行銷費用	$ 2,800
每單位變動行銷費用	$ 1
每單位銷售價格	$ 17

無期初及期末在製品存貨

解答：

(1)全部成本法

中正公司
損益表
90年度

銷貨收入		$102,000
銷貨成本：		
期初存貨	$48,000	
加：製造成本	10,800	
不利生產數量差異*	16,400	
可供銷售商品	$75,200	
減：期末存貨	22,800	
銷貨成本		52,400
銷貨毛利		$49,600
減：行銷費用		8,800
營業淨利		$40,800

*生產數量差異(10,000−1,800) × $2 = $16,400。

(2)直接成本法

中正公司
損益表
90年度

銷　貨		$102,000
變動銷貨成本：		
期初存貨	$32,000	
加：變動製造成本	7,200	
可供銷售商品	$39,200	
減：期末存貨	15,200	
變動銷貨成本	$24,000	
加：變動行銷費用	6,000	
總變動成本		30,000
邊際貢獻		$ 72,000
減：固定製造費用	$20,000	
固定行銷費用	2,800	22,800
營業淨利		$ 49,200

本章彙總

企業用來計算產品成本的方法有兩種，全部成本法和直接成本法。全部成本法下，產品成本包括全部製造成本，又稱為吸納成本法。直接成本法下，產品成本只指變動製造成本，又稱為變動成本法。全部成本法所計算出的產品成本，符合一般公認會計準則。直接成本法的損益表，較能評估企業單位和整體的績效。關於這二種方法的採用，可視企業的需求來選擇合適的產品計算方法。

當存貨發生變動時，全部成本法與直接成本法的損益數字將會有所不同，此差異的發生乃由於其對固定製造費用的處理不同。在直接成本法，只有與生產數量相關的變動製造成本才列入產品成本中，而在全部成本法下，則不論固定或變動製造成本，只要與生產有關，皆列入產品成本計算中。因此，存貨的增減變動，將使兩種方法下的損益發生如下的差異：(1)當存貨增加時，全部成本法下的營業利益較高；(2)當存貨減少時，則直接成本法下會產生較高的損益。

損益平衡分析的目的在於計算維持不損失的情況，需要有多少銷貨數量或金額，在第7章曾介紹過其基本意義與應用，在本章則討論損益平衡點在全部成本法和直接成本法下的計算方式。另外，本章還提出作業基礎成本法下的損益表，使企業管理者更能減少浪費，以提高利潤。

關鍵詞

作業基礎成本法(Activity-Based Costing)：

將成本依其特性，歸屬至各項不同作業的成本庫，然後根據各項作業的性質分析成本產生之各項成本動因，再依不同的成本動因分配至各成本標的。

直接成本法(Direct Costing)：

又稱變動成本法(Variable Costing)，係產品成本的計算，只包括直接原料成本、直接人工成本和變動製造費用三種，可說是變動製造成本。

全部成本法(Full Costing)：

又稱吸納成本法(Absorption Costing)，係產品成本的計算，包括全部的製造成本，由直接原料成本、直接人工成本、變動製造費用和固定製造費用四項要素所組成。

作業

一、選擇題

1. 全部成本法與直接成本法的主要差異，在於兩種方法對何種成本處置不同？
   A.直接原料成本。
   B.固定製造費用。
   C.直接人工成本。
   D.管理費用。
2. 全部成本法下的損益表與直接成本法下的損益表，除了哪個項目外，皆有不同的值？
   A.高估或低估製造費用。
   B.期初製成品存貨。
   C.淨利。
   D.銷貨收入。
3. 最適合管理人員使用成本－數量－利潤分析的產品成本法是：
   A.全部成本法。
   B.聯合成本法。
   C.直接成本法。
   D.分步成本法。
4. 下列敘述何者為非？
   A.在直接成本法下的損益平衡點只有一個。
   B.在直接成本法下，營業利益是銷貨收入的函數。
   C.在全部成本法下的損益平衡點只有一個。
   D.在全部成本法下，營業利益是銷售數量與生產數量的共同函數。
5. 下列何者不是直接成本法的缺點？
   A.產品訂價困難。
   B.不符合對外財務報導的要求及稅法之規定。

C.在實務上很難明確將成本劃分為變動與固定成本。

D.若存貨成本僅含變動生產成本，將傷害企業長期之利潤。

二、問答題

1. 說明全部成本法與直接成本法的意義。
2. 比較全部成本法與直接成本法的差異。
3. 試舉例簡單說明全部成本法與直接成本法下，損益表的不同。
4. 全部成本法與直接成本法，存貨計算有何不同?
5. 試列出全部成本法與直接成本法下的損益平衡點的計算公式，並說明其差異處。
6. 試述直接成本法的優缺點。
7. 說明全部成本法的優缺點。
8. 何謂作業基礎成本法?
9. 作業基礎成本法的優點為何?

第9章

預算的概念與編製

學習目標:

- 明白預算的意義
- 認識預算編製的基本原則
- 熟悉整體預算的架構與編製程序
- 討論預算制度的行為面
- 知道一些其他預算制度

前 言

對任何一個經濟活動，預算的編製可說是在活動之前必須完成的一項工作，至於預算的形成與內容會隨組織而不同。此外，預算制度也可適用在個人的經濟行為上，使一般人在花錢之前，已做通盤的規劃，可減少浪費和無效率的情況產生。

對企業組織而言，管理者需要各種不同的預算，以便於規劃和控制各部門的收入與支出活動。基本上，企業的整體目標可藉著預算制度來達成，使各部門的營運在事前可彼此協調，使衝突降到最低。

本章重點在於敘述預算的內容與編製程序,整體預算為組織的主要預算,其中包括了數種預算，詳細的預算內容在各節分別敘述。銷售預測可說是預算編製的起始點，一切預算是根據銷售預測的結果來編製。因此，高階層管理者在作銷售預測要特別謹慎與客觀，以免由於預測的偏差使預算的有用性降低。

9.1 預算的概念

在任何組織中，預算的編製對經濟活動的規劃有很大的影響，對企業組織如此，對個人或非營利事業也需要有預算來支配一段期間的支出。本節的重點是討論預算的定義和目的,以及預算在管理上所扮演的角色與其重要性。

9.1.1 預算的定義

預算(Budget)是指在未來的某一特定期間內，資金如何取得與運用的一種詳細計畫。換句話說，預算程序(Budgeting Process)就是企業為達到未來的經營目標，編製各單位的預測性財務報表之程序。基於前述的定義，可以明瞭預算應具有下列三項特性:

⑴必須依循企業的經營目標來編製營運計畫。

⑵強調企業的整體性，亦即組織內各部門或各單位所編製的預算，須以企業整體目標為依歸。

⑶盡量以數量化資料為營運計畫的主要內容。

9.1.2 預算制度的目的

以企業的經營目標和營運計畫為基礎，來編製企業某一段期間的預算，這種過程便組成了所謂的預算制度(Budgeting System)。在完整的預算制度下，預算可具有下列五種功能：

1. 規　劃

企業的經營有其整體的目標及達成目標的各種方法與途徑。藉著預算的觀念，可使管理階層在擬定營運計畫的過程中，對事情的看法較具前瞻性。尤其在多變的環境下，高階層管理者應設定原則性目標，引導中、低階層管理者擬定各單位的目標來配合，並透過預算的編製使未來的計畫予以落實。所以，預算不但可以使企業的計畫更明確、更具體，而且管理者可由因應問題的被動角色，轉變為積極的參與預測和處理問題之程序。

2. 溝通和協調

在預算編製的過程中，企業內某一部門的計畫必須與銷售部門的計畫互相配合。例如，生產部門的生產計畫需根據銷售部門的計畫而來。另一方面，高階層主管將企業的基本目標傳達給中、低階層管理者，並可利用適當的溝通管道，讓各單位將意見反應給相關的主管。由此可見預算是整個企業的營運計畫，能反映出企業內各單位的協調成果。因此，為了使組織能有效率的運作，預算編製的過程中需要管理者扮演溝通的角色，不但要做縱向溝通(Up-Down Communication)，也需做橫向溝通(Across Communication)。所以各部門的管理者彼此可瞭解相關的計畫，對既定的計畫同心協力來達成。

3. 資源分配

「只要多雇用一位職員，就可以處理那個工作」；或「如果能夠說服老闆增加行銷費用，產品市場可更為擴張」。這二句話為企業界人士所常談論的話，此意謂著企業的資源是有限的，預算可說是資源分配決策準則，是將資源（人力、資金、時間、設備等）合理地分配給能獲得最高利潤者。例如，A計畫每花費$1的成本，能獲得$2的利潤；而B計畫每花費$1的成本，能獲得$3的利潤，此時應選擇B計畫。

4. 營運控制

採用標準的好處，在於能讓管理者瞭解他們的預期目標。預算可被視為一種標準，將實際結果與預算作比較。管理者必須找出差異並分析其原因，進而採取更正的行動。如果管理者實際參與預算編製的過程，該預算的可行性會較高，因為管理者對其較有認同感。編列預算所採用的資料，大部分以歷史資料為基礎，加上對未來可能發生的風險之考慮；至於產業發展與經濟趨勢方面的因素，也可列入預算編製的範圍。在計畫執行時，管理者可隨時將發生的情況與預期成果相比較，以判斷計畫是否順利進行。

5. 績效評估

管理者可將預算建立為企業績效評估的準則，藉由實際結果與預算數目之比較，可以幫助管理者評估個別部門或公司整體的績效。此外，預算制度對員工激勵有影響力，當實際結果超出預定目標者就給予獎勵，而未達到預計目標就給予懲罰。

9.1.3 預算的重要性

透過預算可使計畫具體表達，同時預算可作為控制的基準，所以規劃(Planning)、控制(Controlling) 和預算三者的關係密不可分。由於規劃和控制是兩大管理職能，可見預算在管理上扮演著極重要的角色，圖9.1說明這三者的關係。

預算編製之前，企業應有一套策略性計畫(Strategic Planning)，來表達出企業的長期目標（通常5年至8年）和未來營運活動的策略。有了長期的規劃，企業可依此擬定出短期目標(通常12個月至18個月),進而做戰術性計畫(Tactical Plan)來決定達成目標的方法,其中預算正是戰術性計畫的一部分。在控制方面,管理者需記錄並審核實際活動,將預算與實際結果作比較,找出差異的原因,再進一步將所得結果回饋(Feedback)到規劃系統,另一方面可採取正確的行動來補救差異部分。

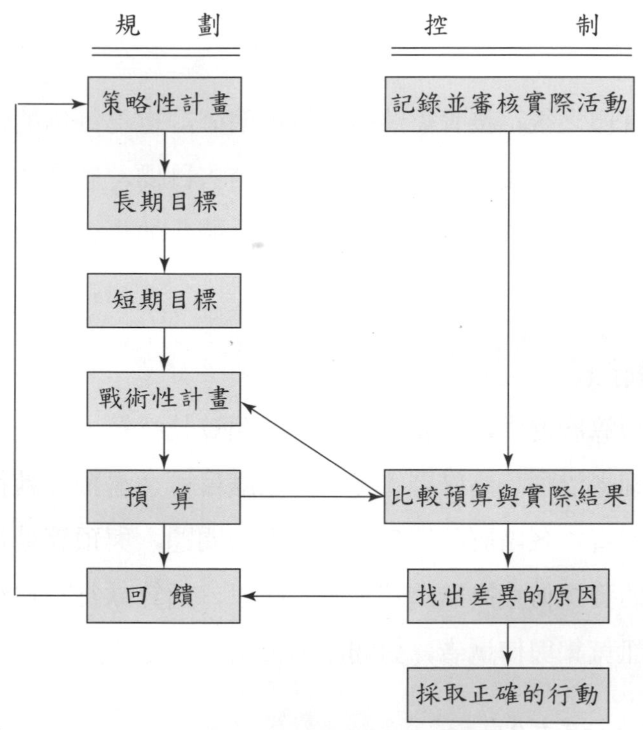

圖9.1 預算與規劃和控制的關係

9.2 預算編製的基本原則

從9.1節得知預算具有下面幾項功用:(1)引導管理者往前看,以釐訂企業長期和短期的目標;(2)使企業組織內由高階層到低階層管理人員能充分協調和溝通,同心協力執行每年的各項計畫;(3)評估企業整體或個別部門的績效,以激勵員工爭取好績效。所以企業預算編製的良窳,與企業的成功關鍵有很大的關係。要使所編製的預算有效果,需依循下列幾項原則:

1. 建立企業的長期目標

預算編製人員必須能夠知道高階層管理人員的長期目標，例如任何有關產品的預期品質水準、銷售成長率或市場佔有率等都是企業的長期目標。一旦企業的長期目標建立後，將管理者目標轉換成策略性計畫，在計畫中說明所涵蓋範圍和負責人員，每年的預算就是因此而產生。

2. 確認短期目標

有了長期目標之後，接著需將短期目標明確訂定為每年的營運計畫，以促進長期目標的達成。短期目標包括產品的銷售目標、產品的預期利潤、人事的需求和新產品的引進等等。將短期目標具體化的表達方式，就是透過每年各項預算的編製。

3. 決定預算執行長

在有效的預算制度中，需要一位良好的預算執行長，此人必須能與企業各層級中的管理者溝通。高階層管理者將組織目標透過預算執行長，來分配給各階層的管理者；各階層的管理者所發現的問題，與預算執行長溝通，藉此把分析所得的資訊傳達高階層管理者。所以，預算執行長在預算編製過程中，是一個資訊蒐集與傳遞者，對問題的澄清可說是不可或缺之人。

4. 確認預算編製的所有參與者

預算制度若想成功，需在企業組織中，從高階層到低階層所有相關人員親自且誠心的參與。預算編製過程中，所有參與者都應瞭解他們的責任，這種確認過程係由高階層管理者開始。高階層主管須確認在其監督範圍內低階管理者的責任，各階層管理者再將他們負責的主要活動的資訊傳達給高階層主管。

5. 獲得高階主管的全力支持與主動溝通

高階層管理者不能只是傳達組織目標給各階層，命令其實行目標。有一些目標是很難達成的，高階層主管要全力支持與配合，給屬下足夠的鼓勵，以達成目標。另一方面，高階主管要採用主動方式與部屬溝通，以瞭解進行的情況，並且瞭解問題的所在，協助部屬解決問題。

6. 預算須符合真實性

高階主管必須擬訂較實際的目標，若所訂目標太低容易達成，則缺乏激勵的作用。另一方面各階層管理者必須提供真實的資料，不應將企業的整體目標置於個別部門目標之後。若管理者在編製部門預算時，刻意高估費用或低估銷貨，使管理者能較容易達成目標，這會造成整體預算不正確，使組織營運發生偏差。

7. 預算資料的適時性

預算編製的完成是有賴於許多人協調而成，若有一、二位低層管理者未能適時提供預算執行長或高階層管理者與預算相關的資訊，則預算就不能準時編製完成。所以，高階層管理者必須向所有參與者說明預算編製時間的重要性。

8. 適應多變的環境

預算並非是一成不變，它只是一個準則，並非絕對的正確。預算是在實際營運前先編製的，在預算執行期間，不可預期的因素可能會發生，這些改變因素並不是原預算的一部分，所以管理人員應機動調整預算。

9. 追蹤原則

預算執行後的追蹤和資訊的回饋是預算控制的一部分。預算本身是種估計，隨環境的改變需有適度的修正，因為預算有錯誤就不能視為一個基準。組織內各部門的預期結果可能會與實際結果不同，透過績效評估報告就能顯示出差異。這樣的績效報告除了可作為實際結果的審核報告，也可以作為下次預算的依據。

9.3 整體預算

隨著企業組織的擴張，預算編製的程序也愈複雜，因此管理者需要有完整的公司整體預算以及各個單位的預算，以作為績效評估的標準。本節內容是介紹整體預算的內容和編製程序。

9.3.1 意義及組成內容

整體預算(Master Budget)又稱總體預算，有時亦稱為利潤計畫(Profit Plan)。一個預算制度的主要產品就是整體預算，它是由企業對未來某一特定期間的許多營運活動所作的各項預算來構成。整體預算包括營業預算(Operational Budgets)和財務預算(Financial Budgets)等。營業預算是指企業在未來期間收入和費用交易行為的預期結果之彙總，以金額或單位來表示。如果是與銷售預算有關，則表達出來的便是銷貨金額和銷貨數量；相對的，如果是與生產活動有關，則生產預算表達出來便是成本。財務預算是一種對於企業如何取得與使用資金的計畫。財務預算包含了現金預算、資本支出預算、預算或擬制性財務報表(Budgeted or Pro Forma Financial Statement)等。任何企業的管理者都希望對營業預算和財務預算有良好的規劃。

整體預算的內容，如下列所示：

1. 營業預算

銷售預算	(表9.1)
生產預算	(表9.2)
直接原料採購預算	(表9.3)
直接人工預算	(表9.4)
製造費用預算	(表9.5)
銷售與管理費用預算	(表9.6)
銷貨成本預算	(表9.10)

預計損益表 （表9.11）

2. 財務預算

現金收入預算 （表9.7）

現金支出預算 （表9.8）

現金預算 （表9.9）

預計資產負債表 （表9.12）

預計現金流量表 （表9.13）

如圖9.2所列示為整體預算各預算的關係，編製整體預算的第一步驟是銷售預測，根據銷售預測的結果編製銷售預算，估計企業未來某一段期間的銷貨收入及銷貨數量。其次根據銷售預算及預計的在製成品存貨水準做生產預算，以推測企業未來某一段期間的生產數量。再者依據生產預算的生產數量來編製直接原料預算、直接人工預算和製造費用預算。另外銷售和管理費用預算也是根據銷售預算而來，此時則可編預計損益表。根據營業預算再加上資本支出預算和其他財務預算（如研究發展預算、融資和理財預算），即可編製現金預算，並進一步編製預計資產負債表和預計現金流量表，此時預算編製的過程全部完成。

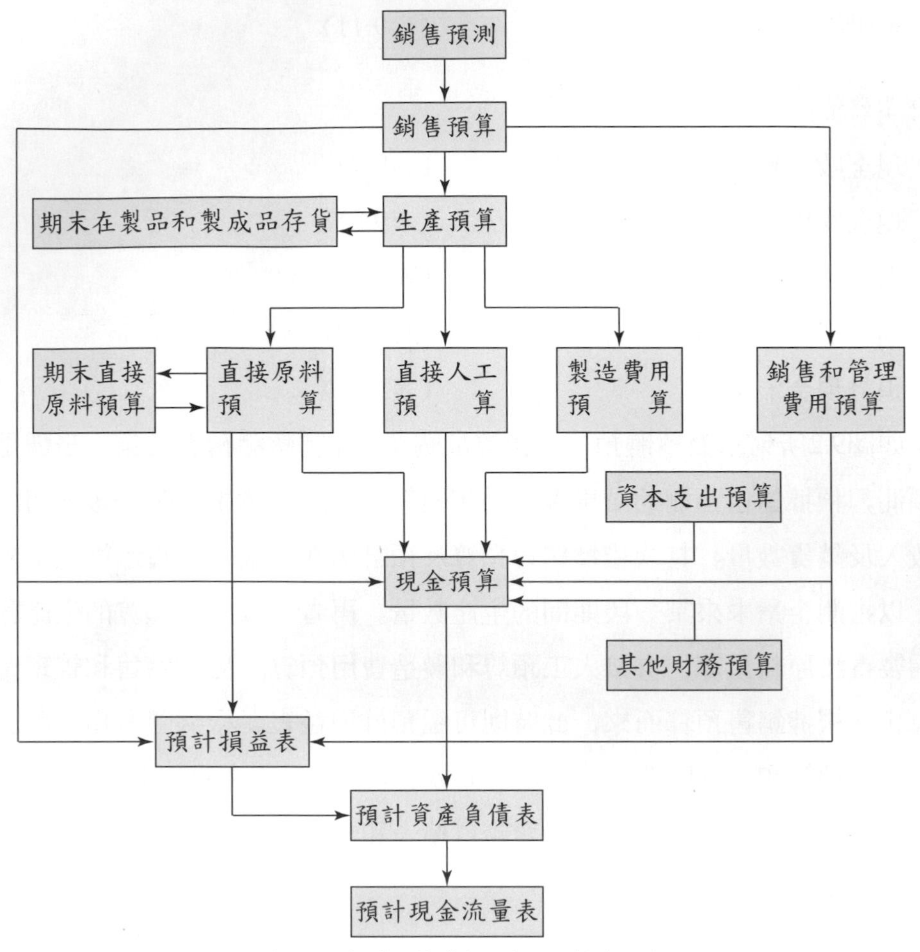

圖9.2 整體預算體系及各項預算的關係

9.3.2 銷售預測

銷售預測(Sales Forecast)是預算編製過程的第一個步驟，其重要性就如同蓋房子的地基。儘管銷售預測如此重要，然而要做到正確的預測是非常困難的。企業的銷貨業績是由許多的因素所決定，除了價格是主要因素外，非價格因素如廣告及售後服務也是重要因素之一。通常企業做銷售預測時，應考慮下列幾項主要因素：

(1)企業過去的銷貨情況及趨勢。

(2)一般經濟趨勢。

⑶產業的經濟趨勢。

⑷政府或法律上的規定。

⑸企業價格策略。

⑹企業計畫的產品廣告和促銷活動。

⑺預期競爭者的動態。

⑻市場上新產品的進入。

⑼市場研究結果。

⑽其他因素。

銷售預測的起點是根據前一年的銷貨水準，然後企業的市場研究人員，再考慮上述因素，以決定未來一年的銷貨水準。在做銷售預測過程中，從管理人員到推銷人員，每一個人都需做銷售計畫，以提供市場研究人員參考。同時銷售預測常會使用一些經濟模式和統計迴歸分析等，這些工具有助於企業決定最客觀的銷貨水準。銷售預測是預算編製過程中最重要的一步，若銷售預測發生錯誤，則整體預算中各預算都會有所偏頗。

9.3.3 營業預算

如圖9.1所列，營業預算內所涵蓋的各項預算在此分別予以敘述。

1. 銷售預算

銷售預算(Sales Budget)的編製是根據銷售預測而來，由圖9.2中可以瞭解銷售預算在整體預算中所佔的角色極為重要，因為其他的預算如生產、採購、人工等預算都是基於銷售預算。

假設偉峰公司生產並銷售甲、乙兩種產品，甲、乙產品的售價分別為@$30與@$20，這兩種產品的售價對所有銷售地區和顧客都是一樣，表9.1是偉峰公司民國91年各季的銷售預算。

表9.1 銷售預算：偉峰公司

91年度					
	第一季	第二季	第三季	第四季	全 年
銷貨單位：					
甲產品@$30	8,000	12,000	20,000	15,000	55,000
乙產品@$20	5,000	6,000	6,000	8,000	25,000
銷貨金額：					
甲產品	$240,000	$360,000	$600,000	$450,000	$1,650,000
乙產品	100,000	120,000	120,000	160,000	500,000
銷貨總額	$340,000	$480,000	$720,000	$610,000	$2,150,000
公式：銷售預算＝銷貨單位×單位售價					

2. 生產預算

銷售預算編製完成後，生產預算所需的數量就可以決定。基本上生產預算是銷售預算加上存貨水準變動的調整而得。因此，在編製生產預算之前，需先決定所需的期末存貨數，也就是管理當局必須維持一個適當的存貨水準。因為若存貨水準太低，生產可能會因此而中斷；相反的，存貨水準太高，則儲存成本(Carrying Cost)會增加。同時管理者必須考慮缺貨成本(Stockout Cost)和儲存成本的影響，來決定企業的存貨水準。如果公司實施及時存貨系統，產銷可完全配合，則存貨量只保存最低量或甚至趨近於零。

假設偉峰公司各季所需的期末存貨數量是下一季銷貨數量的40%，且估計民國92年第一季的銷貨數量，為甲產品20,000單位，乙產品8,000單位。表9.2為偉峰公司民國91年的生產預算。

生產預算（單位）＝銷貨（單位）＋所需的期末存貨（單位）
－期初存貨（單位）

表9.2 生產預算：偉峰公司

91年度					
	第一季	第二季	第三季	第四季	全 年
甲產品：					
銷貨單位（表9.1）	8,000	12,000	20,000	15,000	55,000
加：所需期末存貨	4,800	8,000	6,000	8,000	8,000
所需的單位數	12,800	20,000	26,000	23,000	63,000
減：期初存貨	3,200	4,800	8,000	6,000	3,200
所需的生產量	9,600	15,200	18,000	17,000	59,800
乙產品：					
銷貨單位（表9.1）	5,000	6,000	6,000	8,000	25,000
加：所需期末存貨	2,400	2,400	3,200	3,200	3,200
所需的單位數	7,400	8,400	9,200	11,200	28,200
減：期初存貨	2,000	2,400	2,400	3,200	2,000
所需的生產量	5,400	6,000	6,800	8,000	26,200

3. 直接原料採購預算

直接原料對生產過程來說是必需的，企業每一期間須採購足夠的直接原料以因應生產所需。此外，直接原料採購的數量也應與企業的期末存貨政策配合， 這問題的規劃就是直接原料採購預算(Direct Materials Purchases Budget)。此預算因涉及了現金支出的問題，對企業的現金流量有相當的影響，管理者應儘可能地爭取在折扣期間內付款以減低購買成本。

假設偉峰公司每生產甲產品一單位需使用5單位的A原料和2單位的B原料，而每生產乙產品一單位需5單位的C原料。估計A、B、C原料的購價分別為@$0.5、@$2、@$0.5，該公司的存貨政策是每季的期末存貨為下一季生產所需單位數的40%，且估計民國92年第一季的生產所需單位數， 為甲產品15,000單位、乙產品7,500單位。表9.3為偉峰公司的直接原料採購預算。

直接原料所需的購買量（單位）
= 所需的生產量（單位）× 生產每一單位所需的直接原料單位數

+所需的期末存貨（單位）－期初存貨

直接原料購買成本
=直接原料所需的購買量（單位）×每單位購買價格

表9.3 直接原料採購預算：偉峰公司

91年度

	第一季	第二季	第三季	第四季	全 年
A原料：					
所需生產單位數（表9.2）	9,600	15,200	18,000	17,000	59,800
每單位所需的A原料	× 5	× 5	× 5	× 5	× 5
生產所需的A原料	48,000	76,000	90,000	85,000	299,000
加：所需的A原料期末存貨	30,400	36,000	34,000	30,000*	30,000
A原料總需求	78,400	112,000	124,000	115,000	329,000
減：A原料期初存貨	19,200	30,400	36,000	34,000	19,200
A原料所需購買量	59,200	81,600	88,000	81,000	309,800
每單位購買價格	× $ 0.5	× $ 0.5	× $ 0.5	× $ 0.5	× $ 0.5
A原料購買成本	$29,600	$ 40,800	$ 44,000	$ 40,500	$154,900
B原料：					
所需生產單位數（表9.2）	9,600	15,200	18,000	17,000	59,800
每單位所需的B原料	× 2	× 2	× 2	× 2	× 2
生產所需的B原料	19,200	30,400	36,000	34,000	119,600
加：所需的B原料期末存貨	12,160	14,400	13,600	12,000*	12,000
B原料總需求	31,360	44,800	49,600	46,000	131,600
減：B原料期初存貨	7,680	12,160	14,400	13,600	7,680
B原料所需購買量	23,680	32,640	35,200	32,400	123,920
每單位購買價格	× $ 2	× $ 2	× $ 2	× $ 2	× $ 2
B原料購買成本	$47,360	$65,280	$70,400	$64,800	$247,840

C原料:					
所需生產單位數（表9.2）	5,400	6,000	6,800	8,000	26,200
每單位所需的C原料	× 5	× 5	× 5	× 5	× 5
生產所需的C原料	27,000	30,000	34,000	40,000	131,000
加：所需的C原料期末存貨	12,000	13,600	16,000	15,000*	15,000
C原料總需求	39,000	43,600	50,000	55,000	146,000
減：C原料期初存貨	10,800	12,000	13,600	16,000	10,800
C原料所需購買量	28,200	31,600	36,400	39,000	135,200
每單位購買價格	× $0.5	× $0.5	× $0.5	× $0.5	× $0.5
C原料購買成本	$14,100	$15,800	$18,200	$19,500	$67,600
總購買成本:					
A原料	$29,600	$ 40,800	$ 44,000	$ 40,500	$154,900
B原料	47,360	65,280	70,400	64,800	247,840
C原料	14,100	15,800	18,200	19,500	67,600
總成本	$91,060	$121,880	$132,600	$124,800	$470,340

* 為估計數。

4. 直接人工預算

直接人工預算(Direct Labor Budget)主要目的是在確定生產所需的人工時間是否足夠，所以直接人工預算也須由生產預算而來。企業要想知道整個預算年度中人工時間的需要量，人事部門就須事先有所規劃。若生產計畫顯示需雇用新進員工，人事部門就須擬出員工訓練計畫；若下年度的生產計畫萎縮，則企業可能會解雇一些員工。

假設偉峰公司每生產一單位的甲產品需5小時的直接人工，乙產品每生產一單位需2小時直接人工，該公司每小時的標準工資率為$1，表9.4為偉峰公司的直接人工預算。

表9.4 直接人工預算：偉峰公司

91年度	第一季	第二季	第三季	第四季	全 年
甲產品：					
所需生產單位數（表9.2）	9,600	15,200	18,000	17,000	59,800
每單位5小時直接人工	× 5	× 5	× 5	× 5	× 5
所需直接人工總時數	48,000	76,000	90,000	85,000	299,000
每小時直接人工成本	× $1	× $1	× $1	× $1	× $1
甲產品直接人工成本	$48,000	$76,000	$ 90,000	$85,000	$299,000
乙產品：					
所需生產單位數（表9.2）	5,400	6,000	6,800	8,000	26,200
每單位2小時直接人工	× 2	× 2	× 2	× 2	× 2
所需直接人工總時數	10,800	12,000	13,600	16,000	52,400
每小時直接人工成本	× $1	× $1	× $1	× $1	× $1
乙產品直接人工成本	$10,800	$12,000	$ 13,600	$ 16,000	$ 52,400
直接人工成本總額	$58,800	$88,000	$103,600	$101,000	$351,400

5.製造費用預算

另外還有一種企業必須估計的生產成本為製造費用，製造費用預算(Factory Overhead Budget)所表達的是除了直接原料和直接人工以外的其他所有製造成本。在估計製造費用時，應按照成本習性區分變動和固定成本。

假設偉峰公司以機器小時做為估計製造費用的指標，每一個製造費用項目是以Y=a+bX這個公式來計算，其中a為每一季的固定成本，b為以機器小時為基礎的變動成本分攤率，X為機器小時。例如表9.5中，一季的維修費用，固定成本(a)為$5,000，當季使用4,000機器小時(X)，變動分攤率(b) $1.2，所以維修費用$9,800 (=$5,000+4,000×$1.2)。表9.5為偉峰公司91年度的製造費用預算。

表9.5 製造費用預算：偉峰公司

91年度							
			第一季	第二季	第三季	第四季	合 計
估計機器小時(X)			4,000	4,500	6,000	6,500	21,000
項 目	a值	b值					
間接原料	8,000	$0.4	$ 9,600	$ 9,800	$ 10,400	$ 10,600	$ 40,400
間接人工	15,000	6.0	39,000	42,000	51,000	54,000	186,000
監工薪資	10,000	2.0	18,000	19,000	22,000	23,000	82,000
維修費用	5,000	1.2	9,800	10,400	12,200	12,800	45,200
水電費	1,200	0.8	4,400	4,800	6,000	6,400	21,600
設備租金	2,400	—	2,400	2,400	2,400	2,400	9,600
折 舊	6,000	—	6,000	6,000	6,000	6,000	24,000
保險費	1,500	—	1,500	1,500	1,500	1,500	6,000
財產稅	900	—	900	900	900	900	3,600
合 計			$91,600	$96,800	$112,400	$117,600	$418,400
實際現金支出之製造費用（即不含折舊費用）			$85,600	$90,800	$106,400	$111,600	$394,400

6. 銷售與管理費用預算

銷售與管理費用預算(Selling and Administrative Expenses Budget)表達的是企業於銷售、配送及行政管理上所花的費用支出，而在編製此預算時仍需區分變動和固定成本。

假設偉峰公司對銷管費用預算和製造費用預算使用相同的方法，銷售和管理費用與銷貨水準有關，故以銷貨金額為基礎。表9.6為偉峰公司91年度的銷售和管理費用預算。

表9.6 銷售與管理費用預算：偉峰公司

91年度							
			第一季	第二季	第三季	第四季	全 年
銷售預算（表9.1）			$340,000	$480,000	$720,000	$610,000	$2,150,000
項　目	a值	b值					
銷售佣金	$2,000	$0.1	$ 36,000	$ 50,000	$ 74,000	$ 63,000	$ 223,000
銷貨運費	800	0.05	17,800	24,800	36,800	31,300	110,700
辦公費用	600	0.01	4,000	5,400	7,800	6,700	23,900
廣告費	9,000	0.06	29,400	37,800	52,200	45,600	165,000
旅　費	300	0.01	3,700	5,100	7,500	6,400	22,700
員工福利	200	0.04	13,800	19,400	29,000	24,600	86,800
薪　資	7,000	—	7,000	7,000	7,000	7,000	28,000
折　舊	1,200	—	1,200	1,200	1,200	1,200	4,800
研究和發展費用	3,000	—	3,000	3,000	3,000	3,000	12,000
財產稅	900	—	900	900	900	900	3,600
保險費	1,500	—	1,500	1,500	1,500	1,500	6,000
合　計			$118,300	$156,100	$220,900	$191,200	$ 686,500
實際現金支出之銷管費用（即不含折舊費用）			$117,100	$154,900	$219,700	$190,000	$ 681,700

9.3.4 財務預算

財務預算主要是指現金預算，但要得到現金餘額，必須要先做完現金收入預算和現金支出預算，才能有足夠的資料來編製現金預算。

1. 現金收入預算

現金收入的主要來源不外乎是企業提供產品或服務。假設偉峰公司每季預算的70%在當季收到現金，其餘30%在下一季收取，且假設90年12月31日之應收帳款$110,000於91年第一季全部收現。表9.7為偉峰公司91年度的現金收入預算。

表9.7 現金收入預算：偉峰公司

91年度	第一季	第二季	第三季	第四季	全 年
銷貨總額（表9.1）	$340,000	$480,000	$720,000	$610,000	$2,150,000
預期現金收入：					
應收帳款(90/12/31)	$110,000				$ 110,000
第一季銷貨	238,000	$102,000			340,000
第二季銷貨		336,000	$144,000		480,000
第三季銷貨			504,000	$216,000	720,000
第四季銷貨				427,000	427,000
現金收入總額	$348,000	$438,000	$648,000	$643,000	$2,077,000

2. 現金支出預算

現金支出預算(Cash Disbursement Budget)是預算期間內預計現金的支出，包括購買原料、直接人工的薪資給付、製造費用和銷管費用等，其他如股利的支付，購買設備和所得稅的支付皆包括在內。假設偉峰公司購買原料時，當季支付60%，其餘40%於下一季支付，且假設90年12月31日之應付帳款$39,450，於91年第一季，全部付現，設備購買支出，在第一、二、三、四季，則分別為$17,200，$17,200，$7,200，$7,200，而股利支付只有第四季$10,000。表9.8為偉峰公司的現金支出預算。

表9.8 現金支出預算：偉峰公司

91年度	第一季	第二季	第三季	第四季	全 年
直接原料：					
總原料購買成本(表9.3)	$ 91,060	$121,880	$132,600	$124,800	$ 470,340
應付帳款(90/12/31)	$ 39,450				$ 39,450
第一季購貨	54,636	$ 36,424			91,060
第二季購貨		73,128	$ 48,752		121,880
第三季購貨			79,560	$ 53,040	132,600
第四季購貨				74,880	74,880
小 計	$ 94,086	$109,552	$128,312	$127,920	$ 459,870
直接人工（表9.4)	$ 58,800	$ 88,000	$103,600	$101,000	$ 351,400
製造費用（表9.5)	85,600	90,800	106,400	111,600	394,400
銷管費用（表9.6)	117,100	154,900	219,700	190,000	681,700
購買設備	17,200	17,200	7,200	7,200	48,800
股利支付	—	—	—	10,000	10,000
所得稅（表9.11)	10,000	—	13,900	—	23,900
小 計	$288,700	$350,900	$450,800	$419,800	$1,510,200
支出總額	$382,786	$460,452	$579,112	$547,720	$1,970,070

3. 現金預算

從表9.7和表9.8上的資料，就可以知道每季是有現金剩餘或現金短絀的現象。有剩餘時可以償還以前的借款或是用來做投資之用，若有現金短絀則需向銀行貸款，以供營運之用。若企業向銀行借款，還需支付利息，成為另一項現金支出。表9.9為偉峰公司的現金預算，該公司期末的現金餘額至少必須維持$30,000。

表9.9 現金預算：偉峰公司

91年度

	第一季	第二季	第三季	第四季	全　年
期初現金餘額	$ 31,000	$ 36,214	$ 33,762	$ 37,050	$ 31,000
加：現金收入（表9.7）	348,000	438,000	648,000	643,000	2,077,000
可供使用之現金	$379,000	$474,214	$681,762	$ 680,050	$2,108,000
減：現金支出（表9.8）	382,786	460,452	579,112	547,720	1,970,070
可用現金超額（不足）	$ (3,786)	$ 13,762	$102,650	$ 132,330	$ 137,930
融　資					
借　款*	40,000	20,000			60,000
還　款			(60,000)		(60,000)
利息支付**			(5,600)		(5,600)
投　資				(100,000)	(100,000)
	$ 36,214	$ 33,762	$ 37,050	$ 32,330	$ 32,330

* 所有的借款必須以萬元為單位。

**利息於本金償還時一起支付，利率為22.4%：

第三季支付利息 $= \$40,000 \times 22.4\% \times \frac{1}{2} + \$20,000 \times 22.4\% \times \frac{1}{4} = \$5,600$

9.3.5 預計財務報表

所謂財務報表，主要是指損益表、資產負債表和現金流量表，在本小節中，分別敘述如何編製偉峰公司的預計財務報表。

1. 預計損益表

由表9.1至表9.6上的資料，便可以編製預計損益表(Budgeted Income Statement)，預計損益表是預算過程中，重要的財務報表之一，它表達出預算期間的預計營業結果。因在編製預計損益表之前，首先需編製預計銷貨成本表。假設偉峰公司91年度沒有期初和期末在製品存貨，表9.10和表9.11為偉峰公司的預計銷貨成本表和預計損益表。

表9.10 預計銷貨成本表：偉峰公司

偉峰公司
銷貨成本表
91年度

直接原料：		
期初原料存貨(90/12/31)	$ 41,200	
加：本期購買的原料（表9.3）	470,340	
可供使用原料	$511,540	
減：期末原料存貨*	46,500	
本期耗用原料		$ 465,040
直接人工（表9.4）		351,400
製造費用（表9.5）		418,400
製造成本		$1,234,840
加：期初製成品存貨		96,360
可供銷售之製成品		$1,331,200
減：期末製成品存貨**		112,300
銷貨成本		$1,218,900

*表9.3

直接原料	單位數	單位成本	合　計
A	30,000	$0.5	$15,000
B	12,000	2.0	24,000
C	15,000	0.5	7,500
合　計			$46,500

**為一估計數。

表9.11 預計損益表：偉峰公司

偉峰公司 損益表 91年度	
銷貨收入（表9.1）	$2,150,000
銷貨成本（表9.10）	1,218,900
銷貨毛利	$ 931,100
銷管費用（表9.6）	686,500
營業淨利	$ 244,600
利息支出（表9.9）	5,600
稅前淨利	$ 239,000
所得稅（稅率為10%）	23,900
稅後淨利	$ 215,100

2. 預計資產負債表

預計資產負債表(Budgeted Balance Sheet)是依據上年度期末的資產負債表，加上本期其他預算中的變動數編製而成。下表為偉峰公司民國90年12月31日的資產負債表，其預計資產負債表請參見表9.12。

偉峰公司
資產負債表
90年12月31日

資 產			負債及股東權益		
			流動負債：		
流動資產：		$ 31,000	應付帳款		$ 39,450
現 金		110,000			
應收帳款			股東權益：		
存 貨：	$ 41,200		普通股本	$400,000	
原 料	96,360	137,560	保留盈餘	163,110	563,110
製成品					
流動資產合計		$278,560			

固定資產:				
土　地				
廠房設備		$250,000		
減: 累計折舊	$120,000			
固定資產合計	46,000	74,000		
		$324,000		
資產總額		$602,560	負債及股東權益總額	$602,560

表9.12　預計資產負債表: 偉峰公司

偉峰公司
資產負債表
91年12月31日

資　產			負債及股東權益		
流動資產:			流動負債:		
現　金		$ 32,330(a)	應付帳款		$ 49,920(i)
短期投資		100,000(b)			
應收帳款		183,000(c)			
存　貨:					
原　料	$ 46,500(d)				
製成品	112,300(e)	158,800	股東權益:		
流動資產合計		$474,130	普通股本	$400,000(j)	
固定資產:			保留盈餘	368,210(k)	768,210
土　地		$250,000(f)			
廠房設備	$168,800(g)				
減: 累計折舊	74,800(h)	94,000			
固定資產合計		$344,000			
資產總額		$ 818,130	負債及股東權益總額		$818,130

(a)、(b)見表9.9。

(c)第四季銷貨收入$610,000，當期收到現金$427,000，其餘於次年收回記$610,000。($610,000−$427,000=$183,000)

(d)、(e)見表9.10。

(f)未變動。

(g)本期購入設備$48,800加上原有$120,000，故期末餘額為$168,800。

(h)本期提列折舊（見表9.5、9.6）$24,000+$4,800=$28,800。
(i)第四季之購貨$124,800有本期未付，等待下期支付$124,800× 40%=$49,920。
(j)與90年12月31日資產負債表上相同。
(k)期初保留盈餘$163,110+本期淨利$215,100−股利支付$10,000=$368,210。

3. 預計現金流量表

預計現金流量表(Budgeted Statement of Cash Flow)是來自於營業活動之現金流量、投資活動之現金流量和理財活動之現金流量。表9.13為偉峰公司的預計現金流量表。

表9.13　預計現金流量表：偉峰公司

偉峰公司
現金流量表
91年度

來自營業活動之現金流量：		
淨　利		$ 215,000
加：折　舊		28,800
應付帳款增加數		10,470
減：應收帳款增加數		(73,000)
存貨增加數		(21,240)
來自營業活動之現金流入		$ 160,130
投資活動之現金流量：		
購買設備	$ (48,800)	
投　資	(100,000)	
投資活動之現金流出		(148,800)
理財活動之現金流量：		
支付股利		(10,000)
本期現金流入之增加數		$ 1,330
加：期初現金餘額		31,000
期末現金餘額		$ 32,330

9.4 預算制度的行為面

一個預算制度的實施需要組織內多人的參與，包括誰來編製預算，誰來使用預算做決策和誰來執行績效評估工作。所以，人的因素在預算編製的過程中有很大的影響，在本節中所討論的重點是參與式的預算和預算鬆弛。

9.4.1 參與式的預算

預算制度最早是在政府單位普遍實施，起初的目的是作為費用控制的工具，且要求每個人必須達成預算目標。這種由高階管理者所主導而編製的預算稱為強制性預算(Imposed Budget)。這種預算方式是指高階主管一味要求下屬達到既定目標，對於達成者給予報酬，未達成者給予懲罰。在此情況下完全不知道既定的目標對員工而言，是否可以達成。強制性預算會引起員工的反彈，通常這種預算只適合在一些剛成立的企業、小規模企業或有經濟危機的企業。對一般營利事業而言，強制性預算的適用性很低，因為此種預算方式缺乏人性面的管理。

若讓組織內的員工直接參與目標的訂定程序，則大多數的員工對目標有認同感，更會努力的達成目標，這就是所謂的目標管理(Management by Objectives, MBO)。這種觀念應用到預算過程即所謂參與式的預算(Participative Budgeting)，它是讓組織內所有與預算有關的員工參與預算的編製工作。這種參與方式會使員工覺得這是他們的預算，而非管理者強迫性的預算，自然願意盡心盡力的努力達成目標。參與式預算是有正面的效果，但也有缺點存在。例如因為太多的參與和討論常導致猶豫或延遲進度，最重要的就是9.4.2所要討論的預算鬆弛問題。

9.4.2 預算鬆弛

預算鬆弛(Budgetary Slack)又稱填塞預算(Padding the Budget)，通常發生在參與式預算的編製過程中，故意的高估費用或低估收入，讓預算執行者以較少努力即能達到目標。例如工廠經理相信每年的營運成本為$25,000，但做預算計畫時卻列$30,000，這時會有$5,000寬鬆的部分可資利用。但預算編製過程中，預算鬆弛會對組成的各項預算產生互動的影響，例如銷售低估則對生產、採購和人工等預算均有所影響。

為何一般人會想預算鬆弛，主要的原因可歸納為：(1)人們直覺這種方式所訂定的目標較容易達成，績效評估的成果較好。(2)預算鬆弛對於不確定性情況的發生較容易應付，例如偶發性的機器故障，使生產過程中斷，製造成本提高。預算鬆弛在這種情況下，不必去調整目標也不會產生不利的差異。(3)各部門所估列的預算常遭到上司的刪減，因此就刻意的高估或低估讓管理當局刪減。但這會產生惡性循環，各部門預期可能會遭刪減而虛報，並且上司也預期下屬會虛報就刪減，這樣產生一種惡性循環。

企業解決預算鬆弛的問題可採用的方法如下：(1)避免使用預算來做為負面的衡量工具，如果對於支出超過預算的主管給予重罰，預算鬆弛的情況會越嚴重。(2)提供獎助給達成預算目標者，同時也獎助主管提供正確的資料。(3)訂定合理的獎勵辦法，高階管理者可以把預算目標訂在高水準，並且對於達成者給予較大的報酬；或是預算目標訂在低水準，對於達到水準者不給或只給較少的報酬。

9.5 其他預算制度

除了前面幾節所討論的各種預算制度外，本節介紹兩種較為特殊的預算制度，零基預算和設計計畫預算制度。

9.5.1 零基預算

零基預算(Zero-Based Budgeting)顧名思義是指管理者編製預算的基礎是從零開始，每次預算編製就像第一次編製預算。傳統的預算制度是以過去的預算為基礎，再根據預期的需要增減一定的數額。但零基預算和傳統預算制度大不相同，沒有任何成本是具有延續性，無論何種成本每年都是重新開始。

例如廣告費用預算不是依去年資料加以增減，而是行銷部門判斷今年是否需要有廣告費的支出。也就是說零基預算促使高階層管理者在每年分配資源之前，重新思考企業的營運計畫，再決定資源分配的對象。

零基預算制度是利用決策包(Decision Package)來完成。所謂的決策包是指每個部門或單位的營運目標，和所有與企業目標有關的活動。每一個決策包必須是完整而且是獨立的，包括了所有的直接成本和支援的成本。零基預算的基本步驟為：(1)發展各部門的決策包；(2)評估每個決策包；(3)把全部決策包排序；(4)將可接受的決策包放入預算做資源分配；(5)監督、控制和事後追蹤。這種依重要性將企業內的各種活動予以排序，刪除較不重要或較不值得做的活動，再列出企業下年度的營運活動，就是零基預算的步驟。

零基預算的基本觀念是將各部門的成本，每年做一次深入的檢討。這種制度也有缺點，主要受批評的地方在於程序太過繁雜，有人認為應該是四至五年重新評估一次。每年做檢討對長期而言不但費時費錢，也可能會使檢討流於形式化。不過，不可否認的零基預算近來已受到廣泛的重視和採用，在美國已有許多的政府機構和民間企業普遍採用。近年來，我國政府單位為提高各項重要計畫的執行績效，也採用零基預算來防止浪費情況的產生。

9.5.2 設計計畫預算制度

設計計畫預算制度(Planning, Programming, and Budgeting System, PPBS)通常使用在非營利事業組織，它所強調的是計畫的產出面而非投入面。一個計畫(Program)可為執行一個特定的活動或是一些為達到某種目標而組成的活動，例如政府單位以減少因火災所造成的生命財產損失為目標，此時計畫的內容包括了火災預防活動、滅火訓練、防火教育和火源的管制與檢驗。設計計畫預算制度是基於三個理念：(1)是一個正式的計畫制度；(2)預算依據所規劃的計畫而訂定；(3)強調成本與效益的分析。實施設計計畫預算制度的第一步驟是分析計畫的目標，第二步驟衡量各期間的總成本，第三步驟分析各種可能的方案並基於最大效益考量選擇一個方案，最後一個步驟是有系統的執行計畫。基本上，設計計畫預算制度的精神和目標管理相似，在設定目標之後擬出計畫，加上成本與效益的分析，做出最佳的選擇。

設計計畫預算比較著重於效果評估，查核計畫執行的結果是否與既定目標相符。在實務上，它也有其缺點：⑴管理者必須將企業的目標和所有活動做連結，這種過程往往是費時且複雜。⑵作成本與效益的分析是很困難的，尤其在無形效益的衡量方面。因此，設計計畫預算制度在營利事業組織的使用情況不普遍。

範例

宏義公司生產並銷售甲、乙兩種產品，民國90年7月該公司的預算部門蒐集下列資料以作為91年度編製預算的參考：

預計91年銷貨數量：

產　品	單位（個）	售　價
甲	120,000	$250
乙	80,000	$350

預計91年存貨數量：

產　品	91/1/1	91/12/31
甲	40,000	50,000
乙	16,000	18,000

生產甲、乙兩種所需的直接原料：

		每單位使用量	
原　料	單　位	甲	乙
A	磅	8	10
B	磅	4	6
C	個		2

91年有關原料之預計資料：

直接原料	預計購買價格	預　計 91/1/1存貨	預　計 91/12/31存貨
A	$16	64,000磅	72,000磅
B	$10	58,000磅	64,000磅
C	$ 6	12,000個	14,000個

預計91年所需的直接人工及工資率：

產品	每單位所需 直接人工小時	每小時 工資率
甲	4	$6
乙	6	$8

宏義公司的生產方式以人工為主，製造費用是按每個直接人工小時分攤，每直接人工小時$4。91/1/1之現金餘額估計為$1,500,000，當年訂購的直接原料當年付清。製造費用估計為$1,900,000包括$200,000的折舊費用，製造費用是每年實際發生就支付。所有的銷貨為現金銷貨，銷管費用估計為$3,280,000且當年付清，估計90年度實際支付的所得稅為$1,000,000。試求：以上述甲、乙產品的91年預計資料，編製下列各項預算：

⑴銷售預算（按金額）。

⑵生產預算（按單位）。

⑶直接原料採購預算（按數量）。

⑷直接原料採購預算（按金額）。

⑸直接人工預算（按金額）。

⑹91年12月31日之預計製成品存貨成本。

⑺現金預算。

解答：

⑴銷售預算：

產品	單位	售價	銷貨收入
甲	120,000	$250	$30,000,000
乙	80,000	$350	28,000,000
合計			$58,000,000

(2)生產預算：

	甲產品	乙產品
預計銷售量	120,000	80,000
加：預計期末存貨	50,000	18,000
小　計	170,000	98,000
減：預計期初存貨	40,000	16,000
預計生產單位數	130,000	82,000

(3)直接原料採購量預算：

	A原料	B原料	C原料
甲產品：			
預計生產單位數	130,000	130,000	
每單位耗用量	× 8	× 4	
甲產品原料預計耗用量	1,040,000	520,000	
乙產品：			
預計生產單位數	82,000	82,000	82,000
每單位耗用量	× 10	× 6	× 2
乙產品原料預計耗用量	820,000	492,000	164,000
總使用量	1,860,000	1,012,000	164,000
加：預計期末存貨	72,000	64,000	14,000
小　計	1,932,000	1,076,000	178,000
減：預計期初存貨	64,000	58,000	12,000
預計採購量	1,868,000	1,018,000	166,000

(4)直接原料採購成本預算：

	A原料	B原料	C原料	合　計
預計採購量	1,868,000	1,018,000	166,000	
每單位購價	× $16	× $10	× $6	
原料採購成本	$29,888,000	$10,180,000	$996,000	$41,064,000

(5)直接人工預算：

	甲產品	乙產品	合 計
預計生產單位數	130,000	82,000	
每單位人工小時	× 4	× 6	
預計耗用小時	520,000	492,000	
每小時工資率	× $6	× $8	
預計直接人工成本	$3,120,000	$3,936,000	$7,056,000

(6)91年底預計製成品存貨成本：

	甲產品	乙產品	合 計
單位成本：			
直接原料：			
A	$ 128	$ 160	
B	40	60	
C		12	
	$ 168	$ 232	
直接人工	24	48	
製造費用	16	24	
總單位成本	$ 208	$ 304	
期末製成品存貨單位數	× 50,000	× 18,000	
期末製成品存貨成本	$10,400,000	$5,472,000	$15,872,000

(7)現金預算：

期初現金餘額		$ 1,500,000
加：現金收入		58,000,000
可使用現金		$59,500,000
減：現金支出		
直接原料	$41,064,000	
直接人工	7,056,000	
製造費用	1,700,000	
銷管費用	3,280,000	
所得稅費用	1,000,000	54,100,000
期末現金餘額		$ 5,400,000

本章彙總

預算是一個企業在未來的某一期間，說明資源之取得或使用的計畫，利用財務數字將計畫具體的表示出來。預算制度是用來做規劃、溝通和協調營運活動，分配資源、控制企業營運和評估績效以提供獎勵。規劃、控制和預算三者的關係是密不可分的，所以預算在管理上扮演著極重要的角色。

一個有效的預算須能夠具有下列幾項原則：⑴發展企業的長期目標；⑵確認短期目標；⑶決定預算執行長；⑷確定預算編製的所有參與者；⑸獲得高階管理的全力支持；⑹符合真實性；⑺配合預算期限；⑻適應多變的環境；⑼執行事後追蹤。

整體預算包括營業預算和財務預算，編製預算的基礎是銷售預測。營業預算包括了銷售預算、生產預算、採購預算、直接人工預算、製造費用預算和銷管費用預算；而財務預算包括現金支出預算、現金收入預算、現金預算和資本預算。依據營業預算和財務預算，則可編製預計財務報表。

強制性預算在現今企業已不能為大家廣泛使用，取而代之的是參與式的預算，讓執行預算的員工參與預算的編製過程，使員工對預算有認同感而盡心盡力達成企業目標。在參與式預算的編製過程中，常發生所謂的預算鬆弛問題，這種情況在企業內會產生惡性循環，必須妥善的處理。

其他的預算制度像零基預算和設計計畫預算制度。零基預算是每次編製預算都是從零開始，每次皆如此。設計計畫預算則是依目標擬定計畫，再做成本與效益分析，以決定最佳方案。

關鍵詞

預算(Budget)：

在未來的某一定期間內，資金如何取得與運用的一種詳細計畫。

預算程序(Budgeting Process)：

企業為達到未來的經營目標，而編製各單位的預測性財務報表之程序。

預算制度(Budgeting System)：

以企業的經營目標和營運計畫為基礎，來編製企業某一段期間預算的一種過程。

整體預算(Master Budget)、利潤計畫(Profit Plan)：

由企業對未來某一特定期間的許多營運活動的各項預算所構成，包括營業預算和財務預算。

營業預算(Operational Budgets)：

企業對未來期間收入和費用交易行為的預期結果之彙總。

財務預算(Financial Budgets)：

一種關於企業如何取得與使用資金的計畫，包括現金預算、資本支出預算、預算或擬制性財務報表。

銷售預測(Sales Forecast)：

預算編製過程的第一個步驟，以前一年的銷貨水準為起點，然後再考慮各種相關因素，以決定未來一年的銷貨水準。

強制性預算(Imposed Budget)：

由高階管理者所主導而編製的預算。

參與式預算(Participative Budgeting)：

將目標管理的觀念應用到預算過程，即讓組織內所有與預算有關的員工參與預算的編製工作。

預算鬆弛(Budgetary Slack)：

通常發生在參與式預算的編製過程中，故意的高估費用或低估收入，讓預算執行者，以較少努力即能達成目標。

零基預算(Zero-Based Budgeting)：

管理者編製預算的基礎是從零開始，每次預算編製就像第一次編製預算。

設計計畫預算制度(Planning, Programming, and Budgeting System, PPBS)：

通常使用在非營利事業組織，它所強調的是計畫的產出面而非投入面。

作業

一、選擇題

1. 預算制度的功能為:

A.資源分配。

B.績效評估。

C.營運規劃。

D.以上皆是。

2. 財務預算的內容包括:

A.銷售預算。

B.現金預算。

C.生產預算。

D.製造費用預算。

3. 有關設計計畫預算制度(PPBS)的敘述，下列何者為真?

A.強調的是計畫的投入面而非產出面。

B.實施的第一步驟是分析計畫的目標。

C.實施的第二步驟是分析各種可行的方案。

D.通常用於營利事業組織。

4. 參與式預算的一個特殊優點是:

A.這過程使員工對企業預算目標較有認同感。

B.這過程使組織部分有良好的溝通。

C.這過程使組織部分的計畫有所協調。

D.公司可朝著中期目標評估它的過程。

5. 零基預算:

A.著重於每年計畫收入之間的關係。

B.不提供每年支出的計畫。

C.是一種特別針對計畫預算的方法。

D.包括從成本或利益透視圖來做每一種成本的成分覆核，使新舊計畫在年度開始時，評估的基礎相同。

二、問答題

1. 何謂預算？其特性為何？
2. 試以圖解說明預算與規劃和控制的關係。
3. 試簡單說明預算編製的基本原則。
4. 請簡述何謂整體預算及其組成內容。
5. 生產預算是銷售預算加上存貨水準變動的調整而得，請問需考慮哪些成本？
6. 現金支出預算包括哪些項目？試至少舉5個項目。
7. 何謂預算鬆弛？其產生的主要原因為何？
8. 何謂零基預算？何謂決策包？
9. 說明實施設計計畫預算制度的步驟。
10. 設計計畫預算制度的缺點有哪些？

第10章

攸關性決策

學習目標：

● 瞭解制定決策的步驟

● 確認攸關成本與利益

● 分析產品成本與定價的關係

● 明白特殊決策的分析方法

● 認知制定決策的其他問題

● 知道決策過程中所應避免之錯誤

前 言

制定決策乃是管理當局的基本任務，無論是在何種組織中，管理者都會面臨設備購買、製造方式、產品組合及產品訂價等決策。在這些決策過程中，管理會計人員所扮演的角色，便是提供決策制定者相關資訊。因此，管理會計人員必須對攸關成本與效益的觀念，以及特殊決策之分析方法有深切的瞭解，才能提供正確且有用的資訊。

一般將攸關性決策歸類為短期性決策，即其影響的時效不超過一年。但事實上，許多特殊決策都會對企業的經營有著長期影響，例如特殊訂單之訂價可能會引起市場價格的變動；增加或放棄某一產品線，會對其他產品產生影響，甚至會造成牽一髮而動全身的反應。因此，不應把眼光完全投注於短期效益，而忽略了各項決策對長期營運的影響。

10.1 制定決策的步驟

企業在多變的環境中，隨時都面臨著許多問題，必須不斷地制定決策以應對之。所謂問題(Problem)乃是指實際情況與理想情況之間的差距(Gap)，其可能是程式化，亦可能是非程式化。所謂程式化問題(Programmed Problems)是指需要例行性、重複性之決策技術(Decision-Making Techniques)才可解決的問題；而非程式化問題(Nonprogrammed Problems)，則指獨特且非結構化的問題。前者以支付經常性廣告費用的程序為例，其可藉由標準作業程序來解決；後者例如新產品廣告預算之設定，需要先調查市場對新產品的接受性。總之，無論問題是否程式化，制定決策之步驟都是類似的，詳述於下。

決策步驟依其順序可歸納為六項，各項分別敘述如下：

1. 澄清決策問題

有些決策是很明顯的，例如公司收到一批低於正常售價的特殊訂單，其決策問題就是接受或拒絕該訂單。但是實務上大多數的問題都是模糊且不明確的，這時在制定決策之前，便需要先辨識所遭遇的問題。例如公司銷路最好的產品之市場需求突然大幅下降，要詳細分析其所造成的原因。可能是競爭者增加？本身產品品質不良？市場有新的替代品？還是顧客需求改變？這些問題有賴於相當多的管理技巧，以明確定義問題。

2. 擬定決策準則

在問題確認之後，管理者便須擬出制定決策所遵循的準則。一般公司所追求的目標是利潤極大化、擴大市場佔有率、降低成本，或是增進公共關係等。有時這些目標是彼此衝突的，便需要列出各個目標的優先順序，以追求主要目標為終極境界，其他目標分別予以配合。例如以利潤最大化為公司的主要目標，則銷售單位要求收入最大化，生產單位要求成本最小化，二者互相配合，才會達到總目標。

3. 確認決策方案

簡單地說，制定決策即是從諸方案中挑選出一最佳方案。假設某一機器發生嚴重故障，管理者有哪些可行動方案？修理或重置？如果重置又可分為購買或租賃兩方案。在決策步驟中，若忽略了最佳方案而不考慮，則不可能形成最佳的決策。

4. 發展決策模式

一個決策模式即是將上述三步驟作適當聯結，省略不需要的細節，並把最重要的步驟標示出來，使管理者一目了然，便於決策制定。

5. 蒐集資料

雖然管理會計人員常會參與前四項步驟，但是蒐集資料才是管會人員最主要的任務。在蒐集的過程中，這些資料必須是具有攸關性的，對決策過程才有用處。

6. 選擇方案

管理者根據決策模式及所掌握的資料，加以詳細的分析，選擇出可行的最佳方案。一般在作最後決定之前，決策者要衡量各個方案的成本與效益，尤其對組織有長期影響者，更需要有嚴謹的評估程序。

以上的決策過程見圖10.1，其中的質與量分析也需同時予以考慮。

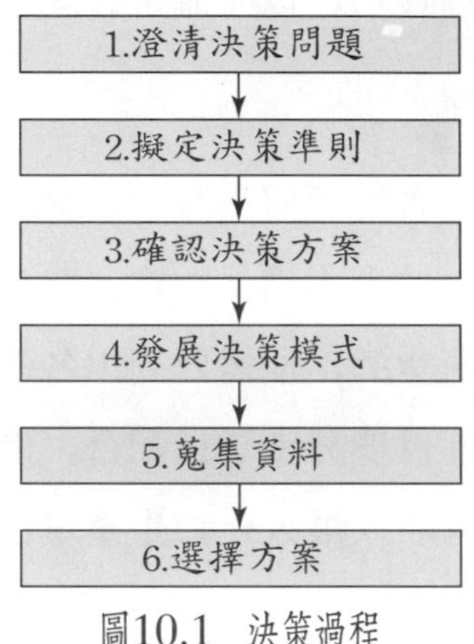

圖10.1　決策過程

在決策過程中所採用的會計資料主要是屬於數量性，大部分的決策準則為利潤極大化或成本極小化。然而，當決策者在作最後決定時，還需考慮各方案之不可量化的品質因素，因其可能與數量指標同樣重要。例如產品品質改良的研究發展費用支出，會減少短期利潤；但可維持市場佔有率和公司的企業形象，對公司的長期發展有正面的影響。質與量的分析對決策影響之比重，仰賴於決策者的技巧、經驗、判斷及道德標準，也就是所謂管理是一種藝術，在此獲得充分說明。

10.2　攸關成本與效益

從上節之敘述可知，決策步驟中蒐集資料是管理會計人員最主要的任務。管會人員必須能認識攸關成本與效益的重要性，才能真正提供攸關資訊。

如果會計人員把非攸關的資訊提供給決策者時，可能會導致下列的不良結果：

1. 浪費資源

由於資訊的準備是耗費成本的活動，所以提供與決策無關的資訊，就可能造成資源的浪費。

2. 誤導決策者

若決策者本身對於資訊的攸關性沒有很清楚的認識，或者基於時間急迫，無法仔細地分析，則所獲得的非攸關資訊將導致錯誤的考量，甚至浪費決策者很多時間，更忽略了真正攸關的資訊。

所以，管理會計人員與決策者皆必須能分辨攸關成本與效益。資訊與決策要具有攸關性，必須同時符合二項條件：(1)與未來交易事件有關；(2)在各項方案下有不同的資料。

10.2.1 與未來交易事件的相關性

成為攸關成本與效益的第一要件即是其必須與未來的交易有關，因為任何決策都不能改變過去的事實，而只可能影響未來的狀況。

假設一個小公司的老闆每年支付$20,000的機器租金，該機器乃是用以製造一個新產品，其單位變動製造成本是$8。明年預定生產並銷售10,000單位。就在剛簽過租賃合約並支付$20,000後，老闆發現了另一種更有效率的機器，單位變動製造成本只需$4，但是租金則需要$32,000。在此情況下，老闆面臨了兩種方案的選擇：

(1)再租用第二種機器來製造產品，而讓第一種機器閒置。

(2)利用已租用的第一種機器生產。

在決策之前，要參考各項與未來交易有關的資料，首先找出哪些資訊具有攸關性。在本例中，第二種機器的租金是攸關成本，因其目前尚未支付，會受未來決策影響。此外，使用各種機器的變動製造成本也都是攸關的，因為不同機器所投入的變動營運成本也有所差異。

該公司會計人員為協助其老闆作決策，便進行了如表10.1的數量分析。當使用第一種機器時，總攸關成本為$80,000；而租用第二種機器的總攸關成本則為$72,000，故應決定執行後者，以節省$8,000之成本。在此例中，第一種機器的租金為非攸關成本，因其在簽約時已支付且無法退回，是一項沉沒成本(Sunk Cost)。

表10.1　選擇機器決策分析：未包括沉沒成本

	使用第一種機器	租用第二種機器
	$　8	$　4
	×10,000	×10,000
營運成本	$80,000	$40,000
第二種機器租金		32,000
總攸關成本	$80,000	$72,000

所謂沉沒成本乃指已經發生的成本，無法因任何決策變更而改變，如前例中第一種機器的租金即是。在一般的處理過程中，沉沒成本即使納入計算過程，並不影響決策結果。表10.2乃是將沉沒成本列入決策分析。

表10.2　選擇機器決策分析：包括沉沒成本

	使用第一種機器	租用第二種機器
	$　8	$　4
	× 10,000	×10,000
營運成本	$ 80,000	$40,000
第一種機器租金	20,000	20,000
第二種機器租金		32,000
總成本	$100,000	$92,000

在表10.2中，無論採用何種方案，第一種機器的租金都已經支付，故與未來決策無關。即使此沉沒成本列入計算後，租用第二種機器的總成本仍較低，且差額依然是$8,000。由此可知，沉沒成本是否納入分析，對決策的結

果不會產生影響。如果決策者對沉沒成本的觀念瞭解不清，有時沉沒成本會導致經理人員作錯誤的決策。

10.2.2 各種方案資料的差異性

雖然有些成本和效益決定於未來的交易，但仍可能不是攸關的資訊，除非它們在各方案下有不同的數據資料。在前例中，在決定是否租用第二種機器時，並沒有考慮銷售額及任何銷管費用。這些收入及費用雖然也尚未發生，但無論選擇何方案，其結果都不會因此而改變，所以不納入分析過程。另外，在決策過程中，也可將機會成本(Opportunity Cost)的觀念予以考慮。機會成本係指因選擇某方案而放棄之利益，而該利益是其他方案中所具有最高利益者。在此舉例說明以釐清此概念。

某經理要擬定增加A產品或B產品。A產品線將使公司增加$68,000的收入和$50,000的成本；B產品線則為$96,000的收入及$81,000的成本，其分析方法可列示如下：

	增加A產品線	增加B產品線
增額收入	$68,000	$96,000
增額成本	50,000	81,000
增額淨利	$18,000	$15,000

明顯地，增加A產品線可比增加B產品線多獲$3,000。如果從機會成本的觀念來探討，分析的方法則有所改變。增加A產品線，則不增加B產品線。後者的增額淨利即是前者的機會成本。如果增加了A產品線，就必須放棄B產品線所能產生的淨利增加數$15,000。此分析方法可列示於下：

	增加A產品線
增額收入	$ 68,000
增額成本	(50,000)
機會成本（放棄B產品）	(15,000)
增額淨利的差異	$ 3,000

由於仍有利潤產生，故增加A產品線是較為有利的。在前面用第一種分析方法時，二方案之增額淨利相差$3,000 (=$18,000−$15,000)，與第二種方法求出的增額淨利的差異相等。 無論採用何種方法，所得結果是完全相同的。因此，方法的選用，可視決策者的偏好來決定。

10.3 產品成本與訂價的關係

企業管理者在日常營運中，產品訂價決策為經常性的決策，管理者要考慮組織內部與外界環境的因素，再審慎選擇合理的訂價模式。在競爭激烈的市場下，產品價格的訂定以市場需求為導向，由行銷部門估計在各種不同價格時的市場需求量。一般而言，需求曲線的估計不僅成本高，更由於許多因素造成曲線的變動，例如所得水準、競爭者所訂的價格等因素之變動，使得需求曲線經常需要重新估計。由於這些估計資料的取得需要耗用許多成本，並有不確定因素的存在，故通常行銷研究只估計一些特定產品的價格與需求量。一般而言，廠商通常利用其他的方法來訂價。基本上，管理者希望運用這些方法所得到的價格，與使用需求曲線及邊際分析所訂出的價格，彼此不會產生太大的差異。本節主要說明如何以產品成本為基礎，以訂定產品的價格。

10.3.1 成本加成訂價法

成本加成訂價法(Cost-Plus Pricing Techniques)為常用的一種訂價方法，是以產品成本和「加成」(Markup)為基礎來計算。「加成」是以產品成本的百分比，或每件產品的加成價來表達。如果加成是以產品成本的百分比來表示，其公式如下：

$$價格 = 成本 \times (1 + 加成百分比)$$

假設產品成本是$3,000，加成百分比為25%，利用上式可得到價格為

$\$3{,}000 \times (1 + 25\%) = \$3{,}750$

如果是以每件產品的加成價來表達，則公式改為如下：

價格 = 成本+加成價

假設產品成本是$3,000，每件產品加成價為$800，得到價格為$3,800。

$\$3{,}000 + \$800 = \$3{,}800$

成本加成訂價法有上述兩種不同的計算方式，管理者可隨情況而予以運用。如果管理者面臨多種成本差距大的產品訂價決策時，通常會使用加成百分比法，才能將「成本決定加成價」的意義表達出來。因此，一個成本低的產品，其單位加成價較低；而成本高的產品，每件產品的加成價較高。另外，當廠商生產一種新產品時，通常也使用這種訂價方式，亦即新產品價格決定於該產品的成本及事先所定出的加成百分比。

當廠商只有一種或幾種成本差異不大的產品時，通常管理者可使用加成價的方法。這種方法的使用有助於確認所訂的價格是否達到所預期的利益目標，訂價公式可改為：

單位價格 =單位變動成本+單位固定成本+單位稅前淨利

由上可知，價格由三個要素所組成：單位變動成本、單位固定成本及單位稅前淨利。前兩個部分是成本部分，最後一個要素即是加成價。由加成價的高低，可看出利潤目標的達成程度。

從前面的計算中，可得知成本加成訂價法所用的成本，其範圍包含生產及銷售成本，有些人認為成本加成訂價法中的成本，就是製造廠商的生產成本，或是買賣業向供應商購買產品的成本。如果所估計的成本較實際成本低，可調高前面所算出的加成價或加成百分比，而不必重新估計成本，只要使售價的金額高於估計成本與預期利潤的總和。

10.3.2 目標報酬率加成訂價法

目標報酬率加成訂價法是將稅前淨利決定後，才來決定價格的一種訂價方法。經理人員先定出目標報酬率，即可計算加成數，再將其分配到每個產品上，其公式如下：

$$每單位加成數=\frac{\dfrac{目標報酬率\times使用資產}{1-稅率}}{生產或銷售的數量}$$

在此以志青公司為例，假設志青公司下年度的預期成本如下：

直接原料	每單位 $150
直接人工	每單位 $ 75
變動製造費用	每單位 $ 15
固定製造費用	$6,000,000
變動銷管費用	每單位 $ 20
固定銷管費用	$9,000,000

經理人員訂出目標報酬率為10%，並期望使用$60,000,000的資產來生產與銷售150,000單位的產品。為便於說明計算過程，本例中不考慮所得稅的問題。由上述資料得知，志青公司生產及銷售的總成本為每單位$360，計算如表10.3。志青公司的稅後營運淨利是目標報酬率0.1和總資產$60,000,000的乘積，計算後得到稅前淨營運淨利為$6,000,000，除以總銷售量150,000單位，得到每單位的加成價$40。價格$400則是以每單位成本$360加上加成價$40而得。

表10.3　志青製造公司：目標報酬率加成之價格計算

成本計算：				
直接原料			每單位	$150
直接人工				75
變動製造費用				15
變動銷管費用				20
單位總變動成本				$260
單位固定製造費用(a)	每單位	$40		
單位固定銷管費用(b)		60		
單位總固定成本			每單位	100
單位產品的總成本			每單位	$360
加成計算：				
稅後營運淨利 0.1 × $60,000,000 = $6,000,000				
單位利潤 $6,000,000 ÷ 150,000 = $40(每單位)				
價格計算 (每單位)：				
成　本				$360
加：加成價				40
目標價格				$400
a.$6,000,000 ÷ 150,000 = $40				
b.$9,000,000 ÷ 150,000 = $60				

如果只以製造成本來作成本計算的基礎，則加成價會比較大。仍以上例來說明，單位成本改為$280，單位加成價由$40改為$120，目標價格仍為$400，其計算過程如下：

直接原料	$150
直接人工	75
變動製造費用	15
單位固定製造費用	40
單位成本	$280

而加成價則計算如下：

變動銷管費用	$ 20
單位固定銷管費用	60
單位利潤	40
單位加成價	$120

目標價格仍是$400 (=$280+$120)。

由上可知，不論所採用的單位成本之組成項目為何，加成價或加成百分比可予以適度調整而得到預期的利潤。

10.3.3 投標訂價

在數家廠商競標的情況，特別需注意競爭廠商的動態。每家廠商都想以高價得標而獲取較高利潤，但一般只有最低價者可得標。如果經理人員想要確保得標，即可將增量成本(Incremental Cost)作為訂價基礎。增額成本即因接受該投標所增加支出的成本。在公司有短期超額產能時可只考慮變動成本，雖然無法賺取較高利潤，但可維持員工的穩定性，不必作調整性的解雇(Lay Off)。除此之外，增額成本加成法尚可能有利於公共關係，例如以低價售貨給慈善機構，可提昇公司形象。

10.4 特殊決策的分析

在瞭解一般決策步驟、攸關資訊的概念，和產品訂價決策後，本節以舉例方式來解說特殊決策之分析過程，及攸關性資訊的運用。這些釋例包括：⑴特殊訂單；⑵自製或外購；⑶增加或放棄產品線、部門及⑷聯產品繼續加工或出售等四項。

10.4.1 特殊訂單（短期訂價決策）

陳志文是明達航空的營業部副總裁，負責票務銷售及航次安排等決策。有一旅行業者與其洽談從臺灣到越南的包機業務，提出一趟來回價格為$3,750,000。在相同的路線下，一般的價格是$6,250,000，面對此一特殊包機的訂單，陳志文必須仔細地分析。目前該公司有兩架噴射機正處於閒置狀態，因其原來的航程業務屢遭虧損，且目前又沒有適合的航程。在分析的過程中，陳志文由會計部門取得臺灣到越南航線的歷史資料，如表10.4所示。

表10.4　臺灣至越南來回一趟之會計資料

收入：		
乘　客	$6,250,000	
貨　運	750,000	
總收入		$ 7,000,000
費用：		
變動飛行成本	$2,250,000	
分攤至各航次之固定成本	2,500,000	
總費用		(4,750,000)
利　潤		$ 2,250,000

變動成本包括燃料維護費用、飛航人員薪資及降落點規費(Landing Fees)。固定成本則包含全公司的管理成本、飛機折舊、設備折舊及維護成本。如果陳志文以一般財務會計方法來分析，會產生下列的結果：

特殊訂單的收入	$ 3,750,000
總費用	(4,750,000)
接受訂單之損失	$(1,000,000)

此分析把分攤的固定成本也列入計算，如此的結果將會拒絕該訂單。事實上，固定成本與此決策不相關，因為不論是否接受訂單，固定成本皆為沉沒成本。

陳志文畢竟是學有專精，並沒有造成以上的錯誤。他知道對於短期決策只有變動成本才具有攸關性，且該批訂單的變動成本還比一般營運的變動成本低，因為可省下訂位及購票成本$125,000。陳志文的分析如下所示：

特殊訂單價格		$ 3,750,000
一般營運之變動成本	$2,250,000	
減：訂位及購票成本	(125,000)	
特殊訂單之變動成本		(2,125,000)
特殊訂單之利潤		$ 1,625,000

由於有$1,625,000的利潤，陳志文決定接受該訂單。但是上例是假設明達公司有多餘的飛機（即有閒置產能），若是沒有閒置的飛機，其分析結果會改變。

假設明達公司無閒置的飛機，如要接受該特殊訂單，則必須放棄一條獲利能力最差的航線——臺北到日本。此航線可獲得$2,000,000的利潤，亦即成為接受特殊訂單的機會成本。陳志文的分析如下：

特殊訂單價格		$3,750,000
一般營運之變動成本	$2,250,000	
減：訂位及購票成本	(125,000)	
特殊訂單之變動成本	$2,125,000	
加：機會成本	2,000,000	4,125,000
特殊訂單之利潤		$ (375,000)

由上可知，如果明達公司沒有閒置的飛機，便應該拒絕該筆訂單，因為若接受該訂單會導致$375,000的損失。

特殊訂單決策不論在製造業或服務業都十分常見。行業雖不同，但所使用的分析方法略同。制定此類決策時，必須仔細分析攸關收入與成本，才能作出正確的決定。除了數量分析之外，還要考慮質方面的因素，例如接受較低價的訂單，可能會引起一般客戶不滿；或許客戶以後也要求按此低價購貨；也可能該特殊客戶會將低價購得之產品，轉售予其他客戶，造成公司的損失。

10.4.2 自製或外購

李自強是明達航空的飛行服務部經理，主管空服員及飛機上旅客的餐飲。本來甜點一直是明達公司自行製作，但目前面臨是否向貝貝食品公司購買的

決策。自行製作的相關成本資料列於表10.5。李自強本來傾向於接受這筆交易，因為貝貝公司的報價每單位$20，與目前自製的單位成本$25相比，似乎可節省$5，但是主計長提醒他表10.5之成本並非全部具有攸關性，建議重新編製了表10.6。

表10.5　自行製造甜點之成本

變動成本：	
直接原料	$ 6
直接人工	4
變動製造費用	4
固定成本（分攤）	
管理員薪水	4
折　舊	7
單位總成本	$25

表10.6　購買甜點之成本節省

	單位成本	購買甜點可節省的成本
變動成本		
直接原料	$ 6	$ 6
直接人工	4	4
變動製造費用	4	4
固定成本（分攤）		
管理員薪水	4	1
折　舊	7	0
單位總成本	$25	$15
不可避免的單位固定成本		$10
購買甜點之單位成本		20
向外購買甜點的單位總成本		$30

如果明達公司停止生產甜點，則可省下全部的變動成本；但只能省下$1的固定成本，該固定成本的減少是因為少雇用二位管理員。看了主計長的分

析，李自強知道應該自行製造甜點，因為向外購買的單位成本除$20外，還要加上不可避免的單位固定成本$10 (=$25−$15)，其總數為$30，比自行製造的單位成本$25為高。

固定成本通常分攤至各產品或服務項目以計算單位成本，大體上可區分為可避免和不可避免二部分。在作決策時，要將此二部分劃分清楚，以免引起誤解。

10.4.3 增加或放棄產品線、部門

明達航空為招攬顧客加入明達航空俱樂部，其會員可享用機場之餐廳、特別休息室及三溫暖。看了表10.7的10月份損益表，總裁張立宏擔心俱樂部並不賺錢。主計長指出即使結束該俱樂部，也不能省去所有的成本。而營業部副總認為俱樂部可以吸引乘客，否則部分生意可能會被別家航空公司搶去。張總裁要求主計長編製攸關成本之分析表，如表10.8所示。該表包括兩部分：第一部分只單就明達航空俱樂部來分析而忽略其對於一般業務之影響。(a)欄之數字來自表10.7，(b)欄列出若結束俱樂部仍需發生之成本，稱為「不可避免成本」(Unavoidable Cost)。相反的，(a)欄與(b)欄的差額則稱作「可避免成本」(Avoidable Cost)，表示該俱樂部如果取消後，此部分的成本可節省下來。

收　入		$200,000
減：變動費用：		
食物及飲料	$70,000	
人事費用	40,000	
變動製造費用	25,000	135,000
邊際貢獻		$ 65,000
減：固定費用：		
折　舊	$30,000	
管理員薪資	20,000	
保險費	10,000	
機場規費	5,000	
分攤製造費用	10,000	75,000
損　失		$(10,000)

所有的變動費用都是可避免的，而部分固定費用則是無法避免的。表10.8中的折舊費用來自於俱樂部專用設備，不能作其他用途且不可變賣。管理員薪資是可避免的，因為若結束俱樂部則不必聘用管理員。保險費是無法退還的，故是不可避免的費用。最後，分攤之製造費用也是不可避免的，其不因俱樂部之結束而免於支出。

表10.8　明達航空俱樂部之攸關成本及效益

	(a) 繼續經營	(b) 結束經營	差　額
第i部分			
收　入	$200,000	$　0	$200,000
減：變動費用：			
食物及飲料	(70,000)	0	(70,000)
人事費用	(40,000)	0	(40,000)
變動製造費用	(25,000)	0	(25,000)
邊際貢獻	$ 65,000	$　0	$ 65,000
減：固定費用：			
折　舊	(30,000)	(20,000)	(10,000)
管理員薪資	(20,000)	0	(20,000)
保險費	(10,000)	(10,000)	0
機場規費	(5,000)	0	(5,000)
分攤製造費用	(10,000)	(10,000)	0
總固定費用	$(75,000)	$(40,000)	$(35,000)
利潤（損失）	$(10,000)	$(40,000)	$ 30,000
第ii部分			
若結束俱樂部所引起一般業務收入之減少	$ 60,000	$　0	$ 60,000

從表10.8第i部分的分析結果看來，不應該結束該俱樂部。如果俱樂部停業，則明達公司將失去邊際貢獻$65,000，而只節省$35,000之可避免費用。也就是說，如果繼續經營俱樂部，$65,000之俱樂部邊際貢獻足以補足$35,000之

可避免費用，而產生$30,000對不可避免之固定成本的貢獻。

俱樂部之邊際貢獻	$ 65,000
可避免之固定費用	(35,000)
對不可避免之固定成本的貢獻	$ 30,000

現在再看看表10.8的第ii部分，如業務部副總所言，俱樂部可吸引許多旅客。主計長估計若結束俱樂部，每個月將使一般業務收入減少$60,000，此即結束俱樂部的機會成本。

將表10.8中第i與第ii部分合併分析可知，明達航空若繼續經營俱樂部，則每月可增加$90,000 (=$30,000+$60,000)的利潤。總而言之，在決定停業之前所考慮的主要因素為下列二項：

⑴若停業則只有節省可避免費用，包括變動和固定二部分成本。

⑵若停業，對一般業務收入有不良影響。

10.4.4 聯產品繼續加工或出售

在聯合生產過程(Joint Production Process)中產出兩種或更多的產品，稱為聯產品(Joint Products)。在決定聯產品是否繼續加工或出售時，要分析每一項方案的成本與效益，茲舉一例予以說明。

一家香水工廠的聯合生產過程同時產出產物 X 與 Y 各200品脫，其在分離點(Split-off Point)的售價分別為每品脫$8及$4，聯合成本則為$2,200。該工廠廠長可將 Y 產物再加工為200品脫的 Z 產物，此額外之加工成本為$250，而每品脫售價則可成為$6。上述之諸項關係可彙總於下圖：

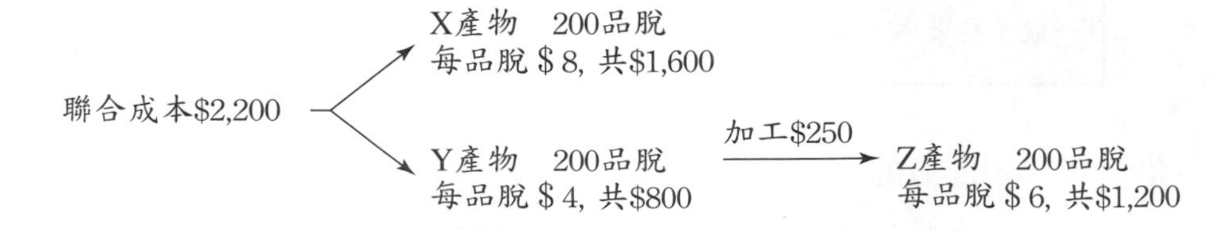

廠長必須決定是否要將 Y 產物加工為 Z 產物後才出售。正確的分析方法

是比較增額的收入與增額的成本。如果有利潤產生，則可繼續加工，否則不值得加工。如下面的分析，可將 Y 產物加工到 Z 產物。

Z 產物的增額收入($6–$4)×200品脫	$400
Y 產物加工為 Z 產物之增額成本	250
增額淨利	$150

另一個分析方法如下：

Z 產物之收入，$6×200品脫		$1,200
成本：		
加工成本	$250	
放棄出售 Y 產物之機會成本	800	1,050
將 Y 產物加工至 Z 產物之增額淨利		$ 150

就聯合成本的分攤而言，以數量為基礎的傳統聯產品成本分攤方式，很可能會使管理者產生誤解，因其是從單位成本的觀點來分析。如上例中，將聯合成本$2,200依產量來分攤到 X 產物與 Y 產物：

產　物	品脫數	權重比例	聯合成本	分攤額
X	200	200÷400=0.5	0.5×$2,200=	$1,100
Y	200	200÷400=0.5	0.5×$2,200=	$1,100
	400			$2,200

如果管理者決定生產 X 產物和 Z 產物，損益表會因上面的聯合成本分攤而有下面的結果：

		X 產物		Z 產物
銷貨收入		$ 1,600		$ 1,200
銷貨成本				
分攤的聯合成本	$(1,100)		$(1,100)	
加工成本	0		(250)	
總銷貨成本		(1,100)		(1,350)
銷貨毛利		$ 500		$ (150)

看來將 Y 產物加工至 Z 產物才出售，仍有$150的損失，似乎不值得生產 Z 產物。但在短期決策時，只要增額收入超過增額成本及機會成本，就可加工後再出售。所以該香水工廠仍可將 Y 產物加工到 Z 產物才出售。

10.5 制定決策之其他問題

在上節的各個釋例中，都已將問題單純化，假設管理當局會依據所有的攸關資料，制定對公司最有利的決策。但是，實際情況可能並非如此，會有例外的情形產生，這也是本節所要討論的主題。

在本章前面的分析中，都假設所有的攸關資料是正確的；但是實際上，資料的正確程度會隨情況而不同。通常可以用敏感度分析(Sensitivity Analysis)來處理不確定的狀況。此項分析是當一項重要預估或假設改變時，分析其改變對結果有何影響的技術。

假設正大公司要決定如何使用剩餘的100機器小時，由表10.9可知，A產品每機器小時的邊際貢獻較B產品高。若不完全確定A產品之邊際貢獻，則可利用敏感度分析來測試該決策對不確定參數的敏感性。如表10.9所示，A產品的單位邊際貢獻在降為$4之前，不會更改決策結果。也就是說只要A產品的單位邊際貢獻超過$4，則100機器小時都應作為生產A產品之用。

敏感度分析可幫助管理會計人員瞭解在分析中，哪些參數最需要估計準確。由表10.9，管理會計人員可得知，即使A產品的單位邊際貢獻比預估數減少$1，仍不至於影響決策。

表10.9 敏感度分析

原始分析	A產品	B產品
(a)預測之單位邊際貢獻	$5	$10
(b)每單位所需機器小時	0.02	0.05
(a)÷(b)每機器小時之邊際貢獻	$250	$200
敏感度分析		
(c)敏感度分析所假設之單位邊際貢獻	$4	
(d)每單位所需機器小時	0.02	
(c)÷(d)每機器小時之邊際貢獻	$200 ←	↑

另一個處理不確定的方法是期望值(Expected Values)。一個隨機變數的期望值等於所有可能值乘以相對應之機率後再予以加總。假設上例資料改為如表10.10所示，決策將會隨著各產品單位邊際貢獻的期望值而定。

表10.10 期望值之利用

A產品		B產品	
邊際貢獻之可能值	機　率	邊際貢獻之可能值	機　率
$3.75	0.5	$ 7.50	0.3
$6.25	0.5	$10.00	0.4
		$12.50	0.3

期望值：

A產品：(0.5) ($3.75) + (0.5) ($6.25) = $5.00

B產品：(0.3) ($7.50) + (0.4) ($10.00) + (0.3) ($12.50) = $10.00

每單位所需機器小時

A產品：0.02

B產品：0.05

每機器小時期望之邊際貢獻

A產品：$250

B產品：$200

期望值計算在統計學上已發展出許多其他處理不確定性的方法，於統計與決策理論之課程中可討論，本書不擬詳細討論。

10.6 制定決策時應避免之錯誤

在制定任何企業決策時，確認攸關成本與效益是極重要的一項步驟。然而，分析人員常忽略攸關資料或是錯誤地考慮非攸關資料。本節將概要說明幾點制定決策時易犯的錯誤。

1. 把沉沒成本納入決策分析中

沉沒成本與未來的交易無關，應視為非攸關成本。但仍有管理者往往誤將之考慮於決策分析中，這些人所持的論點是為了證明其過去的決策是正確的，對未來交易則因無法明確掌握資料而不列入考慮。

2. 將固定成本單位化

為了計算產品的單位成本，將固定成本分攤至各個產品上。如此的作法使固定成本和變動成本一樣用來計算單位成本，而易誤導決策。故在作決策分析時，應把固定成本作總體的衡量，而不作硬性的分攤。

3. 固定成本的歸屬

在決定結束某部門營運時，必須確定有哪些成本是可避免的。當停止該部門後，該部門的不可避免之固定成本，是否應該歸屬到其他部門，會計人員應有適當的處理。

4. 機會成本的忽略

一般人傾向於忽略機會成本，或視其重要性次於實際支出成本。但是事實上，機會成本與任何其他攸關成本同樣重要，不宜予以忽略。

文昌公司是一攝影器材製造商，正要考慮是否接受一批特殊訂單。該公司目前有剩餘產能，所以接受此訂單並不會影響一般產量。試分別考慮下列各題，並討論每項成本對特殊訂單成本計算的影響。

(1)用來生產該批特殊訂單的機器，對於文昌公司並無其他用途，其帳面價值為$3,000。如果不接受該訂單，該機器則將以$2,500出售。如果接受該訂單，則在訂單完成三週後以$1,600出售。

(2)如果接受該訂單，將會佔用工廠的部分儲存空間，此空間的折舊費用是$14,000。但若挪為此用，則必須向附近倉庫租用空間，來存放其他貨品，租金為$19,500。

(3)如果接受該訂單，則必須有一特別的拼裝程序。公司可以每單位$28外包出去，也可以$34的單位成本自行進行拼裝程序。該$34的自製成本的計算詳列如下：

直接原料	$12.00
直接人工	7.00
變動製造費用	6.00
分攤之固定製造費用	9.00
總單位成本	$34.00

解答：

(1)設備之帳面價值是沉沒成本，與決策無關。攸關成本為$900，其計算如下：

現在出售設備之售價	$2,500
三個月後出售之售價	1,600
成本差異	$ 900

此成本差異$900應列入特殊訂單的成本。

(2)分攤予儲存空間之$14,000折舊費用是非攸關成本，因為它是沉沒成本，不論是否接受訂單都不會改變。只有$19,500租金才是攸關成本，要列入特殊訂單成本。

⑶文昌公司應該自行拼裝，攸關成本為$25.00，列示如下：

自行拼裝之攸關成本	
每單位之直接原料	$12.00
每單位之直接人工	7.00
每單位之變動製造費用	6.00
總成本	$25.00

外包的攸關成本	
單位購價	$28.00

由於單位固定製造費用$9.00是非攸關成本，不應加入計算，所以自行拼裝對公司較有利。

本章彙總

管理會計人員在決策過程中，主要是提供攸關資料。管理者依據資料作出數量分析，而在作最後決策時尚須考慮質方面的因素。決策過程中所使用的資訊要具有攸關性，須同時符合二項要件：⑴要與未來的交易有關；⑵在各方案下之數據不同。此外，在作決策時需加以考慮機會成本，才能衡量出各個方案的真正效益。產品訂價決策為管理者經常性的決策，要考慮價格與成本的關係，以達到企業預期目標。

在面臨諸項特殊攸關性決策時，各有其應注意的要點；在作自製或外購之決策時，若將分攤之固定成本也考慮在內，將會產生誤導作用。在決定是否結束某部門時，須特別注意兩方面：⑴若停業所節省的可避免費用；⑵若停業，則對其他部門可能會產生不良影響。另外，聯產品是否繼續加工的決策，應該比較增額收入與增額成本，找出二者之間的差異。

在日常營運中，管理者經常面臨不確定的情形，必須運用某些技術來協助處理問題。敏感度分析為處理不確定情形的方法之一，檢視某些參數的改變對其結果影響的程度。如果某參數只有少許變動，即造成結果大幅的改變，此現象表示結果對該參數之敏感度很大。會計人員必須仔細衡量該參數，盡可能達到精確，以免邊際結果與預期值相差太遠，而遭受嚴重損失。另一個處理不確定的方法是採用期望值的分析，一項隨機變數的期望值等於所有可能值乘以相對應之機率後予以加總。

管理會計人員提供給決策者的資訊，應著重於與決策有關，對方案的選擇有幫助，而不必僅限於財務報表上的數據。唯有正確地運用攸關成本與效益的資料，才能作出最適當的決策。

關鍵詞

可避免成本(Avoidable Cost)：

停止某部門的營運所可節省支出之成本。

決策技術(Decision-Making Techniques)：

指解決問題的方法或模式，如最適當存貨訂貨點及線性規劃等。

期望值(Expected Values)：

一隨機變數的期望值等於所有的可能值乘以相對應之機率後予以加總。

非程式化問題(Nonprogrammed Problems)：

獨特而非結構化的問題。

機會成本(Opportunity Cost)：

是指因選擇某方案而放棄的利益，該利益是其他方案中最高者。

問題(Problems)：

實際情況與理想情況之間的差距。

程式化問題(Programmed Problems)：

只需例行性及重複性之決策技術即可解決的問題。

攸關資訊(Relevant Information)：

同時符合：(1)與未來交易有關；(2)在各項方案下之數據不同二項條件的資訊。

敏感度分析(Sensitivity Analysis)：

改變某些參數來觀察其對結果影響的程度，以瞭解哪些參數必須準確地估計。

分離點(Split-off Point)：

投入同一原料進入相同的加工程序，俟某一生產點後各類產品即可明確加以辨認，該點稱為多種產品的分離點。

沉沒成本(Sunk Costs)：

為已經發生的成本，無法因未來決策而改變。

不可避免成本(Unavoidable Cost)：

停止某部門營運仍須支出之成本。

固定成本單位化(Unitized Fixed Costs)：

將固定成本分配到各個產品，以計算產品之單位成本。

作業

一、選擇題

1. 下列哪一項成本雖不是實際成本但也可算是攸關成本?

   A.直接原料成本。

   B.機會成本。

   C.直接人工成本。

   D.固定製造費用。

2. 自製的攸關成本與外購的攸關成本兩者的比較是為了作何種決策?

   A.為所製的產品訂價。

   B.決定是否增加新產品線或刪掉舊產品線。

   C.自製或外購決策。

   D.找出總攸關成本。

3. 在數家廠商競標的情況下,公司若要作訂價決策,最好是採:

   A.特殊訂單訂價決策。

   B.目標報酬率訂價決策。

   C.成本加價訂價決策。

   D.投標訂價決策。

4. 當管理當局必須為不同成本的許多產品訂價時,成本加成訂價法的加成率通常是採:

   A.每單位增加某定量。

   B.產品成本的某百分比。

   C.等於產品成本。

   D.多於產品成本。

5. 針對以下的決策,下列何者是正確的?

   A.不將固定成本分攤至各個產品。

   B.將沉沒成本考慮於決策分析中。

C.不需要考慮機會成本。

D.將停止營運部門之不可避免固定成本，歸屬到適當的部門。

二、問答題

1.試述制定決策之六個步驟。

2.管理會計人員與決策者為了使成本與效益具有攸關性，須符合哪些條件?

3.何謂沉沒成本?

4.何謂機會成本?為何在決策過程中，需考慮機會成本?

5.試舉例說明成本加成法(兩種不同的計算方式)及目標報酬率加成訂價法。

6.何種情況應接受特殊訂單?又何種情形應拒絕之?

7.何謂可避免成本與不可避免成本?請各舉例說明。

8.管理者在決定停業之前，應考慮哪二項主要因素?

9.說明制定決策時應避免的錯誤。

10.試述分離點的定義，並說明聯產品何時應繼續加工，何時應立即出售。

第11章

資本預算決策(一)

學習目標:

- 瞭解資本預算決策的意義與種類
- 認識現金流量的意義
- 明白現值觀念
- 瞭解投資計畫之評估方法

前　言

企業要想永續經營和不斷茁壯，必須要有完整的長程規劃來善用有限的資源，以發揮最大的效益，進而達到公司既定的利潤與成長目標。這項規劃工作可由資本預算決策來達成；例如是否建造新的廠房、機器設備的淘汰換新、生產線的增設或新產品的研究與開發等等。這些決策基本上與公司的績效有密切關係。管理當局應在完成適當的決策之前，盡量蒐集各方面的資訊，以決定資源如何分配。否則可能會在龐大的資金投入之後，發現投資是錯誤的，更可能導致周轉不靈而面臨倒閉的危機。

本章及下一章即在說明適當決策的過程與要素。本章首先介紹資本預算決策的意義、種類及各種投資計畫評估方法；至於深一層的問題，如所得稅、通貨膨脹及投資計畫之再評估等問題，則在下一章做進一步的探討。

11.1　資本預算決策的意義與種類

在日常營運下，企業的支出可依其受益期間的長短，區分為收益支出(Revenue Expenditure)和資本支出(Capital Expenditure)二大類。前者屬於經常性支出，例如電費、廣告費等，費用的支付與受益的時間，皆發生在同一會計年度。一般而言，收益支出為短期性費用，對企業的營運較無長久性的影響。相對的，資本支出為長期性且不經常發生的支出，例如新廠房的設置成本、機器設備的購買成本等，這些成本的效益會延伸到以後的會計年度。此項支出一般是與長期資產的購買有關，往往支付的金額較大，一旦決定資本支出，管理者不易變更其決定。因此，管理者在作長期投資決策時，不得不審慎地評估該項投資計畫的可行性。

資本預算(Capital Budgeting)是指評估資本支出的過程，以數量性方法來衡量資本投資的成本與效益。對企業而言，資本預算決策的主要目標，是選擇適當的投資，以增加企業的價值，提昇公司整體的投資報酬率。例如某一公司考慮是否要投資於整廠自動化的大型計畫，此項支出成本龐大，如果投資成功，公司的產能增加、品質提高、成本降低，對公司的獲利能力有長期的正面影響。相反的，如果投資失敗，公司可能會面臨倒閉的危機。由此看來，資本預算決策的成敗，對企業的生存成長，有著關鍵性的影響，公司決策者必須要以客觀且周全的方法，來完成資本預算決策。

如果企業的投資決策，其現金的流出與流入期間超過一年以上，可稱為資本預算決策。依性質的不同，管理者所面臨的資本預算決策，可分為兩大類：(1)接受或拒絕決策(Acceptance-or-Rejection Decision)和(2)資本分配決策(Capital Rationing Decision)。第一種決策所發生的情況是當所需的資金已足夠或預期可得到，管理者要決定是否接受某一特定的資本投資計畫，其決策準則是該計畫的預期效益要超過公司既定目標。例如，某公司主管考慮是否要更換公司的幾部陳舊的機器？此時主管所關心的是使用新機器的營運成本與購置成本是否低於現有舊機器之營運成本。要達到降低營運成本的目標，機器才值得購買。至於資本分配決策是指如何把有限的資源，適當的分配到各項投資計畫，使企業整體效益提昇。資本分配決策的內容，在第12章有詳細的討論。

11.2　現金流量的意義

大部分資本預算方法需要使用現金流量的資訊，來評估投資計畫的成效。對每一項投資計畫，決策者要瞭解其現金流出量與現金流入量所涵蓋的範圍。

在資本預算決策中，現金流出量主要包括下列五項：

(1)第一次的投資總額。

(2)為該項投資每年所需增加的營運成本。

(3)與該項投資有關的維修費用。

(4)在執行該項計畫時，為營運周轉需要較多的存貨與應收帳款而使現金積壓。

(5)償付到期的應付帳款。

至於現金流入量方面，包括了以下六項：

⑴由該項投資所增加的收入。

⑵因該項投資提高生產效率，所降低的生產成本。

⑶折舊費用所導致的所得稅減少額。

⑷投資計畫結束後，廠房設備出售的殘值收入。

⑸營運資金因應付帳款的賒欠而減少。

⑹結束投資計畫時，現金的餘額會因存貨出售和應收帳款的收現而增加。

這裡所談的收入和費用，不是指總數，而是指因投資計畫的執行，所導致企業收入和費用的增加量，這也就是所謂的現金流量的增量分析(Incremental Analysis)。第一次的投資總額包括新廠房設置的購置成本，人員的召募與訓練成本，原料的採購成本等項目。在計畫執行期間，發生不少營運成本，例如工資、保險費、稅金和水電費等。由於機器設備的購置成本，在計畫執行的前期已完全支付，所以不將折舊費用列為各期的現金流出。而折舊費用引起之所得稅減少額，乃列為現金流入量的一部分。另外，由於新設備的購置，使製造成本較以前少，這部分所節省下來的錢，則也列為現金流入量。

為使讀者更瞭解現金流量的增量分析，以一釋例來予以說明。青年公司正在考慮是否購置新機器。在作決策之前，總經理要求會計部門提供有關資料，並作出適當的分析。會計經理先提出下列的資料:

⑴新機器的購買成本為$200,000，預定的使用年數為五年，最後的殘值可出售，且價值約為$20,000。為保持機器的製造效率，該機器使用二年半後，要花費$40,000將引擎重新保養。

⑵由於新設備的擴充，產能每年可增加2,000個單位。

⑶製造成本每年可減少$30,000。

⑷產品的單位售價為$55，單位變動成本為$30。

⑸目前舊機器的帳面價值為$16,000，如果現在將其出售，價格與帳面價值相同。如果繼續使用，仍可再使用五年，但那時所剩殘值為零。

⑹除了上述五項資料外，其他的收入與費用資料不改變。

為了使總經理清楚瞭解這些資料，會計經理將相關資料列在表11.1上。現金流入量以正數來表示；現金流出量以負數來表示，也就是以數字列在括弧內，以表示負數。由於該設備預定使用五年，所以在表11.1中，列出五年期間的現金流入量和現金流出量。

表11.1 青年公司：現金流量分析

	投資年	第一年	第二年	第三年	第四年	第五年
購買新機器	$(200,000)					
殘 值						$ 20,000
出售舊機器	16,000					
銷售額增加數		$110,000	$110,000	$110,000	$110,000	$110,000
變動成本增加數		(60,000)	(60,000)	(60,000)	(60,000)	(60,000)
製造成本節省數		30,000	30,000	30,000	30,000	30,000
引擎維護費				(40,000)		
現金流量淨額	$(184,000)	$ 80,000	$ 80,000	$ 40,000	$ 80,000	$100,000

由表11.1的結果顯示，除了投資年的現金流量淨額為負的$184,000，其餘幾年皆為正數。第三年是因為花費$40,000來維修引擎，以保持機器的製造效率，所以現金流量淨額較前二年少$40,000。至於第五年較前四年的現金流量淨額多$20,000，是因為出售機器的殘值。

11.3 現值觀念

由於資本預算決策，是屬於長期性的決策。對一般公司而言，投資計畫的執行期間大部分是三年以上，在這期間內，有不少與現金流量有關的交易行為發生。所以在資本預算決策的分析過程中，首先要瞭解貨幣的時間價值(Time Value of Money)。如果有人問你，要今天先拿$100，還是一年以後再來拿$100？大部分的答案是今天先拿$100，不必再等一年以後才得到。另一方面，如果目前的一年期定存利率為10%，現在將$100存入銀行，一年後可得$110。換言之，$100的終值(Future Value)為$110；$110的現值(Present Value)為$100（皆為一年期）。在作資本預算決策分析時，未來期間所收到的現金屬於終值，為了與現在所投入的現金相比，必須將終值折現成為現值，才能作出較為正確的投資方案評估。

就一般利息的計算方式，有單利(Simple Interest)和複利(Compound Interest)兩種。單利方式是指同一本金每期的利息皆相同；複利方式則是以本金加上前期利息的累加數，來計算本期的利息。這兩種方式所計算出利息的不同，可由表11.2得知。

表11.2 單利與複利的計算

單利	本金	×	利率	=	利息
第一年	$100	×	10%	=	$10
第二年	$100	×	10%	=	$10
第三年	$100	×	10%	=	$10
複利	本金+前期利息	×	利率	=	利息
第一年	$100	×	10%	=	$10.0
第二年	$(100+10)	×	10%	=	$11.0
第三年	$(100+21)	×	10%	=	$12.1

由上表看來，利息的金額在複利的計算方式下，會隨著期間的增加而增加，並且計算公式可以終值的計算公式來表示。

$$F_n = P(1+r)^n$$

F：終值　　r：年利率

P：本金　　n：年數

如果以三年代入終值公式，所得結果與表11.2相同。

$$F_3 = \$100\times(1+10\%)^3$$

$$= \$100\times(1.331)$$

$$= \$133.1$$

$$F_3 = \$100+\$10+\$11+\$12.1=\$133.1$$

同樣的，現值的計算公式也可以下面的公式來表示。

$$P = F_n \cdot [\frac{1}{(1+r)^n}]$$

如果三年後的終值是$133.1，現值的計算如下：

$$P = \$133.1[\frac{1}{(1+10\%)^3}]$$
$$= \$133.1(\frac{1}{1.331})$$
$$= \$133.1(0.751)$$
$$= \$100$$

由上述的計算過程，可說明今天的$100在未來三年後的價值是$133.1；或說是三年後的$133.1，其現值為$100。除了逐步計算方式外，還可以查表的方式來找出複利終值係數(1.331)和複利現值係數(0.751)，請參考附錄11.1與附錄11.3，期間為三年且利率為10%的係數。

就資本投資計畫而言，在計畫執行的初期，需要投入大筆的資金來購買廠房設備，但投資效益是在未來的幾年中陸續實現。例如大中公司投資$5,000,000來買新機器，其使用年數預計是五年，每年可節省公司$1,500,000的製造成本。目前市場上的年利率假設為8%，並且採用複利方式來計算利息。這些未來的成本節省部分若換算成現在的價值，可由表11.3來說明。

在表11.3中，複利現值係數取自於附錄11.3，每年分別予以計算，再將五年的總數加以彙總而得$5,989,500，也就是未來五年的成本節省數之現值。另一種計算方式較為簡單，採用附錄11.4的年金現值係數(3.993)乘上$1,500,000，同樣得到$5,989,500。

表11.3 複利現值的計算

第一年	$\$1{,}500{,}000 \times \left[\frac{1}{(1+0.08)^1}\right]$	= \$1,500,000 × (0.926) = \$1,389,000
第二年	$\$1{,}500{,}000 \times \left[\frac{1}{(1+0.08)^2}\right]$	= \$1,500,000 × (0.857) = \$1,285,500
第三年	$\$1{,}500{,}000 \times \left[\frac{1}{(1+0.08)^3}\right]$	= \$1,500,000 × (0.794) = \$1,191,000
第四年	$\$1{,}500{,}000 \times \left[\frac{1}{(1+0.08)^4}\right]$	= \$1,500,000 × (0.735) = \$1,102,500
第五年	$\$1{,}500{,}000 \times \left[\frac{1}{(1+0.08)^5}\right]$	= \$1,500,000 × (0.681) = \$1,021,500
連續五年的複利現值之總和		\$5,989,500
採用年金現值表的計算方式:		
\$1,500,000 × (3.993) = \$5,989,500		

11.4 投資計畫的評估方法

評估投資計畫的方法，大致上可分為五種方法：⑴還本期間法(Payback Period Method)；⑵會計報酬率法(Accounting Rate of Return Method)；⑶淨現值法(Net Present Value Method)；⑷內部報酬率法(Internal Rate of Return Method)；⑸獲利能力指數(Profitability Index)。各項方法，在本節分別予以說明。

11.4.1 還本期間法

還本期間法的主要目的在於計算投資額多久才能回收，所以也有人稱之為回收期限法。由於計算方式較為簡單，廣受企業界喜愛。如果公司面臨兩種投資方案之選擇，其投資額皆相同，但各方案的每期現金收回金額與時間不同，其中回收期較短的方案，被視為值得投資的方案。因為投資回收期越長，不確定因素也越多，風險也就相對地提高。

假如每年的淨現金流量相同，則還本期間(Payback Period)的計算，只是將投資總額除以每年的淨現金流入量或成本節省數。例如某一投資計畫所需投入的金額為$240,000，每年可得現金$96,000，以還本期間法來計算還本期間應為二年半($240,000÷$96,000)。在此種方法下，只考慮還本期間內的現金流量，至於還本期間以後的現金流量不予以考慮。如同前例，也許該計畫可維持二十年，但超過二年半以後的淨現金流量，對還本期間的計算沒有影響。

如果每年的現金流量不相同時，還本期間的計算如表11.4。還本期間的計算，主要是看「未回收金額」，要將$240,000在第四年內償還需要$40,000，佔第四年現金流入量$80,000的50%，所以還本期間為三年半。此乃假設淨現金流入平均發生於一年當中。

表11.4　還本期間的計算：每年現金流量不同

年　度	現金流量（流出）	未回收金額
投資年	$(240,000)	$240,000
1	80,000	160,000
2	80,000	80,000
3	40,000	40,000
4	80,000	0
5	56,000	0
還本期間 = 3 + ($40,000 ÷ $80,000) = 3.5（年）		

當管理者同時面臨數種方案時，大部分會選擇投資還本期較短者。有些公司的投資政策，甚至於明確規定還本期間不得超過五年。由於還本期間法的計算過程很簡單，所以廣為企業界所使用，但仍有其缺點。此方法主要被批評的問題可歸納為兩類：(1)未考慮貨幣的時間價值；(2)未考慮還本期間以後的現金流量。針對第一個問題，可將複利現值列入計算過程。在表11.5中，使用與表11.4相同的資料，加上年利率8%的假設，計算出每年現金流入量的現值。

表11.5 還本期間的計算：考慮現值

年 度	現金流量（流出）		現值係數		現金流入量現值	未回收金額
投資年	$(240,000)					$240,000
1	80,000	×	0.926	=	$74,080	165,920
2	80,000	×	0.857	=	68,560	97,360
3	40,000	×	0.794	=	31,760	65,600
4	80,000	×	0.735	=	58,800	6,800
5	56,000	×	0.681	=	38,136	0

還本期間 = 4 + ($6,800 ÷ $38,136) = 4.18（年）

在表11.5中，將每年的現金流入量折現為投資年的價值，再用這些現值來計算投資$240,000的還本期間。在「未回收金額」欄中，第五年內需要$6,800，約佔第五年現金流入量現值$38,136的18%，所以還本期間為4.18年。此結果與表11.4的結果相比較，可以得知將現值觀念加入還本期間計算時，可解決還本期間法的第一個問題，以求得較合理的還本期間。

11.4.2 會計報酬率法

會計報酬率（Accounting Rate of Return；簡稱ARR）也就是所謂的資產報酬率(Return on Assets)，也有人稱為投資報酬率(Return on Investment)。會計報酬率法所採用的公式是每年平均的淨利除以投資額，其公式如下：

$$會計報酬率 = \frac{平均淨利}{投資額}$$

公式中分母的部分，可為原始投資額、原始投資額和殘值的平均數，或每年投資資產的帳面價值之平均數。公司管理者可自行決定採用哪一項目為分母。假如公司要每年分別計算其投資計畫的會計報酬率，要注意採用每年投資資產的帳面價值之平均數所產生的後果。由於資產的帳面價值會隨時間的增加而減少，因而造成每年的會計報酬率增加。此情形可由表11.6來說明，每年的預期淨利皆為$30,000，但因為每年資產的帳面價值之平均數下降，使會計報酬率由第一年的15%上升到第五年的75%。事實上，獲利的情形每年相同。

會計報酬率法的計算過程簡單，投資方案的選擇準則是投資報酬率較高者，在實務界有不少公司使用此法，但仍有其缺點如下：

⑴忽略貨幣的時間價值。

⑵未考慮現金流量的問題。

表11.6　會計報酬率法

年　度	資產帳面價值的平均數	預期利潤	會計報酬率
1	$200,000	$30,000	15.00%
2	160,000	30,000	18.75%
3	120,000	30,000	25.00%
4	80,000	30,000	37.50%
5	40,000	30,000	75.00%

11.4.3　淨現值法

淨現值法（Net Present Value Method；簡稱NPV）又稱為現值法(Present Value Method)，係將一項投資計畫之各期現金流量（包括收入和支出兩項）以一適當的折現率（通常為公司的加權平均資金成本）折為現值，予以加總，即得到所謂的淨現值。計算公式如下：

$$NPV = \frac{C_0}{(1+r)^0} + \frac{C_1}{(1+r)^1} + \frac{C_2}{(1+r)^2} + \cdots + \frac{C_n}{(1+r)^n}$$

$$= \sum_{t=0}^{n} \frac{C_t}{(1+r)^t}$$

在上面的公式中，C_t代表計畫執行中之各期現金流量（若是淨現金流入量，則C_t為正值；若為淨現金流出量，則C_t為負值。C_0即代表原始投資額，故必為負值），r為折現率。若計畫的淨現值為正數，則可接受之；若其淨現值為負數，應拒絕該計畫，因其無法為公司賺得必要的報酬率（即所用之折現率）。

假設有一A投資方案，原始投資額為$100,000，執行期間為五年，每年年底將產生$25,000的淨現金流入，所採用之折現率為12%。如表11.7之計算，A方案之淨現值為$(9,880)，故應拒絕之。

設另有一B投資方案，原始投資額亦為$100,000，執行期間為五年，每年年底之淨現金流入分別為$50,000、$40,000、$25,000、$5,000、$5,000，也同時用12%的折現率。計算而得的淨現值為$341，故應接受B方案，詳細之計算過程參見表11.8。

表11.7　A投資方案淨現值之計算

年　度					
0	$(100,000)	÷	$(1+0.12)^0$	=	$(100,000)
1	25,000	÷	$(1+0.12)^1$	=	22,321
2	25,000	÷	$(1+0.12)^2$	=	19,930
3	25,000	÷	$(1+0.12)^3$	=	17,795
4	25,000	÷	$(1+0.12)^4$	=	15,888
5	25,000	÷	$(1+0.12)^5$	=	14,186
			淨現值	=	$ (9,880)

表11.8　B投資方案淨現值之計算

年　度					
0	$(100,000)	÷	$(1+0.12)^0$	=	$(100,000)
1	50,000	÷	$(1+0.12)^1$	=	44,643
2	40,000	÷	$(1+0.12)^2$	=	31,888
3	25,000	÷	$(1+0.12)^3$	=	17,795
4	5,000	÷	$(1+0.12)^4$	=	3,178
5	5,000	÷	$(1+0.12)^5$	=	2,837
			淨現值	=	$ 341

淨現值法是評估資本支出決策的最佳方法之一，其優點如下：

(1)考慮貨幣的時間價值。

(2)考慮投資計畫整個經濟年限內的現金流量。

(3)當各期現金流量呈現不規則的變動時，較易於運用之。

此法之缺點則為：

(1)折現率之決定常偏向主觀。

(2)當各投資之經濟年限或投資額不相等時，無法加以比較來決定優先次序，必須由管理人員主觀判定。

11.4.4 內部報酬率法

內部報酬率（Internal Rate of Return；簡稱IRR）乃是使投資方案的淨現值為零的折現率，若其大於管理當局所定的最低報酬率，則可接受該方案；若小於最低報酬率，則應拒絕之。由於各個投資計畫的現金流量所發生的時間不同，而應用公式計算內部報酬率時，可分為兩種情況來探討：

1. 各年淨現金流入量相等

在此種情況下，計算內部報酬率較為容易，計算過程如下所示：

$$\frac{-C_0}{(1+IRR)^0} + \frac{C_1}{(1+IRR)^1} + \frac{C_2}{(1+IRR)^2} + \cdots + \frac{C_n}{(1+IRR)^n} = 0$$

其中，$C_1 = C_2 = C_3 = \cdots = C_n$，故上式可改寫為

$$C_0 = C_1 \left[\frac{1}{(1+IRR)^1} + \frac{1}{(1+IRR)^2} + \cdots + \frac{1}{(1+IRR)^n}\right]$$

$$= C_1 \times P_n\ IRR$$

（P_n IRR表示利率為IRR，n年期之年金現值係數）

$$\Rightarrow \frac{C_0}{C_1} = P_n\ IRR$$

當C_0（原始投資額）、C_1（各年之淨現金流入量）及n（經濟年限）為已知，則查年金現值表可得IRR。

假設大本公司正考慮是否要購置一新機器，成本為$34,331，耐用年限為五年，五年後無殘值。使用該機器後，每年可節省付現的營業成本$10,000，資金成本為12%。茲計算其內部報酬率如下：

$$\frac{C_0}{C_1} = \frac{\$34,331}{\$10,000} = 3.4331 = P_5\ IRR$$

查年金現值表之五年期部分，得知年金現值係數3.4331之折現率為14%。由於內部報酬率14%大於資金成本12%，故應可購置此新機器。本例之年金現值恰可在年金現值表中查得，故解題極為容易。如果無法從表中查得時，則可用插補法(Interpolation)求出近似的內部報酬率。例如，前例之機器的成本為$33,831而非$34,331，其殘值亦相同，則其年金現值係數為3.3831 (=$33,831 ÷$10,000)。查年金現值表，五年期的年金現值係數3.3831介於3.4331與3.3522之間，表示其折現率介於14%與15%之間，利用插補法計算如下：

	現值係數	現值係數
14%折現率	3.4331	3.4331
真實折現率		3.3831
15%折現率	3.3522	
折現率差距	0.0809	0.0500

$$\text{內部報酬率} = 14\% + (\frac{0.0500}{0.0809} \times 1\%)$$
$$= 14\% + 0.6180\% = 14.6180\ \%$$

14.6180%之內部報酬率依然大於資金成本12%，故仍可購置該機器。

2. 各年淨現金流入量不相等

在此情況下，須用試誤法(Trial and Error)來計算，即逐次使用不同的折現率，直到現金流量的淨現值為零，此時之折現率即為內部報酬率。

設玉山公司正評估一投資計畫，原始投資額為$200,000，耐用年限五年，五年後無殘值，每年預期之淨現金流入分別為：$80,000、$60,000、$50,000、$30,000、$20,000。內部報酬率之計算如下：

$$\frac{\$80,000}{(1+IRR)^1} + \frac{\$60,000}{(1+IRR)^2} + \frac{\$50,000}{(1+IRR)^3} + \frac{\$30,000}{(1+IRR)^4} + \frac{\$20,000}{(1+IRR)^5} = \$200,000$$

利用試誤法計算如表11.9所示。

表11.9　內部報酬率的計算：試誤法

年　度	淨現金流量	第一次試誤（10%折現率）		第二次試誤（9%折現率）		第三次試誤（8%折現率）	
		現值係數	現　值	現值係數	現　值	現值係數	現　值
0	$(200,000)	1.0000	$(200,000)	1.0000	$(200,000)	1.0000	$(200,000)
1	80,000	0.9091	72,728	0.9174	73,392	0.9259	74,072
2	60,000	0.8264	49,584	0.8417	50,502	0.8573	51,438
3	50,000	0.7513	37,565	0.7722	38,610	0.7938	39,690
4	30,000	0.6830	20,490	0.7084	21,252	0.7350	22,050
5	20,000	0.6209	12,418	0.6499	12,998	0.6806	13,612
淨現值			$　(7,215)		$　(3,246)		$　862

第一次以10%之折現率來計算，其淨現值$(7,215)小於零，表示所用的折現率太高。第二次以9%來折現，得到淨現值$(3,246)，仍然小於零，故尚須降低折現率。第三次用8%為折現率，所得淨現值為$862，表示此計畫之真正內部報酬率高於8%，而較9%為低。以插補法計算如下：

$$8\% + \frac{862}{(862 + 3{,}246)} \times 1\% = 8.2098\%\text{或}$$

$$9\% - \frac{3{,}246}{(862 + 3{,}246)} \times 1\% = 8.2098\%$$

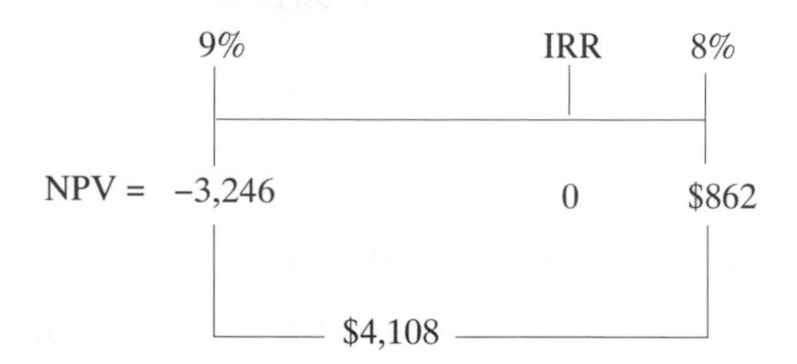

使用插補法後，求得內部報酬率為8.2098%。本例之試誤僅做了三次，算是相當幸運，在多數的情況下，都需試誤不少次。一般說來，內部報酬率法是僅次於淨現值法之方案評估方法。採用內部報酬率法具有以下之優點：

(1)考慮貨幣之時間價值。

⑵考慮到投資計畫整個經濟年限內的全部現金流量。

至於內部報酬率法的缺點，主要是計算的過程較為複雜。針對此點的解決之道，可藉電腦來完成繁複的計算程序。

除了以複雜方式計算內部報酬率外，還有一種較為簡單的方法。若符合以下二項條件，則內部報酬率可依據還本期間法期望之計畫存續期間來估計：

⑴該計畫有相當高的報酬率（超過20%）。

⑵還本期間短於計畫存續期間的一半。

例如，一項至少存續十五年之$100,000投資，每年可賺得$30,000。還本期間為$3\frac{1}{3}$年，其倒數則為$\frac{3}{10}$或30%。從年金現值表中可查得，現值係數為3.33 (=$100,000÷$30,000) 而存續期間是十五年的報酬率，是介於28%與30%之間，與還本期間的倒數十分接近。如果計畫之存續期間很長，例如五十年，則還本期間之倒數幾乎可完全正確地估得內部報酬率。

11.4.5 獲利能力指數

評估投資計畫的另一個方法是獲利能力指數，或稱為超額現值指數(Excess Present Value Index)，定義如下：

$$\text{獲利能力指數} = \frac{\text{除原始投資外的現金流量現值之總和}}{\text{原始投資額}}$$

為使讀者便於瞭解，茲舉一簡單的例子來說明。假設正芳公司管理者正評估A、B二項投資方案，A方案之原始投資額為$100,000，經濟年限為二年，每年的淨現金流量分別為$80,000及$50,000；B方案之原始投資額為$70,000，經濟年限為二年，每年的淨現金流量分別為$50,000及$46,000，折現率皆為10%。此二項投資的獲利能力指數計算如表11.10。

由表11.10可知，B方案的獲利能力指數大於A方案，似乎表示B方案的獲利能力較佳，而應選擇B方案（假設資金有限或二方案互斥）。但是A方案之淨現值$14,049大於B方案的$13,472，使得二種評估產生矛盾。面臨矛盾狀況時，多需仰賴管理者主觀的判斷。一般而言，當獲利能力指數大於一時，淨現值一定為正值。

表11.10　獲利能力指數的計算

年　度	A方案 淨現金流量	A方案 10%折現值	B方案 淨現金流量	B方案 10%折現值
0	$100,000	$100,000	$70,000	$70,000
1	80,000	72,727	50,000	45,455
2	50,000	41,322	46,000	38,017

獲利能力指數:

A方案 = ($72,727 + $41,322) ÷ $100,000 = 1.1405

B方案 = ($45,455 + $38,017) ÷ $70,000 = 1.1925

協合公司正在考慮是否要購買一部雷射切割機來改善目前的製造程序。此部新機器的購買成本為$1,137,300，使用年限是五年，殘值為零。如果使用此部雷射切割機可使每年的製造成本節省$390,000之現金流量。假設協合公司採用8%為折現率。在作決策之前，總經理要求會計部門提供下列各項資料。

(1)還本期間。

(2)會計報酬率（以原始投資額為分母）。

(3)淨現值。

(4)內部報酬率。

(5)獲利能力指數。

解答：

(1)還本期間 = 原始投資額 ÷ 每年現金流入量

= $1,137,300 ÷ $390,000

= 2.92（年）

(2)會計報酬率 =（每年現金流入量 − 每年折舊費用）÷ 原始投資額

= [$390,000 − ($1,137,300 ÷ 5)] ÷ $1,137,300

= ($390,000 − $227,460) ÷ $1,137,300

= 14.29%

(3)淨現值 = ($390,000 × 3.993) − $1,137,300

= $419,970

(4)內部報酬率

F = $1,137,300 ÷ $390,000 = 2.916

當r = 20%，年金現值 = 2.991

當r = 22%，年金現值 = 2.864

內部報酬率 = 20% + [(2.991 − 2.916) ÷ (2.991 − 2.864)] × 2%

= 20% + (0.075 ÷ 0.127) × 2%

$= 21.18\%$

(5)獲利能力指數 = ($390,000 × 3.993) ÷ $1,137,300 = 1.369

本章彙總

資本預算決策為長期性決策，在投資期間中有不少現金流入和現金流出的交易行為發生。依企業投資計畫性質的不同，資本預算決策可分為兩大類：⑴接受或拒絕投資方案；⑵由數種方案中選擇最好的投資組合。在作決策之前，管理者需要審慎地評估投資計畫，才能作出合理的判斷。本章介紹五種評估投資計畫的方法：⑴還本期間法；⑵會計報酬率法；⑶淨現值法；⑷內部報酬率法；⑸獲利能力指數。

在決策之前，管理者要分析與投資計畫有關的資料，以上述五種方法來分別計算其結果。一般的決策準則是選擇還本期間較短，會計報酬率較高，淨現值為正數，內部報酬率高於企業的預期報酬率，獲利能力指數大於1之方案。但實際上，任何投資計畫很難滿足各項評估方法的決策準則，必須由管理者作主觀的判斷。尤其在新製造環境下，企業投入大量的資金於整廠自動化設備。此類投資的金額大且回收期較長，依前述五種評估方法衡量，所得的結果可能不佳。此時管理者要同時考慮一些非財務性的因素和無形的投資效益。

關鍵詞

收益支出(Revenue Expenditure)：

為短期性費用，對企業的營運較無長久性的影響，例如電費、廣告費等支出。

資本支出(Capital Expenditure)：

為長期性且不經常發生的支出，例如新廠房的設置成本、機器設備的購買成本等，該項成本的效益會延伸到以後的會計年度。

資本預算(Capital Budgeting)：

是指評估資本支出的過程，以數量性方法來衡量長期投資的成本與效益。

接受或拒絕決策(Acceptance-or-Rejection Decision)：

在所需的資金已足夠或預期可得到的情形下，管理者要決定是否接受某一特定的資本投資計畫，其決定準則是該計畫的預期效益要超過公司的既定目標。

增量分析(Incremental Analysis)：

在投資計畫的執行中，所導致企業收入和費用的增加量，而不是指總量。

單利(Simple Interest)：

同一本金每期的利息皆相同。

複利(Compound Interest)：

以本金加上前期利息的累加數，來計算本期的利息。

還本期間法(Payback Period Method)：

計算投資額多久才能回收，所以又稱為回收期限法。

回收期限(Payback Period)：

投資額還本期限。

會計報酬率(Accounting Rate of Return；簡稱ARR)：

每年平均的淨利除以投資額，又稱為資產報酬率或投資報酬率。

資產報酬率(Return on Assets)：

稅後淨利除以平均總資產。

投資報酬率(Return on Investment)：

利潤除以投資額。

淨現值法(Net Present Value Method；簡稱NPV)：

又稱為現值法(Present Value Method)，係將一投資計畫之各期現金的淨值（包括收入和支出兩項）以一適當之折現率（通常為該項投資之資金成本）折為現值，予以加總，即得到所謂的淨現值。

內部報酬率(Internal Rate of Return；簡稱IRR)：

是使投資方案的淨現值為零的折現率。

獲利能力指數(Profitability Index)：

又稱為超額現值指數(Excess Present Value Index)，即是以每期所收的淨現值之總和，除以原始投資額。

附錄11.1

n期利率為i的$1之複利終值 $F_{ni}=(1+i)^n$

期間＼利率	4%	6%	8%	10%	12%	14%	20%
1	1.040	1.060	1.080	1.100	1.120	1.140	1.200
2	1.082	1.124	1.166	1.210	1.254	1.300	1.440
3	1.125	1.191	1.260	1.331	1.405	1.482	1.728
4	1.170	1.263	1.361	1.464	1.574	1.689	2.074
5	1.217	1.338	1.469	1.611	1.762	1.925	2.488
6	1.265	1.419	1.587	1.772	1.974	2.195	2.986
7	1.316	1.504	1.714	1.949	2.211	2.502	3.583
8	1.369	1.594	1.851	2.144	2.476	2.853	4.300
9	1.423	1.690	1.999	2.359	2.773	3.252	5.160
10	1.480	1.791	2.159	2.594	3.106	3.707	6.192
11	1.540	1.898	2.332	2.853	3.479	4.226	7.430
12	1.601	2.012	2.518	3.139	3.896	4.818	8.916
13	1.665	2.133	2.720	3.452	4.364	5.492	10.699
14	1.732	2.261	2.937	3.798	4.887	6.261	12.839
15	1.801	2.397	3.172	4.177	5.474	7.138	15.407
20	2.191	3.207	4.661	6.728	9.646	13.743	38.338
30	3.243	5.744	10.063	17.450	29.960	50.950	237.380
40	4.801	10.286	21.725	45.260	93.051	188.880	1469.800

附錄11.2

n期利率為i每期$1的年金終值 $F_{\overline{n}|i} = \frac{(1+i)^n - 1}{r}$

期間＼利率	4%	6%	8%	10%	12%	14%	20%
1	1.000	1.000	1.000	1.000	1.000	1.000	1.000
2	2.040	2.060	2.080	2.100	2.120	2.140	2.220
3	3.122	3.184	3.246	3.310	3.374	3.440	3.640
4	4.247	4.375	4.506	4.641	4.779	4.921	5.368
5	5.416	5.637	5.867	6.105	6.353	6.610	7.442
6	6.633	6.975	7.336	7.716	8.115	8.536	9.930
7	7.898	8.394	8.923	9.487	10.089	10.730	12.916
8	9.214	9.898	10.637	11.436	12.300	13.233	16.499
9	10.583	11.491	12.488	13.580	14.776	16.085	20.799
10	12.006	13.181	14.487	15.938	17.549	19.337	25.959
11	13.486	14.972	16.646	18.531	20.655	23.045	32.150
12	15.026	16.870	18.977	21.385	24.133	27.271	39.580
13	16.627	18.882	21.495	24.523	28.029	32.089	48.497
14	18.292	21.015	24.215	27.976	32.393	37.581	59.196
15	20.024	23.276	27.152	31.773	37.280	43.842	72.035
20	29.778	36.778	45.762	57.276	75.052	91.025	186.690
30	56.085	79.058	113.283	164.496	241.330	356.790	1181.900
40	95.026	154.762	259.057	442.597	767.090	1342.000	7343.900

附錄11.3

n期利率為i的$1之複利現值 $P_{ni} = \frac{1}{(1+i)^n}$

期間＼利率	4%	6%	8%	10%	12%	14%	16%	18%	20%	22%	24%	26%	28%	30%	32%
1	.962	.943	.926	.909	.893	.877	.862	.847	.833	.820	.806	.794	.781	.769	.758
2	.925	.890	.857	.826	.797	.769	.743	.718	.694	.672	.650	.630	.610	.592	.574
3	.889	.840	.794	.751	.712	.675	.641	.609	.579	.551	.524	.500	.477	.455	.435
4	.855	.792	.735	.683	.636	.592	.552	.516	.482	.451	.423	.397	.373	.350	.329
5	.822	.747	.681	.621	.567	.519	.476	.437	.402	.370	.341	.315	.291	.269	.250
6	.790	.705	.630	.564	.507	.456	.410	.370	.335	.303	.275	.250	.227	.207	.189
7	.760	.665	.583	.513	.452	.400	.354	.314	.279	.249	.222	.198	.178	.159	.143
8	.731	.627	.540	.467	.404	.351	.305	.266	.233	.204	.179	.157	.139	.123	.108
9	.703	.592	.500	.424	.361	.308	.263	.225	.194	.167	.144	.125	.108	.094	.082
10	.676	.558	.463	.386	.322	.270	.227	.191	.162	.137	.116	.099	.085	.073	.062
11	.650	.527	.429	.350	.287	.237	.195	.162	.135	.112	.094	.079	.066	.056	.047
12	.625	.497	.397	.319	.257	.208	.168	.137	.112	.092	.076	.062	.052	.043	.036
13	.601	.469	.368	.290	.229	.182	.145	.116	.093	.075	.061	.050	.040	.033	.027
14	.577	.442	.340	.263	.205	.160	.125	.099	.078	.062	.049	.039	.032	.025	.021
15	.555	.417	.315	.239	.183	.140	.108	.084	.065	.051	.040	.031	.025	.020	.016
16	.534	.394	.292	.218	.163	.123	.093	.071	.054	.042	.032	.025	.019	.015	.012
17	.513	.371	.270	.198	.146	.108	.080	.060	.045	.034	.026	.020	.015	.012	.009
18	.494	.350	.250	.180	.130	.095	.069	.051	.038	.028	.031	.016	.012	.009	.007
19	.475	.331	.232	.164	.116	.083	.060	.043	.031	.023	.017	.012	.009	.007	.005
20	.456	.312	.215	.149	.104	.073	.051	.037	.026	.019	.014	.010	.007	.005	.004
21	.439	.294	.199	.135	.093	.064	.044	.031	.022	.015	.011	.008	.006	.004	.003
22	.422	.278	.184	.123	.083	.056	.038	.026	.018	.013	.009	.006	.004	.003	.002
23	.406	.262	.170	.112	.074	.049	.033	.022	.015	.010	.007	.005	.003	.002	.002
24	.390	.247	.158	.102	.066	.043	.028	.019	.013	.008	.006	.004	.003	.002	.001
25	.375	.233	.146	.092	.059	.038	.024	.016	.010	.007	.005	.003	.002	.001	.001
26	.361	.220	.135	.084	.053	.033	.021	.014	.009	.006	.004	.002	.002	.001	.001
27	.347	.207	.125	.076	.047	.029	.018	.011	.007	.005	.003	.002	.001	.001	.001
28	.333	.196	.116	.069	.042	.026	.016	.010	.006	.004	.002	.002	.001	.001	–
29	.321	.185	.107	.063	.037	.022	.014	.008	.005	.003	.002	.001	.001	.001	–
30	.308	.174	.099	.057	.033	.020	.012	.007	.004	.003	.002	.001	.001	–	–
40	.208	.097	.046	.022	.011	.005	.003	.001	.001						

附錄11.4

n期利率為每期i$1的年金現值 $P_{ni} = \frac{1-(1+i)^{-n}}{i}$

期間＼利率	4%	6%	8%	10%	12%	14%	16%	18%	20%	22%	24%	25%	26%	28%	30%
1	0.962	0.943	0.926	0.090	0.893	0.877	0.862	0.847	0.833	0.820	0.806	0.800	0.794	0.781	0.769
2	1.886	1.833	1.783	1.736	1.690	1.647	1.605	1.566	1.528	1.492	1.457	1.440	1.424	1.392	1.361
3	2.775	2.673	2.577	2.487	2.402	2.322	2.246	2.174	2.106	2.042	1.981	1.952	1.923	1.868	1.816
4	3.630	3.465	3.312	3.170	3.037	2.914	2.798	2.690	2.589	2.494	2.404	2.362	2.320	2.241	2.166
5	4.452	4.212	3.993	3.791	3.605	3.433	3.274	3.127	2.991	2.864	2.745	2.689	2.635	2.532	2.436
6	5.242	4.917	4.623	4.355	4.111	3.889	3.685	3.498	3.326	3.167	3.020	2.951	2.885	2.759	2.643
7	6.002	5.582	5.206	4.868	4.564	4.288	4.039	3.812	3.605	3.416	3.242	3.161	3.083	2.937	2.802
8	6.733	6.210	5.474	5.335	4.968	4.639	4.344	4.078	3.837	3.619	3.421	3.329	3.241	3.076	2.925
9	7.435	6.802	6.247	5.759	5.328	4.946	4.607	4.303	4.031	3.786	3.566	3.463	3.366	3.184	3.019
10	8.111	7.360	6.710	6.145	5.650	5.216	4.833	4.494	4.192	3.923	3.682	3.571	3.465	3.269	3.092
11	8.760	7.887	7.139	6.495	5.938	5.453	5.029	4.656	4.327	4.035	3.776	3.656	3.544	3.335	3.147
12	9.385	8.384	7.536	6.814	6.194	5.660	5.197	4.793	4.439	4.127	3.851	3.725	3.606	3.387	3.190
13	9.986	8.853	7.904	7.103	6.424	5.842	5.342	4.910	4.533	4.203	3.912	3.780	3.656	3.427	3.223
14	10.563	9.295	8.244	7.367	6.628	6.002	5.468	5.008	4.611	4.265	3.962	3.824	3.695	3.459	3.249
15	11.118	9.712	8.559	7.606	6.811	6.142	5.575	5.092	4.675	4.315	4.001	3.859	3.726	3.483	3.268
16	11.652	10.106	8.851	7.824	6.974	6.265	5.669	5.162	4.730	4.357	4.033	3.887	3.751	3.503	3.283
17	12.166	10.477	9.122	8.022	7.120	6.373	5.749	5.222	4.775	4.391	4.059	3.910	3.771	3.518	3.295
18	12.659	10.828	9.372	8.201	7.250	6.467	5.818	5.273	4.812	4.419	4.080	3.928	3.786	3.529	3.304
19	13.134	11.158	9.604	8.365	7.366	6.550	5.877	5.316	4.844	4.442	4.097	3.942	3.799	3.539	3.311
20	13.590	11.470	9.818	8.514	7.469	6.623	5.929	5.353	4.870	4.460	4.110	3.954	3.808	3.546	3.316
21	14.029	11.764	10.017	8.649	7.562	6.687	5.973	5.384	4.891	4.476	4.121	3.963	3.816	3.551	3.320
22	14.451	12.042	10.201	8.772	7.645	6.743	6.011	5.410	4.909	4.488	4.130	3.970	3.822	3.556	3.323
23	14.857	12.303	10.371	8.883	7.718	6.792	6.044	5.432	4.925	4.499	4.137	3.976	3.827	3.559	3.325
24	15.247	12.550	10.529	8.985	7.784	6.835	6.073	5.451	4.937	4.507	4.143	3.981	3.831	3.562	3.327
25	15.622	12.783	10.675	9.077	7.843	6.873	6.097	5.467	4.948	4.514	4.147	3.985	3.834	3.564	3.329
26	15.983	13.003	10.810	9.161	7.896	6.906	6.118	5.480	4.956	4.520	4.151	3.988	3.837	3.566	3.330
27	16.330	13.211	10.935	9.237	7.943	6.935	6.136	5.492	4.964	4.524	4.154	3.990	3.839	3.567	3.331
28	16.663	13.406	11.051	9.307	7.984	6.961	6.152	5.502	4.970	4.528	4.157	3.992	3.840	3.568	3.331
29	16.984	13.591	11.158	9.370	8.022	6.983	6.166	5.510	4.975	4.531	4.159	3.994	3.841	3.569	3.332
30	17.292	13.765	11.258	9.427	8.055	7.003	6.177	5.517	4.979	4.534	4.160	3.995	3.842	3.569	3.332
40	19.793	15.046	11.925	9.779	8.244	7.105	6.234	5.548	4.997	4.544	4.166	3.999	3.846	3.571	3.333

作業

一、選擇題

1. 當管理人員致力於瞭解為何完整的計畫不能產生預期現金流量時，管理人員必須考慮：
   A.績效衡量和計畫評估。
   B.現值分析。
   C.差異分析。
   D.履行資本預算決策。
2. 當評估一項資本計畫時，以下何者不需考慮?
   A.評估年度的經濟預測。
   B.現金流量的新調整計畫。
   C.隨著計畫改變的現金流量。
   D.支出的現金流量。
3. 在資本預算決策中，現金流出量不包括哪一項?
   A.償付到期的應付帳款。
   B.為該項投資每年所需增加的營運成本。
   C.因該項投資提高生產效率，所降低之生產成本。
   D.第一次的投資總額。
4. 在四年後，未來值為$1而折現率為14%的現值應為：
   A.$0.877，$0.769，$0.675與$0.592的總和。
   B.未來值乘以$(1 + 0.14)^4$。
   C.未來值除以$(1 - 0.14)^4$。
   D.$0.592。
5. 在投資期間中的每一年有相同的折現率，這種假設適用於下列資本預算工具中的哪一種?
   A.現值分析。

B.內部報酬率。

C.還本期間。

D.會計報酬率。

6.公式是以每年平均淨利除以投資額，且其缺點是忽略貨幣的時間價值的資本預算工具是：

A.現值分析。

B.內部報酬率。

C.還本期間。

D.會計報酬率。

二、問答題

1.試舉例分別說明收益支出及資本支出。

2.何謂資本預算決策？其種類為何？

3.試述在資本預算決策中，現金流出量與流入量主要包括的項目。

4.說明貨幣的時間價值。

5.試述還本期間法的優缺點。

6.何謂會計報酬率法？其公式為何？

7.試述淨現值法與內部報酬率法的決策準則。

8.比較淨現值法與內部報酬率法之優缺點。

9.獲利能力指數的定義為何？

10.說明獲利能力指數、淨現值及內部報酬率三者間的關係。

第12章

資本預算決策(二)

學習目標:

- 瞭解所得稅對現金流量的影響
- 資本分配的決策方法
- 認識進行計畫事後稽核的程序
- 瞭解專案風險的衡量技術
- 通貨膨脹和策略性價值對資本預算的影響

前言

為使讀者容易瞭解資本預算決策的觀念，在前一章的敘述中所採用的例子，皆假設無稅賦存在。在現實生活中，企業不但要繳稅，且營利事業所得稅之稅率為25%，由此可知稅賦影響資本預算決策的現金流量分析甚鉅。折舊費用原本與現金流量無關，但因為可以扣抵稅款，故也須特別注意。另外，政府為獎勵投資，常用各類減輕營利事業所得稅之措施，例如「促進產業升級條例」，故在作資本預算分析時，須充分瞭解此類獎勵措施。

由於公司資源有限，無法接受所有淨現值為正值的方案，故必須謹慎地加以選擇，以使公司的整體利益極大。在第12.2節中介紹資本分配的決策方法。而對於已進行的投資計畫，為瞭解計畫的完成程度，在期中須進行不同階段的查核，即為第12.3節所討論的事後稽核。

資本預算決策為長期性的決策，因為所跨越的期間較長，所面臨的風險也愈大。在第12.4節中，介紹了三種專案風險的衡量技術，以降低不確定性對決策的影響。由於資本預算所涵蓋的範圍很廣，第12.5節中討論一些其他相關的觀念。

12.1 所得稅法的影響

任何營利事業單位都必須在年底申報所得，並繳納營利事業所得稅。在評估長期投資方案時，資本預算方法主要是以現金流量來衡量各項投資的效益，故必須將稅法的影響(Tax Implications)列入現金流量的分析過程，以求得稅後的現金流量(Cash Flow after Tax)。本節所討論的範圍，主要分為兩部分，先談稅後現金流量的計算，再探討投資抵減對現金流量的影響。

12.1.1 稅後的現金流量

淨現金流量(Net Cash Flows)是指現金流入量減去現金流出量的結果，在考慮所得稅對現金流量的影響時，可將現金流入量與現金流出量分別討論，使讀者容易瞭解計算的過程。假設高昌公司管理階層正在考慮是否購買二輛送貨卡車，以增加送貨到家的服務項目。採購部門建議在90年7月1日買入二輛價值$1,000,000的貨車，使用年數估計為四年，殘值為零。目前我國營利事業所得稅率為25%。高昌公司提出「凡一次購買$3,000以上貨品的顧客，公司免費送貨到家」的促銷策略，管理階層估計在未來幾年中，每年的現金銷貨額會增加$2,500,000，而維護費及油費約需$200,000，薪資費用$500,000。如果將所得稅列入現金流入量和現金流出量中計算，其過程如下：

現金銷貨額：$\$2,500,000 - \$2,500,000 \times 25\% = \$1,875,000$
維護費與油資：$\$200,000 - \$200,000 \times 25\% = \$150,000$
薪資費用：$\$500,000 - \$500,000 \times 25\% = \$375,000$

除此之外，還需要考慮一項非現金支出費用——折舊費用，假設高昌公司採用直線法來攤提折舊費用，每年的折舊費用表如下：

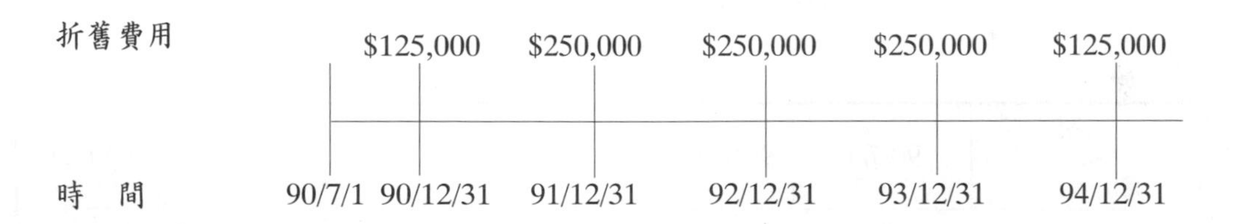

由於折舊費用為一項費用，要列入利潤的計算過程而扣抵所得稅款，此現象稱之為折舊稅盾(Depreciation Tax Shield)，可視為現金流量的增加。以表12.1列出高昌公司在90年至94年期間，折舊費用對現金流量的影響。

表12.1　折舊費用對現金流量的影響

高昌公司

期　間	折舊費用	稅　率	現金流量的增加
90/12/31	$125,000	25%	$31,250
91/12/31	$250,000	25%	$62,500
92/12/31	$250,000	25%	$62,500
93/12/31	$250,000	25%	$62,500
94/12/31	$125,000	25%	$31,250

表12.2是高昌公司稅後現金流量的淨現值分析，包括卡車投資成本$1,000,000，每年的稅後現金流入量、稅後現金流出量和折舊費用所造成的現金流量增加量，再以10%為折現率，在複利現值表中找出現值係數，以計算出每年的現值，進而求出此投資計畫的淨現值。由分析結果顯示，淨現值為$3,501,638，故此計畫值得投資。

表12.2　稅後現金流量的淨現值分析

高昌公司

項　目 ＼ 期　間	90/7/1	90/12/31	91/12/31	92/12/31	93/12/31	94/6/30
購買成本	$(1,000,000)					
銷貨增加所造成的稅後現金流入量		$937,500	$1,875,000	$1,875,000	$1,875,000	$937,500
維護費和油資		(75,000)	(150,000)	(150,000)	(150,000)	(75,000)
薪資增加所造成的稅後現金流出量		(187,500)	(375,000)	(375,000)	(375,000)	(187,500)
折舊稅盾所造成的現金流入量的增加		31,250	62,500	62,500	62,500	31,250
總現金流量	$(1,000,000)	$706,250	$1,412,500	$1,412,500	$1,412,500	$706,250
現值係數(10%)	1.000	0.953	0.866	0.787	0.716	0.683
現　值	$(1,000,000)	$673,056	$1,223,225	$1,111,638	$1,011,350	$482,369
淨現值 = $3,501,638						

12.1.2 我國稅法有關投資抵減的規定

我國政府為鼓勵企業從事重型投資，提出不少與抵減營利事業所得稅有關的措施。凡是符合各種獎勵辦法所規定的條件者，企業的所得稅可予以減輕或甚至免繳。因此，企業在評估長期投資計畫時，必須對這些獎勵辦法充分瞭解，以便正確的估計各項投資方案的現金流量。

租稅扣抵(Tax Deduction)和租稅抵減(Tax Credit)為一般常見的獎勵措施。租稅扣抵是指課稅所得(Taxable Income)的扣抵數，例如加速折舊法下的折舊費用，其所引起的租稅減少額等於可扣抵額乘上邊際稅率(Marginal Tax Rate)。假設農民公司所購買的機器設備，屬於政府獎勵範圍的設備，每年可提列$1,000,000的折舊費用，該公司的邊際稅率設定為25%，則農民公司的租稅扣抵額為$250,000 (=$1,000,000 × 25%)。

租稅抵減為直接減少租稅款，亦即每$1的抵減額可減少$1的租稅款。例如，佳華公司購買防治污染的機器設備，成本為$2,000,000。依照政府的獎勵條例，此項機器設備可享有15%的投資抵減。因此，佳華公司在購買此機器的當年度，可享有少繳所得稅款$300,000 (=$2,000,000 × 15%)的權利。對企業現金流量的影響而言，若抵減比率與扣抵比率相等，則租稅抵減比租稅扣抵的影響力大，因為所減免的稅金較多。

在我國原本適用於投資抵減的相關法令「獎勵投資條例」，為民國79年12月29日所公佈的「促進產業升級條例」所取代，其中包括「民營製造業及技術服務業購置自動化生產設備或技術、防治污染設備或技術適用投資抵減辦法」。依據該辦法，民營製造業及技術服務業購置自行使用之自動化生產設備或技術，其在同一課稅年度購置總金額達新臺幣六十萬元以上者，得就購買成本按適當百分比限度，抵減其當年度應納的營利事業所得稅額。若當年度應納稅額不足抵減者，得在以後四年度應納稅額中抵減之。對於購買自動化生產設備所可享有的投資抵減，請參考下列二項條款:

1. 國內產製之自動化生產設備

屬於局部自動化生產設備可享有百分之十五的投資抵減，但屬於電腦整合製造的工廠，或整線自動化裝配或加工廠之投資計畫，經過經濟部工業局整廠自動化推廣計畫審議小組審核通過者，其自動化生產設備可抵減百分之二十，但以全新設備為限。

2. 國外產製之自動化生產設備

一般自動化生產設備可享有百分之五的投資抵減，但屬於電腦整合製造的工廠，或整線自動化裝配或加工廠的投資計畫，經過經濟部工業局整廠自動化推廣計畫審議小組審核通過者，其自動化生產設備可抵減百分之十，但以全新設備為限。

12.2 資本分配決策

在第11章所討論的資本預算決策，大都假設企業有足夠的資金，只要經過資本預算方法評估後，判定是值得投資的計畫，則每項計畫都可以實際執行。但事實上，大部分企業的資金有限，管理階層必須要有詳盡的資金規劃，使其發揮最大的效用。所謂資本分配決策(Capital Rationing Decision)是指企業管理者同時面臨多項投資計畫，每一項計畫的淨現值皆為正數，但由於資金有限無法實行全部投資計畫，而只能從中挑選較好者的決策。

當進行資本分配決策時，管理者的投資準則是：找出一組投資計畫組合，該組合內各計畫的投資總額不超過現有資金，而總淨現值為各種組合中最高者。在作資本分配決策之前，管理者可先找出各可行的投資方案，並且分別計算其淨現值，將淨現值為正值者列為可考慮投資的方案。

假設四維公司為一家體育用品批發商，正在考慮增設幾家零售店，以增加其銷售量，其目前可運用的資金為$210,000,000。經過該公司市場調查部的分析，提出了五個可行方案，在各個不同地區設立零售商，各項方案所需的投資總額和所得的淨現值列於表12.3。

表12.3　可行投資方案分析

四維公司

投資方案	投資總額	淨現值
A	$100,000,000	$8,000,000
B	40,000,000	4,000,000
C	60,000,000	7,000,000
D	80,000,000	8,500,000
E	50,000,000	4,500,000

由表12.3中得知每一項投資方案的淨現值都為正數，皆為可接受的方案。如果四維公司五個方案都採行，總共需要資金$330,000,000，超過了該公司目前可運用的資金$210,000,000。因此，管理者只從其中挑選出幾項方案，在有限的資金範圍內，找出投資組合的最高總淨現值者。由表12.4看來，投資方案A、C、E的組合，所需的投資總額為$210,000,000，但其總淨現值$19,500,000，並不是最高者。相對的，投資方案C、D、E的組合，所得的總淨現值$20,000,000為各種組合中最高者，其所需的投資總額$190,000,000，低於四維公司的投資限額。因此，四維公司的管理者可採用C、D、E三方案的投資組合。

表12.4　投資組合分析

四維公司

投資組合	投資總額	總淨現值
A、B、C	$200,000,000	$19,000,000
A、B、E	190,000,000	16,500,000
A、C、E	210,000,000	19,500,000
B、C、D	180,000,000	19,500,000
B、C、E	150,000,000	15,500,000
B、D、E	170,000,000	17,000,000
C、D、E	190,000,000	20,000,000

12.3 投資計畫的再評估

管理階層一旦決定執行某長期投資計畫，除了投資前的評估外，在計畫進行期間，仍然需要繼續評估計畫的執行績效。尤其是跨年度的投資計畫，管理者要在不同的查核點上，比較預期與實際的結果。

在各個評估階段，皆會面臨三項選擇方案：⑴繼續原計畫；⑵中止原計畫；⑶修改原計畫。在決定之前，管理階層要經過審慎的評估程序。

每次進行投資計畫再評估(Revaluation)的程序時，都如同作一個新的資本預算決策。由於某些原來預期的狀況可能已經改變，故必須重新估計該計畫剩餘年限的淨現金流量。在作此新預測（後續預測）之前，管理人員應將已實現的淨現金流量(Actual Net Cash Flows)與原來預估數相比較，以決定是否繼續使用原來的估計方法。

假設大仁公司正進行A專案投資計畫，在第一年年底時，對此計畫再作評估。原先預期有五年的壽命，故需重新預測未來四年的淨現金流量。即使已實現之第一年現金流量比預估的數額少了很多，大仁公司仍可能繼續該計畫，因為管理階層也許預期未來四年的績效會有顯著改善。另一方面，管理當局認為已發生之現金流量已為非攸關性資訊，只要未來四年淨現金流量符合大仁公司之資本預算準則即可。

反之，如果第一年計畫的執行結果，與預期成果相距甚遠，公司在短期內無法將此差異改善。在此情況下，管理當局可能會決定中止原計畫，以免影響公司的整體績效。例如，大仁公司執行A專案計畫時，擬定建造一座智慧型大樓，內部可供裝配和辦公使用。在計畫執行後一年，遇上石油危機，所有建材價格高漲，與原先預算相差很大。此時，大仁公司只有停止該計畫，以免造成資金周轉不靈，而面臨倒閉的危機。

最後一個可能的方案，是因應情況的改變而修改原計畫。大仁公司也許當初過分樂觀，計畫投資建造一座規模龐大的廠房來增加生產量。由於市場受經濟不景氣的影響，現在預估未來銷售量並非原來估計的那樣高，故不需要太大的廠房。此時，管理主管可能決定並不中止該計畫，而是將原計畫修改為建造較小的廠房，或是將部分廠房設計為可出租的型式，以便未來靈活運用。

淨現金流量估計的準確度對資本預算決策之正確性有著關鍵性的影響力。若過分的不精確，可能導致公司錯誤地接受應捨棄的計畫；或放棄應接受的投資計畫。為避免發生一些人為的失誤，許多組織系統性地追蹤進行中之專案計畫的成效，找出差異之處，以便予以修正。此種查核的程序稱為事後稽核(Postaudit or Reappraisal)。

進行事後稽核時，管理會計人員應蒐集與專案計畫實際現金流量相關的資料，並且重新計算淨現值(Net Present Value, NPV)。再把原來預估的數據和實際發生者相比，若相去太遠，則須謹慎的分析其原因。有時事後稽核會揭露出當初現金流量估計過程的缺失，應馬上採取預算重估的改善措施。如果錯誤已無法更正，即可推論當初所作的決策是不正確的，應放棄此投資計畫。相對的，對於本應接受之計畫並無法從事後稽核中顯現出來，因為公司很少會對已放棄的計畫進行稽核。

12.4　投資計畫風險的衡量技術

在資本預算決策過程中，現金的流入與流出是陸陸續續地發生在未來的數年內。在評估投資計畫時，所有的收入與支出資料，皆來自於管理階層的估計。隨著計畫存續時間的增加，估計錯誤的風險也隨之提高，另一方面，科技的進步對資本預算決策也有影響。例如，原先的投資計畫擬購買586型的個人電腦來完成電腦製圖的工作；於計畫執行後，686型的個人電腦推出，價格雖較586型電腦為高，但功能相對地也提高。此時管理階層可能要變更計畫，以符合時代的潮流。

有時經濟因素的改變，對企業的投資也會有影響。如同在1970年代的初期，第一次石油危機發生之前，有些航空公司因為旅客人數日益增加，而決定購買不少747型的新客機。但是在與飛機製造商簽定合約後，石油危機發生，引起全世界的經濟不景氣，並且此現象在短期內不會消除。旅客的人數較以前大為減少，而石油的價格天天上漲。航空公司可能會因為購買新飛機，造成營運的危機。如果管理階層在事先能預測石油危機的發生，購機計畫就不會執行。雖然預測未來事件是十分困難的，但仍有數量分析方法(Quantitative Analysis Method)可被用來處理在風險情況下的資本預算。本節在此介紹三種方法。

12.4.1 敏感度分析法

敏感度分析法(Sensitivity Analysis Method)是一項非常普遍的分析工具，除可應用在第10章中所介紹的攸關性決策外，也常在資本預算中使用。管理者由此方法可瞭解，在其他條件不變的情況下，當某項投入變數發生變化時，投資方案的淨現值或內部報酬率等跟著改變的程度。

假設選用淨現值來評估某項投資計畫的可行性，經理人員可多次改變原來所輸入變數的預估值，計算出數個淨現值。然後判斷實際輸入值是否可能導致不利的結果。若認為不可能，便將更有信心地接受該計畫；如覺得淨現值可能為負值，則必須考慮公司是否願意承受預估錯誤的風險與接受較低的報酬率。

在新製造環境下， 敏感度分析法可應用在電腦整合製造(Computer Integrated Manufacturing, CIM)系統的投資效益評估。由於該系統可產生相當大的無形效益(Intangible Benefits)，但不易將其量化，所以淨現值可能為負數。此時，管理者可利用敏感度分析法，估計無形效益必須達到何種程度才可使淨現值為正數，並且判斷該項計畫的效益是否能達到所期望的程度。

12.4.2 三點估計法

三點估計法(Three-Point Estimates Approach)又稱為情節分析法(Scenario Analysis Approach)，即對所有的現金流量之項目作出三點預測：悲觀的預測(Pessimistic Estimate)、最可能的預測(Most Likely Estimate)和樂觀的預測(Optimistic Estimate)。將各個項目的三點估計值合併為三組現金流量，即悲觀的現金流量、最可能發生的現金流量及樂觀的現金流量。然後根據管理階層所採用的資本預算評估方法，算出三組數值。例如使用還本期間法，即計算出三組還本期間；若使用淨現值法，則算出三組淨現值。

如果計算出的三組數字，都顯示出該接受或該拒絕此方案，則經理人員可相當篤定地作出決策。但如果悲觀的現金流量顯示應拒絕該方案，而另兩組現金流量則顯示為可接受之，則此時經理人員便應有額外的考慮。例如，公司是否願承受預估錯誤的風險？是否願接受較低的報酬率？經過仔細的考慮後，經理人員依其經驗作出合理的判斷。

12.4.3 蒙地卡羅模擬法

蒙地卡羅模擬法(Monte Carlo Simulation)是一種將敏感度分析與投入變數的機率分配二者結合起來，以衡量投資專案風險的分析技術。本法從名稱上即可知是從賭場中發展出來的，當初是賭客們為計算賭贏之機率而作此運算，後來在1964年被David B. Hertz應用在資本投資之風險分析上。

本法之第一步即確認每項有關現金流量的變數所可能出現的機率，最好能達到連續分配(Continuous Distributions)。接著便進行以下的步驟：

(1)基於特定的機率分配，由電腦為每個不確定的變數隨機取值。

(2)電腦依據不確定之變數的隨機值與其他確定之變數值(如稅率、折舊額等)，計算每年的淨現金流量，再依此算出專案的淨現值。

(3)重複(1)、(2)步驟多次，形成一專案的淨現值的機率分配。

本法利用統計原理作精細的計算，實務界的使用頻率日漸提高，但仍有以下的問題：

(1)投入變數的機率分配不易得到。

(2)當分析完成時，沒有明確的決策規則，因為無法確定以預期的淨現值來衡量專案計畫之獲利能力，是否足夠補償以模擬機率分配之變異數或變異係數來衡量的風險。

(3)忽略了同一公司由各項不同之專案所組成，因此專案間可能彼此相關。

若能克服上述之問題，則蒙地卡羅模擬法將更受歡迎。

12.5 資本預算的其他考慮

在本節之前，現值折現率都是預先設定的，未考慮通貨膨脹的問題，但在現實的情況下，通貨膨脹是一直存在的。本節討論通貨膨脹對折現率的影響，並將現金流量的現值重新計算。另外，在本節也討論策略性價值及放棄價值的觀念，使投資計畫的有形和潛在效益之計算更為完整。

12.5.1 通貨膨脹的影響

在過去的二十年中，大多數的國家都經歷了某種程度的通貨膨脹(Inflation)。通貨膨脹可定義為貨幣單位(Monetary Unit)的一般購買力(General Purchasing Power)隨時間而下降的現象。由於資本預算決策涵蓋相當長的期間，其中可能有物價波動的現象發生，故應探討通貨膨脹對資本預算的影響。

有兩種方法可將通貨膨脹納入現金流量折現分析，只要分析者能謹慎地區分名目(Nominal)及實質(Real)的利率和貨幣，每期一致地運用，則兩種方法皆可獲得正確的結果。現將相關的名詞敘述於下：

1. 實質利率或名目利率

實質利率乃補償投資人之投資風險及貨幣的時間價值（詳見第11章的說明）；名目利率則為實質利率加上通貨膨脹的溢酬(Premium)。假設實質利率是10%，通貨膨脹率5%，則名目利率計算如下：

$$(1 + 10\%) \times (1 + 5\%) - 1 = 15.5\%$$

2. 名目貨幣或實質貨幣

我們實際所看到的現金流量乃屬名目貨幣(Nominal Dollars)，而經過物價指數(Price Index) 調整後以反映實質購買力，則成為實質貨幣(Real Dollars)。表12.5為五年期之現金流量資料，顯示名目與實質貨幣之間的關係，假設通貨膨脹率每年固定為5%，90年為基礎年(Base Year)。

表12.5 名目和實質的現金流量

年 度	(a) 名目現金流量	(b) 物價指數	(a)÷(b) 實質現金流量
90	$10,000	1.0000	$10,000
91	10,500	$(1.05)^1 = 1.0500$	10,000
92	11,025	$(1.05)^2 = 1.1025$	10,000
93	11,576	$(1.05)^3 = 1.1576$	10,000
94	12,155	$(1.05)^4 = 1.2155$	10,000

正確的資本預算分析可用以下兩種方法之一：

(1)現金流量以名目貨幣來衡量，並且以名目利率決定折現率。

(2)現金流量以實質貨幣來衡量，並且以實質利率決定折現率。

在此舉例來說明上述兩種方法。假設大仁公司對其出售的家電用品提供維修的服務，管理當局正考慮替換用來測試電視機與攝影機的精密儀器。新儀器之購置成本為$50,000，估計耐用年限為四年，沒有殘值。該新儀器可產生如表12.6所示之成本節省及折舊稅盾的效果，該表之第(6)欄是以名目貨幣來衡量的稅後現金流量。

表12.6 現金流量資料：大仁公司

年 度	(1) 購置成本	(2) 成本節省	(3) 稅後成本節省 [(2)×(1−0.25)]	(4) 加速折舊	(5) 折舊稅盾 [(4)×0.25]	(6) 稅後現金流量總額 (3) + (5)
90	$(50,000)					
91		$19,000	$14,250	$16,670	$4,168	$18,418
92		20,000	15,000	22,230	5,558	20,558
93		21,000	15,750	7,400	1,850	17,600
94		25,000	18,750	3,700	925	19,675

⊙方法一：名目貨幣與名目折現率

在此法之下，將名目現金流量以名目折現率15.5%來折現，其淨現值分析如表12.7所示。由於淨現值為正值，故大仁公司應購買該測試儀器。

表12.7 名目貨幣的現值表

年 度	(1) 以名目貨幣表示之現金流量	(2) 15.5%之現值係數	(3) = (1) × (2) 現 值
90	$(50,000)	1.0000	$(50,000)
91	18,418	0.8658	15,946
92	20,558	0.7496	15,410
93	17,600	0.6490	11,422
94	19,675	0.5619	11,055
淨現值			$ 3,833

⊙方法二：實質貨幣與實質折現率

在此方法下，首先將現金流量轉為以實質貨幣衡量，如表12.8所示。接著，將實質現金流量以實質利率10%來折現，列示於表12.9。

表12.8 實質貨幣的現金流量表

年 度	(1) 以名目貨幣表示之現金流量	(2) 物價指數	(3) 以實質貨幣表示之現金流量
90	$(50,000)	1.0000	$(50,000)
91	18,418	1.0500	17,541
92	20,558	1.1025	18,647
93	17,600	1.1576	15,204
94	19,675	1.2155	16,187

表12.9 實質貨幣的現值表

年度	(1) 以名目貨幣表示之現金流量	(2) 10%之現值係數	(3)=(1)×(2) 現值
90	$(50,000)	1.0000	$(50,000)
91	17,541	0.909	15,945
92	18,647	0.826	15,402
93	15,204	0.751	11,418
94	16,187	0.683	11,056
淨現值			$ 3,821

用兩種方法計算出來的淨現值，本應該相等，本例之些微差異乃因為小數的進位。

一個時常發生的錯誤是將現金流量轉換為實質貨幣，但卻以名目利率來折現。如此，可能導致拒絕本應接受的方案（物價通常逐漸上漲）。假設大仁公司錯誤地以表12.10之方法分析：

表12.10 實質貨幣的現值表：錯誤者

年度	(1) 以實質貨幣表示之現金流量	(2) 15.5%之現值係數	(3)=(1)×(2) 現值
90	$(50,000)	1.0000	$(50,000)
91	17,541	0.8658	15,187
92	18,647	0.7496	13,978
93	15,204	0.6490	9,867
94	16,187	0.5619	9,095
淨現值			$ (1,873)

表12.10計算出之淨現值較前面各表所得的淨現值低，可能將導致大仁公司作出錯誤的決策。唯有一致地運用名目及實質利率和貨幣，才能制定正確的決策。

12.5.2 策略性價值

關於資本預算決策所可能面臨的問題，曾討論過現金流量估計偏差，可能導致對專案之獲利能力的錯誤估計。另一個要注意的重要問題是，一個方案的真實價值應包括其策略性價值。所謂策略性價值(Strategic Value)，係指未來之投資機會（未來專案）的價值，而此一價值只有在目前所考慮之專案被接受的前提下才可實現。

假設美國雷克公司正考慮一項應用電腦控制系統的專案。此專案包括了一個微電腦系統的發展，它可控制一個家庭的冷暖系統、安全系統等。雷克公司的長期目標是建立在電腦控制系統市場的領導地位，包括住宅及商業用之控制系統。然而，要想進入商業控制系統市場，雷克公司目前尚未發展此專門技術去和工業界的巨人漢尼威爾與強生兩家公司競爭。因此，雷克公司的策略之執行，倚賴該應用控制電腦專案之發展，使技術趨精並打響知名度。

在此情形下，可預見的是該專案較一般計畫更具潛在價值。因為它可能繼續發展出其他的後續計畫，以進入商用控制系統市場，而該後續計畫可能帶來非常大的淨現值。雖然專案有一個策略性價值，但此價值在目前的專案分析中尚無法計入，如果要將其考慮，則成為一個預測的問題。雷克公司的管理當局可針對後續計畫的收益性及現金流量來估計，但其估計的準確度值得質疑，因為後續方案是假定一切事物都按部就班地進行下所作的選擇。事情可能無法如預期般順利，且距離現在愈遠，預測愈困難。藉著接受該應用電腦控制系統的專案，雷克公司獲得了進行後續專案的選擇權(Option)。該選擇權的價值，隨後續專案被實行之可能性及對獲利能力之增加而提高。

理論上，此選擇權為買進選擇權(Call Option)之價值可以估計，並可加到專案之淨現值中，以獲得專案的真實價值(True Value)。但是在實務上，估計這樣一個選擇權的價值是十分困難的。因此，策略性價值經常是很主觀地處理。雷克公司的管理者可能並不計算該專案的策略性價值，但他們確實知道以傳統的資本預算評估方法來衡量專案的效益，可能會低估了專案之真實價值。儘管如此，若可能的話，應運用選擇權的評價模式來計算方案之策略性價值，以降低不確定性。

12.5.3 放棄價值

習慣上，對一專案進行分析時有一個前提，即假定公司將依照計畫，全程地完成。然而，這可能不是最好的方法，有時在計畫進行中即予以放棄，可能是較佳的方案。這個方案可能會重大地影響專案的預期獲利性。表12.11被用來說明放棄價值在資本預算上的效果之概念。

表12.11 專案之現金流量及放棄價值

年份(t)	現金流量	第t年之放棄價值
0	$(4,800)	$4,800
1	2,000	3,000
2	1,875	1,900
3	1,750	0

假設資金成本為10%，則在三年的估計存續期間中，專案之預期淨現值為$(117)。

$$NPV = \$(4{,}800) + \frac{\$2{,}000}{(1.10)^1} + \frac{\$1{,}875}{(1.10)^2} + \frac{\$1{,}750}{(1.10)^3} + = \$(117)$$

因此，假如考慮的A專案是一個無「放棄價值」的三年計畫，則將會拒絕之，因其淨現值為負值。然而，若在二年後即將之放棄，淨現值會有如何的變化？在此情況下，吾人將收到第一、二年的現金流量，加上第二年終了時的放棄價值，淨現值為$138。

$$NPV = \$(4{,}800) + \frac{\$2{,}000}{(1.10)^1} + \frac{\$1{,}875}{(1.10)^2} + \frac{\$1{,}900}{(1.10)^2} + = \$(138)$$

因此若計畫只運作A專案二年，則其將變成可接受的。為了完成此分析，假設在一年後就放棄A專案，淨現值將是$(255)。

$$NPV = \$(4,800)\ \frac{\$2,000}{(1.10)^1} + \frac{\$3,000}{(1.10)^1} + = \$(255)$$

所以，此專案之最適運作期間為二年。

由上可知，只要當考慮放棄的時點之後所有的淨現金流量，折現至該時點的現值，小於放棄價值，則應將計畫放棄。故任何專案的經濟年限(Economic Life)應定義為：使專案之淨現值極大之存續期間。

通常有兩種情形會決定放棄某專案，一是將仍可營運的資產賣給其他可利用該資產而獲得更大之淨現金流入的公司；一是結束造成虧損的計畫。無論是何種情況，在作資本預算分析時，都必須仔細納入考量，才不致錯誤地否決本應接受的專案計畫。

範例

貝氏公司正在評估一新產品的生產計畫，若接受了該方案，則需在年初購入一全新的機器，其購置成本$80,000。雖然公司預計該機器有效使用年限為八年，但基於稅法考量，只可視耐用年限為五年。

貝氏公司將用200%倍數餘額遞減法來提列折舊，並且忽略殘值。但在八年後的年底，公司預期可以$10,000出售該機器。貝氏公司的所得稅率為25%。八年後對於機器殘值的售價$10,000將全部以25%課稅，因為該機器之帳面價值在八年後為$0，但仍可將此舊機器出售$10,000。為執行本投資計畫，在第一年需積壓$30,000的資金以便營運周轉。管理當局預期八年後，該計畫結束時，便可出清存貨，並將應收帳款收現，且付清應付帳款，使資金增加$30,000。表一之淨現金流量分析是來自新產品的銷售預測及營業成本預估。每年的銷售額預估為$212,000，而營業費用之現金流出量則為$180,000。折舊費用及所得稅前的營業所得為$32,000。第一年之折舊費用為$16,000（購入年份以半年計算），第二年則為$25,600，而後逐年遞減（第五年除外），直到第六年全部折舊完畢。折舊費用為非現金支付之費用，對於淨現金流量有正面的影響，該現象稱為稅盾。此點可從表一容易地看出來，因為在本例每年的銷售額、營業費用之現金支出及所得稅率都相等。對第一年而言，稅盾對淨現金流量的影響如下：

營業之稅後現金流入量	= $32,000 × 75%=	$24,000
+折舊稅盾	= $16,000 × 25%=	$ 4,000
第一年之淨現金流入量		$28,000

第二年有最高的淨現金流入量，因為當年度之折舊額最高。第二年以後折舊費用逐年遞減，而淨現金流入量也隨之遞減。在第五年初改變折舊方法，由原方法改為直線法，所以第五年與第六年以直線法就剩餘之一年半來攤提折舊費用（第六年以半年計）。

由於在第六年就已全部折舊完畢，第七、八年無折舊費用，故無稅盾效果，使得這兩年的淨現金流入量降至$24,000最低點。表二將每年營業淨現金流量與其他相關現金流量合併列示，計算出該項投資之淨現值。

該公司之資金成本為16%，管理當局決定以此為折現率。從表二中得知淨現值為$19,191，顯示該投資之報酬率超過資金成本，所以該計畫值得進行。另外必須注意的是，出售機器淨額及積壓資金的回收都要在第八年折現回來。

表一　貝氏公司新產品之現金流量分析

年　度	1	2	3	4
銷貨所得現金	$212,000	$212,000	$212,000	$212,000
營業費用之現金流出	180,000	180,000	180,000	180,000
未計折舊及稅之營業所得(1)	$ 32,000	$ 32,000	$ 32,000	$ 32,000
折舊(2)	16,000	25,600	15,360	9,216
課稅所得	$ 16,000	$ 6,400	$ 16,640	$ 22,784
所得稅（稅率25%）(3)	4,000	1,600	4,160	5,696
淨利(4)	$ 12,000	$ 4,800	$ 12,480	$ 17,088
淨現金流入(1)−(3)或(2)+(4)	$ 28,000	$ 30,400	$ 27,840	$ 26,304
折舊之計算				
$80,000 × 0.20	$16,000			
$64,000 × 0.40		$25,600		
$38,400 × 0.40			$15,360	
$23,040 × 0.40				$9,216

年　度	5	6	7	8
銷貨所得現金	$212,000	$212,000	$212,000	$212,000
營業費用之現金流出	180,000	180,000	180,000	180,000
未計折舊及稅之營業所得(1)	$ 32,000	$ 32,000	$ 32,000	$ 32,000
折舊(2)	9,216	4,608	0	0
課稅所得	$ 22,784	$ 27,392	$ 32,000	$ 32,000
所得稅（稅率25%）(3)	5,696	6,848	8,000	8,000
淨利(4)	$ 17,088	$ 20,544	$ 24,000	$ 24,000
淨現金流入(1)−(3)或(2)+(4)	$ 26,304	$ 25,152	$ 24,000	$ 24,000
折舊之計算				
$13,824÷1.5年	$9,216			
($13,824÷1.5年)×$\frac{1}{2}$		$4,608		
			0	
				0

表二　貝氏公司現金流量之淨現值分析

項　目	年　度	預期現金流量	16%現值因子	現金流量之現值
機器之投資成本	當年度	$(80,000)	1.0000	$(80,000)
資金積壓	當年度	$(30,000)	1.0000	(30,000)
營業淨現金流量	1	28,000	0.8621	24,139
	2	30,400	0.7432	22,593
	3	27,840	0.6407	17,837
	4	26,304	0.5523	14,528
	5	26,304	0.4761	12,523
	6	25,152	0.4104	10,322
	7	24,000	0.3538	8,491
	8	24,000	0.3050	7,320
出售機器淨額				
($10,000×0.75)	8	7,500	0.3050	2,288
積壓資金的回收	8	30,000	0.3050	9,150
淨現值(NPV)				$ 19,191

本章彙總

長期投資計畫的選擇標準是，該計畫的預期效益，至少要超過公司的基本效益要求，才值得去投資。在第11章中曾討論過五種評估投資計畫的方法，除了會計報酬率法外，其他的方法皆要考慮與現金的流入與流出相關的交易。由於繳納稅款為每個企業應盡的義務，因此所得稅對現金流量有所影響。在資本預算決策中，是採用稅後的現金流量代入評估公式。如果公司的稅後現金流量由稅後淨利調整而來，對於非現金支出的折舊費用所產生的折舊稅盾，可視為現金流量的增加量。另外，政府為鼓勵企業投資於提昇產業水準的計畫，提出租稅扣抵和租稅抵減的獎勵辦法。這二項租稅效果，對現金流量有正面的影響。

大部分的企業都希望使有限的資源發揮最大的效益，所以在面臨多項投資計畫時，盡量選擇效益最大的投資組合。為確保計畫能如期完成且與預期效果差異不大，在計畫進行的過程中，要在幾個查核點上，實施重點審核。由此事後稽核的結果，管理者可決定是否要繼續按原計畫進行或修改計畫。

由於資本預算決策屬於長期性決策，計畫的執行時間較長，其中的風險也較高。本章介紹三種在風險情況下處理資本預算之方法，包括敏感度分析法、三點估計法和蒙地卡羅模擬法。決策者可依投資的環境，來決定方法的選用。除此之外，本章討論通貨膨脹，策略性價值和放棄價值的觀念。

關鍵詞

資本分配決策(Capital Rationing Decision)：

企業管理者同時面臨多項投資計畫，每一項計畫的淨現值皆為正數，但由於資金有限，無法實行全部投資計畫，而只能從中挑選較好者的決策。

折舊稅盾(Depreciation Tax Shield)：

折舊費用為一項費用，要列入利潤的計算過程，為所得稅款的減項，此一現象謂之。

經濟年限(Economic Life)：

使專案的淨現值極大之存續期間。

通貨膨脹(Inflation)：

貨幣單位之一般購買力隨時間而下降的現象。

蒙地卡羅模擬法(Monte Carlo Simulation)：

是一種將敏感度分析與投入變數的機率分配二者結合起來，以衡量投資專案風險的分析技術。

淨現金流量(Net Cash Flows)：

現金流入量減去現金流出量。

名目貨幣(Nominal Dollars)：

實際看到的現金流量。

名目利率(Nominal Rate)：

實質利率加上通貨膨脹之溢酬。

選擇權(Option)：

一種允許持有人在某特定期間內，以某一既定價格，買賣某種特定資產的契約。若是購買之權利，稱為買進選擇權或買權(Call Option)；若是賣出之權利，則稱為賣出選擇權或賣權(Put Option)。

事後稽核(Postaudit or Reappraisal)：

為避免發生一些人為的失誤，許多組織系統性地追蹤進行中之專案計畫的成效，找出差異之處，以便予以修正的查核程序。

溢酬(Premium)：

或稱貼水，指投資人為了承擔額外風險所要求之補償。

實質貨幣(Real Dollars)：

經過物價指數調整後，反映實質購買力的現金流量。

實質利率(Real Rate)：

補償投資人之投資風險及貨幣的時間價值之報酬率。

再評估(Revaluation)：

在計畫進行期間，繼續評估計畫的執行績效。

策略性價值(Strategic Value)：

未來之投資機會（未來專案）的價值。

租稅抵減(Tax Credit)：

直接減少租稅款，亦即每$1的抵減額可減少$1的租稅款。

租稅扣抵(Tax Deduction)：

課稅所得的扣抵數。

三點估計法(Three-point Estimates Approach)：

又稱為情節分析法，即對所有的現金流量之項目作出三點預測：悲觀的預測、最可能的預測、樂觀的預測。將各個項目的三點估計值合併為三組現金流量，即悲觀之現金流量、最可能發生之現金流量及樂觀之現金流量。然後根據管理階層所採用的資本預算評估方法，算出三組數值。例如使用還本期間法，即計算出三組回收期間；若使用淨現值法，則算出三組淨現值。

作業

一、選擇題

1. 投資抵減和租稅扣抵:

 A.兩者都減少租稅負債，但租稅扣抵的效用較大。

 B.兩者都減少租稅負債，但投資抵減的效用較大。

 C.兩者同樣影響邊際稅率。

 D.兩者皆包括折舊稅盾計算。

2. 淨營業流量乘以1與邊際稅率的差額，其計算產生了:

 A.風險調整折現率。

 B.內部報酬率的要素。

 C.稅後營業現金流量。

 D.每年從折舊額中所獲得的租稅節省。

3. 三點估計法不包括下列哪一點預測?

 A.悲觀的預測。

 B.最好的預測。

 C.最可能的預測。

 D.樂觀的預測。

4. 下列何者不是蒙地卡羅模擬法的缺點?

 A.不易將其量化。

 B.忽略了同一公司由各項不同之專案所組成，專案間可能彼此相關。

 C.投入變數的機率分配不易得到。

 D.當分析完成時，沒有明確的決策規則。

5. 正確的資本預算分析可用下列何種方法?

 A.現金流量以名目貨幣來衡量，並且以名目利率決定折現率。

 B.現金流量以名目貨幣來衡量，並且以實質利率決定折現率。

 C.現金流量以實質貨幣來衡量，並且以名目利率決定折現率。

D.以上皆可。

二、問答題

1. 為何在評估長期投資方案時，需考慮所得稅的影響?
2. 何謂租稅抵減? 何謂租稅扣抵? 說明兩者間的差異。
3. 試述我國適用投資抵減的相關法令。
4. 何謂資本分配決策? 當進行資本分配決策時，管理者的投資準則又為何?
5. 何種查核程序稱為事後稽核? 此時管理會計人員應如何進行事後稽核?
6. 說明三點估計法。當計算出的三組數字，一組顯示應拒絕該方案，而另二組則顯示為可接受，此時經理人員應有哪些相關考慮?
7. 試述蒙地卡羅模擬法及其步驟。
8. 分別說明實質與名目的利率和貨幣。
9. 何謂策略性價值?
10. 在何種情形下，通常會放棄某專案?
11. 何謂選擇權?
12. 說明折舊稅盾的意義。

第三篇

管理會計的控制功能

第13章

標準成本法

學習目標:

- 瞭解標準成本的意義與功能
- 計算原料價格及數量差異
- 計算人工成本工資及人工效率差異
- 處理原料及人工有關差異的分離
- 練習原料與人工成本差異的釋例
- 瞭解差異分析的意義和重要性

前　言

企業經營的主要目的在於營利，影響利潤的因素主要來自銷貨收入，銷貨成本及營業費用。為了將利潤目標的達成程度予以客觀的衡量，所以必須將前述的標準或彈性預算與實際結果相比較，將所產生的差異作分析，以瞭解營運過程的績效、缺失，便於責任歸屬，以利鑑往知來。表13.1是以損益表的架構來分析各項會計科目的實際數與預算數差異。當實際收入大於預期收入，屬於有利差異；當實際費用大於預期費用，則屬於不利差異；有利差異多於不利差異時，才能對利潤產生正面的影響。

表13.1　實際數與預算數差異分析

	實際數	預算數	差　異	有利（不利）
銷貨收入	$ 385,000	$ 365,000	$ 20,000	有利
銷貨成本	(282,500)	(227,250)	(55,250)	（不利）
銷貨毛利	$ 102,500	$ 137,750	$(35,250	（不利）
營業費用	(81,250)	(90,000)	(8,750)	有利
本期淨利	$ 21,250	$ 47,750	$(26,500)	（不利）

利潤差異分析的範圍可從兩方面來討論：⑴銷售差異方面可分銷售價格及銷售產能兩種差異，其中銷售產能差異又可分為銷售組合(Sales Mix)差異及銷售數量差異；⑵生產差異可分為直接原料價格和數量差異，直接人工資率和效率差異，與製造費用差異。本章主要探討的是直接原料價格與數量差異及人工工資率與效率差異，而製造費用差異會在第14章探討，銷售差異及其他成本如組合、產出差異等則在第15章加以深入地探討。

13.1　標準成本的意義及功能

在競爭激烈的環境下，開源節流是企業求生存和增加競爭能力所必須努力的方向。所謂開源就是儘可能將產品售價提高或增加銷售量，但受市場因素的影響，較不易如期達成；相對的，成本的抑減或控制就變得相當重要。標準成本是在此情況下產生，主要目的在於成本控制及產品計價，通常可藉由標準成本的設立，來加深員工對成本的意識與節省帳務處理的時效。

13.1.1　標準成本的意義

所謂標準成本(Standard Cost)是指某一特定期間下，生產某一個特定產品的應有成本或規劃成本(Planned Cost)。使用的單位需要一個完整預算系統，由歷史資料、市場預測和統計分析等方法，求得產品標準單位成本。將實際活動下的實際成本與所設定產出標準下的應有成本加以比較來計算差異。當實際成本大於標準成本則為不利差異(Unfavorable Variance)；反之，則為有利差異(Favorable Variance)。

標準成本可用來衡量管理當局的績效，把實際成本和實際收入與標準數相比較，就可衡量出管理效率。通常單位標準成本決定於⑴每單位產出需要投入多少資源（數量決策）及⑵所投入的每一種資源的單位成本（價格決策）。生產上應投入數量就是標準耗用量，為取得每單位的勞務或財貨所應支付的價格就是標準單位價格，所謂標準成本則指標準數量乘以標準單位價格。例如一家可樂製造公司決定生產汽水，每16盎司罐裝的可樂需使用5盎司果糖，每盎司果糖假設單位標準成本為$0.05，所以每罐可樂的果糖標準成本為$0.25 (=5 × $0.05)。當生產10,000罐可樂時，預期果糖成本為$2,500 (=$0.25 × 10,000)；生產15,000罐可樂，預期的果糖成本為$3,750 (=$0.25 × 15,000)，以此類推。

預算與標準成本均可作為管理控制的工具，在本質上仍有其差異性。預算屬於總額觀念，為預定產量水準下的總標準成本，可用來指引企業在經營過程中應保持的產量與成本水準。標準成本是單位成本的概念，為生產一個單位產品應有的目標成本(Target Cost)，其重點乃在成本的最高值，當企業能將生產的成本降至低於標準成本，即可增加利潤。

13.1.2 標準成本的功能

基於傳統財務會計的規定及稅務法規的考量，一般企業均使用實際成本(Actual Cost)以作為損益衡量的依據。標準成本雖不能直接作為產品成本的評價基礎，卻可適用於管理當局作內部決策的參考依據。實施標準成本法可協助預算建立、績效評估、產品成本計算及節省帳務成本。此外，標準成本的應用可便於例外管理(Management by Exception)，現金與存貨規劃，和有助責任會計制度的推行。還有可採用標準成本法來作為建立投標、訂立契約及訂價的依據。標準成本可幫助管理者從事各種規劃和控制工作，標準成本的功能如下所述：

1. 績效衡量的依據

標準成本是指在有效率的作業下，所產生的預期支出成本。企業的實際支出成本要低於標準成本才可產生利潤，所以標準成本可作為評估管理者和組織單位的依據。

2. 節省帳務處理成本

若原料、在製品、製成品及銷貨成本以實際成本計算，為使一些間接成本合理的分攤到產品，勢必相當耗費時間及人力。若以標準成本記錄，可使表單更為簡化，資訊提供更加迅速，至於實際數與標準數差異的部分，只要在期末調整即可。

3. 便於管理者實施例外管理

管理者通常日理萬機，若每件事不管輕重緩急皆由管理者處理，則會使日常經營趕不上時效。所以設立標準成本可協助管理者來控制成本，當成本超過標準時才採取糾正行動，使管理者可將精力和時間運用在其他更重要的地方。至於差異部分，管理者應探究其差異原因，從而提出改進之方案，俾達成例外管理目的。

4. 有助責任會計制度的實施

當標準成本與實際成本之間有差異發生，可將差異作成報告，並逐一歸屬差異的責任，追蹤查明差異的原因，作為下次改善績效的依據。

5. 協助規劃及決策工作

標準成本為一種預計成本，有助於預算的建立，並可作為釐定產品售價的依據。如此，企業在未實際出售產品前，即可預知收入預算數和成本支出數。

6. 激勵員工士氣

標準成本的制定可配合著獎勵制度，掌握員工心態。訂定合理的標準可增加員工對成本認識，並導引員工迅速達成任務。

13.1.3 標準成本設定

會計人員在設定標準成本時，通常是先採用歷史資料為分析基礎，再加上產品的預期製造過程分析，使成本的設立較具客觀性和相關性。在標準成本的設定方面，要先瞭解是設定原產品或新產品的成本。如果為原有的產品，歷史成本資料可作為參考依據，如同第6章所述的成本習性分析，先找出原有的成本計算公式，代入預期產量，即可求出預期的標準成本。

至於新產品的標準成本設定，由於無歷史資料可參考，只有對未來成本作預測。在這種情況下，會計人員應與其他相關人員，例如生產單位和銷售單位，共同來作成本估計。如果過去有生產過類似的產品，則仍可參考歷史資料，或同業廠商資料。

標準成本設定通常有三種基礎：⑴理論標準(Theoretical Standard)或理想標準(Ideal Standard)或最高標準(Maximum Standard)；⑵現時可達成標準(Current Attainable Standard)或可達成之優良績效標準(Attainable Good Performance Standard)及⑶過去績效標準。此三種標準的設立因管理者寬嚴不同而異，玆分述如下：

1. 理論標準

係指企業在營運過程中,不允許有任何浪費或無效率產生所設定的標準。也就是員工均無休息，機器均無中斷的情形，產能能充分發揮，生產力達到最高。在此情況下，企業達到最佳營運狀況並獲致最低成本。這種標準雖是十全十美，惟不易達成，因未考慮任何延誤，易使員工產生挫折，造成反功能性行為，故不宜作為計算分攤率之基準，僅可作為生產部門所遵循的理想指標。

2. 現時可達成標準

指企業在營運過程中考慮可能的人工休閒、機器維修及正常原料損耗所設定的標準，在可達成優良營運狀況下，雖然不易達成，但只要員工肯付出合理努力，仍有達成的可能。故此標準有助於激勵員工、存貨評價及決策釐訂。

3. 過去績效標準

指企業依據過去幾年實際營運資料所設定的標準。過去績效通常包括浪費及無效率情事，故若以過去績效標準無異縱容過去浪費及無效率的再度發生，故以成本控制觀點不宜採用。

管理者在設定標準時，可同時建立二種或二種以上的標準，並且與獎勵制度相配合，才有助於提高部門的績效。

13.2 原料標準成本

原料通常可分為直接原料及間接原料。間接原料的特性通常是金額小且種類繁多或不易歸屬於產品中的原料。反之，則為直接原料。本節主要在探討直接原料成本的設定、原料差異的計算及責任歸屬。基本上，直接原料標準成本有原料價格標準及原料數量標準二種設定要素。原料價格通常受外界影響甚鉅，原料用量標準則必須考慮原料本身品質、規格及種類。

13.2.1 原料價格差異 (Material Price Variance)

直接原料標準價格與實際採購價格之間的差異稱為原料價格差異。這種差異通常在採購時即認定，在製品的借、貸方科目均以標準成本列記，稱為差異先記法；另外就是在耗用時才記錄差異，在製品的借方以實際成本記錄，當產品完工結轉為製成品時才貸記標準成本，稱為差異後記法。

通常價格除了考慮購買價格外，應考慮相關的附加成本，包括運輸中的保險費、運費、各種現金或商業折扣、驗收及檢驗成本。至於標準價格的設立，可參考下列幾項來源：(1)預期統計數；(2)在特殊型態企業中的經驗和認知；(3)最近採購的平均價格；(4)在長期合約中或承諾採購合約中所同意的價格。基本上，標準價格之設定，必須是能反映目前及未來市場變動的狀況。

原料價格差異通常是在採購時就加以認定，會計記錄以實際採購量乘以標準價格為原料存貨成本，再與實際採購量乘上實際價格所得的應付供應商款項相比較，此二種金額間的差異即為原料價格差異。

假定向仁愛公司採購30,000磅的原料支付$75,000，所以每磅單價為$2.5，但其標準單價為$2.7。為了能易於表達，首先介紹簡單變數的意義。

AQP	表示實際採購數量
AP	表示實際單位價格
SP	表示標準單位價格
MPV	表示原料價格差異

以T字帳(T-account)表達實際成本與標準成本的流向，有助於讀者的瞭解。下列分別計算在不同的單位價格下，所產生的總成本。實際支付成本為$75,000，但以標準單位價格代入，則總數為$81,000，兩者的差異$6,000為有利差異。

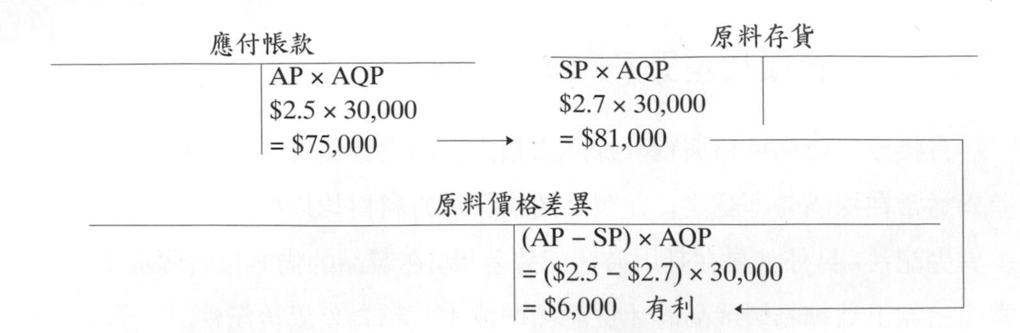

同時，也可以公式的方式來說明原料價格差異。

$$AP \times AQP = \$2.5 \times 30{,}000 = \$75{,}000$$

$$SP \times AQP = \$2.7 \times 30{,}000 = \$81{,}000$$

$$MPV = (AP - SP) \times AQP = \$0.2 \times 30{,}000 = \$6{,}000 \quad \text{有利}$$

特別注意在上面的計算皆採用「實際數量」，只是「價格」有差異，當實際成本與標準成本不同時，要決定差異是屬有利或不利的。在本例中原料價差為有利差異，因為原料實際採購成本低於標準成本。

此外，還可以下列的方式來表示原料的價格差異：

差異產生的原因很多，假如差異是重大的就必須辨別其產生的因素。假如差異為有利，則視為好的績效，管理者應被讚許，公司應給予適當報酬。假如是失控(Out-of-Control)情況，應加快追查其原因並更正之。為保持標準的客觀性，所使用的標準如已過期則必須調整。通常導致原料價格差異的原因，與下列因素有關：

(1)市價不正常隨機波動。

(2)原料的替代。

(3)市場短缺或過多。

(4)採購量多寡、運送型態改變、緊急採購、未預期價格增加或未取得現金折扣等。

採購部門通常負責原料價格差異，假如採購功能執行適當，則標準價格應該是可達成的。當以較低的價格支付則為有利價差；相對的，以較高的價格支付，反映出不利價差。有時價格差異會發生在生產部門，例如由於生產需要緊急採購或生產單位要求特殊品牌原料所造成，就需由生產部門主管來負責這部分的原料價格差異。在新製造環境下，採購部門會建立良好供應商的資料檔，可加速採購程序和差異控制。

13.2.2 原料數量差異

實際原料投入量與實際產出所計算標準投入量有差異時，這種差異稱之為原料數量差異(Material Quantity Variance)，也可稱為原料用量差異(Material Usage Variance)，原料使用差異(Material Usage Variance)或原料效率差異(Material Efficiency Variance)。原料標準使用數量的設定是以工程規範、藍圖及設計上所需的原料用量、特殊規格、重量等因素來決定，並考慮在正常生產工程下可接受的浪費、廢料、損壞因素。原料實際使用量和原料標準使用量的差異數乘上標準單位成本，所得的結果為原料數量差異。

假設A公司使用21,000磅原料，生產10,000個單位，每個產品需要2磅原料，則標準耗用量為20,000磅（=2磅 × 10,000單位）。此例所使用的變數其定義如下：

SP	表示標準單位價格
AQU	表示實際耗用數量
SQU	表示標準耗用數量
MQV	表示原料數量差異

以T字帳表達實際成本與標準的成本流向，來說明原料數量差異。

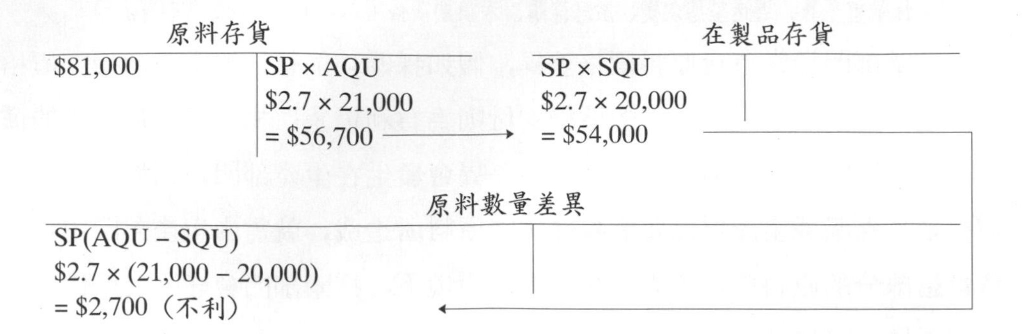

同時，也可以公式的方式來說明原料數量差異。

$$SP \times AQU = \$2.7 \times 21{,}000 = \$56{,}700$$
$$SP \times SQU = \$2.7 \times 20{,}000 = \$54{,}000$$
$$MQV = SP \times (AQU - SQU) = \$2.7 \times 1{,}000 = \$2{,}700 \text{（不利）}$$

在前述二個公式中，所使用的是相同標準單位成本，但是「數量」不同，所使用的實際數量是以實際領料數量為主。換言之，標準耗用量即為製成品所准許耗用標準數量。在本例中，製造的實際耗用數量大於標準耗用量，此為不利差異。另外，還有下列的方式來表示原料數量差異：

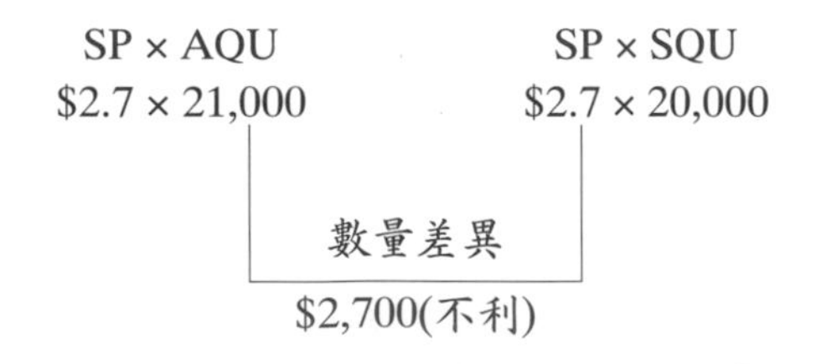

導致數量差異原因可為產品規格改變、原料取代、工作無效率或被偷竊等，由生產部門的主管負責這項差異。將每日實際使用數量與標準數量相比較，結果記在定期的成本報告中，可簡單告訴管理者是否有重大差異發生，應加強注意並更正，使損失降至最低。

13.2.3 原料價差與量差的相關性

有時原料價差及量差兩者有互相的影響，例如採購部門以低價購買質差的次級品料，則有利價差會反映在採購上。但原料使用時的損耗量會高於正常範圍，則會產生不利量差。單從一個角度來看，會錯誤的判斷採購部門有好的績效，而生產部門的績效不良。事實上，二項差異的責任皆應歸屬於採購部門。另外，生產部門的不利量差，也可能會造成採購部門的不利價差，例如生產部門的工程人員不能定期的調整機器，造成損耗率高於正常比率，需要用更多原料，或生產排程不適當，則未能如期生產而造成緊急採購，這些緊急採購的高價會導致不利價差。由此看來，原料的價格差異和數量差異可能彼此互相獨立，但也可能有互動的關係，所以管理者在評估部門績效時，要作整體的考慮。

13.3　人工標準成本

衡量直接人工差異與原料差異的衡量是採用相同方式。直接人工的單位價格即工資率，數量就是工作時數。工資率的差異(Labor Rate Variance)是由於實際工資率與標準工資率的差異所造成；人工效率差異(Labor Efficiency Variance)是實際時數與在生產中所允許的標準時數的差異所造成。接下來將討論人工標準的設立，差異的會計處理與差異原因的探討。

工資率的設定，是把公司與員工共同協議後的一段期間薪資總數除以同一期間的工時數所得的比率。工資率的高低決定於生產工人的工作性質、生產技術、熟練程度、相關經驗與教育程度等因素。至於標準工作時數的設定，主要來自於經驗法則，由生產部門的主管依各個工作的性質與難易程度，參考過去歷史資料，可以客觀的決定生產一個單位產品所需的標準時數，再乘上實際產量，即可得到一定產量所允許的標準時數。

本節所討論的範圍是直接人工成本的差異——工資率差異，是指實際工資率與標準工資率的差異乘上實際工作時數的結果。效率差異是由實際時數和標準時數的差異數乘上標準工資率的結果。本節將二種差異以例子來說明。

仁愛公司本月份支付直接人工成本$25,200及實際工作時數為4,800小時，所以實際每小時工資率為$5.25。本月份生產15,000單位產品，標準成本單顯示每一製成品需要$\frac{1}{3}$小時的直接人工，因此所允許的標準時數為5,000小時（$\frac{1}{3}$小時 × 15,000單位產品）。

在本例中，使用公式的變數定義如下：

AR	表示實際工資率
SR	表示標準工資率
AH	表示實際工時數
SH	表示允許標準工時數
LRV	表示人工工資率差異
LEV	表示人工效率差異

人工工資率差異是當企業所支付給工人的實際工資率與標準工資率不同時所產生。計算工資率差異需要以相同「實際工時」而比較不同工資率，計算如下：

$$AR \times AH = \$5.25 \times 4{,}800 = \$25{,}200$$
$$SR \times AH = \$5 \times 4{,}800 = \$24{,}000$$
$$LRV = (AR - SR) \times AH = (\$5.25 - \$5) \times 4{,}800 = \$1{,}200$$（不利）

由於實際工資率$5.25高於標準工資率$5，所以產生不利的工資率差異。

人工效率差異，有時稱為數量(Quantity)、時間(Time)或使用差異(Usage Variance)，主要因人工使用時間不同於所允許的標準時間，其計算如下：

$$SR \times AH = \$5 \times 4{,}800 = \$24{,}000$$
$$SR \times SH = \$5 \times 5{,}000 = \$25{,}000$$
$$LEV = SR \times (AH - SH) = \$5 \times (4{,}800 - 5{,}000) = \$(1{,}000)$$ 有利

上述的二種差異，可以下列的方式來表達。

AR × AH	SR × AH	SR × SH
$5.25 × 4,800小時	$5 × 4,800小時	$5 × 5,000小時
	工資率差異	效率差異
	$1,200（不利）	$(1,000) 有利

人工工資率的差異是生產部門主管負責，安排合適的工人來做各種工作，

並且避免加班而造成超額工資。至於人工效率差異，與工人的熟練程度和生產排程有關。有時工資率差異和效率差異兩者具有相關性。假設有些超額產品的製造，管理者有兩種選擇，使用臨時工人或讓原班工人加班。使用臨時工人其工資率是便宜，但是新手不熟悉製程作業，必須使用更多的工作小時。因此雇用臨時工人會產生不利的效率差異。若選擇現職工人來加班，可能產生不利工資率差異。管理者在考慮人員的安排時，要作整體的考慮。當付給技術能力較強的人時，其職務津貼較標準高，則會因支付較高津貼，而產生不利工資率差異，但有可能會降低不利效率差異或產生有利效率差異。原則上，以對公司整體最有利的方式來作決策。

13.4　原料及人工差異帳戶的處理

會計年度終了時，原料及人工的實際成本與標準成本之差異處理，通常有二種方式：

⑴結轉本期損益法，將成本差異總數作為銷貨成本，銷貨毛利或淨利之調整項目，一般在差異未超過正常情況時，或為簡化會計作業時採用此法。

⑵分攤至銷貨成本及存貨，將成本差異依比例結轉至存貨（在製品與製成品）和銷貨成本，以顯示各項產品之實際成本。本法主要缺點在於計算繁瑣，但基於財務會計客觀性原則與所得稅申報規定，應採用實際成本的要求下，宜採用此法。至於成本分配比例，是依在製品存貨、製成品存貨和銷貨成本的期末餘額來決定。

通常在第一法所計算的結果與第二法所計算的結果差異不大時，可權宜採用第一法，以簡化帳務處理。

13.5　原料和人工成本差異分析的釋例

安安公司製造一種產品，採用標準成本制度，到期末將各項差異調整到在製品和製成品期末存貨與銷貨成本。原料係以標準成本入帳，於開始時投入20%，加工一半時再添加77%的原料，其餘3%在製造完成時添加。每月標準產能為16,000人工小時，每單位標準成本如下：

原料成本（50磅　@$2）	$ 100
人工成本（80小時　@$9）	720
製造費用（80小時　@$2.25（其中固定為@$1））	180
	$ 1,000

本月份公司實際完成產品1,200單位，出售900單位，每單位售價$1,500。期末在製品存貨有345單位，其中300單位完工75%，45單位完工40%。本月份所發生之實際成本如下：

原料採購（101,200磅　@$2.1）	$ 212,520
人工（116,000小時　@$8.8）	1,020,800
製造費用	280,100
實際成本合計	$ 1,513,420
原料實際耗用　75,300磅	

試記錄當月有關分錄（製造費用差異分析及分錄暫略不作，待次章再一併討論，因此本題將人工成本與製造費用合併為加工成本）。

解題步驟：

⑴考慮約當產量觀念。

⑵計算成本差異。

⑶會計帳務處理，惟應注意借入在製品帳戶應依標準成本。

1. 計算約當產量

	生產數量	約當產量	
生產數量		原　料	加工成本
期初在製品單位數	0		
本期開始投入生產單位數			
(1,200 + 300 + 45)	1,545		
合　計	1,545		
本期投入本期完成		1,200	1,200
期末在製品——完工75%（300個）			
$(300 \times \frac{20+77}{100})$		291	225 (=300 × 75%)
期末在製品——完工40%（45個）			
$(45 \times \frac{20}{100})$		9	18 (=45 × 40%)
合　計		1,500	1,143

2. 計算成本差異

• 計算成本差異

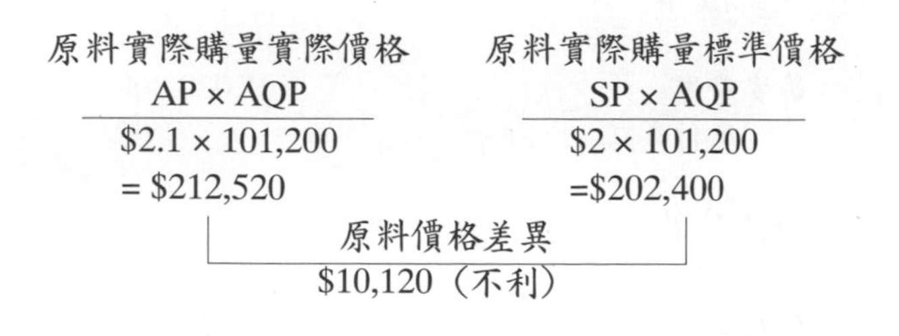

原料實際用量標準價格
SP × AQU
$2 × 75,300
= $150,600

原料標準用量標準價格
SP × SQ
$2 × (1,500 × 50)
= $150,000

原料數量差異
$600（不利）

・計算人工差異

實際支付薪工	實際工時標準工資率	標準工時標準工資率
AR × AH	SR × AH	SR × SH
\$8.8 × 116,000	\$9 × 116,000	\$9 × (1,443 × 80)
= \$1,020,800	= \$1,044,000	= \$1,038,960

工資率差異	效率差異
\$(23,200) 有利	\$5,040（不利）

3. 會計分錄

・記錄採購時（進料）分錄

	借	貸
原　料	202,400	
原料價格差異	10,120	
應付帳款		212,520

・記錄原料領用分錄

	借	貸
在製品	150,000	
原料數量差異	600	
原　料		150,600

・記錄發生人工成本

	借	貸
薪資費用	1,020,800	
應付薪工		1,020,800

・人工成本分攤分錄

	借	貸
在製品	1,038,960	
人工效率差異	5,040	
薪資費用		1,020,800
人工工資率差異		23,200

・記錄完工結轉製成品

	借	貸
製成品	1,200,000	
在製品		1,200,000

(\$1,000 × 1,200 = \$1,200,000)

・記錄賒帳銷貨分錄

應收帳款	1,350,000	
銷貨收入		1,350,000
($1,500 × 900 = $1,350,000)		

・記錄銷貨成本結轉

銷貨成本	900,000	
製成品		900,000
($1,000 × 900 = $900,000)		

13.6　差異分析的意義和重要性

原料及人工差異也許是由相同因素所造成。假定採購單位買了品質較差的原料，雖然反映有利價格差異，然而原料在投入生產時，可能會造成比預期還多的浪費，也就是造成原料不利數量差異。由於劣質品所引起的高不良率，會影響工人的生產效率，有時機器有當機的情況，反而要技術高的人員來操作，此時導致不利的人工工資率差異，及可能影響人工效率差異。

另外工人有過多壓力、疲倦的加班，導致使用更多的時間，會同時產生不利原料數量及人工效率差異。因為使用更多原料，生產單位從倉庫領料，可能造成超額領料和缺貨，因而發生緊急採購，以免生產中斷。這種緊急採購導致採購成本增加，所以不利價格差異增加。

人工差異分析的重要性會隨著生產自動化程度的增加而減少，導入自動化生產作業可增加生產力及品質，並降低產品成本。當採用自動化設備，需要更高層次技術工人，而低層次直接人工逐漸被淘汰。在此情況下，直接人工工資率差異變得不重要。又由於自動化生產作業，所需的工人人數較少，甚至達到無人化的境界，此時人工效率差異也變得不重要。

在某些公司，自動化並未全面實施，此情況下直接人工會減少，但仍屬於重要成本因素。在整廠整線自動化的情況下，直接人工變得更不重要，效率衡量是有賴機器操作速度而不是工人個人的速度，因此機器效率衡量，變得較工人效率的衡量為重要，也就是人工效率差異變成較不重要的資訊。

得到差異分析的結果後，再將差異部分歸屬到相關單位，來降低以後發生差異的機會。對於有利差異和不利差異的部分，都要追究其原因。差異的產生可能是人為的因素所造成，也可能是預算的估計不夠客觀。如果公司採用資訊即時系統，實際成本資料可隨時蒐集，標準成本也隨時更新，所以差異數會降低。

如果欲降低當期的成本，可將差異分析的觀念，應用到非財務面的資料。例如設定每個產品製造時間的上下限，如果差異超過可接受的範圍，可採用例外管理的方式，對特殊差異作個別處理。

範例

雅樂公司生產一種產品，每單位的標準成本資料如下所列：

	標準價格	標準用量	標準成本
直接原料	$18	8磅	$144
直接人工	$80	0.5小時	40
合　計			$184

本月份雅樂公司購買160,000磅的直接原料，支付$3,040,000。在同一月份發出工資$840,000，其中90%用於直接人工的部分，10%用於間接人工的部分。雅樂公司在這個月共製造19,000個單位產品，使用142,500磅的直接原料和10,000個直接人工小時。

試求下列的各項差異，並標示出有利或不利差異。

⑴直接原料價格差異。

⑵直接原料數量差異。

⑶直接人工工資率差異。

⑷直接人工效率差異。

解答：

AP × AQP	SP × AQP
$19 × 160,000	$18 × 160,000
= $3,040,000	= $2,880,000

原料價格差異

$160,000（不利）

SP × AQU	SP × SQU
$18 × 142,500	$18 × 8 × 19,000
= $2,565,000	= $2,736,000

原料數量差異

$(171,000) 有利

AR × AH	SR × AH	SR × SH
$84 × 10,000	$80 × 10,000	$80 × 0.5 × 19,000
= $840,000	= $800,000	= $760,000

工資率差異	效率差異
$40,000（不利）	$40,000（不利）

本章彙總

標準成本法的採用，有助於成本控制和產品成本估價。由歷史資料來推論產品的標準成本，如果是估算新產品的標準成本，會計人員要與工程、銷售、研發等部門的人員協商出預計的成本。本章主要介紹原料價格差異、原料數量差異、人工工資率差異和效率差異。每一種差異的計算方式和所代表的意義，在本章中有詳細的說明。另外，有釋例說明差異數的帳務處理過程。最後，討論每一種差異在新製造環境下的適用性，提出把差異分析的觀念，運用到非財務面的控制，將有助績效的提昇。

關鍵詞

現時可達成標準(Current Attainable Standard)：

考慮過營運中可能發生的浪費和損耗，所設定的標準。

有利差異(Favorable Variance)：

指實際成本低於預期成本的情況。

人工效率差異(Labor Efficiency Variance)：

即實際工時數與標準工時數的差異數，乘上標準工資率的結果。

人工工資率差異(Labor Rate Variance)：

即實際工資率與標準工資率的差異數，乘上實際工時數的結果。

例外管理(Management by Exception)：

只針對差異超過可容忍範圍的部分來控制。

原料價格差異(Material Price Variance)：

即實際單位成本與標準單位成本的差異數，乘上實際採購量的結果。

原料數量差異(Material Quantity Variance)：

即實際使用量和標準使用量的差異數，乘上標準單位成本的結果。

理論標準(Theoretical Standard)：

係指企業在營運過程中，不允許有任何浪費或無效率產生所設定的標準。

不利差異(Unfavorable Variance)：

指實際成本高於預期成本的情況。

作業

一、選擇題

1. 在編製預算時，

　A.使用的標準是一個鬆弛的標準。

　B.使用的標準是一個預期實際的標準。

　C.使用的標準是一個嚴謹的標準。

　D.以上皆是。

2. 有利的人工效率差異是指：

　A.所允許的標準時數超過實際工作時數。

　B.實際工作時數超過所允許的標準時數。

　C.實際工資率超過標準工資率。

　D.標準工資率超過實際工資率。

3. 當實際原料價格超過標準原料價格時，

　A.存在著不利的原料價格差異。

　B.存在著有利的原料價格差異。

　C.存在著不利的原料數量差異。

　D.存在著有利的原料數量差異。

4. 請考慮下列三個敘述：

　Ⅰ.只有相當大的差異才應該調查。

　II.有利與不利差異，只是指標準與實際間的差異而已。

　III.由於經理都有其責任範圍，所以差異的責任是很容易決定歸屬的。

　上面敘述何者為真？

　A.只有Ⅰ。

　B.只有II。

　C.只有III。

　D.只有Ⅰ與II。

5. 直接人工成本差異可分為：

A.直接人工率差異和直接原料數量差異。

B.不利差異和有利差異。

C.工資率差異和效率差異。

D.聯合率、使用差異及價格差異。

二、問答題

1. 何謂標準成本？
2. 比較標準成本與預算的異同。
3. 試述標準成本之功能。
4. 簡單說明標準成本設定的三種標準。
5. 舉例說明原料價格差異及數量差異。
6. 為何會產生價格差異？
7. 衡量原料價差與量差相關性。
8. 說明人工差異產生的原因。
9. 分析原料成本及人工成本交互影響差異。
10. 說明自動化生產對原料及人工差異的影響。
11. 試述原料及人工的實際成本與標準成本之差異處理方式。

第14章

彈性預算與製造費用的控制

學習目標:

- 編列製造費用預算
- 瞭解實際成本、正常成本和標準成本的異同點
- 認識產能水準的選擇基礎
- 計算製造費用的各項差異
- 編製製造費用績效報告
- 熟悉製造費用的會計處理
- 明白差異分析的責任歸屬與發生原因

前　言

標準成本會計可作為預算的標準和績效衡量的重要工具，在第13章已討論過原料和人工的標準成本和差異分析，可協助管理者建立標準和發現問題之處。對製造業而言，成本差異分析，可作為績效衡量的參考。通常原料差異分析主要適用在製造業，但是人工成本及製造費用的差異分析，則可使用在製造業和服務業。

本章先討論製造費用的預算，包括靜態預算和彈性預算。依不同的產能水準，來編製彈性預算，以免造成預算差異過高。由於製造費用是由多項不同的費用所組成，為有效的控制製造費用，有二項、三項及四項差異分析，以找出造成差異的原因。並且加以控制差異，以減少浪費的情況發生。

對企業而言，公司管理當局傾向追求利潤最大化的目標。在營運過程中，必須有效的提昇收入和控制成本支出，才會達到預期目標。通常想要使某項成本控制實施成功，則要符合下列幾項原則：

⑴管理當局以其責任中心所應負責的程度，來設立標準(Standards)及目標(Goals)。

⑵評估方式能受到最高階層主管的支持。

⑶在績效報告上要揭露出成本項目發生例外差異的訊息。

⑷部門主管對其單位的差異之處，要能採取糾正行動。

14.1　製造費用預算

產品成本的三項要素為直接原料成本、直接人工成本和製造費用。前二項成本屬於變動成本，預算編製的程序較為簡單；製造費用的成本習性為混合成本，包括變動成本和固定成本兩部分，所以製造費用預算的編製要考慮成本習性。

14.1.1　靜態預算和彈性預算

編製預算的方法有靜態預算(Static Budget)和彈性預算(Flexible Budget)兩種，在編製程序方面，靜態預算較為簡單。所謂靜態預算是指預算的編列，只依據一個既定的產能水準，不會因情況的改變而調整。相對的，彈性預算則是指所設定的產能水準，不是單一水準，而是在某一範圍內的各項產能水準，在實際數發生時，再選用較切實際的預算標準。

在表14.1中，比較靜態預算與動態預算的差異，假設電費會受到機器運轉時數的影響，生產單位的電費每小時為$100，如果每部機器每天運轉8小時，有10部機器，每個月工作25天，則靜態預算的產能水準為20,000小時。但在實際上，機器運轉時數會受到其他因素的影響，例如市場需求量。所以在彈性預算的編列，考慮三種不同的產能水準。

表14.1　靜態預算與彈性預算

	靜態預算	彈性預算		
產能水準（機器小時）	20,000	18,000	20,000	22,000
預期電費　（每小時$100）	$2,000,000	$1,800,000	$2,000,000	$2,200,000

彈性預算的適用性較高，預算標準可隨實際情況來選擇一個較客觀的產能水準作標準。如同樣使用表14.1的資料，假設實際的產能為18,000機器小時，所實際花費的電費為$1,850,000。如果採用靜態預算，則電費標準數為$2,000,000，與實際電費相比較，產生$150,000有利差異，因為實際數低於標準數。如果採用彈性預算，則電費標準數為18,000機器小時的預期電費$1,800,000，再與實際電費相比較，其結果為$50,000不利差異。由此看來，使用彈性預算較能客觀的衡量績效。

至於產能水準的選擇，在表14.1上是以機器小時為基礎，是屬於一種以投入(Input)因素為衡量的基礎，資料較容易掌握，並且較客觀。如果採用產出量(Output)為衡量基礎，會產生較多的困難，資料不易即時得到，要等生產程序完成後才有資料。另外，如果同一部機器生產不同產品，例如製鞋機可生產男鞋和童鞋，如果機器的電費以所製造鞋的數量為基礎來列預算，此為不合理的現象。

14.1.2 彈性預算的編製

龍榮公司編製8月份的製造費用彈性預算表，全部費用區分為變動成本和固定成本，根據18,000，20,000和22,000三種機器小時來編製彈性預算。

表14.2 製造費用的彈性預算

龍榮公司 8月份製造費用的彈性預算表			
預期產能水準（機器小時）	18,000	20,000	22,000
變動成本：			
間接原料($60)	$1,080,000	$1,200,000	$1,320,000
間接人工($80)	1,440,000	1,600,000	1,760,000
水電費($40)	720,000	800,000	880,000
總變動成本	$3,240,000	$3,600,000	$3,960,000
固定成本：			
監工人員薪資	$ 152,000	$ 152,000	$ 152,000
設備折舊費用	720,000	720,000	720,000
保險費	36,000	36,000	36,000
總固定成本	$ 908,000	$ 908,000	$ 908,000
總製造費用	$4,148,000	$4,508,000	$4,868,000

由表14.2得知，總變動成本會隨著產能水準的增加而增加，但總固定成本$908,000都保持不變。上述的總製造費用也可以下列的公式來表示：

總製造費用預算 =（單位變動成本預算 × 預期的產能水準）+ 總固定成本預算

把表14.2的資料代入上面的彈性預算公式，可得到下列的結果，與表14.2上的總製造費用的結果相同。

產能水準	計算過程		總製造費用
18,000	$180 × 18,000 + $908,000	=	$4,148,000
20,000	$180 × 20,000 + $908,000	=	$4,508,000
22,000	$180 × 22,000 + $908,000	=	$4,868,000

這種以公式計算的方式，所費的時間較列表方式少，可作為會計人員編列初步概略預算的方法。由於計算簡單，可依實際情況來計算製造費用的彈性預算。

14.2 實際成本、正常成本和標準成本

產品成本的計算可採用實際成本、正常成本和標準成本中的任何一種方法。如同表14.3所示，實際成本法下的產品成本，是每一項成本要素計算都採用實際單位成本乘上實際產能的結果。正常成本法下，原料成本和人工成本的計算方法與實際成本法相同；唯製造費用部分，要把估計單位成本乘上實際產能。至於標準成本法，是每一項成本要素計算都採用估計單位成本乘上預期產能的結果。

表14.3 實際成本、正常成本和標準成本

	實際成本	正常成本	標準成本
原料成本	實際單位成本 ×實際產能	實際單位成本 ×實際產能	估計單位成本 ×預期產能
人工成本	實際單位成本 ×實際產能	實際單位成本 ×實際產能	估計單位成本 ×預期產能
製造費用	實際單位成本 ×實際產能	估計單位成本 ×實際產能	估計單位成本 ×預期產能

實際成本、正常成本和標準成本的採用各有其優缺點，管理者可評估其組織資料的可行性，選擇一種適當的方法來計算產品成本。實際成本法的優點是資料來自於實際數目，所以較正確、客觀，但對於間接成本的蒐集較不能即時，所以有時因為要等某些成本科目的結清，產品成本才能計算出來，

無法適時提供產品成本的資訊。相對的，標準成本法下，每項成本資料都來自於估計數，可隨時提供產品成本資訊，但因實際數與預算數往往有差距，成本資料較不正確。所以，正常成本法可說是較好的一種方法，對於直接成本部分，採用實際成本法；對於間接成本部分，採用標準成本法。如此，正常成本法可提供客觀和適時的資訊。

14.3 產能水準的選擇

在傳統的製造環境，產能水準大都以人工小時為基礎，全部工廠用單一基礎。接著機器生產作業漸漸取代人工作業，則採用機器小時產能水準的基礎。如同第14.2節的釋例，變動製造費用會隨著產能水準的變化而呈正比例的增減。隨著科技的進步，自動化生產程度愈來愈高，尤其是電腦整合製造的作業方式，產能水準的基礎大都與機器小時或製程時間有關。

產能水準的選擇，從單一基礎改為多重基礎，也就是把性質類似的成本集中一起，選擇一個合適的基礎。這種觀念源自於作業基礎成本法的觀念，可參考本書的第3章。把製造費用內的各項成本科目列出，同類型的成本可採用同一個成本動因，以客觀的方式來計算彈性預算。

另外，產能水準的基礎以非財務面的成本動因為原則，其主要原因有兩個。其一為財務面的成本動因，會隨物價波動，當通貨膨脹時，產品成本自然會漲。第二項原因是與人工成本有關，由於生產作業需要多人幫忙，工資率會隨參與工人的技術而不同。對公司而言，採用非財務面的成本動因為產能水準的標準，製造費用的預算較不受外界因素影響。

當產能水準的基礎選定後，可計算製造費用率。以龍榮公司為例，假設預期產能為20,000機器小時，變動製造費用預算為$3,600,000，固定製造費用預算為$908,000。如表14.4，變動製造費用率為$180，固定製造費用率為$45.4，每個機器小時的製造費用率為$225.4。

表14.4　製造費用率的計算

	預算成本	預期產能（機器小時）	製造費用率
變動成本	$3,600,000	20,000	$180.0
固定成本	908,000	20,000	45.4
	$4,508,000		$225.4

14.4　製造費用的差異分析

由於製造費用包括多項成本科目，有些用於變動成本，有些則屬於固定成本，所以在差異分析方面比直接原料成本和直接人工成本為複雜。本節以龍榮公司的例子來說明變動製造費用的差異，和固定製造費用的差異，再將實際數與預算數之間的差異，以四項、三項和二項分析方式來說明。

龍榮公司在8月份製造9,000張桌子，每張桌子需要2個機器小時才能完成，所以在實際產量下所允許的標準時數為18,000機器小時(=2 × 9,000)。從表14.2上得知8月份的製造費用預算如下：

變動製造費用	$3,240,000
固定製造費用	$ 908,000

從會計記錄上得知，龍榮公司在8月份的實際支出如下：

變動製造費用	$3,422,500
固定製造費用	$ 950,000
實際機器小時	18,500

本節的差異分析將採用上述的基本資料，來計算各項的差異。

14.4.1　變動製造費用

龍榮公司在8月份的變動製造費用的實際數與預算數如下：

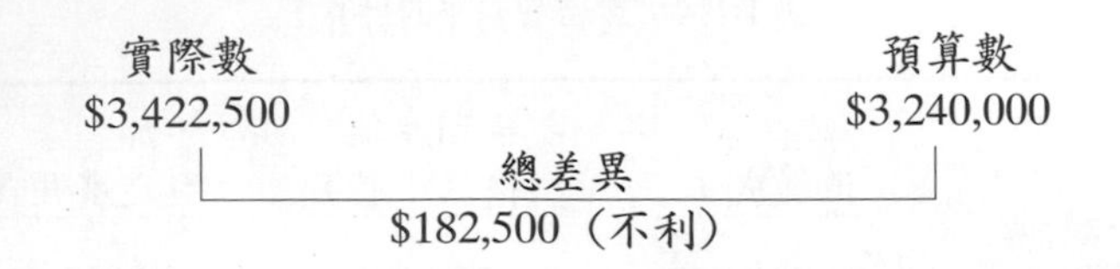

總差異數$182,500，可再細分為支出差異和效率差異，在表14.5上可明確得知各項差異的計算，以下為各項變數的代表意義。

AH　表示實際時數
AVR　表示實際變動費用率
SVR　表示標準變動費用率
SH　表示標準時數

表14.5　變動製造費用差異分析

(1) 實際數	(2)	(3) 彈性預算數	(4) 估計數
AH × AVR	AH × SVR	SH × SVR	SH × SVR
18,500 × $185	18,500 × $180	18,000 × $180	18,000 × $180
=$3,422,500	=$3,330,000	=$3,240,000	=$3,240,000
支出差異	效率差異	無差異	
$92,500（不利）	$90,000（不利）	0	

從表14.5的分析看來，總差異$182,500可區分為支出差異(Spending Variance) $92,500和效率差異(Efficiency Variance) $90,000。以公式方式來說明各項差異的原因。首先，說明變動製造費用的支出差異公式。

$$
\begin{aligned}
\text{變動製造費用的支出差異} &= AH \times AVR - AH \times SVR \\
&= AH \times (AVR - SVR) \\
&= 18{,}500 \times (\$185 - \$180) \\
&= \$92{,}500
\end{aligned}
$$

由上面計算過程看來，支出差異的起因為實際變動製造費用率$185高於估計變動製造費用率$180，每個機器小時多付$5 (=$185 − $180)，這種情況屬於不利的差異。如果實際變動製造費用率低於估計變動製造費用率，則產生有利的差異。管理者要分析支出費用超過估計數的原因，明確的區分為可控制或不可控制，除了物價波動不易控制外，其他因素要盡量控制不利的差異。另外，變動製造費用的效率差異公式如下：

$$
\begin{aligned}
\text{變動製造費用的效率差異} &= AH \times SVR - SH \times SVR \\
&= (AH - SH) \times SVR \\
&= (18{,}500 - 18{,}000) \times \$180 \\
&= \$90{,}000
\end{aligned}
$$

變動製造費用的效率差異$90,000，是因為實際時數18,500機器小時，高於標準時數18,000機器小時所造成的。此項差異可由生產部門主管來負責，因為這是由生產無效率所造成的不利差異。反之，如果實際時數低於標準時數時，則為有利差異，因為生產作業有效率。

14.4.2　固定製造費用

就龍榮公司而言，固定製造費用的實際數與預算數和估計數的差異分析如下：

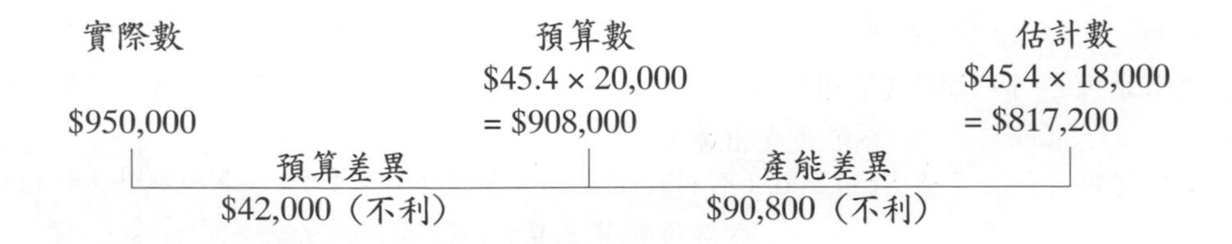

固定製造費用的預算差異(Budget Variance) $42,000屬於不利差異，因為實際支付的費用$950,000高於預算數$908,000。對於固定製造費用的預算差異分析，不必像變動製造費用的差異分析要考慮產能水準的問題，只須比較總數即可，因為總固定成本不會隨產能變動而改變。

至於產能差異(Capacity Variance) $90,800起因於預算數$908,000與估計數$817,200的差異。由上面的計算過程，可看出差異的原因為正常產能（20,000機器小時）與所允許的標準產能（18,000機器小時），其中相差2,000機器小時乘上估計固定製造費用率$45.4。由此推知，龍榮公司的生產部門的產能沒有充分利用，而有產能閒置的現象。對產能差異分析的結果，一般也可不必區分為有利或不利差異，因為這項差異不是用來評估部門績效，只是說明預算編列的差異。

14.4.3 四項、三項和二項差異分析

把前二小節所討論的四項差異，列在表14.6上，可看出四項差異分析的組成要素。把前二者合併為合併後支出差異(Combined Spending Variance)，使差異項目由四項成為三項，再與變動製造費用的效率差異合併，成為合併後預算差異(Combined Budget Variance)。最後只剩下合併後預算差異和固定製造費用產能差異二項。

如果把二項差異再合併，即產生$315,300的不利差異，此數目可以比較實際製造費用$4,372,500，和所允許的標準時數乘上估計的製造費用率的結果$4,057,200 (=18,000 × $225.4)。

表14.6 四項、三項和二項差異分析

	變動製造費用支出差異	固定製造費用預算差異	變動製造費用效率差異	固定製造費用產能差異
四項分析	$92,500（不利）	$42,000（不利）	$90,000（不利）	$90,800（不利）
	合併後支出差異		↓	↓
三項分析	$134,500（不利）		$90,000（不利）	$90,800（不利）
	合併後預算差異			↓
二項分析	$224,500（不利）			$90,800（不利）

14.5 製造費用績效報告

如果管理者要控制製造費用的差異，雖然上一節的各項差異分析可提供資訊，但要控制差異，則需要比較每一項費用，如表14.7的製造費用績效報告(Overhead Cost Performance Report)。除了固定製造費用產能差異的資料不會在製造費用績效報告上表示，其他的各項差異資料都在表14.7上。就變動製造費用方面，間接原料和間接人工成本都有不利差異，唯水電費的支出差異為$37,000有利差異和效率差異為$20,000不利差異。在固定製造費用方面，

只有保險費的預算差異為$2,000有利差異。

表14.7　製造費用績效報告

	(1)	(2)	(3)	(4)	(5)	(6)	(7)
	彈性預算 (18,000 機器小時)	估計的製造費用率	實際時數×估計的製造費用率 (18,500小時)	實際成本	支出差異 (4) − (3)	效率差異 (3) − (1)	預算差異 (4) − (1)
變動成本:							
間接原料	$1,080,000	$ 60	$1,110,000	$1,147,000	$37,000 U	$30,000U	$ 67,000 U
間接人工	1,440,000	80	1,480,000	1,572,500	92,500 U	40,000U	132,500 U
水電費	720,000	40	740,000	703,000	(37,000)F	20,000U	(17,000)F
總變動成本	$3,240,000	$180	$3,330,000	$3,422,500	$92,500 U	$90,000U	$182,500 U
固定成本:							
監工人員薪資	$ 152,000			$ 182,000			$ 30,000 U
設備折舊	720,000			734,000			14,000 U
保險費	36,000			34,000			(2,000)F
總固定成本	$ 908,000			$ 950,000			$ 42,000 U
總製造費用	$4,148,000			$4,372,500			$224,500 U

U: 不利差異
F: 有利差異

從表14.7上可以分析每一項費用的差異，有助於管理者對績效作有效率的控制，對於各種不利差異要追查其原因，並採取糾正行動。

14.6　製造費用的會計處理

製造費用的實際發生、分攤處理和差異處理的會計分錄在本節敘述。龍榮公司在8月份實際支付$4,372,500的製造費用，其會計分錄如下：

製造費用（實際數）	4,372,500	
間接原料		1,147,000
應付工資		1,572,500
應付水電費		703,000
應付薪資		182,000
累計折舊——設備		734,000
應付保險費		34,000

龍榮公司採用標準成本來入帳到「在製品存貨」帳戶，把估計的製造費用率$225.4（見表14.4）乘上所允許的標準時數18,000機器小時，則為$4,057,200預估數，其分錄如下：

在製品存貨	4,057,200	
製造費用（預估數）		4,057,200

8月份的製造費用低估$315,300 (=$4,372,500 – $4,057,200)，這個差異可直接結轉到銷貨成本科目，如下面的分錄：

銷貨成本	315,300	
製造費用（預估數）		315,300

如果上述的差異很大，則把差異數分攤到在製品存貨、製成品存貨和銷貨成本三個會計科目，以這三個科目的期末餘額來計算分攤比率。相對的，如果製造費用實際數低於預估數，則借方和貸方的科目與上述對調。

14.7 差異分析的責任歸屬與發生原因

在第13章和本章分別介紹了產品成本要素的差異分析，為有效的控制部門績效，各項差異責任要歸屬到相關單位或人員。由於成本差異源自於預算數和實際數的差距，表14.8列出各項差異可追蹤的負責人員或單位。生產部門主管可說是成本差異的主要負責人，尤其是變動成本的差異。

表14.8　成本差異的責任歸屬

差　異	負責人員或單位
原料價格差異	採購經理
原料數量差異	廠長、機器操作員、品管部門及原料處理人員
人工工資率差異	廠長、人事主管、生產部門管理者
人工效率差異	廠長、部門管理者、生產排程人員、原料處理人員、機器操作人員
製造費用支出差異	變動部分——生產部門管理者
製造費用效率差異	固定部分——最高主管
製造費用產能差異	同人工效率差異的人員或單位
	最高主管或生產排程人員

在比較實際結果與預算及標準成本資料後，可作為績效評估的參考。每一項成本差異都是有很多產生原因，在表14.9雖未包括全部原因，但是為一般常見的理由。

在日常營運中，一個企業會有多種的差異，管理者不可能控制每一個差異，只能就差異較大的部分，也就是說超過可容忍範圍的部分，來加以控制。成本差異分析的結果，可提供管理者評估績效的資訊，但是對於當期的績效已無法改進，只能作為下一期改善營運的參考。如果要把差異分析的結果，用來改進當期的績效，則比較非財務面的項目，例如製程時間。如圖14.1的統計控制圖(Statistical Control Chart)，假設製造一張桌子的製程時間差異，在一個標準差下為正負10分鐘。在圖14.1上的六張桌子的製程時間差異，只有一張桌子的製程時間差異超過可容忍的範圍，管理者只要針對這一張桌子加以管理即可。

表14.9 差異發生的可能原因

1. 原料價格差異
   - 最近採購價格改變
   - 採購政策改變的影響
   - 採購替代原料
   - 運費成本改變
   - 原料數量差異
   - 原料處理不當
   - 機器操作不當
   - 設備不良
   - 次級原料導致較多廢料
   - 品質檢驗不當
2. 人工工資率差異
   - 產業界工資率變動
   - 雇用經驗不足的人
   - 罷工
   - 員工生病或請休假
   - 調換工人工作
3. 人工效率差異
   - 機器當機
   - 次級原料
   - 監督不當
   - 停工待料
   - 新進員工或無經驗員工
   - 次佳工程規格
   - 不穩定的生產排程
4. 製造費用支出差異
   - 預期價格改變
   - 過度使用間接原料
   - 員工加班改變
   - 機器不良或人事異動
   - 折舊率變動
5. 製造費用效率差異
   - 參考人工效率差異的原因
6. 製造費用產能差異
   - 未充分使用正常產能
   - 缺少訂單
   - 太多閒置產能
   - 有效率或無效率使用現有產能

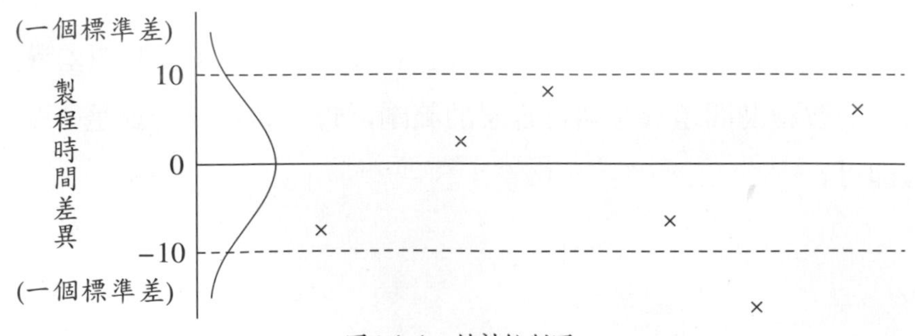

圖14.1 統計控制圖

比利公司採用標準成本和彈性預算來控制其營運，9月份預計生產90,000單位的玩具，全部預算如下：

直接原料成本	$180,000
直接人工成本	360,000
變動製造費用	90,000
固定製造費用	120,000
合　計	$750,000

根據公司內部資料顯示，實際生產75,000單位的玩具，一共投入下列的成本：

直接原料成本：	
購買39,000磅	$159,900
使用36,000磅	$144,000
直接人工成本162,000小時	$360,000
變動製造費用	$ 75,000
固定製造費用	$126,000

每製造一單位產品需要0.5磅原料和2個人工小時。

試求：原料、人工、製造費用的各項差異。

解答：

計算單位成本：

直接原料	$180,000 ÷ 90,000 = $2 ÷ 0.5磅 = $4／磅
直接人工	$360,000 ÷ 90,000 = $4 ÷ 2小時 = $2／小時
變動製造費用	$ 90,000 ÷ 90,000 = $1 ÷ 2小時 = $0.5／小時
固定製造費用	$120,000 ÷ 90,000 = $1.33 ÷ 2小時 = $0.67／小時

直接原料：

價格差異	($4.1 − $4) × 39,000 = $3,900（不利）
數量差異	(36,000 − 37,500) × $4 = $(6,000)　有利

直接人工：

工資率差異	(\$2.222 – \$2) × 162,000 = \$36,000（不利）
效率差異	(162,000 – 150,000) × \$2 = \$24,000（不利）

變動製造費用：

支出差異	\$75,000 – \$0.5 × 162,000 = \$(6,000)　有利
效率差異	(162,000 – 150,000) × \$0.5 = \$6,000（不利）

固定製造費用：

預算差異	\$126,000 – \$120,000 = \$6,000（不利）
產能差異	\$120,000 – \$120,000 = \$0

本章彙總

製造費用是由多項成本所組成，有些與產能水準有比例關係者屬於直接成本，其他則為間接成本。製造費用預算編列的方法有兩種，一為靜態預算，另一為彈性預算，其中以彈性預算較合適於現在的製造環境。彈性預算的計算方式，可以列表方式，也可以公式來計算，由管理者自行決定。

產品成本的計算方法有實際成本法，正常成本法和標準成本法。實際成本法的優點為資料正確，其缺點為不適時。相對的，標準成本法可提供即時資料，但不夠正確。因此，正常成本法可說是三者之中較好的方法，較符合資訊客觀和適時的原則。

產能水準的選擇會影響製造費用率的計算，在基礎選擇方面要注意與生產作業相配合的情況，例如人工小時不適用於自動化生產設備的折舊費用分攤基礎。如果製造費用所包括的項目多，則可考慮採用多重分攤基礎。

比較實際數與預算數的差異分析，在製造費用方面較複雜，可分為四項、三項和二項差異分析。所謂四項差異是指變動製造費用支出差異、固定製造費用預算差異、變動製造費用效率差異和固定製造費用產能差異。三項和二項差異則為四項差異的合併項。差異分析的主要功用是績效評估，製造費用績效報告可提供更詳細的差異資料，更有利於差異的控制。當差異找出後，將各項差異歸屬到相關的人員或單位，並找出原因來改善差異。差異分析的觀念可應用到財務面和非財務面的成本動因，使績效可即時評估和即時改善。

關鍵詞

效率差異(Efficiency Variance)：

為實際人工時數乘上標準分攤率與所允許標準人工時數乘上標準分攤率之間的差異。

彈性預算(Flexible Budget)：

在某一個作業活動範圍內，會隨著生產量多寡而變動的預算。

閒置產能差異(Idle Capacity Variance)：

實際人工時數的預算限額與實際人工時數乘上標準分攤率，兩者間的差異。

例外管理(Management by Exception)：

係指在績效評估中，管理當局僅報導不尋常的好或不好的績效。

支出差異(Spending Variance)：

指以實際人工時數下，實際製造費用與預算製造費用，在「價格」上的差異。

靜態預算(Static Budget)：

指在某一個會計期間內，不管實際生產量多寡皆不會改變預算者。

作業

一、選擇題

1. 製造費用之彈性預算，其固定費用部分可用來計算：

   A.固定預算活動。

   B.固定製造費用率。

   C.實際固定製造費用。

   D.標準費用率。

2. 假設變動製造費用會隨原料投入量而改變，在何種情況下，變動製造費用效率差異是有利的？

   A.實際使用投入量大於為了實際生產之標準投入量。

   B.實際使用投入量等於實際運作之直接人工小時。

   C.實際使用投入量小於為了實際生產之標準投入量。

   D.標準變動製造費用率小於實際費用率。

3. 高估或低估變動製造費用的差異可分為：

   A.變動製造費用率差異和變動製造效率差異。

   B.實際費用率和標準費用率。

   C.直接人工效率差異和變動製造效率差異。

   D.固定製造費用預算差異和生產數量差異。

4. 只有在何時，人工效率差異會為零？

   A.實際時數等於標準時數。

   B.預算固定製造費用等於可容許活動範圍。

   C.可容許活動範圍等於實際生產所需之標準時數。

   D.實際生產之標準時數等於實際時數。

5. 請考慮下列三個敘述：

   Ⅰ.實際變動製造費用與預計變動製造費用間之差異稱為高估或低估變動製造費用。

II.變動製造費用的實際數低於預計數時，被視為是有利差異。

III.變動製造費用的實際數高於預計數時，被視為是有利差異。

上面哪個敘述才是正確的？

A.只有 I 。

B.只有II。

C. I 與II。

D. I 與III。

6.下列敘述何者為誤？

A.在非製造部門，也可能有多種的產出。

B.在非製造部門，工資率很少會隨著工作分配之難度而變動。

C.過去成本的分析可做為彈性預算方程式之依據。

D.非製造業設定標準最大的困難在於衡量活動的產出。

二、問答題

1.績效評估的原則為何？

2.何謂彈性預算及靜態預算？

3.試編製簡單的彈性預算。

4.說明製造費用的意義與基本架構。

5.試述製造費用差異的處理方式。

6.舉例說明製造費用差異分析的責任歸屬單位。

7.製造費用支出差異、製造費用效率差異、製造費用數量差異，其發生的可能原因為何？

8.如何使用標準成本來執行例外管理？

第15章

利潤差異與組合分析

學習目標:

- 區分單一產品與多種產品下的銷貨毛利差異項目
- 瞭解營業費用的差異分析
- 辨別邊際貢獻法下的差異分析
- 分析生產成本的差異

前　言

預算制度一方面強迫管理當局作事前規劃，另一方面則為績效控制的基礎。根據預算與實際結果的比較，可幫助管理當局瞭解各項主要差異對於實際結果有何影響，並幫助他們確定值得調查的範圍，不致於浪費時間，並且可決定是否採取更正行動；其次，亦可用來考核各責任中心的績效。

預算係管理人員期望各單位應達成之數量化目標，並透過差異分析來探究何以實際成果不同於預期結果。利潤為衡量利潤中心績效的一項重要指標，企業在期初即設定預期利潤，期末就實際利潤與目標利潤相比較，並探究產生差異之原因，決定適當的更正措施。因此，利潤差異分析為控制利潤中心的重要工具。利潤係收入與費用之差額，故收入與費用之變動原因均係影響利潤差異的因素。在前二章已介紹過直接原料成本、直接人工成本以及製造費用的差異分析，本章則將對差異分析作更深入的探討，著重於銷貨毛利、營業費用和生產成本的差異分析，有助於對差異分析的全盤瞭解，以利管理當局作決策參考之用。

15.1　銷貨毛利的差異分析

當一個營業單位或整個公司的營業結果未達到預期目標時，其單位的負責主管將極欲瞭解引起該不利差異的主要原因。為達到充分瞭解之目的，則需將營業結果之組成項目予以劃分，對各個項目加以分析與調查。至於劃分的詳細與否，則需視個別公司的需要，並且符合成本與效益分析(Cost-Benefit Analysis)。一般而言，營業淨利通常受到銷貨收入、銷貨成本、銷貨毛利以及營業費用等項目的影響。

用來解釋銷貨收入與銷貨成本發生變動原因的方法稱之為銷貨毛利分析(Gross Profit Analysis)。銷貨毛利(Gross Profit or Gross Margin)係銷貨收入減去銷貨成本後之餘額，銷貨毛利的變動直接影響利潤之多寡，故對銷貨毛利的變動須詳加分析。引起銷貨毛利發生變化的主要原因包括銷售價格、銷售數量、銷售組合及成本要素（如直接原料、直接人工及製造費用）等因素的變動，如圖15.1。

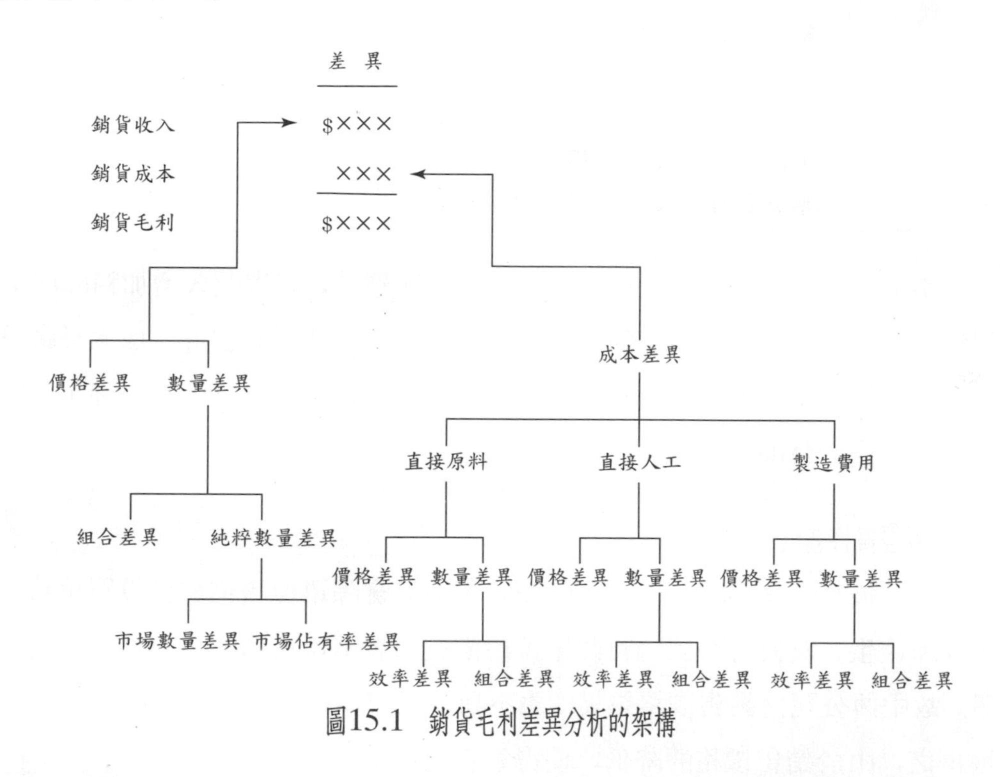

圖15.1　銷貨毛利差異分析的架構

在圖15.1上所列的各項差異因素並非相互獨立，有時彼此往往相互影響，其中一種因素改變可能導致其他因素發生變動，例如當產品售價提高時，將可能導致銷售數量減少。長期性銷量減少，使產量也同樣下降，會造成單位固定成本提高，其對毛利之影響，則需視售價、成本與數量的變動程度而定。以下將逐一討論毛利差異的組成因素。

15.1.1　單一產品的銷貨毛利分析

為簡化起見，先以單一產品為例，來說明銷貨毛利分析。中興公司係一電子產品製造商，假設其僅產銷單一型式的電子產品，其90年度的相關資料如下：

	實際數	預算數	差異數	
銷售數量	18,000	12,000	6,000	
銷貨收入	$288,000	$240,000	$48,000	有利
銷貨成本	234,000	144,000	90,000	（不利）
銷貨毛利	$ 54,000	$ 96,000	$42,000	（不利）
單位售價	$ 16	$ 20		
單位成本	$ 13	$ 12		
單位毛利	$ 3	$ 8		

由上述資料可知，雖然銷售數量增加6,000單位，銷貨收入增加$48,000，但銷貨毛利仍較預算數減少$42,000，該不利差異可把銷售價格、成本及數量差異三項加以分析如下所述。特別注意的是，此處所指的數量差異係銷售數量而非生產數量的差異。

1. 銷售價格差異

銷售價格差異(Sales Price Variance)係由於實際單位售價與預算單位售價不同所產生，其計算公式為實際單位售價減預算單位售價再乘上實際銷售數量。故中興公司之銷售價格差異即為不利差異$72,000 [=($16–$20)×18,000]。換言之，由於銷售價格的降低，使得銷貨毛利減少$72,000。

2. 成本差異

成本差異(Cost Variance)係由於單位成本增加或減少而導致銷貨毛利發生變動，其計算方式為實際單位成本減預算單位成本再乘上銷售數量。在本例中，其成本差異即為不利差異$18,000 [=($13–$12)×18,000]。此不利的成本差異顯示管理人員對於直接原料、直接人工、製造費用之控制不當。

3. 銷售數量差異

銷售數量差異(Sales Volume Variance)係由於實際銷售數量與預算數不同而導致之銷貨毛利所發生的變動。其計算方式為實際銷售數量減預算銷售數量乘上預算單位毛利。以本例而言，銷售數量差異為有利差異$48,000 [=(18,000–12,000)×$8]，此有利差異是由於實際銷售數量較高所產生。

若將銷售數量差異與銷售價格差異相比較，可發現銷售價格降低雖使得銷售數量因而增加,但前者所減少的銷貨毛利卻大於後者所增加的銷貨毛利,由管理者的立場來看，此一降價促銷的策略並不適當。

根據上面的分析，可知銷貨毛利減少$42,000，係由於銷售價格的不利差異$72,000，不利的成本差異$18,000，以及銷售數量的有利差異$48,000所組成。

茲將差異彙總如下：

銷售價格差異	$72,000	(不利)
成本差異	18,000	(不利)
銷售數量差異	48,000	有利
	$42,000	(不利)

15.1.2　多種產品的銷貨毛利分析

在實務上很少有公司僅生產單一產品，就大多數公司而言，往往生產和銷售兩種或兩種以上之產品，各產品間的售價、銷貨成本及銷貨毛利均不相同，一旦產品的銷售組合有所改變，必然會影響全公司的銷貨毛利。如何在多種產品的情況下，分析其差異的原因，需採用能考慮組合問題的分析方法。茲以中興公司為例，假設其產銷三種電子產品：⑴普及型：適用於小型辦公室或家庭；⑵手提型：為普及型的改良，能夠置於手提箱內；⑶超級型：較普及型具有更大的記憶及能量，商業市場為其銷售目標。該公司某年度的相關資料列示如下：

預算資料

	超級型		手提型		普及型		合　計	
銷售數量	12,000		8,000		6,000		26,000	
	單價	金額	單價	金額	單價	金額	單價	金額
銷貨收入	$20	$240,000	$10.0	$80,000	$15	$90,000	$15.76923	$410,000
銷貨成本	12	144,000	5.5	44,000	11	66,000	9.76923	254,000
銷貨毛利	$ 8	$ 96,000	$ 4.5	$36,000	$ 4	$24,000	$ 6.00000	$156,000

實際資料

	超級型		手提型		普及型		合　計	
銷售數量	18,000		9,000		5,000		32,000	
	單價	金額	單價	金額	單價	金額	單價	金額
銷貨收入	$16	$288,000	$9	$81,000	$18	$90,000	$14.34375	$459,000
銷貨成本	13	234,000	6	54,000	10	50,000	10.56250	338,000
銷貨毛利	$ 3	$ 54,000	$3	$27,000	$ 8	$40,000	$ 3.78125	$121,000

由上述資料可知該年度有不利的銷貨毛利差異$35,000 (=$121,000–$156,000)，該不利差異可加以分析如下:

1. 銷售價格差異

當單位售價改變時，銷貨收入總額及銷貨毛利即隨之變動，多種產品下之銷售價格差異等於個別產品價格差異之和，亦即實際售價與預算售價之差額乘上實際銷售數量，如下所示:

產品別	實際銷售數量	單價差	差　異	
超級型	18,000	($16 – $20) = $(4)	$(72,000)	(不利)
手提型	9,000	($9 – $10) = $(1)	(9,000)	(不利)
普及型	5,000	($18 – $15) = $3	15,000	有利
			$(66,000)	(不利)

除了超級型電腦之售價提高外，其餘兩種機型的電腦售價均下降，由於所增加的金額不足以彌補下降的部分，因此產生不利的價格差異。

發生價格差異的原因很多，例如經濟環境的改變、價格政策的改變、因應競爭者價格的改變等。除了不符成本效益原則外，只要有差異超過可容忍的範圍，即需加以調查；一旦找出差異的原因，管理當局即應採取所需的更正行動。

2. 成本差異

成本差異的計算公式與銷售價格差異相似，所不同者在於係以單位成本替代單位售價，而成本差異尚可作進一步的分析，將之再區分為直接原料、直接人工及製造費用差異（如前章所述），以中興公司之例而言，其成本差異為：

產品別	實際銷售數量	單價差	差　異	
超級型	18,000	($13 – $12) =$1	$18,000	（不利）
手提型	9,000	($6 – $5.5) =$0.5	4,500	（不利）
普及型	5,000	($10 – $11) =$(1)	(5,000)	有利
			$(17,500)	（不利）

三種型式的電腦產品中，僅有普及型一種的單位成本下降，其餘均增加，對公司整體而言仍產生不利的影響，使得銷貨毛利因之減少$17,500。一般而言，成本差異發生的原因可依行業特性而不同。對製造業而言，通常係因管理人員對所使用的直接原料成本、直接人工成本及製造費用之價格或效率控制不當；若為買賣業，則成本差異與採購部門的採購程序有關。然而不管任何一種行業，一旦差異大到某一程度（以絕對數字或百分比衡量）時，管理人員即需加以追蹤調查並改正，以利未來之營運。

3. 銷售數量差異

在公司僅生產單一產品的情況下，銷售數量差異係衡量實際銷售數量與預算銷量之差異乘上每單位銷貨毛利預算數。若以本例而言，其差異金額為：

產品別	(實際銷售數量 － 預算銷售數量)	預算銷貨毛利	差　異	
超級型	(18,000 – 12,000) = 6,000	$ 8	$48,000	有利
手提型	(9,000 – 8,000) = 1,000	4.5	4,500	有利
普及型	(5,000 – 6,000) = (1,000)	4	(4,000)	(不利)
			$48,500	有利

然而在多種產品的情況下，銷售數量差異數很難加以解釋，因為其受到兩項主要因素的影響：⑴純粹數量差異(Pure Volume Variance或稱之為Quantity Variance)；⑵組合差異(Mix Variance)。故就管理需要而言，僅有銷售數量差異仍嫌不足，需將之再區分為純粹銷售數量差異(Pure Sales Quantity Variance)和銷售組合差異(Sales Mix Variance)。

4. 純粹銷售數量差異

純粹銷售數量差異係指在預算組合不變的情況下，實際總銷售數量與預算總銷售數量之差，即以實際總數量與預算總數量兩者之差乘上平均單位預算毛利，因此中興公司之純粹銷售數量差異為(32,000–26,000)×$6=$36,000之有利差異。由於實際銷售數量高於預算銷售數量，故產生有利的純粹銷售數量差異。

5. 銷售組合差異

銷售組合差異係指在銷售數量不變的情況下，實際銷售組合與預算銷售組合不同所產生之銷貨毛利的差額。銷售組合差異主要是衡量銷貨毛利較高或較低的產品其銷量的變化，對銷貨毛利所產生的影響。此處所指的銷貨毛利高或低，是與平均銷貨毛利作比較，若銷貨毛利高於平均銷貨毛利，則此產品為具有高銷貨毛利的產品，反之則為低銷貨毛利的產品。當一公司低銷貨毛利的產品銷貨量減少，或高銷貨毛利的產品銷量增加時，會產生有利的銷售組合差異。

銷售組合差異係以個別產品實際銷售數量的實際組合與實際銷售數量的預算組合之差，乘上個別產品的預算毛利與平均銷貨毛利之差。中興公司的銷售組合差異計算如下（有些數字經過調整，便於以整數方式表達）：

產品別	實際銷售數量 實際組合(1)	實際銷售數量 預算組合(2)	差　額 (1)－(2)	毛利之差額	差　異	
超級型	18,000	14,769	3,231	($8－$6)	$ 6,462	(有利)
手提型	9,000	9,846	(846)	($4.5－$6)	1,268	(有利)
普及型	5,000	7,385	(2,385)	($4－$6)	4,770	(有利)
					$12,500	(有利)

由於每種產品對於銷貨毛利的貢獻不盡相同，因此銷售組合差異是一項非常重要的資訊，其可以使管理者瞭解銷售組合的改變對銷貨毛利的影響程度。就本例而言，由於銷售組合的改變，增加高銷貨毛利的銷量，減少低銷貨毛利的銷量，使銷貨毛利產生有利的差異。

由上述的各項差異，茲將中興公司銷貨毛利差異$35,000彙總如下：

銷售價格差異	$(66,000)	(不利)
成本差異	(17,500)	(不利)
純粹銷售數量差異	36,000	有利
銷售組合差異	12,500	有利
銷貨毛利差異	$(35,000)	(不利)

15.1.3　銷售數量的進一步分析

差異分析的詳細與否，視個別公司的需要及成本與效益而定，若有必要每類差異均可再加以細分，例如成本差異可按其組合項目（原料、人工、製造費用）加以分析。而純粹銷售數量差異可再細分為市場數量差異(Market Size Variance)及市場佔有率差異(Market Share Variance)。至於銷售組合差異亦可再按地區別，顧客別，甚或產品顏色別加以分析，分析的詳細程度與資訊的可得性有關。本節將進一步說明市場數量差異及市場佔有率差異。

純粹銷售數量差異係實際銷售數量與預算銷售數量不同所產生的差異，其發生的原因不外公司本身維持其產品市場佔有率的能力發生變動，或外界對該產業所生產之產品需求發生變化；因前者所致之銷售數量差異稱為市場佔有率差異，而因後者而產生差異者，稱為市場數量差異。瞭解該兩項差異，對企業促銷策略與訂價決策，很有實質的意義。

假設上述中興公司預測其市場佔有率為10%（預計銷售量26,000單位佔預計市場需求量260,000單位的比率），期末實際市場需求量增至400,000單位，而該公司實際銷售量為32,000單位，故其實際市場佔有率為8%（實際銷售量32,000單位佔實際市場需求量400,000單位的比率）。因此，中興公司的純粹數量差異可再區分為市場數量差異及市場佔有率差異，其計算公式及計算過程如下：

市場數量差異　=（實際市場需求量－預期市場需求量）×
　　　　　　　預期市場佔有率×平均預算毛利
　　　　　　=(400,000−260,000)×10%×$6
　　　　　　=$84,000有利

市場佔有率差異　=（實際市場佔有率－預期市場佔有率）×
　　　　　　　實際市場需求量×平均預算毛利
　　　　　　=(8%−10%)×400,000×$6
　　　　　　=$(48,000)（不利）

純粹銷售數量差異=市場數量差異+市場佔有率差異
　　　　　　= $84,000有利+$(48,000)（不利）
　　　　　　=$36,000有利

綜觀上列之分析，管理人員或許能察覺一些現象，由於市場的擴大，銷貨毛利原本應增加$84,000，但公司的佔有率並未隨著市場的擴大而維持原比率，反而由原來預計的10%降至8%。此一市場佔有率的下降，使得原來所預期增加的銷貨毛利$84,000抵銷了$48,000，致使銷貨毛利僅增加$36,000。

上述的各項差異，彙總於圖15.2。

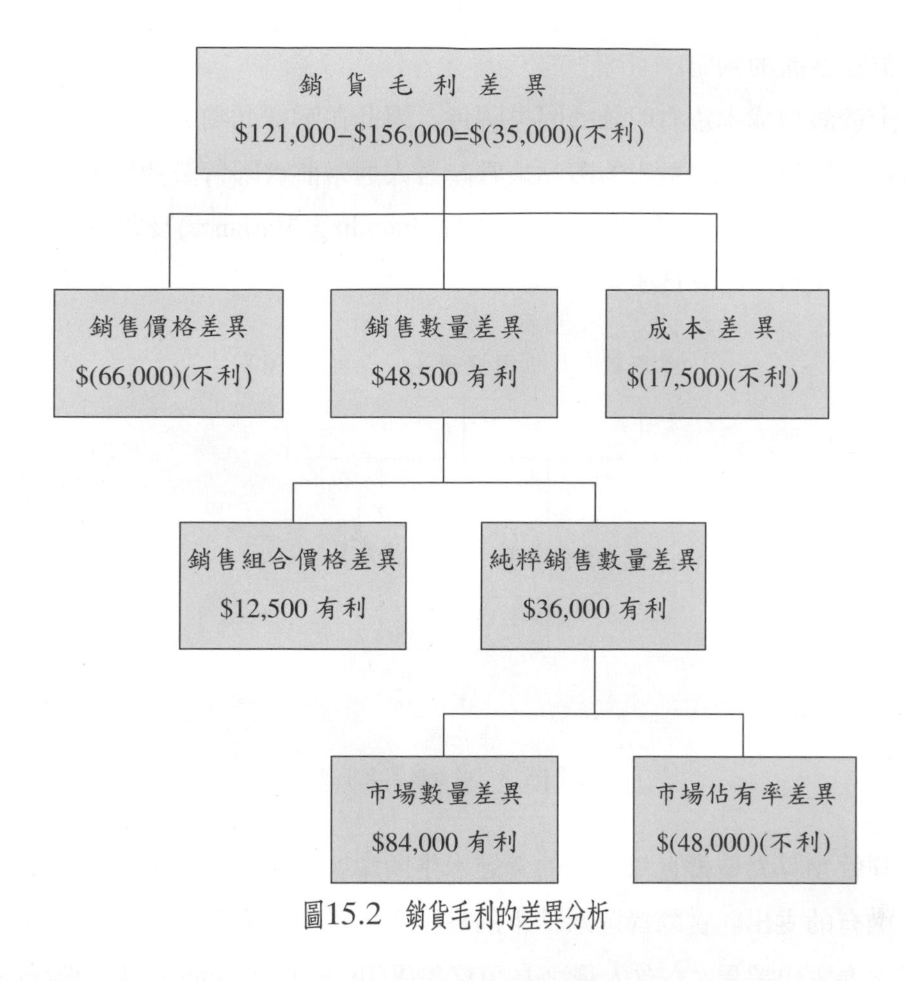

圖15.2 銷貨毛利的差異分析

15.2 營業費用的差異分析

營業費用(Operating Expense)又稱之為非製造費用，包括行銷費用及管理費用。管理費用(Administrative Expense)由於很難決定其投入與產出之關係，故最難加以控制，其基本上係屬任意性成本(Discretionary Cost)的類型。所謂任意性成本係指具有下列二種特性的成本：

⑴成本金額係來自定期（通常係按年來計）的正常營運所需；⑵投入與產出之間不需有明確的因果關係，亦很難界定其因果關係。由於任意性成本無明確的因果關係可茲追蹤，故管理當局對於該類成本的管理重點在於最高金額的限定，例如會計部門下個月應支付多少成本，下年度應支出多少廣告費、研究發展費用等。而管理人員經常對該項成本是否已支付「正確」的金

額，無法客觀的判定。

由於該類成本沒有明確的因果關係，因此在解釋此類成本的差異時，尤需特別的慎重。就損益表的觀點來看，吾人通常將實際營業費用與預算營業費用之差額區分為二種差異：支出差異(Spending Variance)及數量差異(Volume Variance)，如圖15.3。

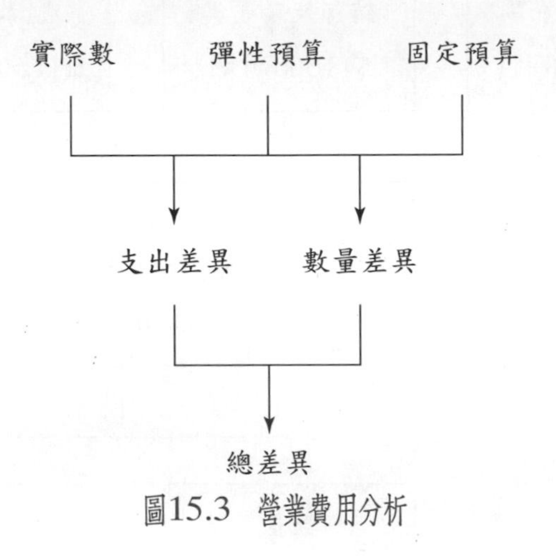

圖15.3 營業費用分析

彈性預算為依據實際達成的營運水準所編製的預算，亦即實際營運水準下，應有的支出。實際營運水準下的實際支出數與應有的支出數間的差額，即稱之為支出差異，亦有人稱之為預算差異(Budget Variance)，至於數量差異則係指彈性預算與靜態預算間之差額，此差異係由於實際營運水準與預計營運水準不同所致。

以中興公司為例，假設其營業費用如下所示：

營業費用實際數	$90,000
營業費用預算數	81,000
不利的營業費用差異	$ 9,000

營業費用預算數指固定營業費用$40,000加上預期銷貨收入的10%，其結果為$81,000 (=$40,000+$410,000×10%)，而中興公司的實際銷貨收入為$459,000，因此營業費用的彈性預算金額即為 $85,900 (=$40,000+$459,000

× 10%)。就分析目的而言，無需將實際營業費用區分為固定成本與變動成本，但在計算彈性預算數時，則需加以區分。茲將其分析過程列示如下：

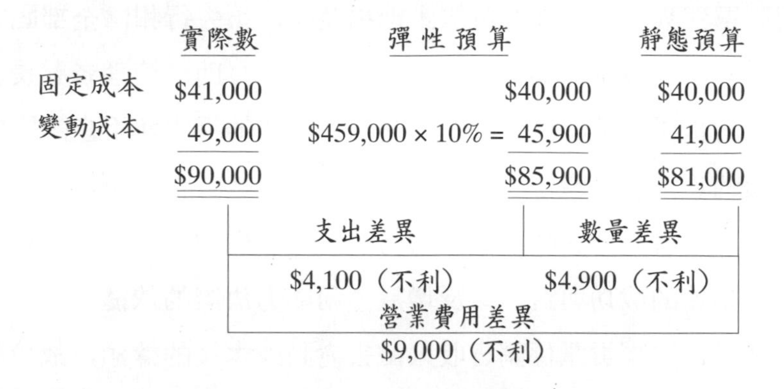

	實際數	彈性預算	靜態預算
固定成本	$41,000	$40,000	$40,000
變動成本	49,000	$459,000 × 10% = 45,900	41,000
	$90,000	$85,900	$81,000

支出差異	數量差異
$4,100（不利）	$4,900（不利）

營業費用差異
$9,000（不利）

上述差異涵蓋營業費用中的固定和變動費用兩部分，支出差異包括固定營業費用及變動營業費用，而只有變動營業費用才有數量差異。特別注意的是，此處所指的數量差異與製造費用的產量差異(Production Volume Variance)並不相同，產量差異僅發生在固定製造費用，變動營業費用並無產量差異。營業費用的支出差異可由相關部門的管理人員加以控制，至於數量差異則為相關之營運活動的改變所影響，如本例中係以銷貨收入作為衡量營業費用的基礎，因此數量差異產生的原因即與引起銷貨收入改變的因素有關。

一個企業的營業損益係由銷貨收入、銷貨成本、銷貨毛利和營業費用所決定，因此分析銷貨毛利及營業費用差異的原因，即可知營業結果與預期目標不同的原因，此係就傳統損益表的組成內容來說明差異分析。然而目前很多企業組織的內部利潤報告及績效報告，均採用邊際貢獻法作為編製報告的方式，此法強調所有固定成本，不論是製造或非製造成本，均應作為當期成本處理，以下將對此法討論其差異分析的方法。

15.3　邊際貢獻法下的差異分析

邊際貢獻式(Contribution Margin)損益表的表達方式，係只將變動製造成本自銷貨收入中減除，以求得毛額邊際貢獻(Gross Contribution Margin)，不像傳統的損益表乃把銷貨收入減去所有製造成本而求得毛利(Gross Profit)。另外，把變動的非製造費用自毛額邊際貢獻中減除，以求出某單位的邊際貢獻。固定費用則單獨列示，亦即在計算本期損益時，須先行扣除全部固定成本的總數。此種方法將成本分為變動和固定兩大類，有助於管理者對長、短期決策所需資訊的提供。值得注意的是，邊際貢獻法的採用並不意謂固定成本不重要，相反的，邊際貢獻法所強調的是，就大多數的管理決策而言，區分變動與固定成本極為重要。隨著競爭趨勢的發展，邊際貢獻式的損益表逐漸變成判斷行銷業務的成功與否，以及增減獲利能力決策的依據。

前已述及，邊際貢獻係銷貨收入減去變動成本後的餘額，故分析邊際貢獻金額時，仍可區分為銷貨價格、成本、銷貨組合及純粹銷貨數量差異，但是各項差異金額則與前面所討論的銷貨毛利分析不同，其主要理由乃因邊際貢獻法將固定成本單獨列示，並未包含於單位成本中。

為清楚說明起見，另以東山公司為例來說明。假設該公司產銷三種等級的室內地毯，每年決定預算銷售量時，均先估計市場的總需求量，然後根據過去的市場佔有率並參考未來的發展計畫加以調整。該公司民國90年度上半年的預算及實際營業結果如下：

預算資料

	第一級	第二級	第三級	合　計
銷售數量（捲）	10,000	10,000	20,000	40,000
銷貨收入	$3,200,000	$1,800,000	$2,240,000	$7,240,000
變動成本	2,200,000	1,600,000	1,000,000	4,800,000
邊際貢獻	$1,000,000	$ 200,000	$1,240,000	$2,440,000
固定成本				1,800,000
營業淨利				$ 640,000

*預算的平均單位邊際貢獻為$61 (=$2,440,000÷40,000)

實際資料

	第一級	第二級	第三級	合　計
銷售數量（捲）	12,500	7,500	25,000	45,000
銷貨收入	$4,125,000	$1,350,000	$2,700,000	$8,175,000
變動成本	2,875,000	1,125,000	1,250,000	5,250,000
邊際貢獻	$1,250,000	$ 225,000	$1,450,000	$2,925,000
固定成本				1,950,000
營業淨利				$ 975,000

東山公司該年度的營業淨利有$335,000(=$975,000−$640,000)的有利差異，其原因為何？要回答此一問題，首需分析產生邊際貢獻差異的原因，其可細分為銷售價格差異、成本差異（此處僅指變動成本）、銷售組合差異及純粹銷售數量差異，至於固定成本差異的分析已於上一章討論過，因此本章不再贅述。邊際貢獻的差異分析公式與銷貨毛利的差異分析公式相同，以下將逐一說明：

1. 銷售價格差異

銷售價格差異係因實際銷售單價與預算銷售單價不同所導致，將實際單價與預算單價之差乘以實際銷售量，即為銷售價格差異，本例銷售價格差異為$25,000（有利），其計算過程如下：

	實際銷售量	單價差	差　異	
第一級	12,500	($330 − $320)	$ 125,000	有利
第二級	7,500	($180 − $180)	0	
第三級	25,000	($108 − $112)	(100,000)	（不利）
			$ 25,000	有利

由於第一級產品的售價提高而第三級產品的售價降低，致使邊際貢獻淨增加$25,000。

2. 成本差異

本例中的變動成本包括可歸屬於各類產品的變動製造成本，行銷及管理費用，其差異之計算公式與銷售價格差異相同。將實際單位成本與預算單位成本的差額乘上實際銷售量，即為成本差異數，其計算過程如下：

	實際銷售量	單位成本差異	差　異	
第一級	12,500	($230 – $220)	$125,000	(不利)
第二級	7,500	($150 – $160)	(75,000)	有利
第三級	25,000	($ 50 – $ 50)	0	
			$ 50,000	(不利)

由上述可知，東山公司之成本差異為不利差異$50,000，係因第一級地毯的變動成本上升$125,000，而第二級地毯的變動成本下降$75,000，致淨差異為$50,000。

3. 銷售組合差異

銷售組合差異係用以衡量每種產品實際的組合百分比，與預算的組合百分比不同的影響，並考慮產品之實際邊際貢獻與預算平均邊際貢獻的不同。如果單位邊際貢獻低於平均邊際貢獻的產品銷售量減少，或單位邊際貢獻高於平均邊際貢獻的產品銷售量增加，則產生有利的銷售組合差異；反之，若單位邊際貢獻低於平均邊際貢獻的產品銷售量增加，或單位邊際貢獻高於平均邊際貢獻的產品銷售量減少，則產生不利的銷售組合差異。

東山公司之預算組合百分比為第一級佔25%，第二級佔25%，第三級佔50%，若原組合不變，則實際總銷量45,000單位，按產品別將分配如下：

第一級：45,000 × 25% = 11,250

第二級：45,000 × 25% = 11,250

第三級：45,000 × 50% = 22,500

個別產品實際銷售量與原組合下應有的銷售量間之差，乘上個別產品預算單位邊際貢獻與預算平均單位邊際貢獻之差，即為銷售組合差異，其計算過程如下：

	實際銷售量 實際組合(1)	−	實際銷售量 預算組合(2)	=	差　額 (1) − (2)	×	邊際貢獻之差	=	差　異	
第一級	12,500		11,250		1,250		($100 − $61)		$ 48,750	有利
第二級	7,500		11,250		(3,750)		($20 − $61)		153,750	有利
第三級	25,000		22,500		2,500		($62 − $61)		2,500	有利
									$205,000	有利

上述分析指出，東山公司減少邊際貢獻低的第二級地毯之銷售，並增加邊際貢獻高之其餘兩個等級的地毯之銷售量，致使該年度的總邊際貢獻增加$205,000。

4. 純粹銷售數量差異

如果原來的銷售組合未改變，則銷售量增加5%，銷貨收入必然會隨之增加5%，邊際貢獻亦隨之增加5%。純粹銷售數量差異即在衡量於銷售組合不變的情況下，由於銷售數量增減導致邊際貢獻改變的影響數，係以實際總銷售量與預算總銷售量之差乘上預算平均單位邊際貢獻，亦即(45,000−40,000)×$61=$305,000，因為實際總銷售量45,000單位，高於預算總銷售量40,000單位，所以純粹銷售數量差異$305,000為有利差異。茲將東山公司邊際貢獻之差異分析彙總如表15.1。

表15.1　邊際貢獻差異分析

項目	金額	
實際邊際貢獻	$2,925,000	
預算邊際貢獻	2,440,000	
差異數	$ 485,000	
銷售價格差異	$ 25,000	有利
成本差異	(50,000)	(不利)
銷售組合差異	205,000	有利
純粹銷售數量差異	305,000	有利
邊際貢獻差異	$ 485,000	有利

15.4 生產成本的差異分析

不論是製造業或非製造業，一件產品或服務的完成，經常需使用多種不同的原料，加上各類人工技術。例如烘焙蛋糕時需麵粉、糖、水果等等原料才得以完成；又如服務業中的會計師事務所需有合夥人、經理、領組以及查帳員才得以完成一查核案件。若原料或人工投入因素的組合具有彈性空間，管理人員有權改變其組合比例，則其組合的選擇要考慮哪些因素，在本節有詳細的說明。

在第13章中，曾論及原料與人工的價格及效率差異，讀者可發現管理人員往往必須在價格與效率差異間作一取捨，亦即究竟係要採用價格較低但其產出效率較低之原料或人工，抑或是採用價格較高但產出效率較高的原料或人工。本節進一步將效率差異區分為組合差異及產出差異，以使讀者瞭解管理者在作此類決策時，對營業利益的影響程度。

通常，所謂產出(Yield)係指依預定或標準的投入組合，所生產出來的產品數量；而組合(Mix)係指生產產品時，各種投入之相對比例或組成(Combination)。若管理人員對於投入之組合比例無法任意更動，即某些產品之組成必須非常精確，例如電腦、收音機、電視機等產品，其原料之組合比例多為固定，即無組合差異存在，凡是投入與產出關係發生變動，均為效率差異。換言之，管理人員僅需計算價格及效率差異，即可供決策使用。

15.4.1 直接原料的產出差異與組合差異

為簡明起見，茲探討投入多種原料而僅產出一種產品的例子。假設正大公司專門生產女用香水，製造過程中需要三種香料，分別為X、Y及Z，該公司的標準產出率為每100品脫的原料產出80品脫的香水（產出率為80%），其餘資料如下：

	標準用量（品脫）	每品脫成本	總成本
X原料	20	$6	$120
Y原料	30	4	120
Z原料	50	3	150
	100		$390

每品脫香水的標準成本為$4.875 (=$390÷80)。

假設最近一期公司共生產75,000品脫香水，其原料之實際用量如下：

	用量（品脫）
X原料	25,000
Y原料	35,000
Z原料	40,000
	100,000

為簡化起見，假設直接原料價格差異已於進貨時予以區分出來，故直接原料帳戶係以標準單價入帳，此處僅需考慮標準單價、實際單價、實際組合、標準用量及標準組合，如下所示：

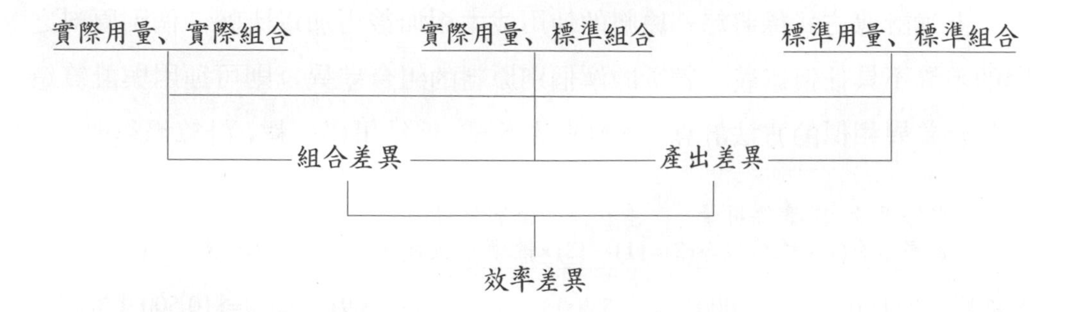

直接原料組合差異係由於產品原料的組成項目之比例發生變動所產生，當產品的組成項目具有彈性空間，且管理人員有權加以替換來獲取更有利的結果時，則可能會產生此差異，例如肥料廠的經理可將原料（如磷與酸）以各種比例加以組合。直接原料組合差異既然是由於原料組成比例發生變動所引起，故實際組合用量與標準組合用量間之差，即為組合差異。本例中，若依據正大公司所定之標準組合比例，則各種原料之實際用量應為：

		用量（品脫）
X原料	100,000 × 20% =	20,000
Y原料	100,000 × 30% =	30,000
Z原料	100,000 × 50% =	50,000
		100,000

直接原料組合差異則為：

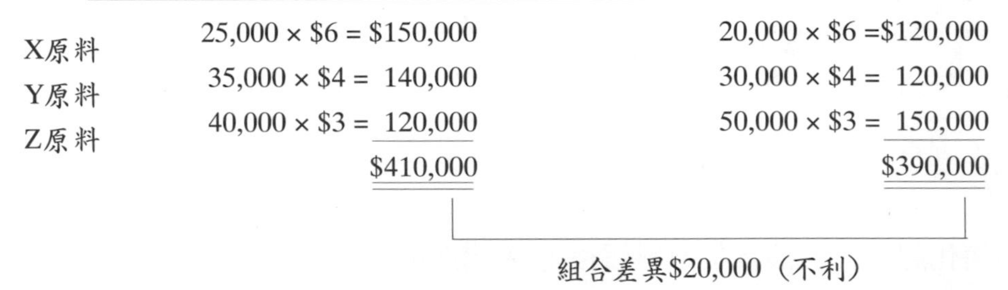

	（實際用量、實際組合）× 標準單位成本	（實際用量、標準組合）× 標準單位成本
X原料	25,000 × \$6 = \$150,000	20,000 × \$6 = \$120,000
Y原料	35,000 × \$4 = 140,000	30,000 × \$4 = 120,000
Z原料	40,000 × \$3 = 120,000	50,000 × \$3 = 150,000
	\$410,000	\$390,000

組合差異\$20,000（不利）

由於採用成本較高的原料替代成本較低的原料，因此產生較預期為高的成本，造成不利的組合差異\$20,000。

上述計算方式係將每一原料的使用成本相加後再加以比較，個別原料之間的差異不具任何意義。若欲瞭解個別原料的組合差異，則可運用與計算銷售組合差異相似的方法計算。雖然方法不同，但結果仍一樣，計算過程如下：

	實際用量實際組合(1)	−	實際用量標準組合(2)	=	差額(1) − (2)	×	個別原料的標準單位成本 − 平均標準單位成本	=	差額
X原料	25,000	−	20,000	=	5,000	×	(\$6 − \$3.9)	=	\$10,500（不利）
Y原料	35,000	−	30,000	=	5,000	×	(\$4 − \$3.9)	=	500（不利）
Z原料	40,000	−	50,000	=	(10,000)	×	(\$3 − \$3.9)	=	9,000（不利）
									\$20,000（不利）

此一計算方式著重於個別原料投入比例的變動情形，由於較平均單位成本為高的原料用量增加，和較平均單位成本低的原料用量減少，故產生不利

的組合差異。

直接原料產生差異係衡量由於實際投入量，不同於在實際產出標準投入與產出比例所應有的標準投入量時，對成本所造成的影響。依據正大公司所定的標準，每100品脫的原料可產出80品脫的香水，因此欲生產75,000品脫的香水，需投入93,750品脫的原料(=$75,000÷80%)，此93,750品脫係三種原料之總和，按標準組合比例，其標準投入量如下：

	用量（品脫）
X原料	93,750 × 0.2 = 18,750
Y原料	93,750 × 0.3 = 28,125
Z原料	93,750 × 0.5 = 46,875
	93,750

直接原料產出差異則為：

	（實際用量、標準組合）× 標準單位成本	（標準用量、標準組合）× 標準單位成本
X原料	20,000 × $6 = $120,000	18,750 × $6 = $112,500
Y原料	30,000 × $4 = 120,000	28,125 × $4 = 112,500
Z原料	50,000 × $3 = 150,000	46,875 × $3 = 140,625
	$390,000	$365,625

產出差異$24,375（不利）

此外，亦可以實際投入量下應有的產出量與實際產出量相比較，計算產出差異：

（實際投入標準產量－實際產出量）×每單位產出之標準成本
=(100,000×80%−75,000)×$4.875
=$24,375（不利）

本例的組合差異與產出差異均為不利差異，若其中一種差異有利（例如產出差異），另一種差異不利（組合差異），則管理當局將會面臨抉擇，即是否應為了提高產出量，而改變投入原料的組合。此一問題有賴於原料的產出與組合差異的分析來解決，視兩者的淨影響而定。因此，產出與組合差異的分析，可使管理當局獲得更多的資訊，裨益決策的釐訂。

15.4.2 直接人工的產出差異與組合差異

如前所述，於設定產品標準成本時，必須先訂定各種不同原料間之組合比例，至於直接人工亦同。若生產過程中需要許多人工，其工資率各不相同時，管理人員亦須預先設定完成一項產品所需各類人工的工作小時比例，如前所舉會計師事務所之例，完成一項查核工作需合夥人、經理、領組及查帳員。由於每類員工的工資率並不相同，執行查核工作前，該案件的負責人員必須先設定每類員工所需的時數，再估算其總成本，以便於工作結束後與實際結果相比較。沿用前述的正大公司釋例，假設香水生產過程中需D、E及F三類工人，其人工標準如下：

(1)

D類人工（2分鐘　@16）	$32
E類人工（1分鐘　@20）	20
F類人工（1分鐘　@28）	28
標準人工組合下的總成本	$80

每人每分鐘的平均成本為$20 (=$80÷4)。

(2)每分鐘生產10品脫的香水，故每品脫產出之標準人工成本為$2 (=$20÷10)。

(3)75,000品脫產出所需之標準人工時間為7,500分鐘(=75,000÷10)，故所需之標準成本為7,500×$20或75,000×$2=$150,000。

假設實際人工投入量為8,000分鐘，其中D類人工4,800分鐘，為簡化起見，此處只探討直接人工效率差異，不考慮任何價格差異。直接人工效率差異為：

	（實際投入量）×標準單位成本	實際產出所允許的標準投入量×標準單位成本
D類人工	4,800 × \$16 = \$ 76,800	3,750 × \$16 = \$ 60,000
E類人工	1,600 × \$20 = 32,000	1,875 × \$20 = 37,500
F類人工	1,600 × \$28 = 44,800	1,875 × \$28 = 52,500
	\$153,600	\$150,000

人工效率差異\$3,600（不利）

實際產出所允許的標準投入量：

$$75{,}000 \times \frac{1}{2} = 3{,}750$$

$$75{,}000 \times \frac{1}{4} = 1{,}875$$

$$75{,}000 \times \frac{1}{4} = 1{,}875$$

如同原料差異處理一般，直接人工效率差異可再細分為組合及產出差異，其組合差異如下：

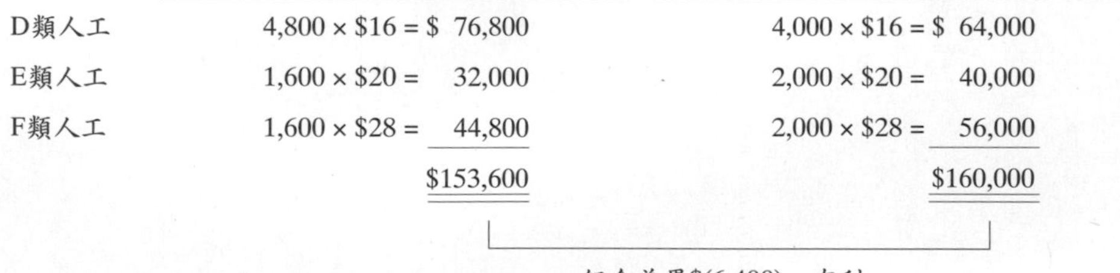

	（實際用量、實際組合）×標準單位成本	（實際投入量、標準組合）×標準單位成本
D類人工	4,800 × \$16 = \$ 76,800	4,000 × \$16 = \$ 64,000
E類人工	1,600 × \$20 = 32,000	2,000 × \$20 = 40,000
F類人工	1,600 × \$28 = 44,800	2,000 × \$28 = 56,000
	\$153,600	\$160,000

組合差異\$(6,400)　有利

實際投入量、標準組合：

$$8{,}000 \times \frac{1}{2} = 4{,}000$$

$$8{,}000 \times \frac{1}{4} = 2{,}000$$

$$8{,}000 \times \frac{1}{4} = 2{,}000$$

產出差異：

	（實際用量、標準組合）×標準單位成本	（實際產出所允許的標準投入量）×標準單位成本
D類人工	4,000 × $16 = $ 64,000	3,750 × $16 = $ 60,000
E類人工	2,000 × $20 = 40,000	1,875 × $20 = 37,500
F類人工	2,000 × $28 = 56,000	1,875 × $28 = 52,500
	$160,000	$150,000

產出差異$10,000（不利）

由人工產出差異可知，若在組合不變的情況下，實際投入量較標準投入量多500分鐘，則產生不利的差異$10,000。

本例的直接人工組合差異為有利差異$6,400，但其產出差異為不利差異$10,000，故致使直接人工效率差異為不利差異$3,600。此結果顯示管理者在直接人工產出與組合差異上，所作的替換性決策導致營業利益較預期為低。

假設東大公司生產三種產品：A產品、B產品及C產品。該公司設有預算制度，其預算係根據上年度的績效，未來經濟情況及預期市場佔有率編製而成，民國90年6月份的預算與實際營業資料如下：

預算資料：

	銷售單位	銷貨收入	銷貨成本	銷貨毛利
A產品	30,000	$ 600,000	$ 360,000	$240,000
B產品	12,000	720,000	480,000	240,000
C產品	18,000	1,260,000	1,170,000	90,000
				$570,000

實際資料：

	銷售單位	銷貨收入	銷貨成本	銷貨毛利
A產品	32,400	$ 648,000	$ 324,000	$324,000
B產品	9,600	624,000	384,000	240,000
C產品	22,800	1,801,200	1,641,600	159,600
				$723,600

每月銷管費用預算數為$60,000再加7%的銷貨收入，6月份的實際銷管費用則為$261,500，其中60%為變動成本。

試求：

(1)計算與銷貨毛利變動有關之下列各項差異：

(a)銷售價格差異

(b)成本差異

(c)銷售組合差異

(d)純粹銷售數量差異

(2)計算銷管費用的支出差異與數量差異。

解答：

(1)

(a)銷售價格差異：

	實際銷售量	單價差	差額	
A產品	32,400	× ($20 − $20) =	$ 0	
B產品	9,600	× ($65 − $60) =	48,000	有利
C產品	22,800	× ($79 − $70) =	205,200	有利
			$253,200	有利

(b)成本差異：

	實際銷售單位		實際單位成本 − 預計單位成本		差額	
A產品	32,400	×	($10 − $12)	=	$(64,800)	有利
B產品	9,600	×	($40 − $40)	=	0	
C產品	22,800	×	($72 − $65)	=	159,600	（不利）
					$ 94,800	（不利）

(c)銷售組合差異

	（實際數量、實際組合） −（實際數量、預算組合）		個別產品之預計銷貨毛利 −平均每單位預計銷貨毛利	差異	
A產品	(32,400 − 32,400)	×	($8 − $9.5)	= $ 0	
B產品	(9,600 − 12,960)	×	($20 − $9.5)	= (35,280)	（不利）
C產品	(22,800 − 19,440)	×	($5 − $9.5)	= (15,120)	（不利）
				$(50,400)	（不利）

(d)純粹銷售數量差異：

（實際銷售數量 − 預計銷售數量）× 平均每單位預計銷貨毛利
= (64,800 − 60,000) × $9.5
= $45,600　有利

上述四種差異可彙總如下：

銷售價格差異	$253,200	有利
成本差異	94,800	（不利）
銷售組合差異	50,400	（不利）
純粹銷售數量差異	45,600	有利
銷貨毛利差異	$153,600	有利

⑵銷管費用的支出差異與數量差異

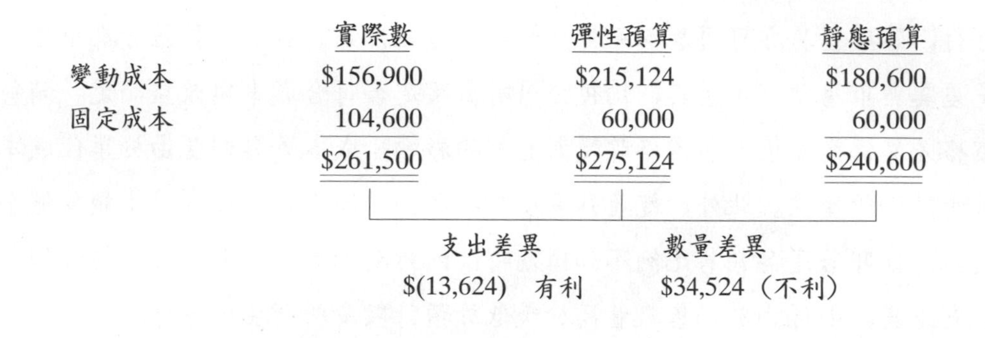

	實際數	彈性預算	靜態預算
變動成本	$156,900	$215,124	$180,600
固定成本	104,600	60,000	60,000
	$261,500	$275,124	$240,600

支出差異	數量差異
$(13,624)　有利	$34,524（不利）

本章彙總

銷貨毛利分析係最常用來解釋銷貨毛利發生變動原因的方法。銷貨毛利的深入分析，可指出某段期間經營績效的缺失，確定差異的責任歸屬，俾供管理當局評核績效和研擬改進方針之用。銷貨毛利差異可細分為下列各項差異，即銷售價格差異、成本差異、銷售組合差異及純粹銷售數量差異。如果可行，各項差異亦可再加以細分，例如可將純粹銷售數量差異區分為市場數量差異與市場佔有率差異，均視公司所需及是否符合成本與效益而定。銷售價格差異係衡量因銷售價格改變對毛利的影響；成本差異則係由於單位成本發生變動所產生。此外，就產銷多項產品之公司而言，可能會發生銷售組合差異，亦即若產品銷售比例不如預期時，則對毛利有所影響。至於純粹銷售數量差異，則係由於銷售數量高於或低於預計數量所產生的影響。

營業費用亦可利用差異分析來瞭解差異發生的原因，一般將其差異分為支出差異和數量差異。支出差異如同價格差異般，係指實際營運水準下的實際支出數與應有的支出數間的差額，包括變動與固定成本兩部分。而數量差異則係彈性預算與靜態預算間之差，特別注意的是營業費用的數量差異僅限於變動成本。

目前企業組織的內部績效報告大多數皆採用邊際貢獻法的編製方式，其與傳統損益表最大的不同點在於前者將固定成本(不論是製造或非製造成本)均作為期間成本處理，其所著重的是邊際貢獻。就邊際貢獻式的損益表內容，除以邊際貢獻替代銷貨毛利外，其餘均與傳統損益表內容相同。

當產品的生產過程中需使用多種不同的原料及各類人工技術，且其組合具有變動空間時，可將原料及人工的效率差異再細分為組合差異與產出差異。組合差異係指原料及人工的組合比例不若預期時，對成本的影響；而產出差異則為實際產出不同於實際投入標準產出對成本的影響。使用差異分析有助於管理者決策的釐訂，但需特別注意一點，即各項差異間可能息息相關，所以管理者對差異分析要作整體的考慮。

關鍵詞

成本差異(Cost Variance)：

係由於單位成本增加或減少而導致銷貨毛利發生變動，其計算方式為：（實際單位成本－預算單位成本）×實際銷售數量。

任意性成本(Discretionary Cost)：

其特性是成本金額係來自定期的正常營運所需，而且投入與產出之間無需有明確的因果關係，主要由管理者決定支出的成本。

市場佔有率差異(Market Share Variance)：

公司本身維持其產品市場佔有率的能力發生變動，其計算式為：（實際市場佔有率－預期市場佔有率）×實際市場需求量×平均預算毛利。

市場數量差異(Market Size Variance)：

外界對該產業所生產之產品需求發生變動，其計算式為：（實際市場需求量－預期市場需求量）×預期市場佔有率×平均預算毛利。

組合差異(Mix Variance)：

係指生產產品時，各種投入之相對比例或組成之差異。

銷售價格差異(Sales Price Variance)：

係由於實際單位售價與預算單位售價不同所產生的，其計算公式為：（實際單位售價－預算單位售價）×實際銷售數量。

銷售數量差異(Sales Volume Variance)：

係由於實際銷售數量與預算數不同而導致之銷貨毛利發生變動，其計算方式為：（實際銷售數量－預算銷售數量）×預算單位毛利。

作業

一、選擇題

1. 下列敘述何者為真?

A.如果實際售價大於目標售價，則銷售價格差異是有利的。

B.如果售出的數量小於目標銷售數量，則銷售數量差異是有利的。

C.目標邊際貢獻是使用在銷售價格差異。

D.如果實際售價小於目標售價，則銷售價格差異是有利的。

2. 引起銷貨毛利發生變化的主要原因不包括:

A.銷售數量的變動。

B.銷售方式的改變。

C.銷售組合的變動。

D.銷售價格的改變。

3. 下列有關銷售組合差異的敘述，何者為誤?

A.指在銷售數量改變下，銷貨毛利的差額。

B.主要是衡量產品銷量變化對銷貨毛利的影響。

C.當低銷貨毛利的產品銷量減少時，會產生有利的銷售組合差異。

D.增加高銷貨毛利產品的銷量，可使銷售組合產生有利的差異。

4. 管理費用:

A.其金額係來自非定期之營運所需。

B.管理人員有信心確定管理費用已支付了正確的金額。

C.其投入與產出之間有明確的因果關係。

D.係屬任意性成本。

5. 有關邊際貢獻法下的差異分析，何者為誤?

A.係將變動製造成本自各類之銷貨收入中減除。

B.求出每一類銷貨的邊際貢獻。

C.固定費用亦列示在計算內。

D.逐漸變成判斷行銷業務的成功與否，以及獲利能力的依據。

二、問答題

1. 試述銷貨毛利分析的重要性。
2. 舉例說明發生價格差異的原因為何?
3. 何謂成本差異?
4. 比較市場數量差異與市場佔有率差異。
5. 繪圖說明整個銷貨毛利差異與市場佔有率差異的關係。
6. 試述管理費用的特性。
7. 說明邊際貢獻法下差異分析的特別之處。
8. 何謂生產成本差異?

第16章

分權化與責任會計

學習目標:

- 比較分權式與集權式經營的不同
- 說明分權化的組織結構和效益與成本
- 瞭解責任中心的意義
- 認識成本中心、收入中心、利潤中心及投資中心
- 明白責任會計的意義與特質

前言

當企業規模很小時，幾乎所有營運活動的規劃與控制均可由老板一人決定，但當企業成長或營運更多樣化時，由一個人制定所有的決策情形變得日益困難。也就是說因公司成長而使集權經營變得不適合時，便需要分權化的經營管理方式。

在探討責任會計制度之前，應先瞭解何謂分權化的經營，所以本章首先介紹分權化的經營，將組織結構區分為三種型態，並比較分權化的效益與成本，以決定一個企業分權化的程度。接著介紹分權化的單位，亦即責任會計制度的第一步：劃分責任中心，最後探討責任會計制度與責任會計的行為面。有關責任中心的控制，將在接下來的二章（第17章、第18章）中詳細介紹。

一個企業組織的經營， 一般而言可分為集權式(Centralization)與分權式(Decentralization)。完全集權化是指由一人制定企業組織之所有決策，當公司很小時，這種經營型態是適當的，但當企業組織成長到一定程度後，集權化經營變得不太可能，因為經營者所管轄的範圍超過一位經營者所能負荷的管理幅度。企業組織的分權化是指規劃與控制營運的責任授權給單位主管，在授權範圍內單位主管不需要徵求上級管理階層的同意即可作決策。實務上，一個企業組織經營不太可能完全集權化或完全分權化，通常介於二者之間而趨向分權化。一個企業組織分權化的程度應視公司規模、所處的經營環境及分權化的成本與效益，而決定最適合的分權化程度。

16.1 分權化

16.1.1 組織結構

最高管理當局在建立分權化的組織結構時，通常有三種劃分組織的方法，可依功能別(Functional Approach)、 產品別(Product Approach)及地區別(Geographical Approach)不同的方法來建立組織結構型態。三種方法的選擇應視公司營運活動的性質，以及營運活動的分權化程度。在本小節中，分別敘述這三種組織結構。

1. 功能別組織結構

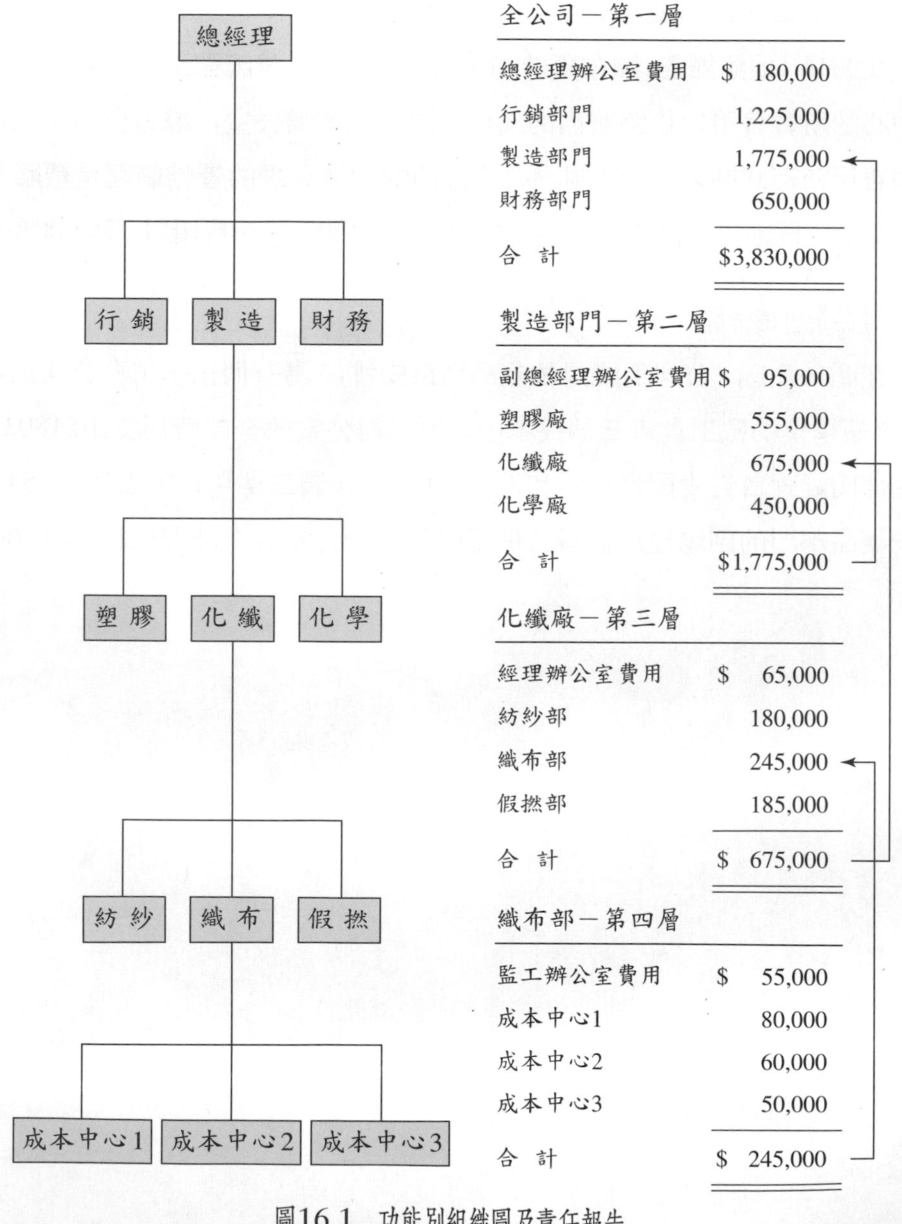

全公司—第一層	
總經理辦公室費用	$ 180,000
行銷部門	1,225,000
製造部門	1,775,000
財務部門	650,000
合　計	$3,830,000

製造部門—第二層	
副總經理辦公室費用	$ 95,000
塑膠廠	555,000
化纖廠	675,000
化學廠	450,000
合　計	$1,775,000

化纖廠—第三層	
經理辦公室費用	$ 65,000
紡紗部	180,000
織布部	245,000
假撚部	185,000
合　計	$ 675,000

織布部—第四層	
監工辦公室費用	$ 55,000
成本中心1	80,000
成本中心2	60,000
成本中心3	50,000
合　計	$ 245,000

圖16.1　功能別組織圖及責任報告

公司可依功能別將公司劃分為行銷、製造、財務及人事等部門。一般而言，功能別組織結構由副總經理控制，茲以圖16.1列示功能別組織結構的組織圖及簡單的責任報告，以製造部門為例，各單位所編製的報告由下往上呈。釋例中的責任報告是一個簡化的格式，係為了便利讀者瞭解各組織階層之間的關聯性，至於有關責任會計報告（亦即績效報告）的編製與應用，將在本章後半段詳細介紹。

在圖16.1的組織上，織布部的總費用$245,000是彙總監工辦公室和三個成本中心的所有費用；化纖廠內的三個部門和經理辦公室，經理負責化纖廠的全部費用$675,000的支出控制。製造部門的副總經理的管轄範圍是塑膠、化纖、化學三個廠以及副總辦公室，要對製造部門所花的費用$1,775,000負責。

2. 產品別組織結構

在圖16.2上，公司組織是依產品別來安排，為一個化學工業公司的組織圖。裝瓶單位的監工負責三個成本中心與其辦公室的全部費用支出$180,000。製藥部門經理負責支配辦公室和混合、裝瓶、包裝三個單位的費用$505,000。至於藥品部門的副總經理負責三個部門和其辦公室的全部費用$1,270,000。

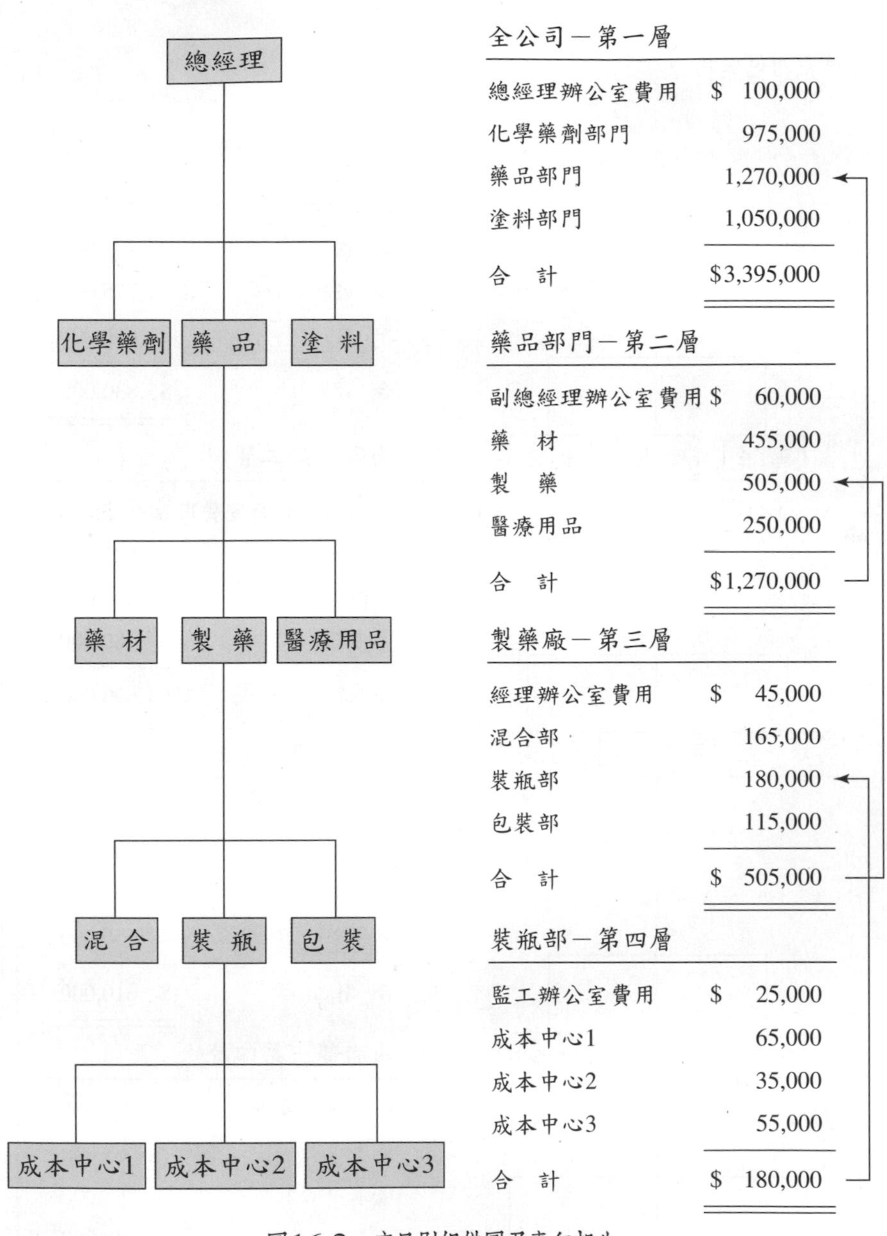

全公司－第一層	
總經理辦公室費用	$ 100,000
化學藥劑部門	975,000
藥品部門	1,270,000
塗料部門	1,050,000
合　計	$3,395,000

藥品部門－第二層	
副總經理辦公室費用	$ 60,000
藥　材	455,000
製　藥	505,000
醫療用品	250,000
合　計	$1,270,000

製藥廠－第三層	
經理辦公室費用	$ 45,000
混合部	165,000
裝瓶部	180,000
包裝部	115,000
合　計	$ 505,000

裝瓶部－第四層	
監工辦公室費用	$ 25,000
成本中心1	65,000
成本中心2	35,000
成本中心3	55,000
合　計	$ 180,000

圖16.2　產品別組織圖及責任報告

3. 地區別組織結構

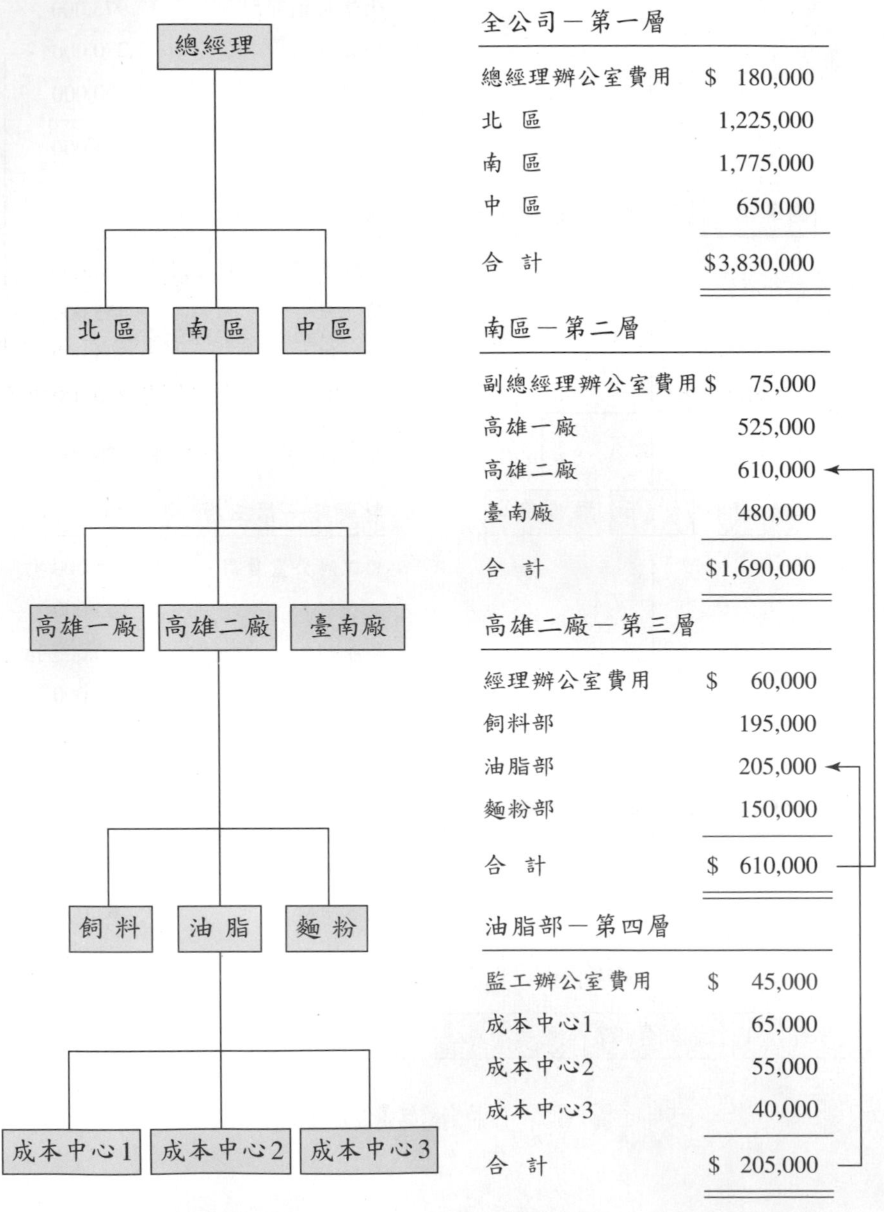

全公司－第一層	
總經理辦公室費用	$ 180,000
北　區	1,225,000
南　區	1,775,000
中　區	650,000
合　計	$3,830,000

南區－第二層	
副總經理辦公室費用	$ 75,000
高雄一廠	525,000
高雄二廠	610,000
臺南廠	480,000
合　計	$1,690,000

高雄二廠－第三層	
經理辦公室費用	$ 60,000
飼料部	195,000
油脂部	205,000
麵粉部	150,000
合　計	$ 610,000

油脂部－第四層	
監工辦公室費用	$ 45,000
成本中心1	65,000
成本中心2	55,000
成本中心3	40,000
合　計	$ 205,000

圖16.3 地區別組織圖及責任報告

以地區別來劃分組織的方式列示在圖16.3上，油脂部主管負責其下的三個成本中心和其辦公室的費用$205,000。高雄二廠經理負責經理室和飼料部，油脂部與麵粉部的費用支出$610,000。南區副總經理則負責高雄一、二廠，臺南廠和副總辦公室費用$1,690,000。每位主管在其管轄區內分層負責。

16.1.2 分權化的效益

很多大型組織採用分權化的經營管理方式，以便控制各單位的營運狀況，有關分權化的優點如下：

1. 資訊專業化

管理者所取得資訊的品質會影響決策的品質。當公司規模擴大與營運多角化後，高階主管對於區域性資訊的取得日益困難，然而部門經理對區域性的營運資訊最為清楚（例如：區域的競爭性、人力的性質等）。如果部門經理能將更多有關區域性需求與供給狀況的資訊納入決策系統，高階主管可制定更好的決策。

一般而言，傳達有關地區狀況的資訊給中央決策者的成本通常很高，並且所傳達的資訊可能不完整，甚至可能受到有意的歪曲。分權化可將上述狀況一一排除，可說是分權化最大的效益。

2. 即時反應

在分權化的組織下，部門經理的決策與執行在一定的授權範圍內，不需高階管理當局的核准即能作決定，所以能夠快速的反應當時所發生的情況。在集權化的組織下，凡事均要由高階管理當局決定，因此會產生決策落後的現象。集權化決策的落後原因來自於：

(1)由部門經理傳遞資訊需花費時間。

(2)決策單位需召集相關人員來定決策。

(3)將高階管理當局的最終決策傳遞給部門經理執行時亦曠日費時。

另外，在傳遞資訊時，可能使執行的單位誤解高階管理當局命令，而做出錯誤的決策，降低行動的效率。在分權化的組織下，部門經理可以同時制定、執行決策，所以有關上述決策落後的現象便可避免。

3. 節省高階管理當局的時間

高階管理者的時間是公司有限的資源之一。雖然高階管理者的決策品質可能高於部門經理，但由其制定所有決策是不可能的，因為高階管理者所著重的應是公司整體策略的規劃。分權化可使高階管理者減少在日常營運決策的負擔，而將更多的時間與精力用於公司整體的策略規劃上。有一點應注意，最高管理者授權給部門經理並不表示就沒有責任，透過後述的責任會計制度，最高管理者仍需為部門經理執行的結果負責。

4. 訓練及評估部門經理

如果所有重大決策均由高階主管制定，部門經理僅執行既定的決策，將無法使部門經理學習如何制定決策的全部過程。在分權化的組織中，部門經理必須同時制定並執行決策，藉著賦予部門經理較大的責任，可以提升其管理才能；同時高階主管亦可藉此評估部門經理，以決定是否調升為高階主管。

5. 激勵部門經理

好的經理人員總是以自己的工作為榮，如果只是接受較高管理當局的命令行事而無決策自主權，會使部門經理逐漸地失去對工作的興趣與熱誠。在分權化下，部門經理被賦予較大的決策權，能符合其自我實現的期望，而得到較大的工作滿足及激勵其發揮更大的創造力。然而，除了賦予較大的決策自主權以激勵部門經理之外，適當的績效評估與獎勵亦是必要的。

16.1.3 分權化的成本

儘管分權化有上述的效益，將決策自主權授與部門經理亦可能發生下列的缺點，這些缺點就是分權化的成本，茲說明如下：

1. 反功能決策

分權化最主要的成本乃是部門經理可能做出對自己單位有利而對公司整體不利的決策，此即所謂的反功能決策(Dysfunctional Decision Making)，例如銷售經理可能為了增加總銷貨額而削價出售，卻使公司的淨利降低。

在分權化的組織內，部門經理通常只重視自己部門的績效，而未顧及公司整體目標是否達成。當公司內某一部門經理的決策會影響到另一部門經理決策時，反功能決策最易發生，例如二部門經理之客戶群類似，可能會使部門經理為了爭取客戶而競價，使公司整體淨利下降。

2. 作業（或服務的）重複

分權化的另一個成本是作業或服務的重複，例如公司內二個分權單位分別有自己的電腦主機，而事實上只需一部電腦主機即可完成同樣的工作。又如每個經理可能有各自的銷售人員及廣告人才，但如果將這些人員由中央管理，會降低成本。另外，分權化下可能會使各部門各自蒐集資訊，其成本亦大於由中央單位蒐集。

16.2 責任中心

集權與分權的組織，均可實施責任會計制度，然而在分權化組織內最能有效的運作。企業組織實行責任會計制度的首要工作是將組織區分為若干個責任中心，所謂責任中心（亦即為分權化的單位）指由某一經理人員負責的範圍，為具有既定目標的企業組織單位。責任中心可大可小，階層亦有高有低，所以責任中心可能是一個單位，亦可能是公司整體。如圖16.1、圖16.2及圖16.3組織圖內的任何一個方格均為責任中心。

在責任中心內將原料、人工、服務等投入因素，利用該責任中心的機器設備、人工及其他資源將投入因素處理後，產出各項有形或無形的商品或勞務。然而各單位在投入的選擇、產出的衡量及產出的型態與組合均有所不同，組織可視賦予部門經理之權利與責任程度及產出衡量的困難性，將分權化的單位區分為下列四種：

(1)成本中心(Cost Center)。

(2)收入中心(Revenue Center)。

(3)利潤中心(Profit Center)。

(4)投資中心(Investment Center)。

每一個責任中心將在此作簡短的介紹，至於各責任中心的控制將在第17章及第18章中探討。

16.2.1 成本中心

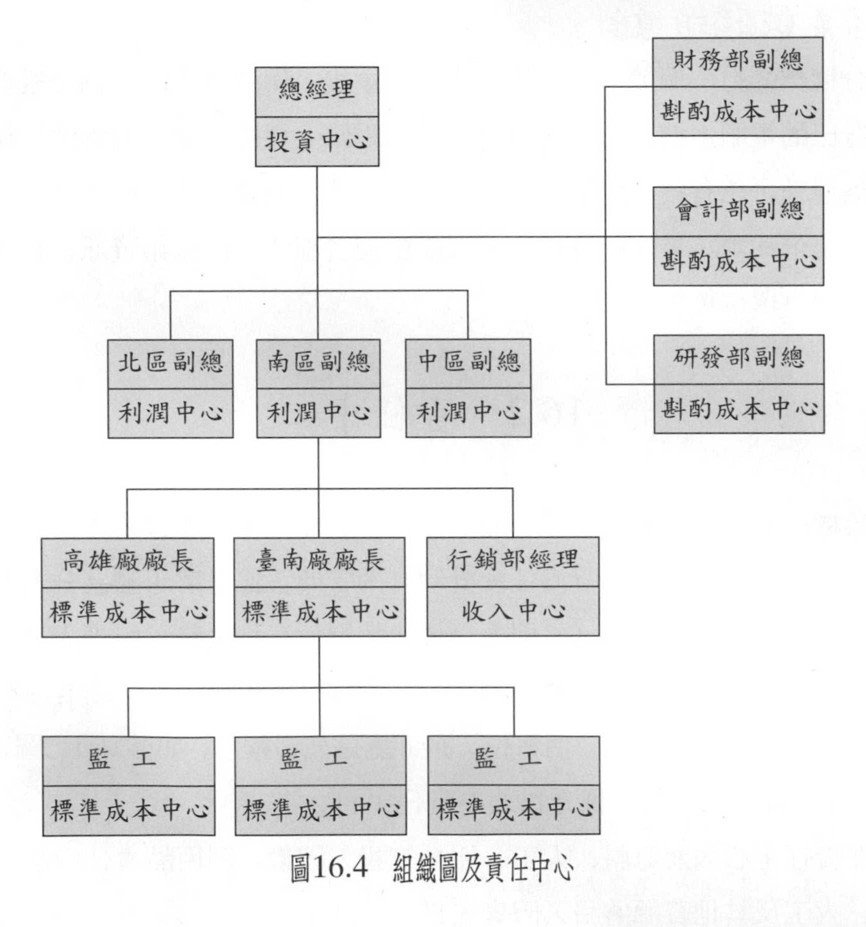

圖16.4 組織圖及責任中心

當責任中心主管只負責成本的發生，無法決定售價、不對收入或利潤負責時，此中心為一成本中心，成本中心又可分為標準成本中心及斟酌成本中心。標準成本中心適用於投入與相對產出間具有明確關係的成本，一般而言，製造業由於投入與產出容易認定，較常設立標準成本中心。在圖16.4中，臺南廠廠長及其下的監工即屬於標準成本中心。然而，標準成本中心可適用於任何具重複性較高的作業，例如速食連鎖店、銀行、醫院等。在銀行中，可以為存款部建立標準成本，因此存款部可視為一標準成本中心；在醫院中，餐廳部、洗衣部通常亦為標準成本中心。

如前所述，每一責任中心均有一個既定的目標，為了瞭解每一責任中心執行成果，最高管理當局通常會定期的衡量該責任中心的績效。至於績效衡量方面可由下列二點說明：

1. 效 率

投入與產出的關係就是所謂的效率(Efficiency)。例如一組織單位投入原料、人工、製造費用共$20,000，而產出1,000單位，則$20,000與1,000單位之關係即為效率。當此一組織單位投入$18,000、產出1,000單位，或投入$20,000、產出1,200單位，均較前者有效率。換言之，效率是指將事情做好(Do the Thing Right)。

2. 效 果

責任會計制度的最主要目的是達成企業組織目標一致性，所以當責任中心對企業整體目標有貢獻時，就是有效果(Effectiveness)。前面所說的分權化的成本之一，反功能決策就是不具有效果。換言之，效果是指做對的事情(Do the Right Thing)。

標準成本中心之績效衡量在效率方面，一般應用彈性預算與差異分析，讀者請自行參照前面的章節。在效果方面，應視該責任中心是否完成生產計劃且符合品質與時效性的要求。

成本中心該單位如果產出難以衡量（如行政部門），或投入成本與產出結果間無明確關係的部門（如研究發展部門），都稱為斟酌成本中心。在研究發展部門中（如圖16.4），可以衡量其是否有「效果」（是否達成目標），但由於其投入、產出間之關係弱，無法衡量其是否有「效率」；至於行政部門則投入和產出二者皆無法衡量。通常可將斟酌成本中心的預算與同業間預算比較。在衡量績效時應非常謹慎，因為低於預算並不見得好，此時仍應兼顧品質；

另外，成本超過預算也並非一定不好，因為可能會造成其他效果。

16.2.2 收入中心

收入中心的主要工作是在增進銷貨數量。一般而言，收入中心收到製造部門的製成品，再負責將這些商品銷售及分配。圖16.4中的行銷部門為一收入中心的例子，如果收入中心主管有訂價權，則該部門主管應負責總收入，如果收入中心主管沒有產品訂價權，則該部門主管只負責產品數量與銷售組合。利潤及銷售組合差異分析是評估收入中心主管績效一個非常有用的工具，有關利潤及銷售組合差異分析，請讀者自行參照本書第15章。

在評估收入中心部門主管績效時，亦應注意成本的發生，使部門主管重視公司最大銷貨毛利而非銷貨收入。如果評估僅注重銷貨收入，會誘導部門主管做出一些反功能決策(Dysfunctional Decision Making)，例如削價以增加總銷售額，投入大量的廣告費用，促銷低獲利率的商品。上述的這些活動雖然會增加總銷貨收入，卻會降低公司整體的獲利能力。

有些公司在區分責任中心時，並無所謂的收入中心，而將其視為利潤中心的另一種型態，因為收入中心亦存在某些成本，如薪資費用，所以這些部門主管可同時控制收入及成本。

16.2.3 利潤中心

前述的二種責任中心都是有限的分權，成本中心對投入有控制權，而其產出卻由其他責任中心決定；收入中心只管銷售部分，其主管僅對銷售活動負責而不管商品之生產。利潤中心是一個產銷合一的責任中心，其主管應對收入與成本（亦即利潤）負責（如圖16.4中的南區）。根據利潤中心銷售的對象可區分為：天然利潤中心(Natural Profit Center)及人為利潤中心(Artificial Profit Center)。天然利潤中心的市場機能完整，價格由供需面決定。當利潤中心將其產出銷售給組織內的另一責任中心時，由於其間的價格並非由市場機能決定，則稱人為利潤中心。有關人為利潤中心的移轉價格如何決定，將在第18章中討論。

利潤中心主管通常要負責生產、產品品質、價格、銷售及配銷，亦須決定產品組合及資源分配。至於其績效衡量，主要是比較實際利潤與預計利潤的利潤差異分析。

16.2.4　投資中心

當責任中心主管的管轄範圍除了負責利潤中心主管所有責任外，亦有營運資金運用及實體資產投資之權力時，此類責任中心就是投資中心，圖16.4中的總經理即為一投資中心。雖然利潤中心與投資中心在觀念上有所不同，但實務上，這兩種中心常被視為一體。有些管理人員所指的利潤中心常包括投資中心及利潤中心，所以當企業人士談論到有關利潤中心時，可能是上述定義中的利潤中心，亦可能指投資中心。投資中心的績效衡量是利用投資報酬率、剩餘利益來衡量，有關這方面的相關問題將在第18章探討。

16.3　責任會計

成本會計制度的建立大多為了存貨計價及一般成本控制之目的，會計人員必須記錄產品成本及期間成本，以編製損益表及資產負債表。成本會計制度可以記載資源的消耗成本，卻無法決定誰應對所發生的成本負責，也無法在必要時決定如何採取適當且正確的行動來解決問題。為了彌補成本會計之不足，便產生了所謂的「責任會計」(Responsibility Accounting)，本章後半段將詳細的探討責任會計制度；可指出誰應對成本負責。在編製責任會計報告時，勢必會違反一般公認會計準則(Generally Accepted Accounting Principles, GAAP)，因為責任會計報告著重在「可控制的成本」(Controllability)而非全部的成本，責任會計蒐集成本的方法所強調的是績效評估而不是產品成本的計算。

16.3.1　責任會計的意義

在認識責任會計之前，首先應明白責任會計的定義，在會計文獻上，對責任會計有不同的定義，但主要的觀點均包含在下面的敘述中：「責任會計是一個由責任中心計算、報告成本與收入的制度，每一個責任中心主管只負責他所能控制的成本與收入。」

責任會計常被誤認為只是控制的工具，事實上，它兼具了規劃與控制的功能，在第9章中，曾述及公司應定期編製整體預算(Master Budget)，整體預算通常由責任中心的主管編製。由整體預算中，可以看到每個責任中心的主管均有一個合理可達成的目標。

16.3.2 責任會計的釋例

為了說明責任會計的觀念，在此以一個國際連鎖觀光旅館為例。來華國際觀光娛樂事業共有十家豪華觀光旅館，分立於新加坡、日本及臺灣，在臺灣北、中、南各有一家分館，圖16.5是來華國際觀光旅館的組織圖。

第一層：來華國際觀光旅館的最高管理當局是總裁，總裁必須對公司股東負責，開發國際營運據點，且對公司的利潤及資產的取得決策有控制權，由此可看出其為一投資中心。

第二層：臺灣的總經理策劃及督導三家分館的營業活動，對利潤及資產的取得有決策權，所以臺灣的總經理亦為一投資中心。總經理對七仟萬元以下的投資可自行決定，而不須請示總裁，一旦投資額超過限額，便無決策權了。

第三層：臺北來華國際觀光旅館的副總經理負責與營運有關的政策，但卻無投資決策的自主權。例如，臺北的副總經理可以雇用所有的經理人員、決定薪資率及其他與公司營運有關的決策，但無法決定投資的項目及金額，所以其為一利潤中心。

第四層：由圖16.5可知臺北來華國際觀光旅館共有五個部門，工程部負責旅館工程營建及設備保養維修事項；會計部負責各項會計帳務之處理、財務報告之編製、年報預算之編訂、各項稅捐之申報等事項，上述二個部門並未直接與顧客接觸，只是為其他部門提供必要的服務，所以稱之為服務部門(Service Department)，有關服務部門成本分攤的相關問題請參照第17章。

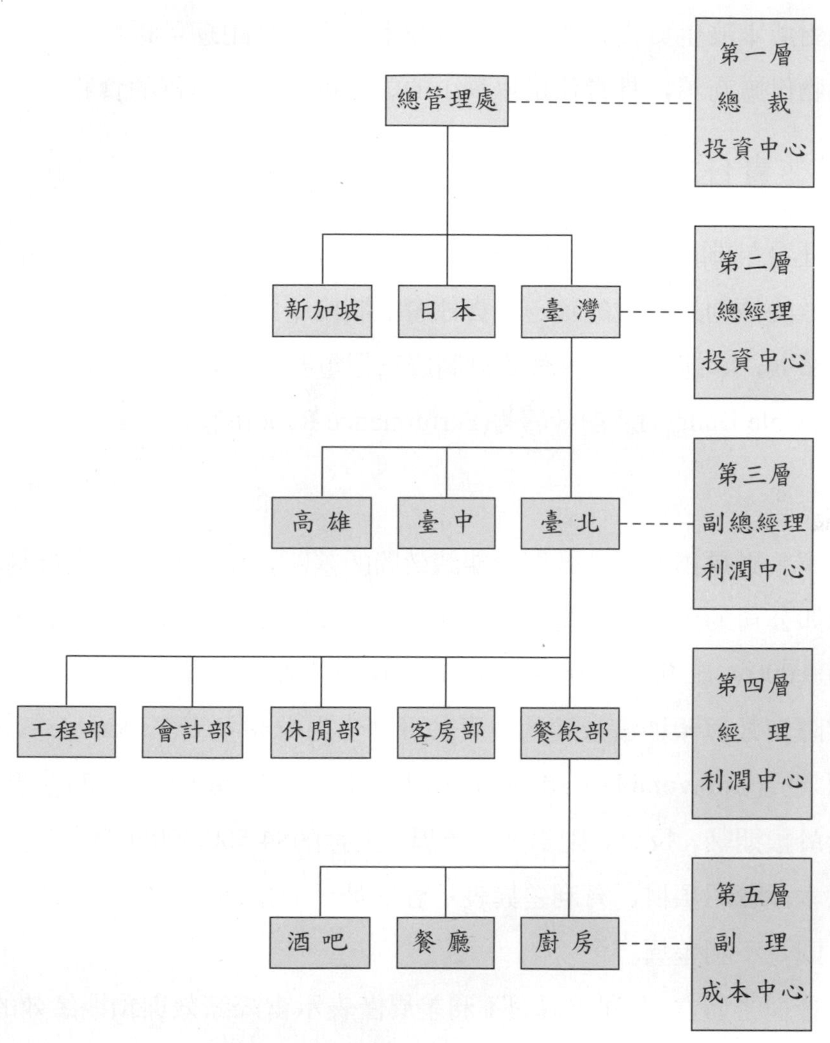

圖16.5　組織圖：來華國際，觀光旅館

休閒部經營一些與休閒有關的活動，例如游泳池、卡拉OK、網球場等；客房部則包括總機、櫃臺、房務清潔；餐飲部包括三個單位，即廚房、餐廳及酒吧。

餐飲部經理負責該組織單位的營運所賺取的利潤，因此是一個利潤中心。該部經理有權核准菜單、商品的訂價、雇用服務生及其他與餐飲部有關的營運。

第五層：餐飲部之下又分為廚房、餐廳、酒吧三個組織單位，廚房的副理必須對成本發生負責，所以廚房是成本中心。該副理可以雇用廚房人員、選擇食物供應商等，其責任是以最小的成本提供最高品質的食物。

16.3.3 責任會計的特質

責任會計制度可讓管理階層的經理人員評估其本身及其下級單位的績效，有效的控制該組織的營運。責任會計制度中通常會比較實際執行的績效及預期績效，本節將探討責任會計制度三個重要特質：差異(Variance)、彈性預算(Flexible Budget)及績效報告(Performance Reports)。

1. 差 異

所謂差異是指實際績效與預期績效間的差距，是責任會計中最基本的特質。例如公司的預期收入為$35,000,000，而實際收入則有$39,500,000，便產生$4,500,000 (= $39,500,000 – $35,000,000)的差異。

實際績效與預期績效間的差異又可區分為有利差異(Favorable Variance)與不利差異(Unfavorable Variance)，如果是收入或利潤項目，有利差異表示實際數大於預期數，反之，則為不利差異，上述的$4,500,000即為有利差異；如果是成本或費用項目，有利差異表示實際數小於預期數，當實際數大於預期數時，則為不利差異。

對管理者而言，有利差異與不利差異僅表示實際績效與預期績效的差距，其背後的含意才是管理者應留意的。

2. 績效報告

責任會計制度下所編製的報告稱之為績效報告(Performance Reports)，每個責任中心的績效都是彙總在績效報告中。績效報告中列示各責任中心營運的實際結果與預計結果，另外亦列出二者的差異。實務上的績效報告方式有下列四種：

(1)只列示差異。

(2)只列出實際結果與預計結果。

⑶只列出實際結果與差異。

⑷只列出預計結果與差異。

如前所述，管理當局不應只注意差異本身，而應留意差異所隱含的意義，有時差異小並不表示不重要，因其可能對公司營運有重大影響。績效報告中的資料可以幫助管理當局使用例外管理(Management by Exception)方式來有效的控制組織的營運，表16.1為上述責任會計釋例的第五層的績效報告。

表16.1 績效報告：廚房

	實際數	預算數（靜態）	差 異
副理辦公室費用	$ 600	$ 550	$ 50 U
廚房人員費用	4,600	4,500	100 U
食 物	8,000	7,500	500 U
紙製品	1,500	1,600	(100) F
變動製造費用	3,200	3,500	(300) F
固定製造費用	1,450	1,400	50 U
合 計	$19,350	$19,050	$300 U

F： 有利差異
U： 不利差異

表16.1中首先列出廚房的實際發生成本，接著列出預算成本，最後計算出差異。由於廚房為一成本中心，所以當實際數大於預算數時為不利差異，差異數後的U則表示不利差異，而F則為有利差異。

3. 彈性預算

在編製績效報告時（特別是成本中心）常使用彈性預算而非靜態預算(Static Budget)。因為成本中心主管通常無法決定確定的生產數量，而由產品需求面決定，成本中心主管所能做的是儘量符合需求，而有些成本會隨作業水準增加而增加。如果採用靜態預算，則無法適當的評估成本中心的績效，所以採用彈性預算可因作業水準不同而輕易調整預算。

以表16.1為例，實際成本為$19,350，而預算成本則只有$19,050，其間存有不利差異$300，此不利差異真能評估廚房的績效嗎？如果表16.1中的預算數為顧客人次10,000時的預算結果，而該旅館 2月共有11,000人次的顧客，因為實際人次與預計人次有差異，$300的不利差異對該責任中心績效評估並無多大用處。

由於成本中心的變動成本會隨作業水準而增加，因此當顧客人次由10,000人次增為11,000人次時，新增的1,000人次會造成額外的成本。然而，使用靜態預算所計算的差異並無法包括非預期的1,000人。此時，便應使用彈性預算，彈性預算可以調整預算去反映預計績效與實際績效間的差異。如果使用彈性預算，來華國際觀光旅館的會計部門可以輕易的修正預算，以符合需求量的改變。

表16.2列示基於彈性預算所編製的績效報告，由表16.2中可看出，廚房人員費用及食物費用由不利差異數轉為有利差異，而總差異則由不利差異的$300轉為有利差異$1,410，副理辦公室費用及固定製造費用因為是固定費用，所以並沒有改變。由上可知，使用彈性預算將可正確的評估成本中心的績效。

表16.2 績效報告：廚房

	實際數	預算數（靜態）	差 異
副理辦公室費用	$ 600	$ 550	$ 50 U
廚房人員費用	4,600	4,950	(350) F
食 物	8,000	8,250	(250) F
紙製品	1,500	1,760	(260) F
變動製造費用	3,200	3,850	(650) F
固定製造費用	1,450	1,400	50 U
合 計	$19,350	$20,760	$1,410 F

F：有利差異
U：不利差異

16.3.4 績效報告的釋例

如圖16.5的組織圖所示，公司組織是有層級性的，同樣的績效報告亦需一級一級往上呈報，例如廚房副理的績效報告是餐飲部經理績效報告的一部分。表16.3列出來華國際觀光旅館的績效報告關聯性。

表16.3　績效報告的關聯性

	實際結果	彈性預算	差　異
總　裁			
總裁辦公室費用	$ 5,050	$ 5,000	$ 50 U
新加坡	352,300	355,000	(2,700) F
日　本	502,100	500,000	2,100 U
臺　灣	402,320	403,660	(1,340) F
合　計	$1,261,770	$1,263,660	$(1,890) F
臺　灣			
總經理辦公室費用	$ 3,450	$ 3,500	$ (50) F
高　雄	107,600	107,000	600 U
臺　中	105,500	106,000	(500) F
臺　北	185,770	187,160	(1,390) F
合　計	$ 402,320	$ 403,660	$(1,340) F
臺　北			
副總辦公室費用	$ 3,050	$ 3,100	$ (50) F
工程部	13,570	13,500	70 U
會計部	15,700	15,750	(50) F
休閒部	47,500	47,400	100 U
客房部	50,100	50,000	100 U
餐飲部	55,850	57,410	(1,560) F
合　計	$ 185,770	$ 187,160	$(1,390) F
餐飲部			
經理辦公室費用	$ 1,000	$ 1,000	$ 0 F
酒　吧	16,800	16,700	100 U
餐　廳	18,700	18,950	(250) F
廚　房	19,350	20,760	(1,410) F
合　計	$ 55,850	$ 57,410	$(1,560) F
廚　房			
副理辦公室費用	$ 600	$ 550	$ 50 U
廚房人員費用	4,600	4,950	(350) F
食　物	8,000	8,250	(250) F
紙製品	1,500	1,760	(260) F
變動製造費用	3,200	3,850	(650) F
固定製造費用	1,450	1,400	50 U

合　計	$ 19,350	$ 20,760	$(1,410) F
F：有利差異			
U：不利差異			

為了使報告上的資訊更具有參考性，編製績效報告應特別注意下列事項：

1. 報導項目的選擇

一般而言，管理人員負責的績效報告所包含的項目應以其所能控制的項目為限。例如一個經理可以雇用人員，則薪資成本為該經理的可控制成本，但如果人員係由人力資源部統一雇用，則經理的績效報告不應包括此資訊。

除了可控制的項目外，績效報告中亦會加入一些經理人員不能控制的項目，例如廚房中的副理辦公室費用。這些項目包括在績效報告中，乃是最高管理當局希望部門經理注意全部成本，而非僅他們本身所能控制的成本。

2. 績效報告間的關聯性

績效報告編製完成後，將會送給部門經理及其上級單位，但二者的詳細程度不同。表16.3可看出五個層級間的關聯性。廚房經理收到的報告可提供他評估自己的績效及幫助他去管理他的責任中心（成本中心），他亦可以此為基礎向餐飲部經理說明他的績效。廚房經理的報告詳細列示他應負責的項目，餐飲部經理亦收到比較廚房經理實際績效與預期績效報告，並利用此報告評估廚房經理的績效，但其所收到的有關廚房經理的績效報告較廚房經理本身收到的簡單，只有總數$19,350。

如果每個經理收到的報告都一樣，則愈高層的經理人員會收到太多資訊的報告，對策略並沒有益處。因此，績效報告應考慮管理當局的層級而提供合適的報告，愈下層的愈詳細，愈上層的愈簡要。

16.4 責任會計的行為面

責任會計制度的實施會影響組織內人員的行為，有時會激勵員工以提高績效，但有時會引起人員的不滿而引起反彈，因此高階管理者在擬定和執行責任會計制度時，要掌握住制度實施的主要重點。在本節中，敘述制度實施的三項重點，供管理者參考。

16.4.1　資訊性

任何組織實施責任會計制度，主要的目的是在運用此制度來得到足夠的資訊，以協助管理者從事於規劃和控制營運活動。一個良好的責任會計制度可提供明確的資訊來告訴管理者，組織內每個人、每件事或每個單位的績效是處於良好狀態或較差狀態。除此之外，管理者還要從中瞭解造成各種結果的原因，對於績效好的部分，要仔細分析其持續性；對於績效差的部分，要進一步探討其原因，如果為暫時性則可立即解決問題，如果為經常性則要協調相關人員來正視問題共同研討改進之道。高階主管在實施責任會計制度時，要使組織內人員瞭解該制度的重點是用來協助大家提昇績效，不是用來作為懲罰員工的工具。這樣才不會使員工對責任會計制度產生反感而不願意與公司政策配合。

16.4.2　控制性

一旦組織採用責任中心制度，每個單位的績效報告形式可依各個單位的特性而改變。基本上，對一個單位主管的考核，應以其可控制的部分來評估。換句話說，績效報告上的成本和收入資料可明確的區分為可控制和不可控制兩部分，單位主管是對可控制的成本或收入來負責，對於不可控制部分也要瞭解其增減的原因。例如本章所舉的來華國際觀光旅館例子，主廚要對廚房的一切成本負責，其中食物成本屬於可控制成本，廚房的折舊費用則屬於不可控制成本。

在決定成本或收入屬於可控制或不可控制時，要考慮一些與成本發生相關的因素。有些決策的制定是由多人的參與，因此在決定可控制成本時，要確定哪些成本的發生是單位主管所能掌握。另外，時間也是影響決定可控制或不可控制的因素。例如，主廚與牛肉供應商簽訂一年合約，其中明確的訂定一年內的採購量，單位成本和運送時間。在此情況下，牛肉成本在合約期間內都屬於不可控制成本。

16.4.3 激勵性

在責任會計制度下，每一個單位的責任歸屬很明確，有助於達成單位的目標。在同一單位的人，共同努力將其績效提昇。有時各個單位為提高自己的績效，但忽略了組織整體的績效。例如某公司的銷售單位是收入中心，生產單位屬成本中心。銷售人員為達到當月的銷售額標準，接受一個量大價低的特殊訂單。如果當月份生產單位很忙碌，機器使用率已達頂點，若要接受該特殊訂單，會造成加班趕工的現象，因此生產單位不願意接受此特殊訂單。在這種情況下，高階層主管要出面協調，首先要求銷售部門提出該特殊訂單可能帶來的收入資料，再要求生產單位提出為生產該訂單所需增加的成本資料，就效益與成本二方面從公司整體來考慮。原則上，責任會計制度是用來提高組織整體的績效。

範例

多利公司管理階層依據過去的資料在年初編製預算，下面所列的預算是基於銷售量10,000單位。

預算的損益表

銷貨收入（10,000單位）		$900,000
銷貨成本：		
直接原料	$100,000	
直接人工	50,000	
變動製造費用	250,000	
固定製造費用	100,000	500,000
銷貨毛利		$400,000
銷管費用：		
變動成本	$120,000	
固定成本	75,000	195,000
淨　利		$205,000

在這一年中，實際上銷售12,000單位的產品，實際的損益表如下：

實際的損益表

銷貨收入（12,000單位）		$1,100,000
銷貨成本：		
直接原料	$130,000	
直接人工	58,000	
變動製造費用	290,000	
固定製造費用	108,000	586,000
銷貨毛利		$ 514,000
銷管費用：		
變動成本	$140,000	
固定成本	77,000	217,000
淨　利		$ 297,000

請以邊際貢獻方式來編製損益表的績效報告，要包括下列各項：(1)實際結果；(2)彈性預算；(3)差異。請根據上述10,000單位的預算資料，自行編製

彈性預算。

解答:

多利公司
績效報告

	實際結果	彈性預算	差　異
銷貨收入	$1,100,000	$1,080,000	$ 20,000 F
銷貨成本:			
直接原料	$ 130,000	$ 120,000	$ 10,000 U
直接人工	58,000	60,000	(2,000) F
製造費用	290,000	300,000	(10,000) F
	$ 478,000	$ 480,000	$ (2,000) F
銷管費用	140,000	144,000	(4,000) F
	$ 618,000	$ 624,000	$ (6,000) F
邊際貢獻	$ 482,000	$ 456,000	$ 26,000 F
固定成本:			
製造費用	$ 108,000	$ 100,000	$ 8,000 U
銷管費用	77,000	75,000	$ 2,000 U
	$ 185,000	$ 175,000	$ 10,000 U
淨　利	$ 297,000	$ 281,000	$ 16,000 F

F: 有利差異
U: 不利差異

本章彙總

責任會計制度的主要用意在於促使分權化組織內的經理人員達成組織的共同目標。任何一個組織，可依其特性來區分為成本中心、收入中心、利潤中心和投資中心四種不同型態的責任中心。每一種責任中心的績效評估方式，會隨著各中心既定的目標而改變。在較大型的公司，可能同時有各種不同類型的責任中心，如同本章所舉的來華國際觀光旅館例子。

一旦責任中心確定後，各個單位可編製績效報告，雖然各個中心在報表內容上有所不同，但基本架構為實際數與預算數比較，再列出差異數。至於預算數的編製方式，可採靜態預算或彈性預算，由管理者依其所需而決定。原則上，在成本方面，實際數大於預算數為不利差異，反之為有利差異。另外，在收入方面，實際數大於預算數則為有利差異，反之為不利差異。管理者對任何一種差異除瞭解其大小外，對於造成差異的原因也要加以探討，以作為日後改善績效的參考。

制度的設計固然重要，但是制度實施方面要與原先理想相配合，制度才能發揮功效。因此，管理者在擬定和執行責任會計制度時，要能掌握資訊性、控制性和激勵性三個重點，使制度人性化，以免造成人員的反彈。管理者要使員工瞭解，責任會計制度的實施是為提昇組織整體的績效。

關鍵詞

集權式(Centralization)經營：

係指由一人制定組織的所有決策。

成本中心(Cost Centers)：

責任中心主管只負責成本的發生，無法決定售價，亦不對收入或利潤負責。

分權式(Decentralization)經營：

係指規劃與控制營運的責任授權給各個單位主管。然而，在授權範圍內，單位主管在作決策時，並不需要徵求上級主管的同意。

反功能決策(Dysfunctional Decision Making)：

在分權化的組織內，部門經理可能做出對自己單位有利，而對公司整體不利的決策。

投資中心(Investment Centers)：

責任中心主管的管轄範圍，除了負責利潤中心主管所有的責任外，還要對營運資金運用及實體資產投資負責。

利潤中心(Profit Centers)：

單位主管對該中心的生產和銷售活動都有控制權，則該主管應對收入與成本負責。

責任會計(Responsibility Accounting)：

是一個由責任中心主管負責計算、報告成本與收入的制度，每一個責任中心主管只負責其所能控制的部分。

責任中心(Responsibility Centers)：

亦即為分權化的單位，指由某一經理人員對單位既定目標負責。

收入中心(Revenue Centers)：

主管僅對銷售活動負責而不管商品的成本。

作業

一、選擇題

1. 有關分權化的優點，下列何者為是?

   A.可使資訊專業化。

   B.即時反應當時所發生的情況。

   C.節省高階管理當局的時間。

   D.以上皆是。

2. 除了何者外，其他都是責任中心的型態?

   A.生產中心。

   B.成本中心。

   C.投資中心。

   D.利潤中心。

3. 某部門必須對其收入與成本負責者稱之為:

   A.成本中心。

   B.收入中心。

   C.利潤中心。

   D.投資中心。

4. 當決定如何將組織分至各個責任中心時，經理人員應考慮所有要素，除了何者以外?

   A.單位大小。

   B.特殊知識。

   C.產品特性。

   D.預算。

5. 如果績效報告只列出下面何者，不算是完整的報告?

   A.實際數與預算數。

   B.實際數。

C.實際數與差異。

D.差異。

6. 下列有關利潤中心的敘述，何者為非：

A.利潤中心可以區分為自然的利潤中心與人為的利潤中心。

B.工廠內的服務部門如果向生產部門依服務項目收取費用，則為自然的利潤中心。

C.內部轉撥計價部門可以視為是人為的利潤中心。

D.可以自行採購、生產與銷售的分支機構，可以視為是自然的利潤中心。

7. 對製造商來說，主要的責任中心屬於：

A.投資中心。

B.利潤中心。

C.成本中心。

D.收入中心。

二、問答題

1. 何謂分權化的經營？
2. 簡述分權化的優點。
3. 分權化的成本為何？
4. 比較集權式與分權式的經營方式。
5. 說明責任中心的意義。
6. 試舉例說明成本中心。
7. 何謂反功能決策？
8. 敘述責任會計的意義。
9. 簡單說明責任會計的特質。
10. 試述編製績效報告應特別注意的事項。

第17章

成本中心的控制與服務部門成本分攤

學習目標:

- 瞭解成本分攤的意義
- 明白成本分攤的要領
- 認識服務部門成本分攤的方法

前　言

任何一個組織的組成單位，有些是與組織營運目標有直接關係，也有些單位的存在不是直接影響組織營運，但還是有其存在的貢獻。例如一個製造商的主要單位是生產部門和銷售部門，但是機器維修部門與清潔部門雖對公司營運沒有直接影響，然而可對主要單位提供服務，以促使全公司的營運有效率。雖然這些服務部門可以不必設立，公司可委託外面的公司來做，但是公司自己擁有服務部門，可與主要部門作業完全配合。因此，服務部門的成本需要採用合適的分攤方法，將其轉嫁到主要部門。

在第16章中已介紹過責任中心的觀念，接下來的兩章將分別就成本中心、利潤中心及投資中心的控制加以探討。成本分攤是成本會計的一個重要問題，本章首先介紹成本分攤的觀念，再說明成本分攤的三階段，並將重心擺在服務成本中心的分攤上。就成本中心對組織營運是否有直接關係，可分為生產部門與服務部門，本章接著區分二種性質的部門，說明服務部門成本分攤的理由。為了使各部門間的成本分攤公平，服務部門成本分攤應遵循一些準則。分攤基礎如何選擇？應分攤實際成本還是預算成本？固定成本與變動成本應如何分攤？這些問題都將於本章中探討。由於服務部門間亦有相互服務的情況發生，所以本章最後將介紹三種服務部門成本分攤的方法：直接分攤法、逐步分攤法及相互分攤法。

17.1　成本分攤

一個組織內成本的發生可能是數個部門共同營運的結果，例如來華國際觀光旅館臺北分館的水電費和財產稅，是整個臺北分館營運的結果。如何分攤這些成本，便成為一個重要的問題，責任會計的功能之一，就是分派組織內所有成本至使用的單位。

17.1.1　成本分攤的定義

國內外文獻在採用成本分攤的用語並不一致，故本章將先定義成本分攤，以期實務上在處理分攤問題時，取得一致的概念。把相類似成本集中在一個單位稱為成本庫(Cost Pool)，例如來華國際觀光旅館臺北分館將所有水電費結合在水電費成本庫(Utility Cost Pool)中，其中包括水費和電費。

成本標的(Cost Objective)是指組織內任何一個成本可以分別衡量的單位或作業，如責任中心、產品或勞務等。在第16章的來華國際觀光旅館臺北分館的組織圖中可看出，旅館內的各個部門是成本標的。將成本庫中的成本分派到成本標的的過程稱之為成本分攤(Cost Allocation or Cost Distribution)，圖17.1圖示成本分攤的程序。

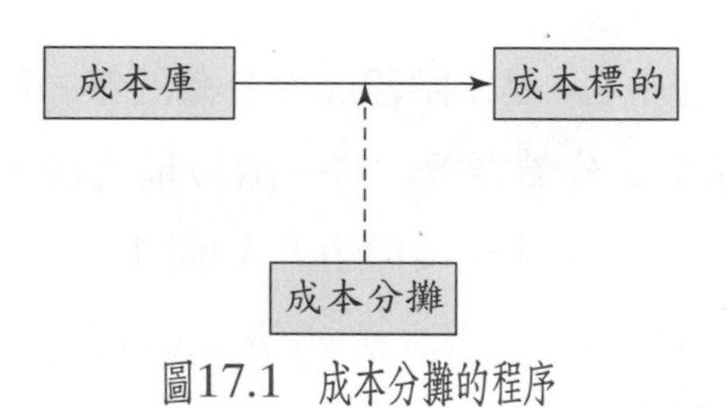

圖17.1　成本分攤的程序

17.1.2　三階段的成本分攤

組織內依部門是否對營運有直接關係，可區分為生產部門(Production Department)與服務部門(Service Department)。所謂生產部門亦可稱為營運部門(Operating Department)，是指對製造產品或提供勞務給顧客有直接責任的部門，如圖16.5來華國際觀光旅館組織圖第四層中的休閒部、客房部及餐飲部。服務部門對生產部門提供必要的服務或協助，以促進生產部門的營運，而這些部門對產品製造或勞務提供並沒有直接關聯，例如圖16.5中的工程部與會計部。

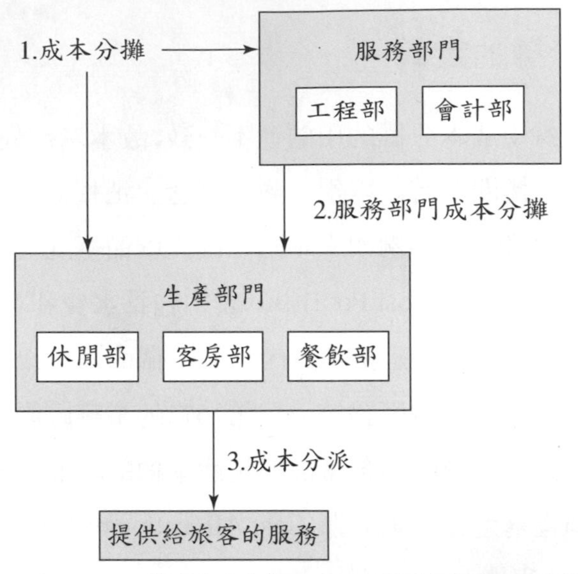

圖17.2 三階段成本分攤──以來華國際觀光旅館為例

將成本分攤到責任中心，是三階段成本分攤的第一階段，如圖17.2所示。以來華國際觀光旅館臺北分館為例，第一階段稱為成本分攤(Cost Distribution)，臺北分館的所有成本分攤到旅館的五大部門（責任中心）。雖然服務部門對產品或勞務沒有直接貢獻，但服務部門的成本亦為全部成本的一部分，所以接下來的步驟便是將服務部門的成本分攤到生產部門中，以計算產品或勞務的成本。

第二階段稱為服務部門成本分攤(Service Department Cost Allocation)，把分攤到二個服務部門的成本再分攤到三個生產部門，因為這三個生產部門是直接為顧客提供服務。最後一個階段稱為成本分派(Cost Assignment)，成本分派至旅館提供的各種服務上。本章將詳細介紹第二階段：服務部門成本分攤，在這裡所謂的生產部門是指直接提供貨品或勞務給顧客的單位；服務部門則為支援部門。

17.1.3 成本分攤的目的

將服務部門成本分攤到生產部門，最後分派到產品或勞務，一般而言，有下列二項目的：

1. 取得合理的價格

產品或勞務的價格訂定常以其成本為基礎，為了決定產品或勞務的全部成本，就必須將服務部門的成本分攤到生產部門，進而分派到產品或勞務。如果成本沒有正確的分攤，如成本多分攤了，會導致定價太高而錯失了銷售良機；相反的，如果成本少分攤了，定價可能太低，而使公司遭受損失。

2. 成本意識

成本分攤的第二個目的是使經理人員有成本意識，假設公司內有電腦部門，如果電腦部門成本沒有適當的分攤，則經理人員對電腦部門之使用成本並不會在意，可能會造成浪費服務部門的資源或使用上的無效率。服務部門成本分攤給經理人員提供了使用服務的價格，這個價格會使經理人員考慮應使用多少服務，亦會使他們更有效的使用服務部門的服務。

除了上述目的，分攤服務部門成本至生產部門會使生產部門的經理人員監視服務部門的績效，因為服務部門成本會影響生產部門的績效。例如，經理人員會比較內部服務成本與外界服務成本，如果服務部門之績效不如外界，則經理人員可能考慮不再接受內部服務部門之服務，故而會刺激服務部門提高績效。另外，生產部門的監視亦會使服務部門的經理人員重視生產部門的需要。

分攤的成效有賴於成本分攤的正確性與公平性。理想上，單一分攤能同時滿足上述目的。但事實上，使用單一分攤要達到全部目標是不可能的。當成本分攤目的無法同時達成時，可能需要多重分攤基礎和程序。

17.2 成本分攤的要領

服務部門成本分攤在執行時，常會遭遇到下列四個問題：

(1)應如何選擇合適的分攤基礎？

(2)應分攤預算成本或實際成本？

(3)固定成本與變動成本應一起分攤或分開分攤？

(4)應如何處理服務部門間之相互服務?

雖然不可能有一個分攤方法可完全符合成本分攤的目的，但在分攤服務部門成本時，仍有一些準則應遵循，以下將分別介紹。

17.2.1 選擇適當的分攤基礎

分攤服務部門的成本，首應選擇適當的分攤基礎(Allocation Base)，所謂分攤基礎是指將服務部門成本分攤到其他部門所使用的作業數量，例如員工人數、工作時數、處理的單位數及所佔有的面積等。分攤基礎的選擇，應該能夠合理的反映出其他部門與該服務部門二者之間活動的因果關係。表17.1列示出一些常被使用為分攤基礎的例子。

表17.1 服務部門的分攤基礎

服務部門	分攤基礎
電力部門	仟瓦小時
人事部門	員工人數，人員周轉率
原料處理部門	原料移動次數，原料移動的數目，原料處理時數
工程部門	直接人工小時
清潔部門	人工小時，所佔用的面積
餐飲部門	員工人數

假設一公司有兩個生產部門為裝配部與完成部，及兩個服務部門為清潔部及員工餐廳。當分攤清潔部門的成本給其他部門應選擇何項基礎呢？有人認為乾淨的廠房使員工感覺安全且生產更有效率，然而安全感及愉快的價值卻難以衡量，因此通常使用可數量化的分攤基礎，例如可用清潔小時，或各單位的面積。

使用清潔小時作為分攤基礎需要額外的記錄成本，如果清潔小時與所清潔面積成正比時，以部門所佔的面積為分攤基礎會有相同的分攤結果，此時，應使用所佔面積為分攤基礎，則無需增加記錄成本。因此，選擇分攤基礎時應注意二件事：合於邏輯及易於衡量。另外，經理人員應儘量使分攤程序清楚簡單，使負責該項分攤的人員易於瞭解。如果計算太過複雜，可能會使計算的成本超過該項成本分攤的效益。一旦選定了分攤基礎，沒有合理的理由不應隨意變更，否則亦會增加成本。

17.2.2　分攤預算或實際成本

分攤服務部門成本時，必須決定是分攤預算成本或實際成本。事實上，預算成本與實際成本適用之情況是依成本分攤的目的而定。如果成本分攤是為了編製財務報表或符合法令要求，則成本分攤應用實際成本，但如果成本分攤是為了評估部門經理的績效，則此時應分攤預算成本。

當成本分攤乃為了使經理人員有成本意識，則此分攤將影響經理人員的決策，分攤服務部門成本時，使用服務部門服務的部門經理及服務部門經理的決策會受到影響。本章所討論的是使用服務部門服務的部門經理的決策。

表17.2列示裝配部門的績效報告，表中有員工餐廳、清潔部門二個服務部門的成本，這表示裝配部門經理必須對使用這些服務負責，由第16章中可知預算數通常為彈性預算數，本章所要討論的是實際數欄中的員工餐廳費用及清潔部門費用，應該使用服務部門實際發生成本數，還是預算成本為分攤數。

表17.2　裝配部門的績效報告

	實際數	預算數	差　異
間接原料	$ 6,300	$ 6,400	$ (100) F
間接人工	24,600	22,400	2,200 U
折舊費用	16,000	16,000	0
財產稅	2,900	2,900	0
保險費	1,700	1,700	0
電力費用	8,500	8,200	300 U
員工餐廳費用	19,000	18,900	100 U
清潔部門費用	7,800	8,000	(200) F
合　計	$86,800	$84,500	$2,300 U

F: 有利差異
U: 不利差異

因為使用服務部門服務的部門經理視自服務部門分攤而來的成本為其成本的一部分，以預算數分攤有下列二個優點：

1. 讓使用部門的經理人員考慮到使用服務的價格

當服務是來自組織內部時，部門經理以「分攤成本」來支付服務成本中心的價格。亦即將此服務視為一外購的勞務或商品，部門主管在使用服務中心的服務時，應決定使用量的多寡，而使用量有時決定於服務的價格。

如果以預計成本分攤，部門經理可知道由內部服務中心取得服務與自外界取得的成本。因為當服務自外界取得，部門經理事先就知道價格，這價格可能是對整個工作或每一作業量（如每小時）的成本衡量。

因為真實成本只有到成本發生後才可得知，部門經理無法做預先規劃的工作，所以當部門經理覺察到內部服務成本太高而不願接受時，早已來不及了，這是分攤實際成本的缺點。

2. 避免評估標準超過使用單位的控制能力

分攤實際成本會讓使用服務部門經理的績效評估，受服務部門的效率左右，而這是部門經理所不能控制的成本。如果服務部門無效率，會使實際成本較高，即使使用部門經理並未造成無效率，卻分攤到較高的成本。績效評估基本上以「可控制」為其要件，故分攤實際成本將影響績效評估的效益，而分攤預計成本可避免上述問題。

17.2.3 根據成本習性分攤

對服務部門而言，當服務水準增加時，變動成本會跟著提高，而固定成本並不會隨著服務水準而改變。由於變動成本與固定成本習性(Behavior)不同，在兩種成本下，生產部門與服務部門的因果關係便不同。由於變動成本會依其作業量而改變，以作業量作為變動成本的分攤基礎是合適的；而固定成本並不會隨作業量而改變，如果以發生的作業量分攤，一部門的分攤可能因其使用量減少而增加；或可能因使用量增加而減少；而當該部門使用量並無增減時，分攤數亦可能減少或增加。

此種不確定性是由於分攤固定成本會受所有使用者的作業水準的影響，本章將舉一實例來說明此種現象。永泰公司有二個部門：部門A與部門B，各有員工人數30人及15人，只有一個服務部門S，服務部門的成本計算如下：

$$S部門的成本 = \frac{\$75{,}000}{每月} + \$750 \times (A員工人數 + B員工人數)$$

表17.3列示作業量改變對成本分攤的影響。當部門A、B的員工各為30人及15人時，成本分攤如情況一所示。後為了降低成本而將員工人數裁減為28人及12人，此時的成本分攤如情況二所示，由表中可看出A部門的成本提高了，其原因是分攤了較多固定成本。當員工人數等比率降低為24人及12人時，所分攤的固定成本與情況一一致。

另外，情況四則列示員工人數各為18人及12人，與情況二相比較之下，部門B的員工人數雖然沒有改變，所分攤的固定成本卻增加了，此乃由於部門A的員工人數減少所致。由上述分析可知，固定成本如以作業量分攤，會受其他部門使用量的影響，故應與變動成本分別分攤。

表17.3　作業量改變對成本分攤的影響

情況一

	A部門	B部門
變動成本	$\frac{30}{45} \times 33{,}750 = 22{,}500$	$\frac{15}{45} \times 33{,}750 = 11{,}250$
固定成本	$\frac{30}{45} \times 75{,}000 = 50{,}000$	$\frac{15}{45} \times 75{,}000 = 25{,}000$
合　計	72,500	36,250

情況二

	A部門	B部門
變動成本	$\frac{28}{40} \times 30{,}000 = 21{,}000$	$\frac{12}{40} \times 30{,}000 = 9{,}000$
固定成本	$\frac{28}{40} \times 75{,}000 = 52{,}500$	$\frac{12}{40} \times 75{,}000 = 22{,}500$
合　計	73,500	31,500

情況三

	A部門	B部門
變動成本	$\frac{24}{36} \times 27{,}000 = 18{,}000$	$\frac{12}{36} \times 27{,}000 = 9{,}000$
固定成本	$\frac{24}{36} \times 75{,}000 = 50{,}000$	$\frac{12}{36} \times 75{,}000 = 25{,}000$
合　計	68,000	34,000

情況四

	A部門	B部門
變動成本	$\frac{18}{30} \times 22{,}500 = 13{,}500$	$\frac{12}{30} \times 22{,}500 = 9{,}000$
固定成本	$\frac{18}{30} \times 75{,}000 = 45{,}000$	$\frac{12}{30} \times 75{,}000 = 30{,}000$
合　計	58,500	39,000

17.3　服務部門成本分攤的方法

如果公司有一個以上的服務部門，則服務部門之間亦可能相互提供服務，此時必須決定如何透過分攤方法反映服務部門相互間的服務成本。在處理服務部門間成本分攤時，通常有三種方法，分別是直接分攤法(Direct Method of Allocation)、逐步分攤法(Step or Sequential Method of Allocation)及相互分攤法(Dual Cost Allocation Method)，接下來將舉一實例，以便說明各方法之使用。

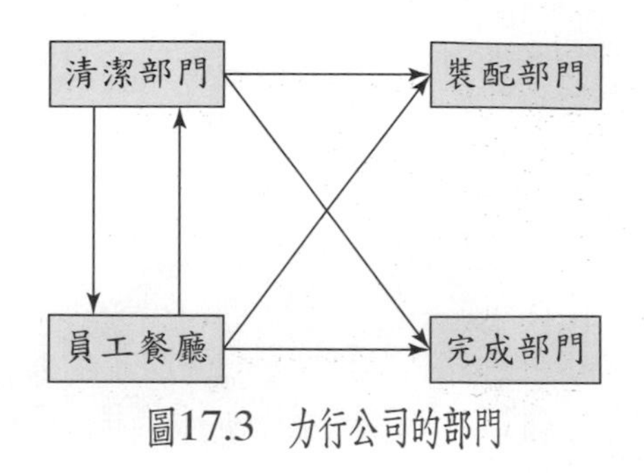

圖17.3　力行公司的部門

圖17.3圖示力行公司的四個部門，裝配部門與完成部門是生產部門，而清潔部門及員工餐廳是服務部門。由圖中可看出清潔部門為其他三部門提供服務，裝配部門、完成部門及清潔部門都在員工餐廳用餐。

分攤基礎的選擇在員工餐廳為員工人數，在清潔部門則是各單位所佔面積的大小，表17.4列示成本資料及分攤基礎的數字資料。

表17.4　力行公司成本分攤資料

	員工餐廳	清潔部門	裝配部門	完成部門
應分攤成本	$342,000	$127,500		
坪　數	100	50	300	100
員工人數	4	5	30	15

如表17.4所示，在分攤成本之前，員工餐廳、清潔部門分別有$342,000及$127,500的成本待分攤，成本分攤的三種方法均會完全將服務部門的成本分攤到生產部門。在本例中，力行公司服務部門的總成本$469,500 (=$342,000 + $127,500)會分攤到裝配部門及完成部門。

17.3.1　直接分攤法

在三種分攤方法中以直接法最為簡單，直接法忽略部門間所提供服務的成本，而直接分攤每個服務部門成本至生產部門。圖17.4圖示直接分攤法成本分攤的過程。如圖所示，清潔部門的成本未分攤到員工餐廳，而員工餐廳之成本亦未分攤給清潔部門。因此本法忽略清潔部門對員工餐廳提供清潔服

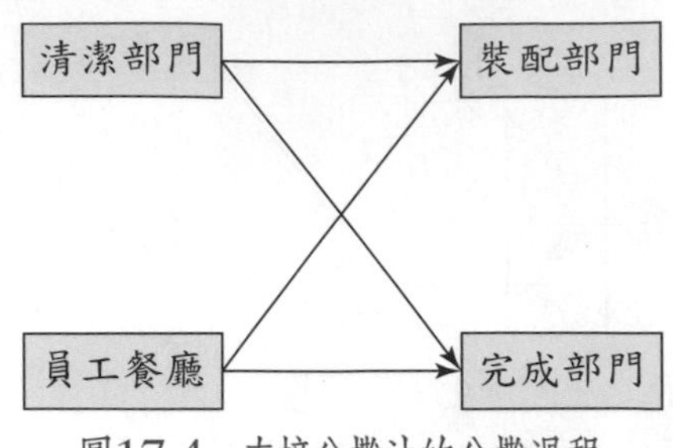

圖17.4 直接分攤法的分攤過程

務，和員工餐廳對清潔部門提供膳食的事實。

表17.5是依據表17.4的資料，利用直接分攤法分攤服務部門計算的彙總。直接分攤法首先要決定分攤的比例，本例中的分攤比率如表17.5上半段所示。由於直接分攤法未考慮服務部門間的相互服務，所以每一生產部門分攤基準應除以所有收到該服務的生產部門分攤基準之總和。

本例中，員工餐廳的分攤基準為員工人數，生產部門員工總人數為45人(=30 + 15)，所以裝配部及完成部之分攤比例分別是$\frac{30}{45}=\frac{2}{3}$，$\frac{15}{45}=\frac{1}{3}$。

為了決定由服務部門分攤至每一生產部門的成本，分攤比例應乘上服務部門的成本。本例中，裝配部門自員工餐廳分攤的成本金額為\$228,000 (=\$342,000 × $\frac{2}{3}$)，而裝配部門自清潔部門分攤的成本金額為\$95,625 (=\$127,500 × $\frac{3}{4}$)。分攤到生產部門成本總額\$469,500 (=\$323,625 + \$145,875)應等於服務部門的總成本\$469,500 (=\$342,000 + \$127,500)。

表17.5 直接分攤法的計算彙總

服務部門	接受分攤部門	
	裝配部門	完成部門
分攤比例：		
員工餐廳	$\frac{30}{45}=\frac{2}{3}$	$\frac{15}{45}=\frac{1}{3}$
清潔部門	$\frac{300}{400}=\frac{3}{4}$	$\frac{100}{400}=\frac{1}{4}$
分攤金額：		
員工餐廳	\$228,000	\$114,000
清潔部門	95,625	31,875
合　計	\$323,625	\$145,875

17.3.2　逐步分攤法

逐步分攤法考慮了部分組織內部間相互的服務，在使用此方法進行成本分攤時，首先必須先決定服務成本中心被分攤的先後順序，如本例中，可能情況有二：先分攤員工餐廳再分攤清潔部門，或先分攤清潔部門再分攤員工餐廳。

當公司的服務部門愈多，則分攤順序的複雜情況愈多，有些公司以服務部門成本的大小來決定分攤順序，成本最大的服務部門先分攤，其他公司則以其他方法挑選分攤順序。本例中以成本大小為分攤原則，所以員工餐廳的成本先行分攤。

一旦決定好了分攤先後順序，第一個分攤的服務部成本將分攤到所有享受到其服務的部門。本例中，即將員工餐廳的成本分攤到清潔部、裝配部及完成部。之後，接著分攤第二個服務部門成本，但其成本不再分攤給第一個服務部門，逐步分攤法應注意的是，某一服務部門成本已分攤出去，其他部門的成本便不再分攤至該部門。因此，本例中，第二個分攤的服務部門，清潔部的成本將被分攤到裝配部及完成部，但不再分攤給員工餐廳。如果組織有二個以上的服務部門，則清潔部門的成本亦要分攤給其他服務部門，直到所有服務部門成本分攤完畢。

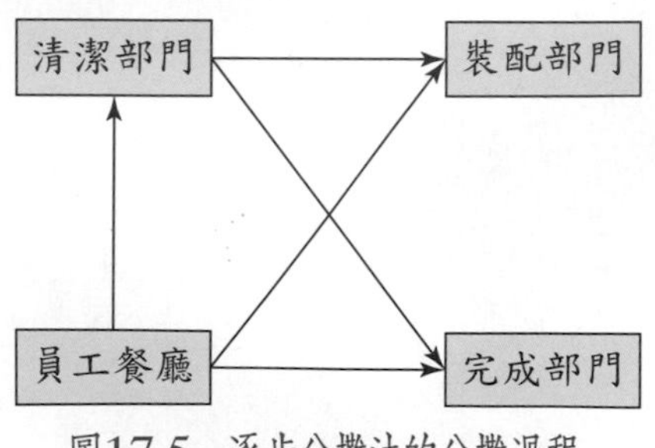

圖17.5　逐步分攤法的分攤過程

圖17.5圖示逐步分攤法的分攤過程，由圖中的箭頭流向可使成本由員工餐廳分攤給清潔部門。因此，逐步分攤法意謂著清潔部門有享受員工餐廳的服務，而卻沒有提供員工餐廳清潔服務。如果清潔部門先行分攤，則其結果

相反。

在執行逐步分攤法時，第二個以後分攤成本的服務部門，應分攤的成本除了自身成本外，亦包括由其他服務部門分攤而來的成本。在本例中，清潔部門應分攤的成本包括本身的$127,500及由員工餐廳分攤而來的成本。

表17.6所示為根據表17.4的資料，用逐步分攤法所計算的結果。表17.6的上半段為分攤的比例，因為員工餐廳將被分攤給其他三個部門，分攤比例的計算方式為，各部門的員工人數除以其他三部門的員工總人數，如清潔部門比例為$\frac{5}{50}=\frac{1}{10}$。

清潔部門的分攤基礎為部門所佔坪數的大小，因為清潔部門成本只分攤給生產部門，而沒有分攤給其他服務部門，所以分攤比例與直接分攤法下的比例一樣。

由表17.6中可看出首先將員工餐廳的成本$342,000乘上表17.6上半段的比例就得出表17.6下半「分攤員工餐廳成本」的數字。第二步驟是分攤清潔部門成本，如前所述，清潔部門成本除了$127,500，還要加上由員工餐廳分攤而來的$34,200，所以清潔部門應分攤成本總額為$161,700 (=$127,500 + $34,200)，將該金額乘上上面的比例，便得出「分攤清潔部門成本」的數字。為了確定成本分攤已完成，讀者可自行加總分攤到生產部門的成本$469,500 (=$326,475+$143,025) 應等於二個服務部成本總數 $469,500 (=$342,000 + $127,500)。

表17.6　逐步分攤法的計算彙總

服務部門		接受分攤部門		
		清潔部門	裝配部門	完成部門
分攤比例：				
員工餐廳		$\frac{1}{10}$	$\frac{6}{10}$	$\frac{3}{10}$
清潔部門			$\frac{3}{4}$	$\frac{1}{4}$
	員工餐廳	清潔部門	裝配部門	完成部門
分攤金額：				
分攤前成本	$342,000	$127,500		
分攤員工餐廳成本		34,200	$205,200	$102,600
		$161,700		
分攤清潔部門成本			121,275	40,425
合　計			$326,475	$143,025

17.3.3　相互分攤法

相互分攤法是最需要技巧且計算最複雜的一種分攤方法；然而，由於此法考慮到組織內所有服務部門間的相互服務，亦是理論上最好的方法。圖17.6顯示相互分攤法下，服務部門成本如何被分攤，由圖17.6可清楚的看出，服務部門將其成本分攤到所有可享受到該部門服務的部門，而不像逐步分攤法，已經分攤的服務部門便無須再接受其他服務部門的成本分攤。

使用相互分攤法，要設立方程式而後解聯立方程式，應對每個服務部門及由服務部門服務的生產部門設立聯立方程式，所以本例中應該會有四個方程式。

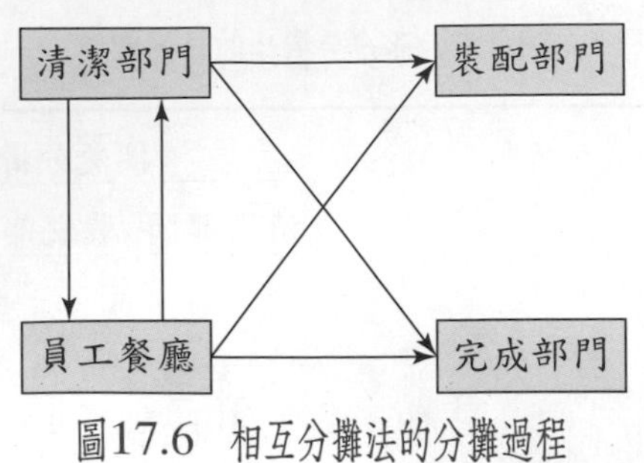

圖17.6 相互分攤法的分攤過程

為了設立這些方程式，必須知道分攤比例，相互分攤法的分攤比例計算方式與直接分攤法及逐步分攤法類似。對每個部門而言，應將該部門的分攤基準除以收到服務的各部門該項分攤基礎的總和。在本例中，清潔部門使用的分攤基準為坪數，每個部門的分攤比例為該部門的坪數除以員工餐廳、裝配部及完成部坪數的總和500 (=100+300+100)。

員工餐廳的分攤基準為員工人數，所以每個部門的員工人數應除以清潔部、裝配部及完成部員工人數的總和50 (=5+30+15)，圖17.6列示這些分攤的過程。

分攤比例用於設立方程式而表達每一個部門的成本，員工餐廳未分攤前的成本為$342,000，因為它有取得清潔部門的服務，所以應分攤清潔部門成本的一部分。 表17.7顯示分攤比例為$\frac{2}{10}$也就是說清潔部門的成本有$\frac{2}{10}$應分攤給員工餐廳。所以員工餐廳的成本應為：

$$員工餐廳 = \$342,000+ \frac{2}{10} \times 清潔部門成本 \qquad (1)$$

同理，清潔部門自身成本為$127,500，而收到$\frac{1}{10}$的成本，方程式應為：

$$清潔部門 = \$127,500+ \frac{1}{10} \times 員工餐廳成本 \qquad (2)$$

生產部門的方程式乃基於上述聯立方程式的結果，本例中的方程式應為：

$$裝配部門 = \frac{6}{10} \times 員工餐廳成本 + \frac{6}{10} \times 清潔部門成本 \qquad (3)$$

$$完成部門 = \frac{3}{10} \times 員工餐廳成本 + \frac{2}{10} \times 清潔部門成本 \quad (4)$$

為了決定分攤給生產部門的服務成本，首先應利用前兩個方程式解出員工餐廳及清潔部門的成本，再將之代入後兩個方程式中，而計算出裝配部門及完成部門應分攤的成本。解聯立方程式後可得出

$$
\begin{aligned}
員工餐廳 &= \$375,000 \\
清潔部門 &= \$165,000 \\
裝配部門 &= \frac{6}{10} \times \$375,000 + \frac{6}{10} \times \$165,000 \\
&= \$225,000 + \$99,000 \\
&= \$324,000 \\
完成部門 &= \frac{3}{10} \times \$375,000 + \frac{3}{10} \times \$165,000 \\
&= \$112,500 + \$33,000
\end{aligned}
$$

當方程式很多時，相互分攤法很費時，但因有電腦，組織中即使有三個以上的服務部門亦可使用相互分攤法，至於如何使用電腦計算則不在本書範圍中。

表17.7　相互分攤法的計算彙整

服務部門	接受分攤的部門			
	員工餐廳	清潔部門	裝配部門	完成部門
分攤比例：				
員工餐廳		$\frac{1}{10}$	$\frac{6}{10}$	$\frac{3}{10}$
清潔部門	$\frac{2}{10}$		$\frac{6}{10}$	$\frac{2}{10}$
分攤金額：				
員工餐廳			$225,000	$112,500
清潔部門			99,000	33,000
合　計			$324,000	$145,500

長田公司是一個電子零組件製造商，公司有三個服務中心與兩個生產部門，未來一年的預算資料如下：

	坪　數	員　工	製造費用
服務中心：			
清潔部門	150	30	$165,000
人事部門	300	20	90,000
行政管理部門	1,200	20	330,000
生產部門：			
製　造	1,500	30	265,000
裝　配	3,000	90	420,000

清潔部門成本是以坪數為分攤基礎；而人事與行政管理部門成本則以員工數為分攤基礎。至於製造部門成本以機器小時來計算製造費用率；裝配部門則使用直接人工小時為分攤基礎。製造部門之預算機器小時數為40,000小時；裝配部門之直接人工小時數為100,000小時。請以直接分攤法來分攤服務成本。

解答：

採用直接分攤法將服務中心成本分攤至生產部門，因此直接分攤法並不將服務中心成本分攤至其他服務中心，也就是說，服務中心之成本分攤只使用在生產部門。一旦將服務中心成本分攤，則生產部門之製造費用率以每單位成本動因來計算。

製造部門所佔坪數為1,500坪，而裝配部門佔3,000坪，共有4,500坪之分攤基礎，關於清潔部門成本分攤至製造及裝配部門比例如下：

製　造	1,500坪	$\frac{1}{3}$ × $165,000 =	$ 55,000
裝　配	3,000坪	$\frac{2}{3}$ × $165,000 =	$110,000
總　和	4,500坪		$165,000

對於人事部門及管理部門之成本分攤亦採相同方式，其資料彙總如下：

製　造	30名員工	25% × $90,000 =	$ 22,500
裝　配	90名員工	75% × $90,000 =	$ 67,500
總　和	120名員工		$ 90,000
製　造	30名員工	25% × $330,000 =	$ 82,500
裝　配	90名員工	75% × $330,000 =	$247,500
總　和	120名員工		$330,000

服務中心成本分攤之結果與生產部門製造費用率之重要計算如下：

	清　潔	人　事	管　理	製　造	分　配
成　本	$ 165,000	$ 90,000	$ 330,000	$265,000	$420,000
清　潔	(165,000)			55,000	110,000
人　事		(90,000)		22,500	67,500
管　理			(330,000)	82,500	247,500
	$ 0	$ 0	$ 0	$425,000	$845,000
機器小時				40,000	
每機器小時之製造費用率				$ 10.625	
直接人工小時					100,000
每直接人工小時之製造費用率					$ 8.45

本章彙總

服務部門雖然沒有直接參與生產的程序，但對組織的營運有著重要的貢獻。一個公司在決定產品價格之前，要先將公司的全部成本資料彙總，再運用合理的分攤基礎，把成本分攤到產品上。一般而言，公司在成本分攤的過程中，可區分為三個階段：(1)責任中心的成本分攤；(2)服務部門成本分攤；(3)產品成本分派。這種成本分攤的目的是為了取得合理的產品售價，和使經理人員有成本意識，以刺激各個單位的績效。

本章的重點在於服務成本的分攤，在執行分攤程序時要注意四項要領：(1)合適分攤基礎的選擇；(2)決定分攤成本是採用預算成本或實際成本；(3)固定成本和變動成本的分攤方式要明確決定；(4)對於服務部門間相互服務的部分要有適當的分攤方法。

在處理服務部門之間成本分攤時，通常有三種方法：(1)直接分攤法；(2)逐步分攤法和(3)相互分攤法。其中，直接分攤法最為簡單，因其忽略部門之間互相提供服務的部分，只是把全部服務成本直接分攤到生產部門。至於逐步分攤法則考慮了部分組織內部間相互的服務，必須先決定服務成本中心被分攤的先後順序。相互分攤法是計算最複雜的一種分攤方法，因為此法考慮到組織內所有服務部門間的相互服務，計算方式以聯立方程式來求得各部門所應分攤的成本。每位管理者在分攤方法選擇時，要考慮自己組織的作業特性，再選擇一個合適的方法。

關鍵詞

成本分攤(Cost Allocation)：

將成本庫中的成本分派到成本標的之過程。

成本標的(Cost Objective)：

係指組織內任何一個可以分別衡量成本的單位或作業,如產品或勞務等。

成本庫(Cost Pool)：

把相類似成本集中在一個單位中，例如水電費成本庫中，包括水費和電費。

直接分攤法(Direct Method of Allocation)：

忽略部門間所提供服務的成本，而直接分攤每個服務部門成本至生產部門。

逐步分攤法(Step or Sequential Method of Allocation)：

此法考慮了部分組織內部間相互的服務，所以在使用此方法進行成本分攤時，首先必須決定服務成本中心被分攤的先後順序，然後才進行分攤。

相互分攤法(Dual Cost Allocation Method)：

服務部門將其成本分攤到所有可享受到該部門服務的其他部門，應對每個服務部門及由服務部門取得服務的生產部門，設立聯立方程式，然後解聯立方程式，以求得各部門應分攤的成本。

作業

一、選擇題

1. 下列何者不是服務部門成本分攤的目的?

 A.決定產品或勞務的單位成本。

 B.決定產品訂價。

 C.使經理人員有成本意識。

 D.節省公司服務部門的成本。

2. 在執行服務部門成本分攤時，常會遭遇到一些問題，下列何者除外?

 A.應如何選擇合適的分攤基礎?

 B.成本應在服務部門間分攤嗎?

 C.固定成本與變動成本應一起分攤或分開分攤?

 D.應如何處理服務部門間之相互服務?

3. 當公司有超過三個服務中心時，可以用電腦來計算較複雜方程式之分攤方法是:

 A.直接分攤法。

 B.逐步分攤法。

 C.相互分攤法。

 D.變動比率法。

4. 逐步分攤法:

 A.忽略所有部門間的服務，並且分攤每個服務部門成本只到生產部門。

 B.要先決定服務成本中心被分攤的先後順序。

 C.需確認所有服務成本中心間之活動。

 D.是最好的分攤方法。

5. 服務部門成本分攤方法中，最簡單的是:

 A.直接分攤法。

 B.逐步分攤法。

C.相互分攤法。

D.百分比例法。

二、問答題

1. 何謂成本分攤?
2. 說明成本分攤的目的。
3. 試述成本分攤的要領。
4. 舉例說明如何選擇適當的分攤基礎。
5. 簡單說明以預算數來分攤成本之優點。
6. 簡單比較服務部門成本分攤之直接分攤法、逐步分攤法及相互分攤法各方法的特色。
7. 將成本分攤到責任中心的三個階段為何?

第18章

轉撥計價與投資中心

學習目標:

- 認識轉撥計價
- 瞭解多國籍企業的轉撥計價
- 選擇績效評估的利潤指標
- 計算投資中心的績效衡量
- 探討損益及投資額的衡量問題
- 明白部門績效評估的其他爭議

前 言

當企業組織越大，單位也就越多。部門之間彼此有互相銷售商品或提供勞務的情形，對於這種內部交易的評價問題，也就是所謂的內部轉撥計價問題，值得探討。因為價格的決定，會影響到買賣雙方兩個單位的績效。在本章的前半部，主要討論內部轉撥計價的準則和計算方法；後半部則討論投資中心的績效評估。

本章主要討論會計資訊在控制方面所扮演的角色，並將重點放在利潤中心與投資中心的控制。如第16章所言，利潤中心為一責任中心，其主管應對收入與成本負責，而投資中心的主管除了負責利潤中心主管所有責任外，亦對資產投資總額負責。本章先討論評估利潤中心及投資中心的績效時所須衡量的利潤，接著探討投資中心的績效評估，學習如何利用管理會計的方法去評估投資中心及其主管的績效。本章將介紹兩種最常用的評估指標：投資報酬率(ROI)及剩餘利益(RI)，並討論在採用這兩種績效評估指標時所會遭遇的問題。最後介紹其他指標、非財務指標及如何衡量非營利組織之績效。

18.1 轉撥計價

當責任中心間有產品或勞務的移轉時，投資中心與利潤中心的績效衡量問題就更加複雜。一個部門出售產品或勞務給另一個部門稱之為移轉(Transfer)。當有移轉存在時便需決定該產品或勞務的價格，設定該項移轉的價格稱之為轉撥計價(Transfer Pricing)。轉撥價格的設定會影響出售部門(Selling Division)，亦可稱為轉出部門及購買部門(Buying Division)，亦可稱為轉入部門的利潤。由於購買部門想要較低的移轉價格，而出售部門卻希望較高的移轉價格，其中會有衝突發生，如何制定一合理的移轉價格便是一重要問題。

18.1.1 轉撥計價的評估準則

在分權組織下，部門間的交易即產品或勞務的移轉愈來愈多，對轉撥計價的需求亦愈來愈大，轉撥計價可能對下列三方面產生影響。

1. 對績效評估的影響

最初採用轉撥計價的目的是為了衡量部門的績效，圖18.1列示出責任中心間可能的移轉。圖中將利潤中心與投資中心二者合併乃因兩個責任中心均使用利潤來評估，因此轉撥價格對這兩個責任中心主管的影響是一樣的。

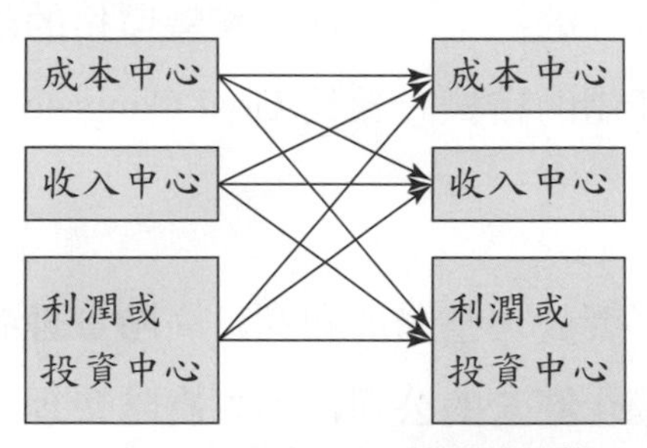

圖18.1 責任中心之間可能的移轉

為了瞭解移轉價格如何影響部門績效評估，可考慮移轉價格對出售部門及購買部門的影響。

(1)出售部門：

對該責任中心而言，移轉價格的決定會影響其收入。對成本中心而言，因為成本中心的績效基於成本而非收入，移轉價格並不影響成本中心的績效評估。如果出售部門為收入中心，則移轉價格是決定收入中心收入的因素，自然會影響其績效；因為移轉價格是用於計算利潤的基礎，所以會影響利潤中心及投資中心的績效評估。

(2)購買部門：

對該責任中心而言，移轉價格為成本的決定因素。因此移轉價格會影響收到產品的成本中心、利潤中心及投資中心的績效評估。然而收入中心的績效評估並非基於成本，因此收到產品或勞務的收入中心績效並不會受移轉價格的影響。

2. 對公司整體利潤的影響

轉撥計價亦會影響公司整體利潤，部門經理設定的移轉價格可能使該部門的利潤極大化，卻對公司整體利潤有相反的影響。由此可知，轉撥計價扮演著下列兩種角色：

(1)指引部門經理作成本計算和價格訂定的參考。

(2)可幫助高階管理者評估利潤中心或投資中心的績效。

有時，某一移轉價格可產生對公司整體最有利的決策，但卻造成某些部門績效不佳。同樣的，有時轉撥計價雖可滿足評估部門績效之目的，但以公司整體而言，卻導致次佳的決策。因此，移轉價格的設定應以公司整體的利潤為主題，這也就是所謂的目標一致性(Goal Congruence)。

3. 對部門自主性的影響

由於轉撥計價會影響公司整體的利潤，高階管理者通常會干涉部門間移轉價格的設定。在分權化經營的公司，如果高階管理者經常介入移轉價格的設定，則會損及部門的自主性，而無法實現分權化經營的利益。然而，分權化亦會造成部門與公司整體的目標不一致，所以高階管理者應權衡其成本效益，再決定是否介入移轉價格的設定。

由上述說明可知，轉撥計價應滿足下列三個目標：正確的評估績效、目標一致性及維持部門自主性。正確的評估績效是指沒有一個部門主管會做出因傷害其他部門而保有較好績效的動作；目標一致性指部門主管採取對公司利潤最有利的行動；部門自主性則指高階管理當局並不干預部門主管的決策，而使部門主管有完全的決策自主權。轉撥計價的困難是如何尋找一個滿足上述三個目標的方法，有關決定移轉價格的各種計算方法將在下面的章節介紹。

18.1.2 移轉價格的一般通則

雖然高階管理當局干預移轉價格的設定會損及部門主管的自主性，但發展轉撥計價的一般原則或政策卻非常需要，轉撥計價的一般通則如下：

移轉價格 = 每單位變動成本 + 每單位機會成本

一般通則將移轉價格分為兩部分：第一部分為出售部門所支出的變動成本，如直接人工、直接原料及變動製造費用等。第二部分則是全公司因移轉所產生的機會成本，所謂機會成本是指出售部門放棄對外銷售時所遭受的單位邊際貢獻之損失。

為了說明起見，本節將舉一例來說明轉撥計價的採行，且依轉撥計價的評估準則（績效評估、目標一致性及部門自主性）來加以討論。釋例中僅討論利潤中心的情況，其理由為轉撥計價對利潤中心及投資中心的意義相同，且專注於一責任中心較易說明。

翊勤公司有許多的利潤中心，其中包括購買部門甲及出售部門乙。甲需要10,000單位的零件X，零件X是產品Z的一部分原料，甲製造產品Z且售價為$480，零件X可由甲向洋洋公司以$380購得或自乙取得。零件X及產品Z的標準及實際的可控制成本如表18.1。

表18.1　翊勤公司的成本資料

	單位成本			
	出售部門：乙		購買部門：甲	
	零件X		產品Z	
	標準成本	實際成本	標準成本	實際成本
移轉價格			?	?
直接原料	$ 44	$ 46	$10	$11
直接人工	40	45	20	21
變動製造費用	80	76	30	32
固定製造費用	30*	30	8	8
變動銷售費用	50	51	6	7
固定銷售費用	10*	10	2**	2
可控制成本總額	$254	$258	?	$?

*單位固定成本的計算是基於生產及銷售50,000單位。

**單位固定成本的計算是基於生產及銷售10,000單位。

本節將出售部門分二種情況：無閒置產能和有閒置產能，來說明轉撥計價的一般通則之應用。

1. 出售部門無閒置產能

如果部門乙可以市價$380出售所有的零件X，則部門乙便無閒置產能，只有當零件X供過於求時，部門乙才有閒置產能。當部門乙無閒置產能時，其移轉價格應為：

每單位變動成本		每單位機會成本	
直接原料	$ 44	市　價	$380
直接人工	40	變動成本	−214
變動製造費用	80		$166
變動銷售費用	+ 50		
	$214		

移轉價格 =$214+$166=$380

由於部門乙無閒置產能，所以內部移轉時將使部門乙損失了出售零件X的邊際貢獻，也就是機會成本為$166。

2. 出售部門有閒置產能

當部門乙所生產的零件X可以足夠供應外部需求者及部門甲，則稱部門乙有閒置產能。當出售部門有閒置產能時，其移轉價格的計算如下：

移轉價格 = $214 + $0 = $214

部門乙的變動成本不會因是否有閒置產能而有所不同，所以每單位變動成本仍為$214，但由於出售部門有閒置產能，所以並無上述的機會成本。當部門有閒置產能時，外面訂單只要價格超過$214，將對公司整體利潤有所幫助。

雖然一般通則產生的移轉價格可使部門經理採取對公司最有利的移轉價格，但亦有其執行上的困難及不公平的情況產生：

(1)機會成本難以認定。

(2)移轉所產生的邊際貢獻全歸入購買部門，對出售部門不公平。

(3)它只考慮出售部門的資訊。

轉撥計價的一般通則給管理會計人員在設定移轉價格時，提供一良好的觀念模式。在許多情況下，它可被執行，如果一般通則無法執行時，組織便轉而使用其他轉撥計價的方法。以下將介紹設定移轉價格的方法。

18.1.3　設定移轉價格的方法

設定移轉價格的方法可分為：以市價為基礎的移轉價格、協議價格、以成本為基礎的移轉價格及雙重移轉價格等。

1. 以市價為基礎的移轉價格

如果中間產品市場存在，且該市場處於高度競爭的情況下，以市價做為移轉價格之基礎最為適當。此時，部門主管的決策會同時決定公司整體利潤，符合績效評估原則，且高階管理當局不會干預。

當出售部門無閒置產能且市場完全競爭，任何生產者均無法影響市價時，一般通則及市價法會有相同的移轉價格即$214+$166=$380。但當出售部門有閒置產能或市場不完全競爭時，二者產生的移轉價格便不相同。

實務上以市價做為移轉價格有許多修正的模式：

(1)為鼓勵內部移轉，可以市價減去折扣後之價格做為轉撥計價之基礎，而該折扣等於內部移轉可節省的一些費用，這些費用在外部移轉時無法避免，如運費、廣告費及佣金等。

(2)為維持產品品質及產品的可信賴度而必須由內部移轉時可以市價加上為符合高品質或某些特性而發生的額外成本做為轉撥計價的基礎。

在出售部門無閒置產能時，產品Z的銷售對出售部門和公司整體的損益產生不同的結果。如下表，出售部門的利潤為$34；但對公司整體而言，機會成本在內部移轉的兩個部門的帳上已互相沖銷，所以利潤為$200。

	出售部門	公司整體
產品Z的市價	$480	$480
攸關成本:		
變動成本	$ 66	$ 66
移轉價格	380	214
總攸關成本	$446	$280
損　益	$ 34	$200

2. 協議價格

市價法中的修正模式亦可稱之為協議價格。另一種情況是當移轉產品無市價時，可以出售部門及購買部門主管共同協議的價格為移轉價格。

以協議價格做為移轉計價基礎之情形:

(1)中間產品市場不存在。

(2)中間產品市場存在，但出售部門有閒置產能。

以協議價格做為轉撥計價基礎所需的成功要件如下:

(1)有外在的中間產品市場。

(2)協議者分享所有的市場資訊。

(3)可自由向外購買或出售。

(4)需要高階管理者的支持及適時的干涉。

協議價格制度的缺點:

(1)浪費時間。

(2)造成部門間的衝突。

(3)對部門獲利能力之衡量將因該部門經理談判技巧受到影響。

(4)高階管理者需花費時間於監督談判過程與調解爭執。

(5)可能導致次佳的產出水準。

	出售部門	公司整體
產品Z的市價	$480	$480
攸關成本：		
變動成本	$ 66	$ 66
移轉價格	330	214
總攸關成本	$396	$280
損　益	$ 84	$200

由上表看來，對公司整體而言，利潤仍是$200，但因移轉價格$330是由雙方議價而來，所以損益為$84。

3. 以成本為基礎的移轉價格

當公司無法使用市價法及協議價格法時，通常會轉而使用以成本為基礎的移轉價格。為了避免將出售部門的無效率轉給購買部門，可考慮計算過程以標準成本為準。一般而言，可分為變動成本法、全部成本法和成本加成法三種。

(1)變動成本法：

當公司以變動成本為移轉價格時，不論出售部門是否有閒置產能，該部門的邊際貢獻均為零($214－$214)，而全部的邊際貢獻均由購買部門所享有，如下所示。

	出售部門	公司整體
產品Z的市價	$480	$480
攸關成本：		
變動成本	$ 66	$ 66
移轉價格	214	214
總攸關成本	$280	$280
損　益	$200	$200

移轉價格為變動成本將符合目標一致性，但就出售部門的觀點而言，卻

傷害了正確評估績效，以$214為移轉價格使出售部門沒有利潤。短期內雖沒有損失，但長期而言，卻無法涵蓋全部成本$254。如果出售部門反對移轉，但高階管理當局強迫其接受此一價格，就不能滿足自主性的原則了。

有些公司為了避免上述情況發生，便採用變動成本加成法，而使出售部門有正的邊際貢獻。

(2)全部成本法：

實務上最常用全部成本法做為移轉價格，所謂全部成本等於變動成本加分攤的固定成本。本例中：

全部成本 = $214 + $40 = $254

在全部成本法中，移轉價格為$254，但此法會導致管理當局做出反功能決策。當公司正考慮是否接受一特殊訂單合約（此合約將以$244購買出售部門的零件X）時，如果以全部成本法為移轉價格，出售部門主管將會拒絕此一合約，因為此合約會使出售部門損失$10，其計算過程如下：

特殊訂單合約價格	$244
以全部成本為基礎的移轉價格	254
出售部門的損益	$(10)

但對公司整體而言，固定成本屬於沉沒成本，在短期特殊訂單決策時可暫不考慮，所以接受此特殊合約卻會使公司增加$30的邊際貢獻：

特殊訂單合約價格	$244
出售部門的變動成本	214
公司整體的損益	$ 30

(3)成本加成法：

有些公司利用成本加成法來解決變動成本法及全部成本法所不能達成的績效評估原則。可採用變動成本加成法或全部成本加成法，即使移轉價格較變動成本或全部成本為高，這對購買部門及公司均是有利的。如果加成率可以協議，亦為協議價格的一種。

就購買和出售部門的觀點而言，均符合績效評估及部門自主性的原則。當編製財務報表時，不論全部成本加成或變動成本加成，公司的內部利潤均應沖銷。

4.雙重移轉價格

為了避免部門主管做出反功能決策，移轉價格可採用雙重移轉價格。在雙重移轉價格法下：

(1)出售部門收到之價款（帳面上的）= 變動成本或全部成本加成數

(2)購買部門付出之成本（帳面上的）= 生產該產品之變動成本與機會成本之總數

本例中，出售部門以成本加利潤計算的移轉價格可使出售部門得到正確的績效評估；而購買部門所設定的價格亦不會產生反功能決策。但此時公司整體利益必比兩部門利益總和為低，主要是因為出售部門包含了內部利益所致，因此在編製財務報表時，出售部門之利益應予以消除。在下例中，出售部門和購買部門的損益總和為$254，比公司整體的損益$200高出$54，應該予以沖銷。

此法雖可符合轉撥計價的三原則，但亦有下列缺點：

(1)帳務處理複雜。

(2)降低部門間相互監督之激勵效果。

(3)各部門間的利益難以比較。

	出售部門 內部轉移	購買部門 內部轉移	公司整體 內部轉移
產品的價格	$260	$480	$480
攸關成本:			
變動成本	$214	$ 66	$ 66
移轉價格	——	214	214
		$280	$280
損　益	$ 54	$200	$200

$254

18.2 多國籍企業的轉撥計價

當公司在許多國家有分支單位時，在設定移轉價格時，應考慮各國的所得稅率。對多國籍企業而言，轉撥計價的主要目的是使公司總稅負極小，至於前面所述的轉撥計價三原則：績效評估、目標一致性及部門自主性，便不再為第一考慮要件。

將利潤由稅率較高的國家移轉到稅率較低的國家，就可以減輕稅負。所以，當移轉由高稅率國家至低稅率國家，應設定較低的移轉價格，反之，則應設定較高的移轉價格。為了使讀者更瞭解，本節設一實例說明多國籍企業的轉撥計價。

有一產品M由臺灣移轉至加拿大的部門，臺灣的營利事業所得稅率為25%，而加拿大為40%。表18.2列示移轉價格為$1,000時所產生的利潤，如果將移轉價格提高為$1,600，由表18.3可看出公司整體利潤因移轉價格的改變而提高了$90,000。這項利潤差異是因為臺灣的稅率較低，所以單位移轉價格的提高，使臺灣地區利潤提高和加拿大地區的利潤減少，可減少公司整體的所得稅$90,000 (=$380,000−$290,000)。

表18.2　多國籍企業的轉撥計價

	出售部門：臺　灣	購買部門：加拿大	公司整體
單位銷售價格		$ 3,000	$ 3,000
單位移轉價格	$ 1,000	(1,000)	
單位變動成本	(400)	(300)	(700)
單位邊際貢獻	$ 600	$ 1,700	$ 2,300
數　量	× 1,000	× 1,000	× 1,000
總邊際貢獻	$ 600,000	$ 1,700,000	$ 2,300,000
固定成本	(200,000)	(1,000,000)	(1,200,000)
稅前利潤	$ 400,000	$ 700,000	$ 1,100,000
所得稅率	× 25%	× 40%	
所得稅	$ 100,000	$ 280,000	(380,000)
稅後利潤			$ 720,000

表18.3　多國籍企業的轉撥計價

	出售部門：臺　灣	購買部門：加拿大	公司整體
單位銷售價格		$ 3,000	$ 3,000
單位移轉價格	$ 1,600	(1,600)	
單位變動成本	(400)	(300)	(700)
單位邊際貢獻	$ 1,200	$ 1,100	$ 2,300
數　量	× 1,000	× 1,000	× 1,000
總邊際貢獻	$1,200,000	$ 1,100,000	$ 2,300,000
固定成本	(200,000)	(1,000,000)	(1,200,000)
稅前利潤	$1,000,000	$ 100,000	$ 1,100,000
所得稅率	× 25%	× 40%	
所得稅	$ 250,000	$ 40,000	(290,000)
稅後利潤			$ 810,000

18.3 選擇利潤指標

一般來說，評估部門主管的績效應僅著重於他們所能控制的項目，但本書第16章中亦曾提及績效報告可能會包含一些部門經理無法控制的項目，因為高階管理當局希望部門主管注意這些項目。因此，投資中心及利潤中心的損益表通常會包括一些投資中心及利潤中心主管無法控制的項目。

為了幫助高階管理當局評估績效，用於績效評估的損益表通常有較多的分類，如表18.4列示的損益表。

表18.4 評估投資中心及利潤中心績效的損益表

	部門A	部門B	公司整體
銷貨收入 (Sales)	$550,000	$625,000	$1,175,000
減：變動成本 (Variable Costs)	335,000	372,500	707,500
(1)邊際貢獻 (Var. Contribution Margin)	$215,000	$252,500	$ 467,500
減：可控制固定成本 (Controllable Fixed Costs)	72,000	79,000	151,000
(2)可控制貢獻 (Controllable Margin)	$143,000	$173,500	$ 316,500
減：不可控制固定成本 (Non Controllable Fixed Costs)	56,000	80,000	136,000
(3)部門貢獻 (Divisional Contribution)	$ 87,000	$ 93,500	$ 180,500
減：共同固定成本（10%銷貨收入）(Common Fixed Costs)	55,000	62,500	117,500
(4)部門稅前利潤 (Divisional Profit Before Taxes)	$ 32,000	$ 31,000	$ 63,000

邊際貢獻有助於瞭解短期成本－數量－利潤之關係，但未將部門主管可控制固定成本考慮在內，故此指標並非為衡量部門主管績效的良好指標。

計算可控制邊際貢獻時，應於銷貨收入扣除所有部門主管可控制的成本，由於變動成本依作業量而不同，所以其發生水準係由部門主管決定；另外，亦有一些固定成本的發生由部門主管決定，稱之為可控制固定成本，一旦投資中心或利潤中心關閉，這些成本通常可免除。例如廣告費可以促進產品的銷售，如果利潤中心主管可決定廣告費之型態及金額，則此廣告費即為可控制固定成本；反之，如果係由公司制定廣告策略，則廣告費雖仍為固定成本，卻變成不可控制的固定成本。

在表18.4上，可控制貢獻是四個指標中，衡量部門主管績效的最佳指標。但此指標仍有下列限制：

(1)有些成本不易區分可控制及不可控制的固定成本。

(2)忽略了某些可合法分攤給該部門的長期成本，及部門加諸於組織的成本。

減除不可控制固定成本後得到部門貢獻，此指標為衡量部門績效之良好指標。最後一項成本是部門主管不可控制且不可直接歸屬至利潤中心及投資中心的固定成本，稱之為共同固定成本，通常指責任中心間接使用的資源，如總公司的辦公費用。雖然投資中心或利潤中心自總公司取得利益，但並未直接使用總公司的勞務。

共同固定成本通常利用分攤(Allocation)將成本歸屬給利潤中心或投資中心。由表18.4中可知，各責任中心的共同固定成本係以銷貨額的10%分攤。然而，有些公司並不分攤共同固定成本，因為高階管理當局希望專注在部門的貢獻。

損益表中最後一個數字為部門稅前利潤，雖然此數字可以提醒部門主管注意該部門營運時所產生的全部成本，卻不是評估利潤中心或投資中心績效的良好指標。

18.4　投資中心的績效衡量

投資中心的主管不但須對成本及收入負責，亦可決定該責任中心的投資決策。由於利潤中心和投資中心的評估方式皆是衡量責任中心的利潤，所以在本書中將這二者合併，主要是解說投資中心的績效衡量。此時，前節所述的貢獻式損益表將會提供誤導的資訊。例如A投資中心與B投資中心的利潤分別是$2,000,000及$4,000,000，此時是否可以輕易斷言，認為B優於A呢？答案是否定的，如果A的投資額為$10,000,000而B為$40,000,000，則A的績效優於B。因此，投資中心的績效評估應同時考慮部門利潤及其投資額，才較為合理。此處將介紹兩個管理會計人員常用的績效指標：投資報酬率 (Return on Investment, ROI)及剩餘利益(Residual Income, RI)。

18.4.1 投資報酬率

投資報酬率(ROI)是評估投資中心績效最常採行的一種指標， 其定義為「每一元投資所賺得的利潤」，其公式如下：

$$投資報酬率 = \frac{利潤}{投資額}$$

如上述的A投資中心及B投資中心，每一元投資所賺得的利潤分別是$2,000,000÷$10,000,000=0.2及$4,000,000÷$40,000,000=0.1， 以百分比表示為20%及10%，這便是這兩個投資中心的投資報酬率。

杜邦公司(Dupont Powder Company)是最早使用投資報酬率的公司，其總裁Donaldson Brown最早將投資報酬率分解為二個比率，所以下列公式亦可稱為杜邦公式(Dupont Formula)。

$$投資報酬率 = \frac{利潤}{投資額} = \frac{利潤}{銷貨額} \times \frac{銷貨額}{投資額} = 利潤率 \times 資產周轉率$$

早期杜邦公司利用投資報酬率去指引個別部門的投資決策，而未使用於評估部門或部門主管的績效。1920年代以後，有些大型公司例如杜邦公司及通用汽車公司(General Motors, GM)的部門愈來愈多，部門主管面臨愈來愈多的決策（營運及投資決策），投資報酬率開始被使用來衡量部門及部門主管的績效。杜邦公司及通用汽車公司在組織及會計上的革新，漸漸地被美國其他公司採用，尤其在第二次世界大戰後更為流行，至今投資報酬率仍為美國產業對衡量投資中心的績效最普遍的一種指標。

將投資報酬率分解成利潤率(Return-On-Sales, ROS)和資產周轉率(Turnover Ratio of Sales to Assets)可以在績效評估上獲得更多的資訊，如表18.5所示。

表18.5 投資報酬率的分解

年	投資報酬率	=	利潤率	×	資產週轉率
1	9 %		12%		0.75
2	11.52%		16%		0.72
3	13.86%		21%		0.66
4	16.25%		25%		0.65

在上例中，該公司每年的投資報酬率呈成長趨勢，但將其分解後，可以看出利潤率增加而資產周轉率下降。在調查上述情況發生之原因時，高階管理者可能會發現部門主管增加第二、三、四年的售價，而企圖去操縱他們的績效。

因為投資報酬率會受到利潤率和資產周轉率二者的影響，部門主管可透過下列兩個方法來改善投資報酬率：

1. 提高利潤率

為了提高利潤率，部門主管可以提高售價或降低成本，然而這卻不易達成。在提高售價的同時，部門主管應注意不要使總銷貨收入下降；而在降低成本時，部門主管應注意不要降低產品品質、服務品質或危及聲譽，否則會使銷貨收入下降。

2. 提高資產周轉率

部門主管可以增加銷貨收入或減少部門的投資資本，以提高資產周轉率。前者可更有效率的使用空間，後者可以減少存貨來達成，但對方減少存貨可能導致缺貨而損失銷貨收入的問題也要注意。

18.4.2 採用投資報酬率的問題

雖然使用投資報酬率做為績效評估指標很吸引人，但其仍有一些技術上的限制，如下列各項敘述：

1. 過分強調單一的短期衡量，可能造成與公司目標不一致的現象

採用投資報酬率可能造成部門主管與公司目標不一致，部門主管可能因為怕會降低該部門的投資報酬率而拒絕一個可使公司利潤增加的計畫。如部門A稅前淨利為$25,000，投資額為$100,000，可知

部門A投資報酬率 = $25,000 ÷ $100,000 = 25%

假設部門的資金成本為18%，有一新的投資計畫需要投資$30,000，可以產生$6,000的利潤，此一新計畫的投資報酬率為20%，高於部門的資金成本。如果執行該新計畫將使部門A的投資報酬率變成23.85%，其計算如下：

部門A投資報酬率= ($25,000 + $6,000) ÷ ($100,000 + $30,000) = 23.85%

所以，部門A的主管會拒絕此一投資機會，即使它大於部門資金成本，原因為該計畫卻使部門A的投資報酬率降低。

2. 處分資產以提高投資報酬率

部門主管可藉由資產的處分而提高投資報酬率，如有一資產$25,000，可產生$5,500的利潤，則此資產的獲利能力為22%。部門主管將此資產處分後的投資報酬率為：

部門A投資報酬率= ($25,000 − $5,500) ÷ ($100,000 − $25,000) = 26%

也許該資產並未到處分的時機，但部門經理可能為了提高其投資報酬率，而處分該資產。

3. 投資基準不同不可相提並論

當部門間的投資基準不同時，則這些部門之間的績效難以比較。假設部門B的投資基準為$50,000，可以產生$14,000的利潤，其投資報酬率為28%。表面上看來部門B的績效高於部門A，因為28%大於25%。就這個部門的投資額和利潤比較看來，部門A有增額的投資$50,000 (=$100,000–$50,000)，增額利潤$11,000 (=$25,000–$14,000)，所以部門A有增額投資報酬率：

部門A之增額投資報酬率= ($25,000 – $14,000) ÷ ($100,000 – $50,000) = 22%

22%大於公司資金成本18%，因此，部門A的獲利能力並不差。

4. 藉比率之改變而提高其績效

以上問題大多是因為績效評估指標為一項比率所引起的。部門主管以投資報酬率極大化為目的，因此他可以藉由增加分子（以現存的資產賺更多的利潤），或減少分母（縮減投資額，及放棄大於公司資金成本而小於部門現存報酬率的投資機會）以提高投資報酬率。任何計畫或資產報酬率小於部門現存平均報酬率，將會被處分或被放棄，因為這樣會使投資額下降而提高投資報酬率。

然而，僅提高比率並不代表其績效提高，所以公司除了以投資報酬率為衡量指標，亦應再設立其他非財務指標。本章後面將會討論非財務指標的重要性。

18.4.3 剩餘利益

採用投資報酬率所造成的反功能決策可透過使用剩餘利益(Residual Income, RI)來消除，其計算公式如下：

剩餘利益 = 利潤 – 投資額 × 資金成本率

上式的重點在於實際利潤超過預期利潤的部分，一般預期利潤率是以資金成本率來代替，在這繼續沿用18.4.2的例子，部門A與B的剩餘利益計算如表18.6所示。

表18.6二部門剩餘利益有$2,000的差異，是由於部門A的增額投資報酬率22%高於資金成本18%的比率(22%−18%=4%)乘上部門A的增額投資$50,000(=$100,000−$50,000)所致。

表18.6　剩餘利益的計算：增額投資分析

	部門A	部門B
投資額	$100,000	$50,000
稅前淨利	$ 25,000	$14,000
資金成本(@18%)	18,000	9,000
剩餘利益	$ 7,000	$ 5,000
	$2,000	

如果部門A有一個報酬率為20%的投資機會，會使其剩餘利益增加，若部門A處分一報酬率22%的資產將使其剩餘利益減少。計算見表18.7。

表18.7　部門A的選擇方案

	現　況	方案一（新投資$30,000）	方案二（處分資產$25,000）
投資額	$100,000	$130,000	$75,000
稅前淨利	$ 25,000	$ 31,000	$19,500
資金成本(@18%)	18,000	23,400	13,500
剩餘利益	$ 7,000	$ 7,600	$ 6,000

當所增加的投資其報酬率大於公司資金成本時，剩餘利益會增加，但如果所增加的投資其報酬率小於公司資金成本時，剩餘利益會減少。因此，剩餘利益符合目標一致的原則，不會有反功能決策，就此觀點而言，剩餘利益

優於投資報酬率。另外，剩餘利益亦更具彈性，因為對不同風險的投資可適用不同的資金成本率。企業間各部門的資金成本可能不同，甚至同一部門內不同資產的風險亦可能不同，剩餘利益允許部門主管設定不同的資金成本(調整風險後)，投資報酬率卻不能做到此點。

剩餘利益乃一絕對數字，未考慮部門規模大小 (銷貨或資產)，所以大部門比小部門更易達成目標。因此剩餘利益的主要缺點是缺乏比較性。可以表18.8說明之。

表18.8　剩餘利益的計算：投資額不同的分析

	部門C	部門D
投資額	$100,000	$1,000,000
稅前淨利	$ 25,000	$ 160,000
資金成本(@15%)	15,000	150,000
剩餘利益	$ 10,000	$ 10,000

由表18.8中可以看出部門D只要投資報酬率等於16%就可以產生$10,000的剩餘利益，而部門C卻需要25%的報酬率才會產生相同的剩餘利益，對小部門而言較不公平。基於上述理由，採用剩餘利益的公司通常不會只要求部門主管追求剩餘利益極大，進而他們會針對每個部門的資產結構找出適合的剩餘利益。

18.4.4　績效指標的選擇

不論投資報酬率或剩餘利益，均不能對投資中心提供一完美的評估，前者傷害目標一致性，而後者扭曲不同規模投資中心的比較性。所以，一些公司常同時採用二者來評估投資中心的績效，更有公司發展出投資報酬率和剩餘利益外的財務性指標及非財務性指標以補充不足。有關其他財務性指標及非財務性指標將於後面介紹。

雖然剩餘利益有一些吸引人的特性 (可達成目標一致)，但在實務上大多數公司仍使用投資報酬率。很少有公司以剩餘利益取代投資報酬率，一些公司以剩餘利益為投資報酬率的補充資料，但很少有公司在評估投資中心的績效時只用剩餘利益。剩餘利益不普及的原因可能是：

(1)實務上，前面所述的反功能決策可能不是真正的問題所在。

(2)剩餘利益的資金成本須明確認定。如果資金成本由部門淨利減除，部門淨利的總和不會等於公司財務合計的淨利，因為資金成本並不視為費用（或利潤減項）。由於大多數公司希望內部報表與外部報表數字一致，所以不習慣使用資金成本的觀念。

(3)財務分析師大都使用投資報酬率，所以公司的高階管理當局督促其部門主管追求更大的投資報酬率。

(4)公司高階管理當局不願將公司或部門的資金成本向外界公佈。

(5)當部門主管將部門的獲利率與其他財務衡量（如通貨膨脹率、利率、其他部門或外界的利潤率）相比較時，獲利能力以比率方式較為方便比較。

18.5 損益與投資額的衡量問題

投資報酬率及剩餘利益的計算公式中均使用利潤及投資額，如何去衡量部門利潤及投資額，便成為一個重要的問題。有關部門利潤的衡量及選擇，前已述及，本節將針對投資額的衡量及通貨膨脹的影響加以探討。有關投資額的衡量問題有：

1. 平均餘額或總額的選擇

投資報酬率及剩餘利益的計算為一段期間（如一年、一個月），而資產則於一時點（如12月31日）衡量。由於部門資產的餘額經常變動，所以通常使用平均餘額來計算投資報酬率及剩餘利益。但有些公司為方便計算起見，採用投資總額為計算基礎。

2. 投資額的選擇

投資額所使用基準，大致上有下列二種：

⑴總資產(Total Assets):

當投資中心主管有權決定部門所有資產（包括非營運資產）的購買與處分時，使用總資產為投資額很適當。

⑵總營運資產(Total Productive Assets):

在某些公司，非營運資產投資係由高階管理者決定，部門主管無權過問，此時投資額應排除部門主管不能控制的非營運資產，而以總營運資產為基準。

3. 投資使用毛額或淨額的選擇

投資額衡量的另一個問題是投資應使用毛額或淨額來衡量，亦即是否應考慮折舊。所謂投資毛額(Gross Investment)是指資產原始取得成本，而投資淨額(Net Investment)亦可稱為資產帳面價值(Book Value of the Assets)，即是指原始取得成本減累積折舊之餘額。部門主管必須決定使用何者為計算基礎，因為使用投資毛額衡量不受時間經過的影響，而使用投資淨額則會因折舊的攤提而調整。

假設一部門的資產包括$6,000,000的折舊資產及$2,000,000的土地，該計畫為期三年。公司的資金成本率為10%，用直線法提列折舊，每一年部門賺$120,000的利潤，並假設部門主管以期初資產餘額為衡量時點（亦可使用期末或平均餘額）。表18.9列示此部門基於投資毛額及投資淨額計算而得的投資報酬率及剩餘利益。

表18.9　時間對投資報酬率及剩餘利益的影響

年	投資毛額		投資報酬率	投資淨額		投資報酬率
1	$\frac{\$1,200,000}{\$8,000,000}$	=	15%	$\frac{\$1,200,000}{\$8,000,000}$	=	15%
2	$\frac{\$1,200,000}{\$8,000,000}$	=	15%	$\frac{\$1,200,000}{\$8,000,000}$	=	20%
3	$\frac{\$1,200,000}{\$8,000,000}$	=	15%	$\frac{\$1,200,000}{\$4,000,000}$	=	30%

	剩餘利益	
1	\$1,200,000−\$8,000,000 × 10% =\$400,000	\$1,200,000−\$8,000,000 × 10% =\$400,000
2	\$1,200,000−\$8,000,000 × 10% =\$400,000	\$1,200,000−\$6,000,000 × 10% =\$600,000
3	\$1,200,000−\$8,000,000 × 10% =\$400,000	\$1,200,000−\$4,000,000 × 10% =\$800,000

表18.9可看出使用投資毛額所計算的投資報酬率及剩餘利益每年均相同，而使用投資淨額計算的投資報酬率及剩餘利益卻逐年增加，此乃因為資產每年折舊$2,000,000而逐年使帳面價值下降。如果使用投資淨額計算投資報酬率會有下列缺點：

⑴計算折舊時，部門主管可隨意的決定使用直線法或其他折舊方法，故使用投資淨額會因折舊方法影響投資報酬率及剩餘利益的計算。

⑵折舊資產隨時間經過，帳面價值會下降，投資報酬率及剩餘利益便得到改善，這可能不合理，而且將直線法轉而用加速折舊法，其扭曲的情況會更大。

然而，使用投資淨額亦有下列優點：

⑴使用投資淨額可與對外編製的資產負債表上的資產帳面價值一致，而使投資報酬率及剩餘利益在不同公司更具比較性。

⑵使用帳面價值衡量投資額較符合所得的定義。

⑶資產會隨時間經過而老舊，所以時間愈久，愈難賺得相同的利潤。因此，如果每年利潤一樣，則表示投資中心績效有改善，使用投資淨額可能會反映績效的改善，因為它消除老舊資產賺取相同利潤的困難性。

不論損益與投資額的衡量均不能忽略物價水準變動的影響。在通貨膨脹期間，歷史成本已無法反映資產的重置成本，因此除非有補償措施，否則在通貨膨脹下，投資報酬率、剩餘利益會被扭曲。主要的扭曲是由於收入與支出用現時成本衡量，而投資額與折舊則以取得年度之成本來衡量。用歷史成本衡量投資額會使該項資產的折舊低估，反造成淨利高估；而投資額亦由於未考慮通貨膨脹而低估，兩者均會造成投資報酬率、剩餘利益高估。

18.6　部門績效評估的其他爭議

本章已介紹投資報酬率、剩餘利益的計算及損益與投資額的衡量問題，本節將提出投資報酬率、剩餘利益以外的指標以評估投資中心績效，另外，亦將說明非財務指標的重要性。

由於投資報酬率、剩餘利益有一些限制存在，且只著重於當期，是一種短期的績效衡量指標。投資中心的投資往往歷時數年，為了避免只著重於短期績效評估，一些公司並不重視投資報酬率、剩餘利益，而較喜歡其他衡量指標。有些學者主張將分子和分母分開控制，固定資產應由「資本預算分析」及「事後的投資審核」(Post-Investment Audits)來控制，而部門的利潤績效應藉由定期比較真實與預計利潤來評估。

對這些公司而言，評估投資中心績效較好的方法是透過彈性預算及差異分析來定期的評估利潤，再加上對主要投資決策的事後審核。雖然此法較為複雜，然而它可以幫助部門主管避免單一期間衡量指標的缺點。

雖然財務衡量如部門利潤、投資報酬率及剩餘利益被廣泛的使用來做績效評估，非財務衡量仍非常重要。因為財務性指標係屬短期衡量指標，部門主管可能會傷害公司長期利益以提高其短期的利益，所以公司應設定一些與長期利益關聯的績效衡量指標。高階管理者亦可設定市場佔有率、顧客滿意程度、員工流動率等為衡量指標，藉著賦予部門主管注意長期衡量指標的重要性，以消除過分強調投資報酬率、剩餘利益的缺點。以通用公司為例，其非財務指標有市場地位、生產力、產品領導地位、人員發展、員工態度、公共責任等。一個良好的績效評估系統應使用多重績效衡量方法(Multiple Performance Measures)，除了有財務面指標，亦有非財務面指標。

美濃公司的內銷部門有資產總額$5,000,000,顯示在90年12月31日的資產負債表上。該部門在90年度，銷貨收入為$3,000,000，其變動成本率為60%，內銷部門在這一年度有固定成本$500,000,其中$350,000為部門經理可控制的部分，其餘為不可控制的部分。另外，內銷部門要分攤共同成本$250,000。

請以邊際貢獻法來編製美濃公司內銷部門的90年度損益表，並且計算該部門的投資報酬率，以部門貢獻為分子，以資產總額為分母。

解答:

美濃公司內銷部門
損益表
90年度

銷貨收入	$ 3,000,000
減：變動成本	(1,800,000)
邊際貢獻	$ 1,200,000
減：可控制固定成本	350,000
可控制貢獻	$ 850,000
減：不可控制固定成本	150,000
部門貢獻	$ 700,000
減：共同固定成本	250,000
淨　利	$ 450,000

$$投資報酬率 = \frac{\$700,000}{\$5,000,000} = 14\%$$

本章彙總

當組織內的部門之間有內部產品銷售或勞務提供的現象，轉撥計價的問題便值得重視，因為移轉價格的訂定，會影響購買和出售部門的利潤績效。設定移轉價格的方法有四種：(1)以市價為基礎；(2)協議價格；(3)以成本為基礎；(4)雙重移轉價格。這種內部移轉產品或勞務的轉撥計價，主要是符合績效評估、目標一致性和部門自主性三項原則。但是在多國籍企業的轉撥計價時，各國的所得稅率會影響移轉價格的設定。原則上是把利潤由稅率較高的國家移轉到稅率較低的國家，如此一來可減輕公司整體的稅負。

在評估組織內各部門績效所採用的衡量方法，主要為投資報酬率和剩餘利益。投資報酬率是評估投資中心績效最常被採用的一種指標，其公式為利潤除以投資額，可分解為利潤率和資產周轉率兩項比率。在計算投資報酬率時，管理會計人員要決定採用哪種合理的數字代入公式，原則上以部門主管最能控制的部分為優先考慮。至於剩餘利益是指實際利潤超過預期利潤的部分。這兩種衡量績效的方法，都屬於財務性績效指標，有時被人批評為只重短期利益而忽略長期效益。管理會計人員在採用評估方法之前，要先瞭解各個方法的優缺點，再作適當的選擇。在現在競爭激烈的時代，組織的績效評估系統可使用多重績效衡量方法，包括財務面和非財務面指標。

關鍵詞

杜邦公式(Dupont Formula)：

$$投資報酬率 = \frac{利潤}{投資額} = \frac{利潤}{銷貨額} \times \frac{銷貨額}{投資額}$$ = 利潤率(Return-On-Sales, ROS) × 資產周轉率(Turnover Ratio of Sales to Assets)

目標一致性(Goal Congruence)：

係指移轉價格的設定應以公司整體的利潤為主題。

多重績效衡量(Multiple Performance Measures)：

指除了財務面指標外，還有非財務面指標。

剩餘利益(Residual Income, RI)：

實際利潤減預期利潤的差額， 即剩餘利益=利潤−投資額×資金成本率。

投資報酬率(Return On Investment, ROI)：

將利潤除以投資額所得之比率。

轉撥計價(Transfer Pricing)：

指一個部門出售產品或提供勞務給另一個部門，所設定該項移轉的價格。

作業

一、選擇題

1. 移轉價格對於下列何者以外，都是很重要的?

   A.影響單位績效評估。

   B.影響單位利潤。

   C.可直接增加公司的利潤。

   D.會影響部門的自主性。

2. 如果經理人員被強迫接受一個不合理的移轉價格，則可能的後果是:

   A.公司的銷貨情形會略少於目標銷貨。

   B.公司會賠錢。

   C.公司產品的成本會太高。

   D.公司會疏遠或損失一位好的經理人員。

3. 通常以市價為基礎的移轉價格會:

   A.略大於市價。

   B.略小於市價。

   C.略大於目標價格。

   D.略小於目標價格。

4. 如果根據下列何者衡量來做決策時，則責任中心主管可能會執行對公司不是最有利的活動?

   A.移轉價格。

   B.投資報酬率。

   C.剩餘利益。

   D.淨投資。

5. 下列何者不是剩餘利益的組成分子?

   A.利潤。

   B.投資額。

C.資金成本率。

D.以上皆非。

二、問答題

1. 說明轉撥計價的意義。
2. 簡單敘述轉撥計價對績效評估的影響。
3. 請敘述轉撥計價對整體利潤、部門自主性的影響。
4. 以協議價格做為轉撥計價基礎所需的成功要件為何?
5. 說明協議價格制度的缺點。
6. 何謂雙重移轉價格?
7. 對多國籍企業而言，轉撥計價的主要目的為何?
8. 部門主管通常可透過哪兩個方法來改善投資報酬率? 請分別說明。
9. 解說採用投資報酬率的問題。
10. 何謂剩餘利益? 其與投資報酬率的關係又為何?
11. 為何很少有公司在評估投資中心的績效時，只用剩餘利益來評估，其可能的原因為何?
12. 說明使用投資淨額的優點。

◎ 參考書目 ◎

Ackerman F; Walls L; R van der Meer; Borman M, "Taking a Strategic View of BPR to Develop a Multidisciplinary Framework", *The Journal of the Operational Research Society*, 1999, pp. 78–85

Acord, T., "Employee Involvement in the New Game", *Furniture Design and Manufacturing (FDM)*, 1997, pp. 140–146.

Alex, Clark and Alexander, Baxter, "ABC + ABM = Action：Let's Get Down to Business", *Management Accounting*, London, Jun 1992, pp. 51–60.

Berman, Steven J., "Using the Balanced Scorecard in Strategic Compensation", *ACA News*, Jun., 1998, pp. 16–19.

Bennett, Robert T., James A. Hendricks, David E. Keys, and Edward J. Rudnicki, *Cost Accounting for Factory Automation*, Montvale, NJ: National Association of Accountants, 1987, p. 71.

Berliner, Callie and James A. Brimson, *Cost Management for Today's Advanced Manufacturing: The CAM-I Conceptual Design*, Boston: Harvard Business School Press, 1988, p. 290.

Blackburn, Joseph D., "The New Manufacturing Environment," *Journal of Cost Management*, Summer 1988, pp. 4–10.

Bonsack, Robert A., "Cost Management and Performance Measurement Systems," *Journal of Accounting and EDP*, Spring 1989, pp. 50–53.

Brausch, J. M. & Taylor T. C. "Who is Accounting for the Cost of Capacity?" *Management Accounting*. Feb 1997, pp. 44–50.

Brimson, James A., *Activity Accounting: An Activity-Based Approach*, New York: John Wiley & Sons, 1991, p. 224.

Brimson, James A., "The World of Cost Management," *Journal of Cost Manage-*

ment, Summer 1987, pp. 68–73.

Bruns, William J. and Robert S. Kaplan, *Accounting & Management: Field Study Perspectives*, Boston: Harvard Business School Press, 1987, p. 374.

"Corporate Governance", *A Report to the OECD*, Apr 1998, pp. 18–35.

Carolfi, Iris A., "ABM can Improve Quality and Control Costs", *CMA*, Hamilton, May 1996, pp. 12–16.

Chase R. B., Aquilano N. J. and Jacobs F. R., *Production and Operations Management: Manufacturing and Services*, The McGraw-Hill Companies, 8th edition, pp. 768–781.

Cooper, Robin, "Costing Techniques to Support Corporate Strategy: Evidence from Japan", *Management Accounting Research*, Orlando, Jun 1996, pp. 219–245.

Cooper, Robin and Slagmulder, Regine, "The Scope of Strategic Cost Management", *Strategic Finance*, Montvale, Feb 1998, pp. 16–17.

Cooper, Robin, "Does Your Company Need a New Cost System?" *Journal of Cost Management*, Spring 1987, pp. 45–49.

Davenport, T., and Short, J., "The New Industrial Engineering: Information Technology and Business Process Redesign", *Sloan Management Review*, summer 1990, pp 61–72.

Davis, S., and Goetsh D.L., *Introduction to Total Quality*, Macmillan College, New York, 1994.

Dey, Prasanta Kumar, "Process Reengineering for Effective Implementation of Projects", *International Journal of Project Management*, 1999, pp. 56–78.

Dixon, J. Robb, Alfred J. Nanni, and Thomas E. Vollmann, *The New Performance Challenge: Measuring Operations for World-Class Competition*, Homewood, IL: Dow Jones-Irwin, 1990, p. 119.

Donchess, Carleton M., "Kanban: Just-in-Time for 'Just-in-Time'," *Massachusetts CPA Review*, Spring 1990, pp. 15–20.

Drury, Colin. "Standard Costing: A Technique at Variance With Modern Management". *Management Accounting*, Nov 1998, pp. 56–58.

Eccles R. G. and V S. C., "Improving the Corporate Disclosure Process", *Sloan Management Review*, summer 1995, pp. 11–25.

Faulhaber, Thomas A., Fred A. Coad, and Thomas J. Little, "Building a Process Cost Management System from the Bottom Up," *Management Accounting*, May 1988, pp. 58–62.

Ferrara, William L., "The New Cost Management Accounting—More Questions Than Answers," *Management Accounting*, October 1990, pp. 48–52.

Foster, George and Charles T. Horngren, "Cost Accounting and Cost Management in a JIT Environment," *Journal of Cost Management*, Winter 1988, pp. 4–14.

Foster, George and Charles T. Horngren, "Flexible Manufacturing Systems: Cost Management and Cost Accounting Implications," *Journal of Cost Management*, Fall 1988, pp. 16–24.

Frigo, Mark L. & Kip Krumwiede, "1998 CMG Survey on Performance Measurement: Tips on Implementing the Balanced Scorecard Approach", *Cost Management Update*, May, 1998, pp. 1–3.

Gerald, Z., Johannesson R., and Ritchie Jr, Edgar J., "An Employee Survey Measuring Total Quality Management Practices and Culture: Development and Validation", *Total Quality Management* 1998.

Grady, Michael W., "Is Your Cost Management System Meeting Your Needs?" *Journal of Cost Management*, Summer 1988, pp. 11–15.

Hecht, Bradley, "Choose The Right ERP Software", *Datamation*, Mar 97, pp. 58–62.

Hendricks, James A., "Cost Accounting for Factory Automation," *Management Accounting*, December 1988, pp. 24–30.

Howell, Robert A., James D. Brown, Stephen R. Soucy, and Allen H. Seed, III,

Management Accounting in the New Manufacturing Environment, Montvale, NJ: National Association of Accountants, 1987, p. 180.

Howell, Robert A. and Stephen R. Soucy, "Cost Accounting in the New Manufacturing Environment," *Management Accounting*, August 1987, pp. 42–48.

Howell, Robert A. and Stephen R. Soucy, "Management Reporting in the New Manufacturing Environment," *Management Accounting*, February 1988, pp. 22–29.

Hronec, Steven M., "Cost Management for CIM: Get What You Need," *Automation*, August 1988, pp. 30–32.

Jeff Conklin , "Second-Generation Technology Will Unleash the Global Potential for Business-to-Business E-Commerce" *Call Center CRM Solutions*, Norwalk, Nov. 2000, pp. 70–71.

Johnson, H. Thomas, "Activity-Based Management: Past, Present, and Future," *The Engineering Economist*, Spring 1991, pp. 219–238.

Johnson, H. Thomas, "Activity Management: Reviewing the Past and Future of Cost Management," *Journal of Cost Management*, Winter 1990, pp. 4–7.

Johnson, H. Thomas, "The Decline of Cost Management: A Reinterpretation of 20th Century Cost Accounting History," *The Journal of Cost Management*, Spring 1987, pp. 5–12.

Johnson, H. Thomas and Robert S. Kaplan, *Relevance Lost: The Rise and Fall of Management Accounting*, Boston: Harvard Business School Press, 1987, p. 288.

Kaplan, Robert S., *Measures for Manufacturing Excellence*, Boston: Harvard Business School Press, 1990, p. 425.

Kaplan, Robert S., "New Systems for Measurement and Control," *The Engineering Economist*, Spring 1991, pp. 201–218.

Kaplan R. S. and Cooper, R., "Cost and Effect", *Harvard Business School Press*. 1997, pp. 109–119.

Kenneth R Bunce "It's Time to Implement Segment Disclosures" *Journal of Ac-*

countancy 1999, pp. 100–119.

Kis, George M. J. and George Bodenger, "Cost Management Information Improves Financial Performance," *Healthcare Financial Management*, May 1989, pp. 36–48.

Linda M Nichols, Rebecca A Gallun "Coping With the New Segment Standard" *The CPA Journal*, 1998, pp. 88–109.

Mark McMaster, "Cutting Costs With Web-Based CRM" *Sales and Marketing Management*, Nov. 2000, pp. 26–30.

Martinsons M., Davison R. and Tse D., "The Balanced Scorecard: a Foundation for the Strategic Management of Information Systems", *Decision Support Systems*, 1997, pp. 71–88.

Mecimore, Charles D., "The Difference Between a Cost Accounting System and a Cost Management System," *Journal of Cost Management*, Summer 1988, pp. 66–68.

Nyamekye, Kofi, *New Tool for Business Process Re-engineering, IIE Solutions*, Norcross, Mar 2000, pp. 36–41.

Peter Case, "Remembering Reengineering? The Theoretical Appeal of a Managerial Salvation Device", *The Journal of Management Studies*, 1999, pp. 48–68.

Paper, David., "BPR Creating the Conditions for Success", *Long Range Planning*, 1998, pp. 56–74.

Powell, T. and Macallef A., "Information Technology As Competitive Advantage: The Role of Human, Business, and Technology Resources", *Strategic Management Journal*, 1997, pp. 48–53.

Reed, Raymond M., "Are Traditional Cost Management Practices Changing Just-in-Time?" *APICS—31st Annual International Conference Proceedings*, 1988, pp. 553–554.

Robert H. Buckman, "Knowledge Sharing at Buckman Labs", *Journal of Business Strategy*, Jan1998, pp. 109–118.

Robin, Robinson, "Customers Relationship Management", *Computer World*, 2000, pp. 55–75.

Roehm, Harper A., Donald J. Klein, and Joseph F. Castellano, "Springing to World-Class Manufacturing," *Management Accounting*, March 1991, pp. 40–44.

Romano, Patrick L., "Where Is Cost Management Going?" (Part 1), *Management Accounting*, August 1990, pp. 53–56.

Romano, Patrick L., "Where Is Cost Management Going?" (Part 2), *Management Accounting*, September 1990, pp. 61–62.

Scrapens, Robert, "SAP: Integrated Information Systems and The Implications for Management Accountants", *Management Accounting*, Sep 1998, pp. 51–60.

Shahla, Butler, "Customers Relationship", *Journal of Business Strategy*, 2000, pp. 81–95.

Seed, Allen H., III, *Adapting Management Accounting Practices to an Advanced Manufacturing Environment*, Montvale, NJ: National Association of Accountants, 1987, p. 89.

Shields, Michael D. and S. Mark Young, "A Behavioral Model for Implementing Cost Management Systems," *Journal of Cost Management*, Winter 1989.

Snyder, Kenton R. and Charles S. Elliot, "Barriers to Factory Automation: What Are They, and How Can They Be Surmounted?" *Industrial Engineering*, April 1988, pp. 44–51.

Steedle, Lamont F., editor, *World-Class Accounting for World-Class Manufacturing*, Montvale, NJ: National Association of Accountants, 1990, p. 179.

Steve Player, "Activity-Based Analyses lead to Better Decision Making", *Healthcare Financial Management*, Westchester, Aug 1998, pp. 66–70.

Wheelen, Thomas L. and Hunger J. David, *Strategic Management and Business Policy*, New Jersey: Prentice Hall, 2000, 7th Edition.

Turney, Peter B. B., "Activity-Based Management", *Management Accounting*,

Montvale, Jan 1992, pp. 20–25.

Wheelen, Thomas L. and Hunger J. David, *Strategic Management and Business Policy*, New Jersey, Prentice Hall, 2000, 7th Edition.

Underwood, Michael L., “Productivity in the 1990 Factory: Financial Leadership Put to the Test,” *Financial Executive*, March/April 1988, pp. 40–42.

Yaser F Jarrar; Elaine M Aapinwall, “Integrating Total Quality Management and Business Process Reengineering: Is it Enough?”, *Total Quality Management*, 1999, pp. 38–58.

英中名詞對照索引

中英名詞對照索引

七劃

八劃

九劃

十劃

十一劃

十二劃

十三劃

十四劃

十五劃

十六劃

十七劃

十八劃

十九劃

二十二劃

二十三劃

政府會計——與非營利會計　張鴻春／著
政府會計——與非營利會計題解　張鴻春、劉淑貞／著

迥異於企業會計的基本觀念，政府會計以非營利基金會計為主體，且其施政所需基金，須經預算之審定程序。因此，本書以基金與預算為骨幹，對政府會計實務做詳盡的介紹，其次敘述美國政府普通基金收入與支出之會計，另選其中比較常見之特種基金，分別設例列舉其會計。

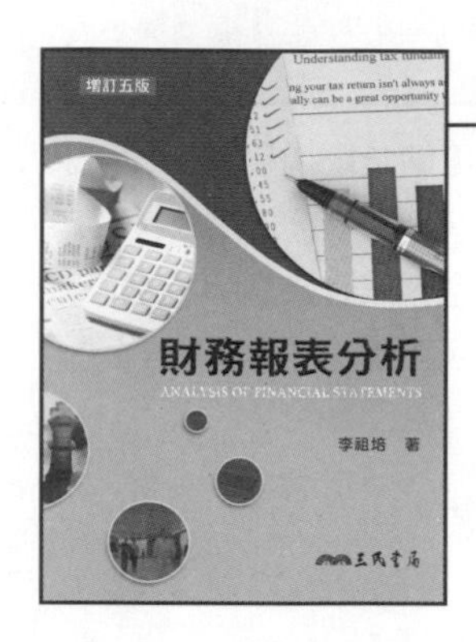

財務報表分析　李祖培／著

本書詳細介紹財務報表分析的基本觀念，內容包含：比率分析、現金流動分析、損益變動分析、損益兩平點分析及物價水準變動分析等。同時為了配合理論與實務的運用，在比率分析中的標準比率，採用財政部發布的同業標準比率，和臺北市銀行公會聯合徵信中心發布的同業標準比率，提供讀者研習和參考，適合一般大專院校及社會人士使用。

財務管理——理論與實務　張瑞芳／著

財務管理是企業的重心所在，關係經營的成敗，不可不用心體察；然而財務管理衍生如金融、股票、貨幣等相關知識及涉及數理、會計等複雜學科，而部分原文書及坊間教科書篇幅甚多，內容艱澀難以理解，因此本書著重在概念的養成，希望以言簡意賅、重點式的提要，期使對莘莘學子及工商企業界人士有所助益。

財務管理　戴欽泉／著

臺灣與美國金融環境差異，衍生出不同的財務制度。本書最大特色在於對臺灣及美國的財務制度及經營環境作清晰的介紹與比較，並在闡述理論後，附有例題說明其應用，以協助大專院校學生及企業人士，容易瞭解財務竹理理論、財務分析、財務決策，以及財務有關的企業經營之內容。